高职高专"十三五"规划教材——机电专业系列

电气控制与PLC应用技术
——项目化教程

主　编　曾卿卿　陈　峥

主　审　王民民　罗　华

副主编　余德均　裴子春　郭红丹　陈　冰

参　编　王　琴　罗明川　李苏洲

东南大学出版社

·南京·

内容提要

本书共由六篇内容组成，以项目为导向，第一篇“常用低压电器的选用、拆装与维修”由 1 个项目组成，主要介绍了低压电器的工作原理、选用、拆装与维修；第二篇“继电—接触器控制电路”由 4 个项目组成，主要介绍电气控制线路的读图绘图方法、工作原理、安装接线步骤、工艺要求以及检修方法；第三篇“典型机床电气控制”由 2 个项目组成，主要介绍机床电气控制线路的工作原理、分析方法、安装调试、故障分析以及检修方法；第四篇“PLC 的基本组成和工作原理”由 3 个项目组成，主要介绍 PLC 的产生与发展、硬件组成以及软元件；第五篇“三菱 FX 系列 PLC 的应用”由 13 个项目组成，详细介绍了 FX_{2N} 系列 PLC 指令系统及其基本控制应用；第六篇“三菱 FX 系列 PLC 在工业生产中的综合应用”由 2 个项目组成，主要介绍 PLC 在生产实际中的综合应用。

本书经过教学改革和实践，精选了常规内容、实训项目以及习题，以便于教学。

本书应用项目导向教学法贯穿全文，可作为高职高专机电类、自动化类、电力技术类等专业的教材，也可作为工程技术人员的参考工具书或培训教材。

图书在版编目(CIP)数据

电气控制与 PLC 应用技术——项目化教程 / 曾卿卿，陈峥主编. — 南京 ：东南大学出版社，2016.8

ISBN 978-7-5641-6687-8

Ⅰ.①电… Ⅱ.①曾… ②陈… Ⅲ.①电气控制 ②PLC 技术 Ⅳ.①TM571.2②TM571.6

中国版本图书馆 CIP 数据核字(2016)第 197491 号

电气控制与 PLC 应用技术——项目化教程

出版发行：东南大学出版社
社　　址：南京市四牌楼 2 号　邮编：210096
出 版 人：江建中
责任编辑：史建农　戴坚敏
网　　址：http://www.seupress.com
电子邮箱：press@seupress.com
经　　销：全国各地新华书店
印　　刷：南京京新印刷厂
开　　本：787mm×1092mm　1/16
印　　张：18.75
字　　数：480 千字
版　　次：2016 年 8 月第 1 版
印　　次：2016 年 8 月第 1 次印刷
书　　号：ISBN 978-7-5641-6687-8
印　　数：1—3000 册
定　　价：42.00 元

序

教材是教学过程的重要载体，加强教材建设是深化高等职业教育教学改革的有效途径，推进人才培养模式改革的重要条件，也是推动高职教育协调发展的基础性工程，对促进现代职业教育体系建设，切实提高职业教育人才培养质量具有非常重要的作用。

随着职业教育在我国的不断深化，各高职高专院校在人才培养教学模式及课程建设与改革方面，越来越注重培养学生的职业能力，关心学生的就业岗位。这就需要课程在保证知识体系相对完整性的同时，改变知识理解体系，在项目任务的认识、分析和完成过程中，掌握知识与技术的应用。

本书在编写过程中，结合专业及课程的建设与改革要求，打破以往教材编写思路，立足技术技能型人才的培养目标，做了以下工作和努力：

1. 突出高职教育特点。以技术应用为主线，注重对知识的应用和实践能力的培养，并且注重结合工程领域的实际项目，精心设计教学内容。

2. 实现教材体例改革。本书在体例上，改变了传统教材模式，进行新的尝试，以项目为基础开展对整个学习内容的设计，设计思路基本如下：

（1）提出项目教学目标；

（2）围绕教学目标提出相关的学习任务；

（3）以任务为基础提出需要的知识点；

（4）在知识点介绍的基础上提出任务解决方案；

（5）根据解决方案，使学生学到相应知识及掌握相应技能。

3. 教材内容不仅采用了项目导向教学法，还引入了相应的提升学生能力的同步训练，加入了实训操作规程，并且融入了职业资格鉴定维修电工职业标准及评分标准。

教改无止境，精品永追求。希望通过本教材更好地服务于高等职业教育教学改革以及帮助广大高职学生成才。

重庆能源职业学院副教授

王民民

2016 年 5 月

前　言

“电气控制与 PLC 应用”课程根据当前教育部高职高专教育教学改革的精神，同时结合国家职业技能鉴定中、高级维修电工考核内容，参考毕业生就业调查问卷，与企业合作，进行了基于工作过程的课程开发与设计，同时引进相关的工业项目及实例研究，工学结合，学训融合，创造了一个富于启发性和能引起学生学习兴趣的教学环境。该课程的教改项目小组通过多年的实践教学，并且在多位专家的指导下，已经积累了丰富的教学经验，把握课程的教学设计应遵循“以应用为目的，必须够用为尺度，以掌握基本知识，强化技能培养为重点”，重点培养高素质技术技能型人才。

本书依据高等职业教育“以就业为导向，以职业能力培养为重点”的原则，采用项目任务格式编写，主要优势在于：

1. 以项目的实施为目标，导入知识点的学习、基本技能的训练，使学生的学习目标更加明确，学习兴趣更加浓厚。

2. 进入第五篇后，每个项目的实施都有继电接触器控制系统的介绍，最后又有 PLC 控制方式的实现，在两种方式的比较中更能显现 PLC 控制的优点，增强学生学习的自觉性。

3. 所有项目按照由小到大、由基本控制到综合应用的顺序排列，同时 PLC 的理论知识也按照由简单到复杂的顺序有序插入到每个项目中，不失其系统性。

4. 本书内容不仅采用了项目导向教学法，还融入了相应的提升学生能力的实训指导，加入了实训操作规程，并且引入了职业资格鉴定维修电工职业标准及评分标准。

本书由重庆能源职业学院曾卿卿、重庆工业职业技术学院陈峥任主编，重庆能源职业学院余德均、重庆能源职业学院裴子春、永城职业学院郭红丹、漯河职业技术学院陈冰任副主编，重庆能源职业学院王琴、罗明川、李苏洲参编，曾卿卿负责全书的策划、组织和统稿，本书由重庆能源职业学院王民民副教授和重庆众恒电器有限公司首席质量官罗华主审。

由于编者水平有限，难免尚有不妥和疏漏之处，敬请读者提出批评和建议，以便于本书的进一步完善。

编　者

2016 年 4 月

目　录

第一篇　常用低压电器

第二篇　继电—接触器控制电路

第三篇　典型机床电气控制

第四篇　PLC 的基本组成和工作原理

第五篇　三菱 FX 系列 PLC 的应用

第六篇　三菱FX系列PLC在工业生产中的综合应用

附　录

第一篇　常用低压电器

项目一　常用低压电器的选用、拆装与维修

项目目标

(1) 熟悉接触器、继电器等电器的结构、工作原理及用途。
(2) 能正确选用各种常用低压电器。
(3) 能独立拆装和维修常用低压电器。
(4) 培养学生安全操作、规范操作、文明生产的行为。

一、项目任务

正确画出各种常用低压电气的图形及文字符号，理解其工作原理，能根据电气原理图及电动机型号正确选用电器元件，并能独立对常用低压电器进行拆装与维修。

二、项目知识分析与实施

1. 低压电器的基础知识

凡是对电能的生产、输送、分配和使用起控制、调节、检测、转换及保护作用的电工器械均可称为电器。用于交流 1200 V 以下、直流 1500 V 以下电路，起通断、控制、保护与调节等作用的电器称为低压电器。

(1) 低压电器的分类

低压电器的功能多，用途广，品种规格繁多，按电器的动作性质分为：

① 手动电器　人工操作发出动作指令的电器，如刀开关、按钮等。

② 自动电器　不需人工直接操作，按照电的或非电的信号自动完成接通、分断电路任务的电器，例如接触器、继电器、电磁阀等。

按用途可分为：

① 控制电器　用于各种控制电路和控制系统的电器，如接触器、继电器、电动机起动器等。

② 配电电器　用于电能的输送和分配的电器，如刀开关、低压断路器等。

③ 主令电器　用于自动控制系统中发送动作指令的电器，如按钮、转换开关等。

④ 保护电器　用于保护电路及用电设备的电器，如熔断器、热继电器等。

⑤ 执行电器　用于完成某种动作或传送功能的电器，如电磁铁、电磁离合器等。

按工作原理可分为：

① 电磁式电器　依据电磁感应原理来工作的电器，如交直流接触器、各种电磁式继电器等。

② 非电量控制电器　电器的工作是靠外力或某种非电物理量的变化而动作的电器，如刀开关、速度继电器、压力继电器、温度继电器等。

(2) 电器的基本结构

从结构上看大多由两个基本部分组成，即触点系统和推动机构。下面以电磁式电器为例予以介绍。

① 电磁机构　电磁机构又称为磁路系统，其主要作用是将电磁能转换为机械能并带动触头动作从而接通或断开电路。电磁机构的结构形式如图 1-1 所示。

电磁机构由动铁芯(衔铁)、静铁芯和电磁线圈三部分组成，其工作原理是，当电磁线圈通电后，线圈电流产生磁场，衔铁获得足够的电磁吸力，克服弹簧的反作用力与静铁芯吸合。

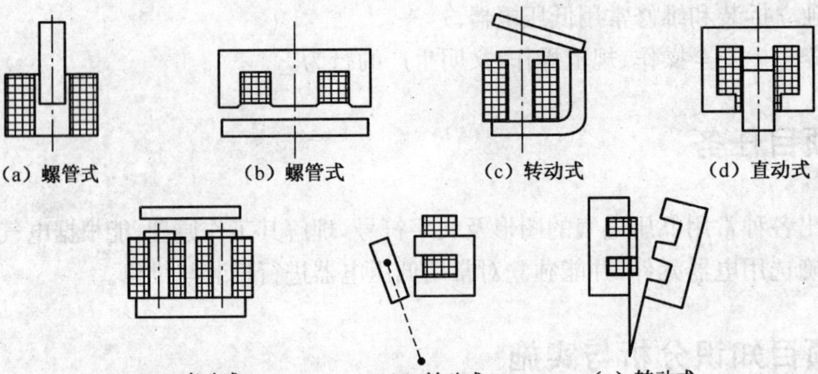

图 1-1　电磁机构的结构形式

② 触头系统　触头是有触点电器的执行部分，通过触头的闭合、断开控制电路通、断。触头的结构形式有桥式触头和指式触头两种。如图 1-2 所示。

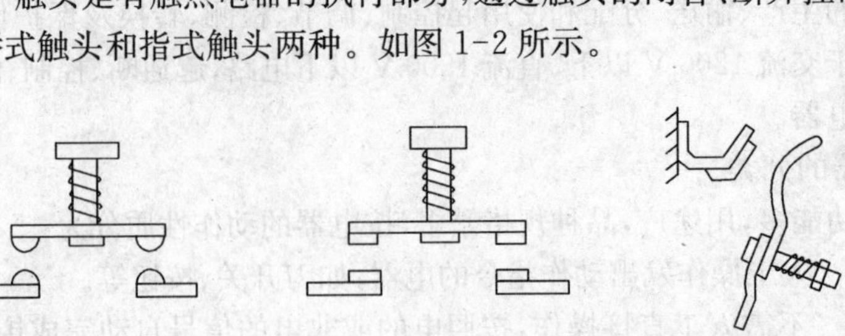

图 1-2　触头的结构形式

③ 灭弧系统

电弧：开关电器切断电流电路时，触头间电压大于 10 V，电流超过 80 mA 时，触头间会产生蓝色的光柱，即电弧。

电弧的危害：延长了切断故障的时间；电弧的高温能将触头烧损；高温引起电弧附近电气绝缘材料烧坏；形成飞弧，造成电源短路事故。

灭弧措施：有吹弧、拉弧、长弧割短弧、多断口灭弧、利用介质灭弧、改善触头表面材料等方法。常采用灭弧罩、灭弧栅和磁吹灭弧装置。如图 1-3 所示。

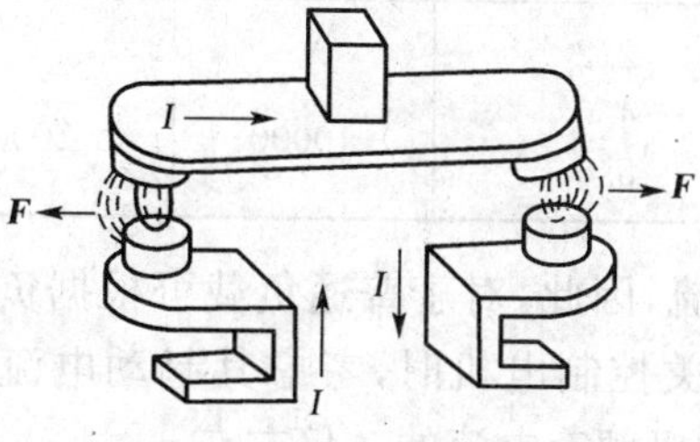

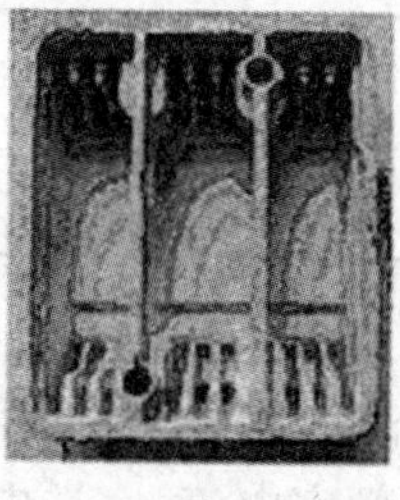

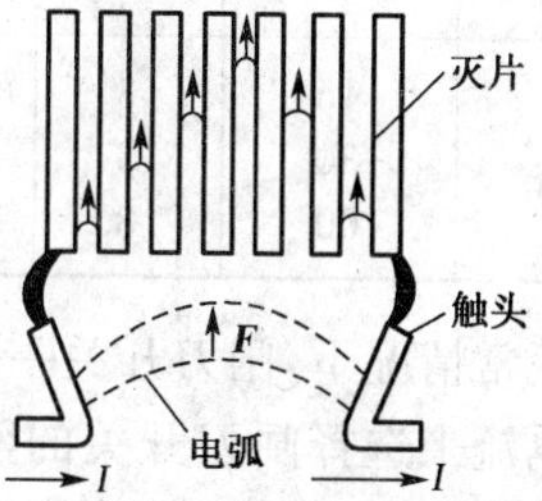

图 1-3　灭弧装置

2. 开关电器的应用

开关是最为普通的电器之一，其作用是分合电路，开断电流。常用的开关有刀开关、组合开关等。

(1) 闸刀开关

闸刀开关是一种手动配电电器，主要用来隔离电源或手动接通与断开交直流电路，也可用于不频繁的接通与分断额定电流以下的负载，如小型电动机、电炉等。

闸刀开关是最经济但技术指标偏低的一种刀开关。闸刀开关也称开启式负荷开关。

① 结构与图形符号　图 1-4 是它的外形与结构图，主要有与操作瓷柄相连的动触点、静触头刀座、熔丝、进线及出线接线座，这些导电部分都固定在瓷底板上，且用胶盖盖着。所以当闸刀合上时，操作人员不会触及带电部分。胶盖还具有下列保护作用：a. 将各极隔开，防止因极间飞弧导致电源短路；b. 防止电弧飞出盖外而灼伤操作人员；c. 防止金属零件掉落在闸刀上形成极间短路。熔丝的装设，又提供了短路保护功能。

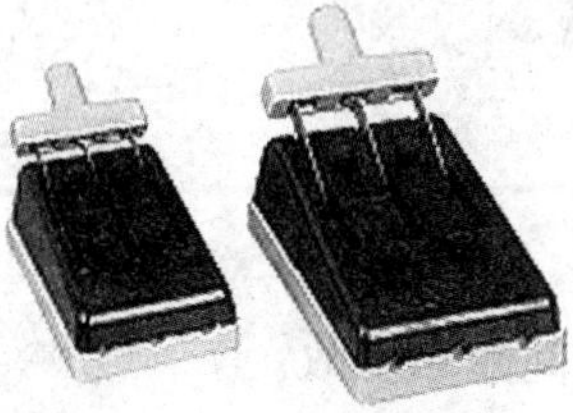

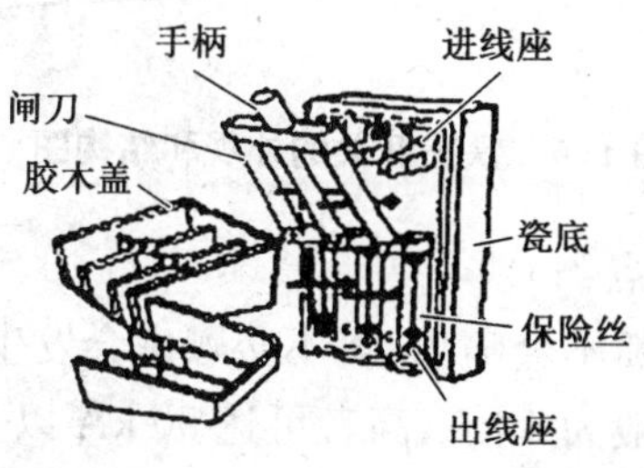

图 1-4　闸刀开关外形与结构图

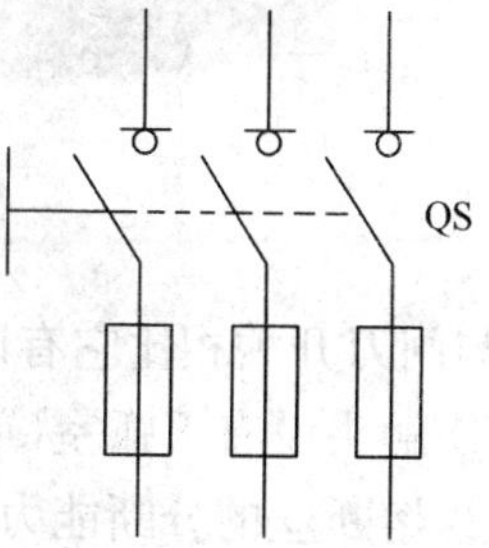

图 1-5　闸刀开关的图形符号

② 闸刀开关技术参数与选择　闸刀开关种类很多，有两极的（额定电压 250 V）和三极的（额定电压 380 V），额定电流由 10 A 至 100 A 不等，其中 60 A 及以下的才用来控制电动机。常用的闸刀开关型号有 HK1、HK2 系列。表 1-1 列出了 HK2 系列部分技术数据。

表 1-1　HK2 系列胶盖闸刀开关的技术数据

额定电压（V）	额定电流（A）	极数	最大分断电流（熔断器极限分断电流）（A）	控制电动机功率（kW）	机械寿命（万次）	电寿命（万次）
	10	2	500	1.1		
250	15	2	500	1.5	10000	2000
	30	2	1000	3.0		
	15	3	500	2.2		
380	30	3	1000	4.0	10000	2000
	60	3	1000	5.5		

正常情况下，闸刀开关一般能接通和分断其额定电流，因此，对于普通负载可根据负载的额定电流来选择闸刀开关的额定电流。对于用闸刀开关控制电机时，考虑其起动电流可达4～7倍的额定电流，选择闸刀开关的额定电流，宜选电动机额定电流的 3 倍左右。

③ 使用闸刀开关时的注意事项　a. 将它垂直安装在控制屏或开关板上，不可随意搁置；b. 进线座应在上方，接线时不能把它与出线座搞反，否则在更换熔丝时将会发生触电事故；c. 更换熔丝必须先拉开闸刀，并换上与原用熔丝规格相同的新熔丝，同时还要防止新熔丝受到机械损伤；d. 若胶盖和瓷底座损坏或胶盖失落，闸刀开关就不可再使用，以防止安全事故。

（2）铁壳开关

铁壳开关也称封闭式负荷开关，它由安装在铸铁或钢板制成的外壳内的刀式触头和灭弧系统、熔断器以及操作机构等组成，图 1-6 是其外形与结构图。

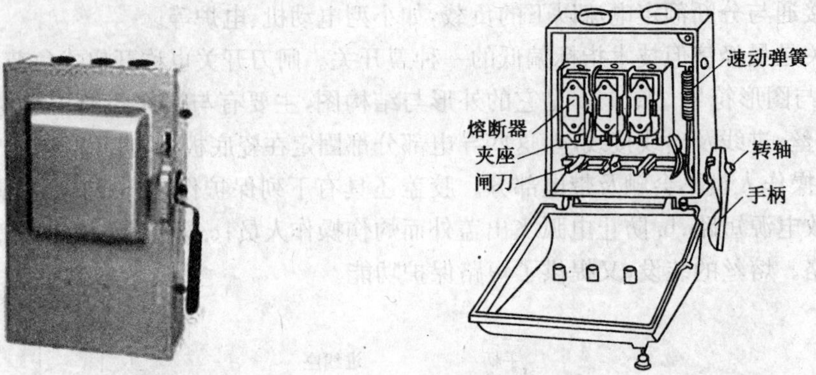

图 1-6　铁壳开关的外观和结构图

与闸刀开关相比它有以下特点：

① 触头设有灭弧室（罩），电弧不会喷出，可不必顾虑会发生相间短路事故。

② 熔断丝的分断能力高，一般为 5 kA，高者可达 50 kA 以上。

③ 操作机构为储能合闸式的，且有机械联锁装置。前者可使开关的合闸和分闸速度与操作速度无关，从而改善开关的动作性能和灭弧性能；后者则保证了在合闸状态下打不开箱盖及箱盖未关妥前合不上闸，提高了安全性。

④ 有坚固的封闭外壳，可保护操作人员免受电弧灼伤。

铁壳开关有 HH3、HH3、HH10、HH11 等系列，其额定电流由 10 A 到 400 A 可供选择，其中 60 A 及以下的可用于异步电动机的全压起动控制开关。

用铁壳开关控制电加热和照明电路时，可按电路的额定电流选择。用于控制异步电动机时，由于开关的通断能力为 $4I_N$，而电动机全压起动电流却在 4～7 倍额定电流以上，故开关的额定电流应为电动机额定电流的 1.5 倍以上。负荷开关选择的两条原则：

① 结构形式的选择　应根据刀开关的作用和装置的安装形式来选择是否带灭弧装置。如开关用于分断负载电流时，应选择带灭弧装置的刀开关。

② 额定电流的选择　一般应等于或大于所分断电路中各个负载电流的总和。对于电动机负载，应考虑其启动电流，所以应选额定电流大一级的刀开关。

(3) 转换开关和万能转换开关

① 转换开关　转换开关又称组合开关，是一种多挡位、多触点并能够控制多回路的主令电器。转换开关实质上是一种特殊刀开关，是操作手柄在与安装面平行的平面内左右转动的刀开关。只不过一般刀开关的操作手柄是在垂直安装面的平面内向上或向下转动，而组合开关的操作手柄则是平行于安装面的平面内向左或向右转动而已。多用于机床电气控制线路中，作为电源的引入开关，也可以用作不频繁地接通和断开电路、换接电源和负载以及控制 5 kW 以下小容量电动机的正反转和星三角起动等。HZ10 系列组合开关的外形、图形符号和结构见图 1-7。

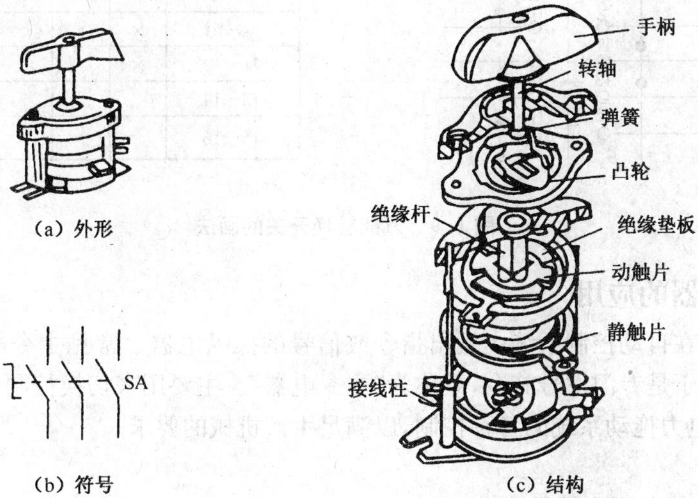

图 1-7　转换开关的外形、图形符号和结构图

② 万能转换开关　比组合开关有更多的操作位置和触点，能够接多个电路的一种手动控制电器。由于它的挡位多、触点多，可控制多个电路，能适应复杂线路的要求。图 1-8 是 LW12 万能转换开关外形图，它是由多组相同结构的触点叠装而成，在触头盒的上方有操作机构。由于扭转弹簧的储能作用，操作呈现了瞬时动作的性质，故触头分断迅速，不受操作速度的影响。

万能转换开关在电气原理图中的画法，如图 1-9 所示。图中虚线表示操作位置，而不同操作位置的各对触点通断状态与触点下方或右侧对应，规定用于虚线相交位置上的涂黑圆点表示接通，没有涂黑圆点表示断开。另一种是用触点通断状态表来表示，表中以“＋”(或“×”)表示触点闭合，“—”(或无记号)表示分断。

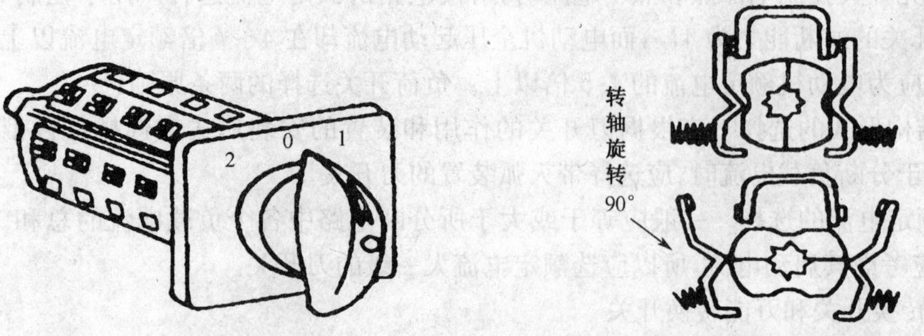

（a）外形　　　　（b）凸轮通断触点示意图

图 1-8　LW12 万能转换开关外形图

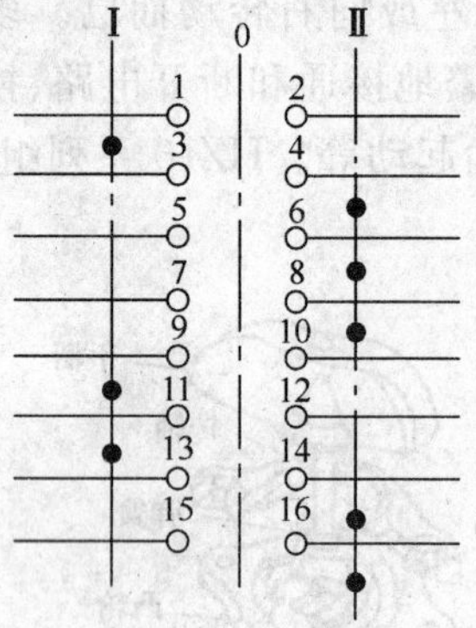

触点标号	Ⅰ	0	Ⅱ
1—2	×		
3—4			×
5—6			×
7—8			×
9—10	×		
11—12	×		
13—14			×
15—16			×

图 1-9　万能转换开关的画法

3. 主令电器的应用

主令电器是在自动控制系统中发出指令或信号的操纵电器。常见主令电器有按钮开关、位置开关等。由于是专门发号施令，故称为“主令电器”。主要用来切换控制电路，使电路接通或分断，实现对电力拖动系统的各种控制，以满足生产机械的要求。

(1) 按钮

① 按钮的结构及图形符号

按钮是一种用人的手指或手掌所施加的力来实现操作的，并具有储能（弹簧）复位的一种控制开关。按钮的触点允许通过的电流较小，一般不超过 5 A，因此一般情况下它不直接控制主电路的通断，而是在控制电路中发出指令或信号去控制接触器、继电器等电器，再由它们去控制主电路的通断、功能转换或电气联锁。

按钮按静态(不受外力作用)时触点的分合状态，可分为常开按钮(启动按钮)、常闭按钮(停止按钮)和复合按钮(常开、常闭组合为一体的按钮)。常开按钮：未按下时触点是断开的，按下时触点闭合，松开后按钮自动复位。常闭按钮：与常开按钮相反，未按下时触点是闭合的，按下时触点断开，松开后按钮自动复位。复合按钮：按下时，其常闭触点先断开，然后常开触点再闭合；松开时，常开触点先断开，然后常闭触点再闭合。

按钮由按钮帽、复位弹簧、桥式触头的动触点、静触点、支柱连杆及外壳等部分组成，如

图 1-10 所示。按钮的文字及图形符号如图 1-11 所示。

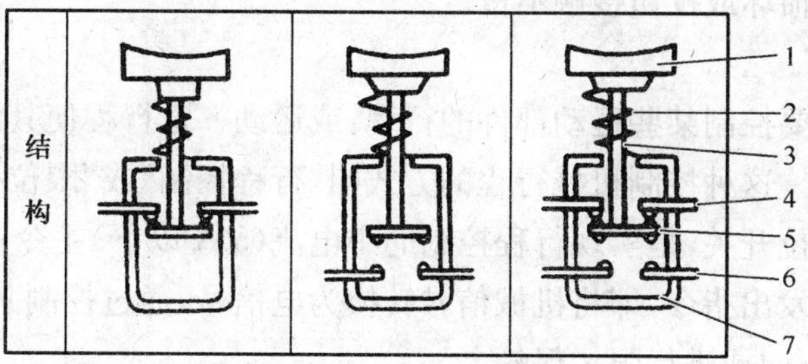

图 1-10　按钮开关的结构图

1—按钮；2—复位弹簧；3—支柱连杆；4—常闭静触头；
5—桥式动触头；6—常开静触头；7—外壳

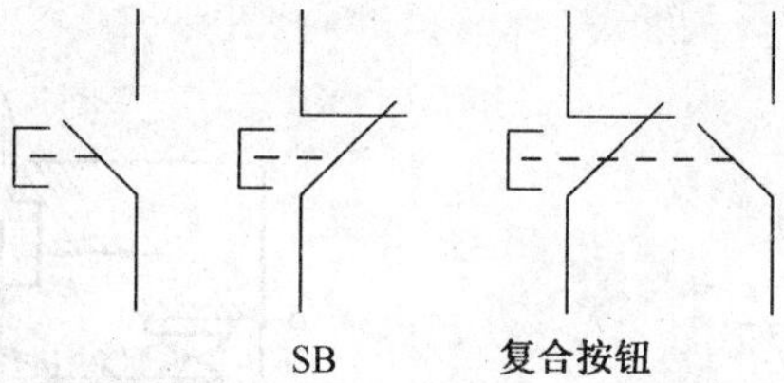

图 1-11　按钮文字及图形符号

② 常见按钮的型号及颜色

根据工作状态指示和工作情况要求，选择按钮或指示灯的颜色。例如：启动——绿色，停止——红色，故障——黄色，这是电气行业的规范标注。

常见按钮的型号含义如下：

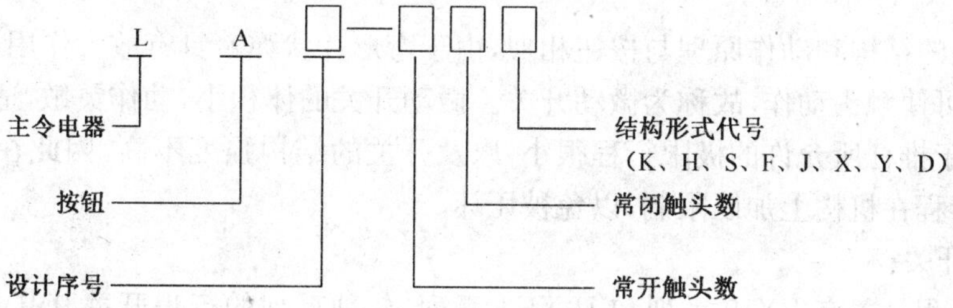

③ 按钮的选择

a. 根据用途，选用合适的型号。

b. 按工作状态指示和工作情况的要求，选择按钮和指示灯的颜色。

c. 按控制电路的需要，确定按钮数。

④ 按钮的常见故障分析

a. 按下起动按钮时有触电感觉。故障的原因一般为按钮的防护金属外壳与联接导线接触或按钮帽的缝隙间充满铁屑，使其与导电部分形成通路。

b. 停止按钮失灵，不能断开电路。故障的原因一般有接线错误、线头松动或搭接在一起、铁尘过多或油污使停止按钮两动断触头形成短路。

c. 按下停止按钮，再按起动按钮，被控电器不动作。故障的原因一般为被控电器有故障、停止按钮的复位弹簧损坏或按钮接触不良。

(2) 行程开关

生产机械中常需要控制某些运动部件的行程：或运动一定行程使其停止，或在一定行程内自动返回或自动循环。这种控制机械行程的方式叫"行程控制"或"限位控制"。

行程开关又称限位开关，是实现行程控制的小电流(5 A以下)主令电器，它是利用生产机械运动部件的碰撞来发出指令，即将机械信号转换为电信号，通过控制其他电器来控制运动部件的行程大小、运动方向或进行限位保护。

行程开关种类很多，以下介绍两种常用的系列产品。图1-12是行程开关图形符号。

① 微动开关

图1-13是JW系列微动开关的结构图。

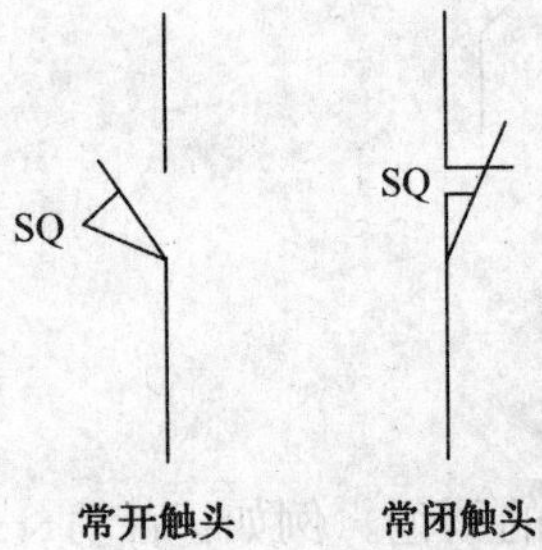

图1-12　行程开关的图形符号

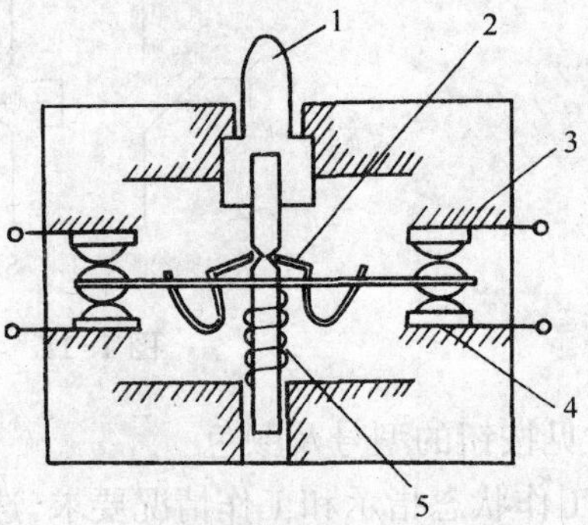

图1-13　微动开关

1—推杆；2—弯形片状弹簧；3—常开触头；4—常闭触头；5—恢复弹簧

微动开关的结构和动作原理与按钮相似，由于弯形片状弹簧具有放大作用，推杆只需有微小的位移，便可使触头动作，故称为微动开关。微动开关的体积小，动作灵敏，适合在小型机构中使用，但由于推杆所允许的极限行程很小，以及开关的结构强度不高，因此在使用时必须对推杆的最大行程在机构上加以限制，以免被压坏。

② 行程开关

常用的行程开关有LX19系列和JLXK1系列，各种系列的行程开关其基本结构相同，区别仅在于使行程开关动作的传动装置和动作速度不同。图1-14是JLXK1系列行程开关结构和动作原理图，图1-15是JLXK1系列行程开关外形图。

其动作原理是：当运动机械的挡铁撞到行程开关的滚轮上时，传动杠杆连同转轴一起转动，使凸轮推动撞块，当撞块被压到一定位置时，推动微动开关快速动作，使其常闭触头分断、常开触头闭合；当滚轮上的挡铁移开后，复位弹簧就使行程开关各部分恢复原始位置，这种单轮自动恢复的行程开关是依靠本身的恢复弹簧来复原的。图1-16(c)中的双轮行程开关不能自动复位，它是依靠运动机械反向移动时，挡块碰撞另一滚轮将其复位。

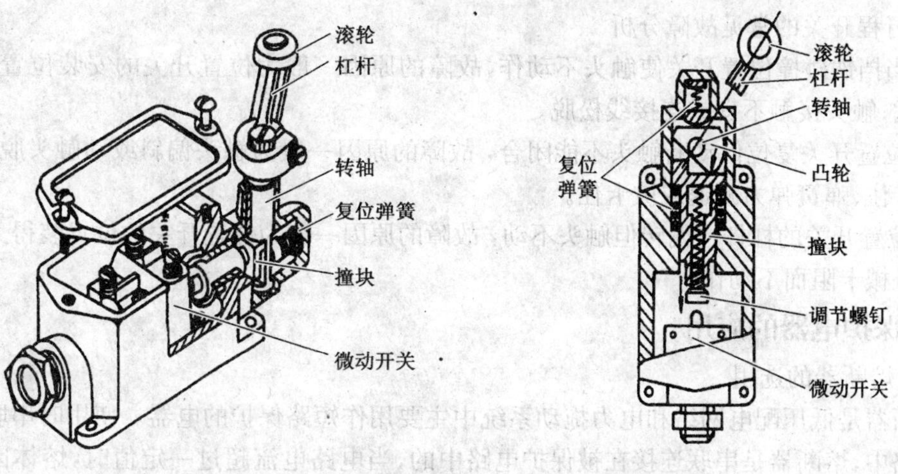

图 1-14 JLXK1 系列行程开关的结构和动作原理图

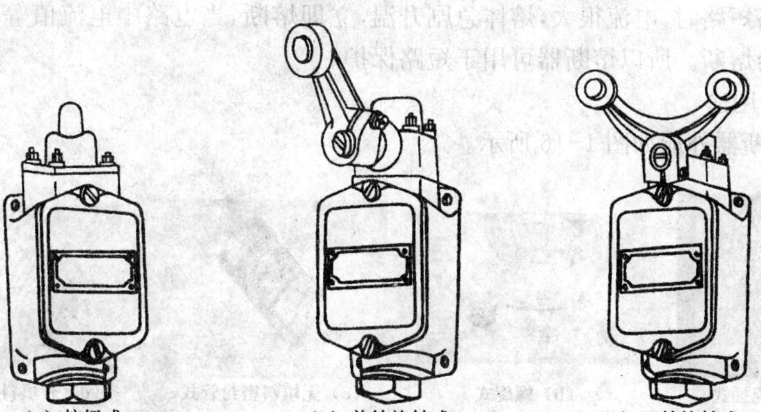

(a) 按钮式　　(b) 单轮旋转式　　(c) 双轮旋转式

图 1-15 JLXK1 系列行程开关外形图

③ 行程开关型号及选择

A. 行程开关型号含义

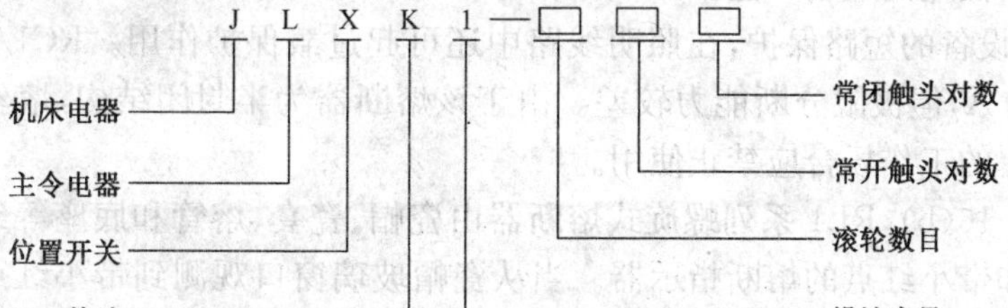

B. 行程开关选择

a. 根据应用场合及控制对象选择是一般用途还是起重设备用行程开关。

b. 根据安装环境选择采用何种系列的行程开关。

c. 根据机械与行程开关的传动形式，是开启式还是防护式。

d. 根据控制回路的电压和电流，动力与位移关系选择合适的头部结构形式。

④ 行程开关的常见故障分析

a. 当挡铁碰撞位置开关使触头不动作，故障的原因一般为位置开关的安装位置不对，离挡铁太远；触头接触不良或连接线松脱。

b. 位置开关复位但动断触头不能闭合，故障的原因一般为触头偏斜或动触头脱落、触杆被杂物卡住、弹簧弹力减退或被卡住。

c. 位置开关的杠杆已偏转但触头不动，故障的原因一般为位置开关的位置装得太低或触头由于机械卡阻而不动作。

4. 保护电器的应用

(1) 熔断器的选用

熔断器是低压配电网络和电力拖动系统中主要用作短路保护的电器。使用时串联在被保护的电路中，熔断器是串联连接在被保护电路中的，当电路电流超过一定值时，熔体因发热而熔断，使电路被切断，从而起到保护作用。熔体的热量与通过熔体电流的平方及持续通电时间成正比，当电路短路时，电流很大，熔体急剧升温，立即熔断，当电路中电流值等于熔体额定电流时，熔体不会熔断。所以熔断器可用于短路保护。

① 类型与用途

常用的熔断器外形如图 1-16 所示。

(a) 瓷插式　(b) 螺旋式　(c) 无填料密封管式　(d) 有填料密封管式

图 1-16　熔断器外形图

RC1A 系列熔断器如图 1-16(a)，它结构简单，由熔断器瓷底座和瓷盖两部分组成。熔丝用螺钉固定在瓷盖内的铜闸片上，使用时将其插入底座，拔下瓷盖便可更换熔丝。由于该熔断器使用方便、价格低廉而应用广泛。RC1A 系列熔断器主要用于交流 380 V 及以下的电路末端作线路和用电设备的短路保护，在照明线路中还可起过载保护作用。RC1A 系列熔断器额定电流为 5～200 A，但极限分断能力较差。由于该熔断器为半封闭结构，熔丝熔断时有声光现象，对易燃易爆的工作场合应禁止使用。

RL1 如图 1-16(b)，RL1 系列螺旋式熔断器由瓷帽、瓷套、熔管和底座等组成。熔管内装有石英砂、熔丝和带小红点的熔断指示器。当从瓷帽玻璃窗口观测到带小红点的熔断指示器自动脱落时，表示熔丝熔断了。熔管的额定电压为交流 500 V，额定电流为 2～200 A。常用于机床控制线路(但安装时注意上下接线端接法)。其结构如图 1-17 所示。

熔断器 RM10 系列如图 1-16(c)，由熔断管、熔体及插座组成。熔断管为钢纸制成，两端为黄铜制成的可拆式管帽，管内熔体为变截面的熔片，更换熔体较方便。RM10 系列的极限分断能力比 RC1A 熔断器有所提高，适用于小容量配电设备。

熔断器 RT0 系列如图 1-16(d)，由熔断管、熔体及插座组成，熔断管为白瓷质的与 RM10 熔断器类似，但管内充填石英砂，石英砂在熔体熔断时起灭弧作用，在熔断管的一端还设有熔断指示器。该熔断器的分断能力比同容量的 RM10 型大 2.5～4 倍。RT0 系列熔断器适用于大容量配电设备。

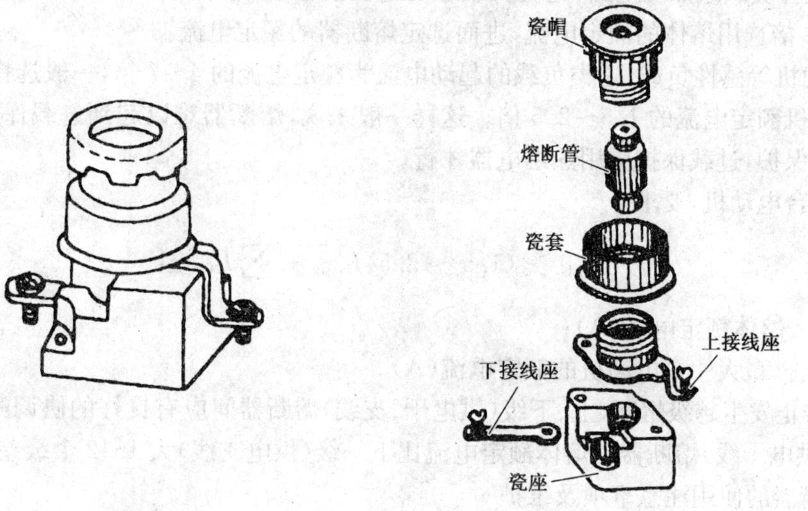

(a)　　　　　　　　　　(b)

图 1-17　RL1 系列螺旋式熔断器结构图

② 熔断器的型号及图形和文字符号

a. 熔断器型号的含义

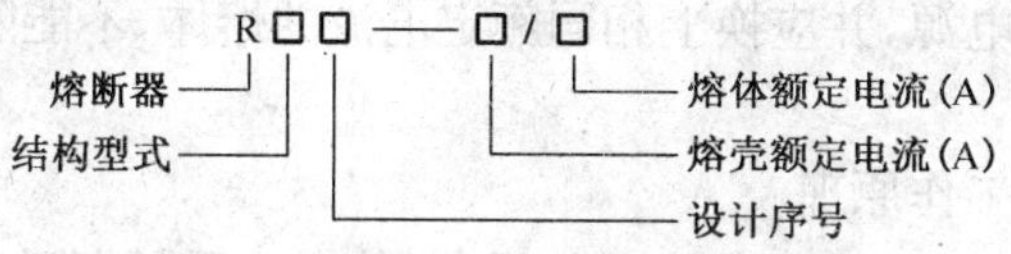

结构类型：C—瓷插式；L—螺旋式；T—有填料封闭管式；M—有填料封闭管式

b. 图形及文字符号(如图 1-18)

③ 熔断器的选择

对熔断器的要求是：在电气设备正常运行时，熔断器不应熔断；在出现短路时，应立即熔断；在电流发生正常变动(如电动机起动过程)时，熔断器不应熔断；在用电设备持续过载时，应延时熔断。对熔断器的选用主要包括类型选择和熔体额定电流的确定。

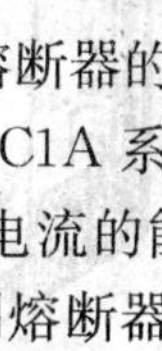

图 1-18　熔断器符号

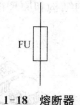

选择熔断器的类型时，主要依据负载的保护特性和短路电流的大小。例如，用于保护照明和电动机的熔断器，一般是考虑它们的过载保护，这时，希望熔断器的熔化系数适当小些。所以容量较小的照明线路和电动机宜采用熔体为铅锌合金的 RC1A 系列熔断器，而大容量的照明线路和电动机，除过载保护外，还应考虑短路时分断短路电流的能力。若短路电流较小时，可采用熔体为锡质的 RCIA 系列或熔体为锌质的 RM10 系列熔断器。用于车间低压供电线路的保护熔断器，一般是考虑短路时的分断能力。当短路电流较大时，宜采用具有高分断能力的 RL1 系列熔断器。当短路电流相当大时，宜采用有限流作用的 RT0 系列熔断器。

熔断器的额定电压要大于或等于电路的额定电压。

熔断器的额定电流要依据负载情况而选择。

a. 电阻性负载或照明电路，这类负载起动过程很短，运行电流较平稳，一般按负载额定电流的1～1.1倍选用熔体的额定电流，进而选定熔断器的额定电流。

b. 电动机等感性负载，这类负载的起动电流为额定电流的4～7倍，一般选择熔体的额定电流为电动机额定电流的1.5～2.5倍。这样一般来说，熔断器难以起到过载保护作用，而只能用作短路保护，过载保护应用热继电器才行。

对于多台电动机，要求

$$I_{FU} \geqslant (1.5 \sim 2.5) I_{Nmax} + \sum I_N$$

式中：I_{FU}——熔体额定电流（A）；

I_{Nmax}——最大一台电动机的额定电流（A）。

c. 为防止发生越级熔断，上、下级（供电干、支线）熔断器间应有良好的协调配合，为此，应使上一级（供电干线）熔断器的熔体额定电流比下一级（供电支线）大1～2个级差。

④ 熔断器的使用注意事项及维护

a. 应正确选用熔体和熔断器。对不同性质的负载，如照明电路、电动机电路的主电路和控制电路等，应尽量分别保护，装设单独的熔断器。

b. 安装螺旋式熔断器时，必须注意将电源线接到瓷底座的下接线端，以保证安全。

c. 瓷插式熔断器安装熔丝时，熔丝应顺着螺钉旋紧方向绕过去，同时应注意不要划伤熔丝，也不要把熔丝绷紧，以免减小熔丝截面尺寸或插断熔丝。

d. 更换熔体时应切断电源，并应换上相同额定电流的熔体，不能随意加大熔体。

（2）热继电器

① 热继电器的结构及工作原理

热继电器是利用电流的热效应原理来保护设备，使之免受长期过载的危害，主要用于电动机的过载保护、断相保护、三相电流不平衡运行的保护以及其他电气设备发热状态的控制。它的结构和原理图如图1-19所示。

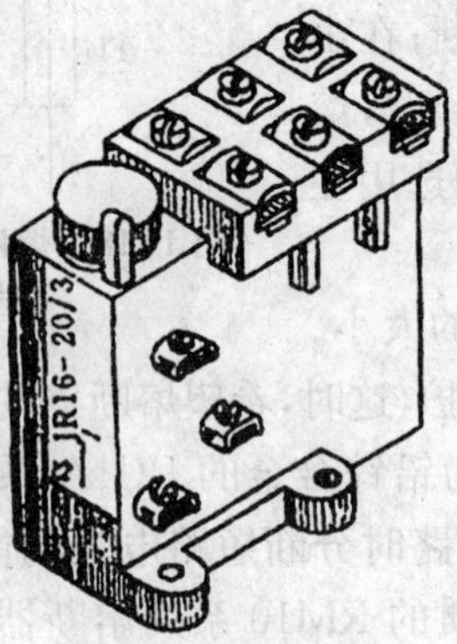

（a）外形

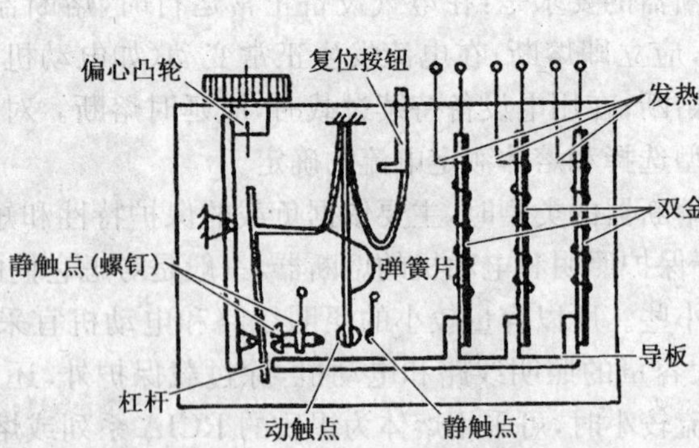

（b）内部结构和原理示意图

图1-19　热继电器的外形结构原理图

热继电器主要由热元件、双金属片和触点三部分组成。当电动机过载时，流过热元件的电流增大，热元件产生的热量使双金属片向上弯曲，经过一定时间后，弯曲位移增大，推动板将常闭触点断开。常闭触点是串接在电动机的控制电路中的，控制电路断开使接触器的线圈断电，从而断开电动机的主电路。若要使热继电器复位，则按下复位按钮即可。热继电器由于热惯性，当电路短路时不能立即动作使电路立即断开，因此不能作短路保护。同理，在电动机起动或短时过载时，热继电器也不会动作，这可避免电动机不必要的停车。每一种电流等级的热元件都有一定的电流调节范围，一般应调节到与电动机额定电流相等，以便更好地起到过载保护作用。

热继电器的图形及文字符号如图 1-20 所示。

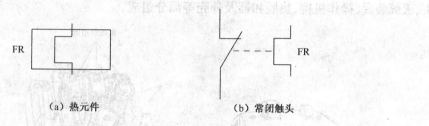

图 1-20 热继电器的图形及文字符号

② 热继电器的使用与选择

热继电器的保护对象是电动机，故选用时应了解电动机的技术性能、启动情况、负载性质以及电动机允许过载能力等。

a. 应考虑电动机的启动电流和启动时间。电动机的启动电流一般为额定电流的 5～7 倍。对于不频繁启动、连续运行的电动机，在启动时间不超过 6 s 的情况下，可按电动机的额定电流选用热继电器。

b. 应考虑电动机的绝缘等级及结构。由于电动机绝缘等级不同，其容许温升和承受过载的能力也不同。同样条件下，绝缘等级越高，过载能力就越强。即使所用绝缘材料相同，但电动机结构不同，在选用热继电器时也应有所差异。例如，封闭式电动机散热比开启式电动机差，其过载能力比开启式电动机低，热继电器的整定电流应选为电动机额定电流的 60%～80%。

c. 长期稳定工作的电动机。可按电动机的额定电流选用热继电器。取热继电器整定电流的 0.95～1.05 倍或中间值等于电动机额定电流。使用时要将热继电器的整定电流调至电动机的额定电流值。

d. 若用热继电器作电动机缺相保护，应考虑电动机的接法。对于 Y 形接法的电动机，当某相断线时，其余未断相绕组的电流与流过热继电器电流的增加比例相同。一般的三相式热继电器，只要整定电流调节合理，是可以对 Y 形接法的电动机实现断相保护的。对于△形接法的电动机，其相断线时，流过未断相绕组的电流与流过热继电器的电流增加比例则不同。也就是说，流过热继电器的电流不能反映断相后绕组的过载电流，因此，一般的热继电器，即使是三相式，也不能为△形接法的三相异步电动机的断相运行提供充分保护。此时，应选用 JR20 型或 T 系列这类带有差动断相保护机构的热继电器。

e. 应考虑具体工作情况。若要求电动机不允许随便停机，以免遭受经济损失，只有发生过载事故时方可考虑让热继电器脱扣。此时，选取热继电器的整定电流应比电动机额定电流偏大一些。

热继电器只适用于对不频繁启动、轻载启动的电动机进行过载保护。对于正、反转频繁转换以及频繁通断的电动机，如起重用电动机，则不宜采用热继电器作过载保护。

(3) 低压断路器

低压断路器又称自动空气开关。既能带负荷通断电路，又能在失压、短路和过负荷时自动跳闸，保护线路和电气设备，是低压配电网络和电力拖动系统中常用的重要保护电器之一。

① DZ系列断路器的结构和工作原理

DZ5-20型塑壳式低压断路器的外形结构如图1-21所示。断路器主要由动触头、静触头、灭弧装置、操作机构、热脱扣器及外壳等部分组成。

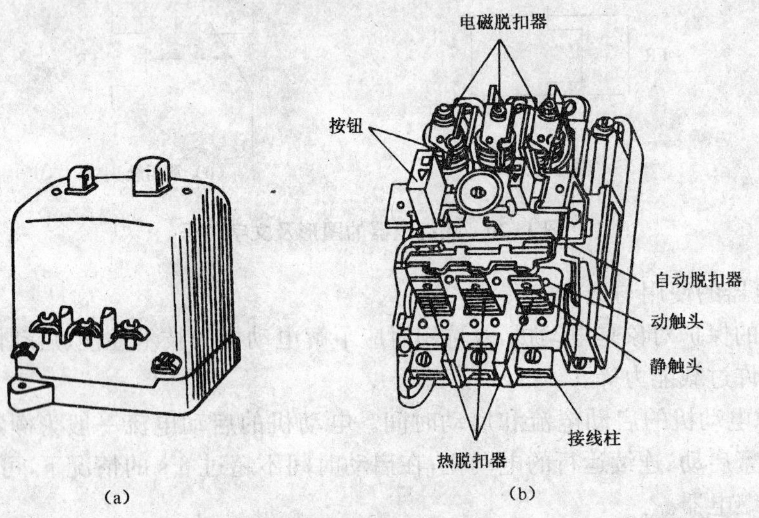

图1-21　断路器结构图

图1-22是断路器的工作原理图，图1-23是断路器的图形及文字符号。

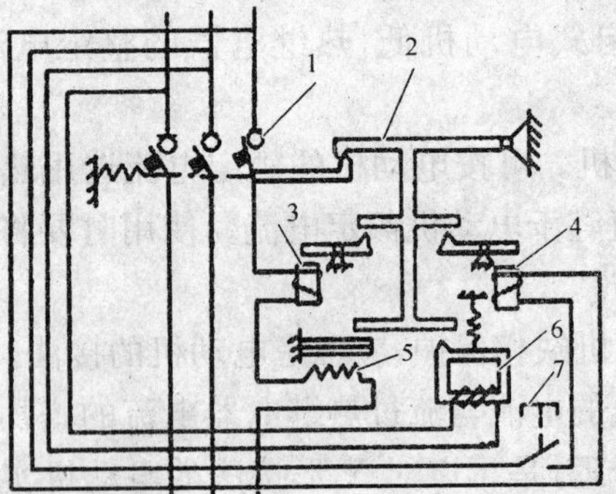

图1-22　断路器工作原理图

1—主触头；2—自由脱扣器；3—过流脱扣器；4—分励脱扣器；
5—热脱扣器；6—失压脱扣器；7—按钮

在正常情况下，断路器的主触点是通过操作机构手动或电动合闸的。若要正常切断电路，应操作分励脱扣器 4。

空气开关的自动分断，是由过电流脱扣器 3、热脱扣器 5 和失压脱扣器 6 完成的。当电路发生短路或过流故障时，过流脱扣器 3 衔铁被吸合，使自由脱扣机构的钩子脱开，自动开关触头分离，及时有效地切除高达数十倍额定电流的故障电流。当线路发生过载时，过载电流通过热脱扣器使触点断开，从而起到过载保护作用。若电网电压过低或为零时，失压脱扣器 6 的衔铁被释放，自由脱扣机构动作，使断路器触头分离，从而在过流与零压欠压时保证了电路及电路中设备的安全。根据不同的用途，自动开关可配备不同的脱扣器。

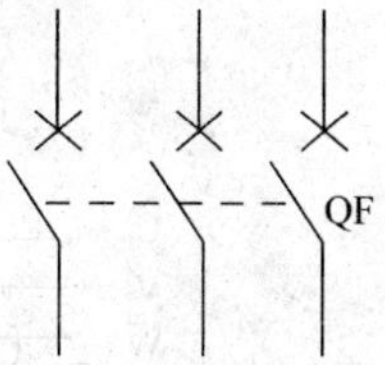

图 1-23　断路器的图形及文字符号

② 低压断路器型号

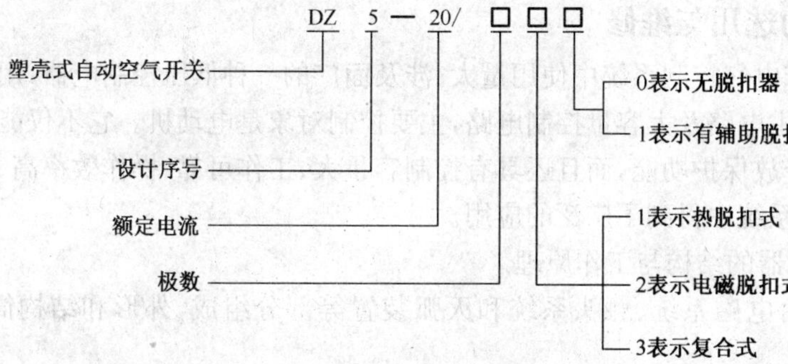

③ 低压断路器的选用

a. 断路器的额定电压和额定电流应不小于电路的额定电压和最大工作流。

b. 热脱扣器的整定电流与所控制负载的额定电流一致。电磁脱扣器的瞬时脱扣整定电流应大于负载电路正常工作时的最大电流。对于单台电动机来说，电磁脱扣器的瞬时脱扣整定电流 I_Z 公式为 $I_Z \geqslant kI_q$。式中，k 为安全系数，一般取 1.5～1.7；I_q 为电动机的起动电流。对于多台电动机来说，I_Z 可按下式计算：$I_Z \geqslant kI_{qmax}$。式中，k 也可取 1.5～1.7；I_{qmax} 为其中一台起动电流最大的电动机的电流。

④ 带漏电保护的断路器

a. 作用：主要用于当发生人身触电或漏电时，能迅速切断电源，保障人身安全，防止触电事故。有的漏电保护器还兼有过载、短路保护，用于不频繁起、停电动机。

b. 工作原理：当正常工作时，不论三相负载是否平衡，通过零序电流互感器主电路的三相电流相量之和等于零，故其二次绕组中无感应电动势产生，漏电保护器工作于闭合状态。如果发生漏电或触电事故，三相电流之和便不再等于零，而等于某一电流值 I_s。I_s 会通过人体、大地、变压器中性点形成回路，这样零序电流互感器二次侧产生与 I_s 对应的感应电动势，加到脱扣器上，当 I_s 达到一定值时，脱扣器动作，推动主开关的锁扣，分断主电路。图 1-24 为漏电断路器工作原理图。

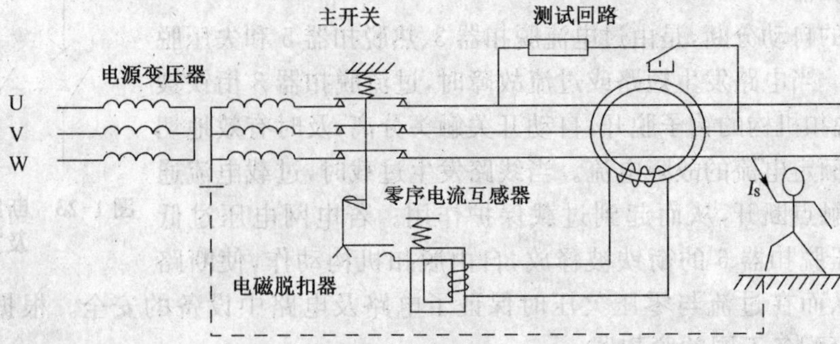

图 1-24 漏电断路器工作原理图

5. 接触器的选用与维修

接触器是机床电气控制系统中使用量大、涉及面广的一种低压控制电器,用来高频繁地接通或断开交、直流主电路及大容量控制电路,主要控制对象是电动机。它不仅能实现远距离自动操作和欠电压释放保护功能,而且还具有控制容量大、工作可靠、操作效率高、使用寿命长等优点,在电力拖动系统中得到了广泛的应用。

(1) 交流接触器的结构与工作原理

接触器主要由电磁系统、触头系统和灭弧装置等部分组成,外形和结构简图如图 1-25 所示。

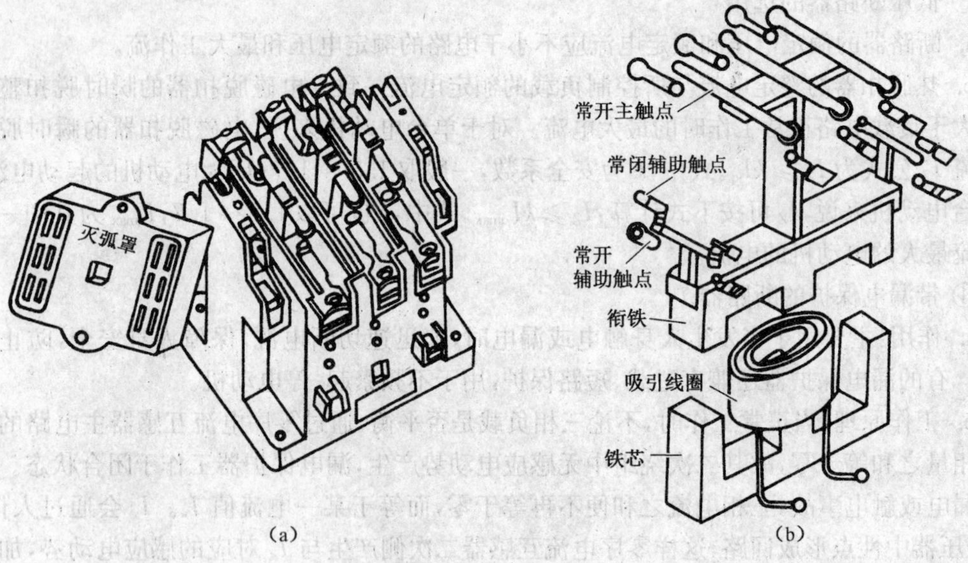

图 1-25 接触器的外形与结构图

① 电磁系统

电磁系统是用来操作触头闭合与分断用的,包括线圈、动铁芯和静铁芯。交流接触器的铁芯一般用硅钢片叠压铆成,以减少交变磁场在铁芯中产生涡流及磁滞损耗,避免铁芯过热。

交流接触器的铁芯上装有一个短路环,又称减振环,如图 1-26 所示。短路环的作用是减少交流接触器吸合时产生的振动和噪音。当电磁线圈中通有交流电时,在铁芯中产生的是交变的磁通，所以它对衔铁的吸力是变化的，当磁通经过零值时，铁芯对衔铁的吸力也为零，衔铁在弹簧反作用力的作用下有释放的趋势，这样，衔铁不能被铁芯紧紧吸牢，就在铁芯上产生振动，发出噪音；这使衔铁与铁芯极易磨损，并造成触头接触不良，产生电弧火花灼伤触头，且噪音使人易感疲劳。为了消除这一现象，在铁芯柱端面上嵌装一个短路环，此短路铜环相当于变压器的副绕组，当电磁线圈通入交流电后，线圈电流 I_1 产生磁通 φ_1，短路环中产生感应电流 I_2 而形成磁通 φ_2。由于电流 I_1 与 I_2 的相位不同，所以 φ_1 与 φ_2 的相位也不同，即 φ_1 与 φ_2 不同时为零，这样，在磁通 φ_1 经过零时，φ_2 不为零而产生吸力，吸住衔铁，使衔铁始终被铁芯所吸牢，振动和噪音会显著减少。气隙越小，短路环作用越大，振动和噪音就越小。短路环一般用铜或镍铬合金等材料制成。

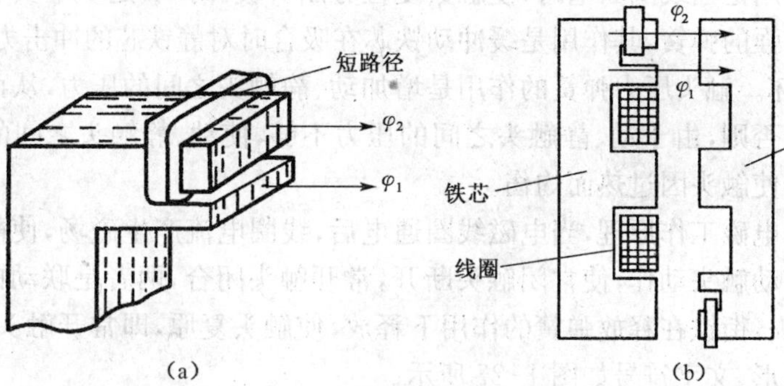

图 1-26　交流电磁的短路环

为了增加铁芯的散热面积，交流接触器的线圈一般采用粗而短的圆筒形电压线圈，并与铁芯之间有一定间隙，以避免线圈与铁芯直接接触而受热烧坏。

② 触头系统

触头又称为触点，是接触器的执行元件，用来接通或断开被控制电路，因此，要求触头导电性能良好，所以触头通常用紫铜制成。但是铜的表面容易氧化而产生一层不良导体氧化铜，由于银的接触电阻小，且银的黑色氧化物对接触电阻影响不大，故在接触点部分镶上银块。触头的结构形式很多，按其所控制的电路可分为主触头和辅助触头。主触头用于接通或断开主电路，允许通过较大的电流。辅助触头用于接通或断开控制电路，只能通过较小的电流。

触头按其静态可分为常开触头（动合触点）和常闭触头（动断触点）。原始状态时（即线圈未通电）断开，线圈通电后闭合的触头叫常开触头；原始状态时闭合，线圈通电后断开的触头叫常闭触头。线圈断电后所有触头复位，即恢复到原始状态。

为了使触头接触得更紧密，以减小接触电阻，并消除开始接触时发生的有害振动，在触头上装有接触弹簧，随着触头的闭合加大触头间的互压力。

③ 灭弧装置

交流接触器在分断大电流电路或高压电路时，在动、静触头之间会产生很强的电弧。电弧是触头间气体在强电场作用下产生的放电现象，会发光发热，灼伤触头，并使电路切断时间延长，甚至会引起其他事故，因此，我们希望电弧能迅速地熄灭。在交流接触器中常采用下列几种灭弧方法：

a. 电动力灭弧　这种灭弧是利用触头本身的电动力把电弧拉长，使电弧热量在拉长的过程中散发而冷却熄灭。

b. 双断口灭弧　这种方法是将整个电弧分成两段，同时利用上述电动力将电弧熄灭。

c. 纵缝灭弧　灭弧罩内只有一个纵缝，缝的下部宽，上部窄些，以便电弧压缩，并和灭弧室壁有很好的接触。当触头分断时，电弧被外界磁场或电动力横吹而进入缝内，使电弧的热量传递给室壁而迅速冷却熄弧。

d. 栅片灭弧　栅片将电弧分割成若干短弧，每个栅片就成为短电弧的电极，栅片间的电弧电压低于燃弧电压，同时，栅片将电弧的热量散发，促使电弧熄灭。

④ 其他部分

交流接触器的其他部分包括反作用弹簧、缓冲弹簧、触头压力弹簧片、传动机构和接线柱等。反作用弹簧的作用是当线圈断电时，使触头复位分断。缓冲弹簧是一个安装在静铁芯与胶木底座之间钢性较强的弹簧，其作用是缓冲动铁芯在吸合时对静铁芯的冲击力，保护胶木外壳免受冲击，不易损坏。触头压力弹簧的作用是增加动、静触头之间的压力，从而增大接触面积以减小接触电阻。否则，由于动、静触头之间的压力不够，使动、静触头之间的接触面积减小，接触电阻增大，会使触头因过热而灼伤。

交流接触器根据电磁工作原理，当电磁线圈通电后，线圈电流产生磁场，使静铁芯产生电磁吸力吸引衔铁并带动触头动作，使常闭触头断开，常开触头闭合，两者是联动的。当电磁线圈断电时，电磁力消失，衔铁在释放弹簧的作用下释放，使触头复原，即常开触头断开，常闭触头闭合。接触器的图形、文字符号如图 1-27 所示。

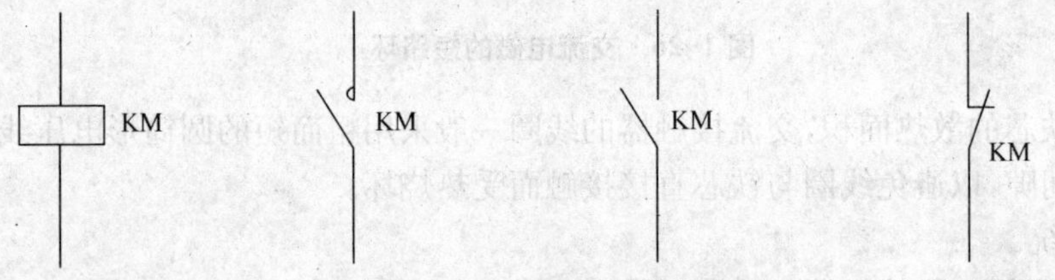

(a) 线圈　(b) 主触头　(c) 辅助常开触头　(d) 辅助常闭触头

图 1-27　接触器图形、文字符号

(2) 直流接触器

直流接触器主要用于控制直流电压至 440 V、直流电流至 1600 A 的直流电力线路，常用于频繁地操作和控制直流电动机。直流接触器的结构和工作原理与交流接触器基本相同，在结构上也是由电磁机构、触点系统和灭弧装置等组成，但也有不同之处。

交流接触器：交流接触器线圈通以交流电，主触头接通、分断交流主电路。当交变磁通穿过铁芯时，将产生涡流和磁滞损耗，使铁芯发热。为减少铁损，铁芯用硅钢片冲压而成。为便于散热，线圈做成短而粗的圆筒状绕在骨架上。为防止交变磁通使衔铁产生强烈振动和噪声，交流接触器铁芯端面上都安装一个铜制的短路环。交流接触器的灭弧装置通常采用灭弧罩和灭弧栅。

直流接触器：直流接触器线圈通以直流电，主触头接通、切断直流主电路。直流接触器铁芯不产生涡流和磁滞损耗，所以不发热，铁芯可用整块钢制成。为保证散热良好，通常将线圈绕制成长而薄的圆筒状。直流接触器灭弧较难，一般采用灭弧能力较强的磁吹灭弧装置。

(3) 接触器型号及主要技术参数

① 型号含义

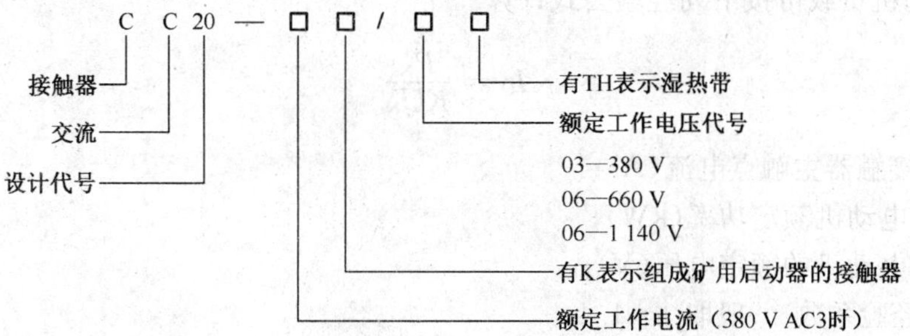

② 主要技术参数

a. 额定电压。交流接触器常用的额定电压等级有：127 V、220 V、380 V、660 V；直流接触器常用的额定电压等级有：110 V、220 V、440 V、660 V。

b. 额定电流。交、直流接触器常用的额定电流等级有：10 A、20 A、40 A、60 A、100 A、150 A、250 A、400 A、600 A。

c. 吸引线圈额定电压。交流线圈常用的额定电压等级有：36 V、110 V(127 V)、220 V、380 V；直流线圈常用的额定电压等级有：24 V、48 V、220 V、440 V。

常用 CJO、CJIO 系列交流接触器的技术数据如表 1-2 所示。

表 1-2　常用 CJO、CJIO 系列交流接触器的技术数据

型号	触头额定电压（V）	主触头额定电流（A）	辅助触头额定电流（A）	可控制的三相异步电动机最大功率（kW）			额定操作频率（次/h）	吸引线圈电压（V）	线圈功率（V·A）	
				127 V	220 V	380 V			起动	吸持
CJO-10	500	10	5	1.5	2.5	4	1200	交流 36、110、127、220 及 380	77	14
CJO-20	500	20	5	3	5.5	10	1200		156	33
CJO-40	500	40	5	6	11	20	1200		280	33
CJO-75	500	75	5	13	22	4	600		660	55
CJIO-10	500	10	5		2.2	40	600		65	11
CJIO-20	500	20	5		5.5	10	600		140	22
CJIO-40	500	40	5		11	20	600		230	32
CJIO-60	500	60	5		17	30	600		495	70
CJIO-100	500	100	5		29	50	600			

(4) 接触器的选择

选择接触器时应从其工作条件出发，主要考虑下列因素：

① 控制交流负载应选用交流接触器，控制直流负载选用直流接触器。

② 接触器的使用类别应与负载性质相一致。

③ 主触头的额定工作电压应大于或等于负载电路的电压。

④ 主触头的额定工作电流应大于或等于负载电路的电流。还要注意接触器主触头的额

定工作电流是在规定条件下(额定工作电压、使用类别、操作频率等)能够正常工作的电流值，当实际使用条件不同时，这个电流值也将随之改变。

对于电动机负载可按下列经验公式计算：

$$I_C = \frac{P_N}{KU_N}$$

式中：I_C——接触器主触点电流(A)；

P_N——电动机额定功率(kW)；

U_N——电动机的额定电压(V)；

K——经验系数，一般取1～1.4。

⑤ 吸引线圈的额定电压应与控制回路电压相一致，接触器在线圈额定电压85%及以上时才能可靠地吸合。

⑥ 主触头和辅助触头的数量应能满足控制系统的需要。

(5) 常见故障处理方法

表1-3　交流接触器常见故障处理方法

故障现象	可能原因	处理方法
吸不上或吸力不足(即触头已闭合而铁芯尚未完全吸合)	(1) 电源电压过低或波动太大 (2) 操作回路电源容量不足或发生断线、配线错误及控制触头接触不良 (3) 线圈技术参数与使用条件不符 (4) 产品本身受损(如线圈断线或烧毁、机械可动部分被卡住、转轴生锈或歪斜等) (5) 触头弹簧压力与超程过大	(1) 调高电源电压 (2) 增加电源容量，更换线路，修理控制触头 (3) 更换线圈 (4) 更换线圈，排除卡住故障，修理受损零件 (5) 调整触头参数
不释放或释放缓慢	(1) 触头弹簧压力过小 (2) 触头熔焊 (3) 机械可动部分被卡住，转轴生锈或歪斜 (4) 反力弹簧损坏 (5) 铁芯极面有油污或尘埃粘着 (6) E形铁芯，当寿命终了时，因去磁气隙消失，剩磁增大，使铁芯不释放	(1) 调整触头参数 (2) 排除熔焊故障，修理或更换触头 (3) 排除卡住现象，修理受损零件 (4) 更换反力弹簧 (5) 清理铁芯极面 (6) 更换铁芯
线圈过热或烧损	(1) 电源电压过高或过低 (2) 线圈技术参数(如额定电压、频率、通电持续率及适用工作制等)与实际使用条件不符 (3) 操作频率(交流)过高 (4) 线圈制造不良或由于机械损伤、绝缘损坏等 (5) 使用环境条件差，如空气潮湿、含有腐蚀性气体或环境温度过高 (6) 运动部分卡住 (7) 交流铁芯极面不平或中间气隙过大 (8) 交流接触器派生直流操作的双线圈，因动断联锁触头熔焊不释放，而使线圈过热	(1) 调整电源电压 (2) 调换线圈或接触器 (3) 选择其他合适的接触器 (4) 更换线圈，排除引起线圈机械损伤的故障 (5) 采用特殊设计的线圈 (6) 排除卡住现象 (7) 清除铁芯极面或更换铁芯 (8) 调整联锁触头参数及更换烧坏的线圈

续表 1-3

故障现象	可能原因	处理方法
电磁铁噪声大	(1) 电源电压过低 (2) 触头弹簧压力过大 (3) 磁系统歪斜或机械上卡住，使铁芯不能完全吸合 (4) 极面生锈或因异物（如油垢、尘埃）侵入铁芯极面 (5) 短路环断裂 (6) 铁芯极面磨损过度而不平	(1) 提高操作回路电压 (2) 调整触头弹簧压力 (3) 排除机械卡住故障 (4) 清理铁芯极面 (5) 调换铁芯或短路环 (6) 更换铁芯
触头熔焊	(1) 操作频率过高或产品过负载使用 (2) 负载侧短路 (3) 触头弹簧压力过小 (4) 触头表面有金属颗粒突起或异物 (5) 操作回路电压过低或机械上卡住，致使吸合过程中有停滞现象，触头停顿在刚接触的位置上	(1) 调整合适的接触器 (2) 排除短路故障，更换触头 (3) 调整触头弹簧压力 (4) 清理触头表面 (5) 调高操作电源电压，排除机械卡住故障，使接触器吸合可靠
触头过热或灼伤	(1) 触头弹簧压力过小 (2) 触头上有油污或表面高低不平，有金属颗粒突起 (3) 环境温度过高或使用在密闭的控制箱中 (4) 触头长期处于工作中 (5) 操作频率过高或工作电流过大，触头的断开容量不够 (6) 触头的超程过小	(1) 调高触头弹簧压力 (2) 清理触头表面 (3) 接触器降容使用 (4) 接触器降容使用 (5) 调换容量较大的接触器 (6) 调整触头超程或更换触头
触头过度磨损	(1) 接触器选用欠妥，在以下场合，容量不足： ① 反接制动 ② 有较多密接操作 ③ 操作频率过高 (2) 三相触头动作不同步 (3) 负载侧短路	(1) 接触器降容使用或改用适于繁重任务的接触器 (2) 调整至同步 (3) 排除短路故障，更换触头
相间短路	(1) 可逆转换的接触器联锁不可靠，由于误动作，致使两台接触器同时投入运行可造成相间短路，或因接触器动作过快，转换时间短，在转换过程中发生电弧短路 (2) 尘埃堆积或有水汽、油垢，使绝缘变坏 (3) 接触器零部件损坏（如灭弧室碎裂）	(1) 检查电气联锁与机械联锁；在控制电路上加中间环节或调换动作时间长的接触器，延长可逆转换时间 (2) 经常清理，保持清洁 (3) 更换损坏零件

6. 继电器的选用与维修

继电器是一种根据电或非电信号的变化来接通或断开小电流（一般小于 5 A）控制电路的自动控制电器。它具有输入电路（又称感应元件）和输出电路（又称执行元件），当感应元件中的输入量（如电流、电压、温度、压力等）变化到某一定值时继电器动作，执行元件便接通和断开控制回路。

控制继电器种类繁多,常用的有电流继电器、电压继电器、中间继电器、时间继电器、热继电器以及温度、压力、计数、频率继电器等。

电压、电流继电器和中间继电器属于电磁式继电器,其结构、工作原理与接触器相似,由电磁系统、触头系统和释放弹簧等组成。由于继电器用于控制电路,流过触头的电流小,所以不需要灭弧装置。

(1) 电磁式继电器

电磁式继电器按吸引线圈电流的种类不同有直流和交流两种。其结构及工作原理与接触器相似,但因继电器一般用来接通和断开控制电路,故触点电流容量较小(一般 5 A 以下)。图 1-28 为电磁式继电器结构示意图,从图中可以看出释放弹簧 7 调得越紧,则吸引电流(电压)和释放电流(电压)就越大。非磁性垫片 9 越厚,衔铁吸合后磁路的气隙和磁阻就越大,释放电流(电压)也就越大,而吸引值不变。初始气隙越大,吸引电流(电压)就越大,而释放值不变。可通过调节螺母 8 与调节螺钉 1 来整定继电器的吸引值和释放值。下面介绍一些常用的电磁式继电器。

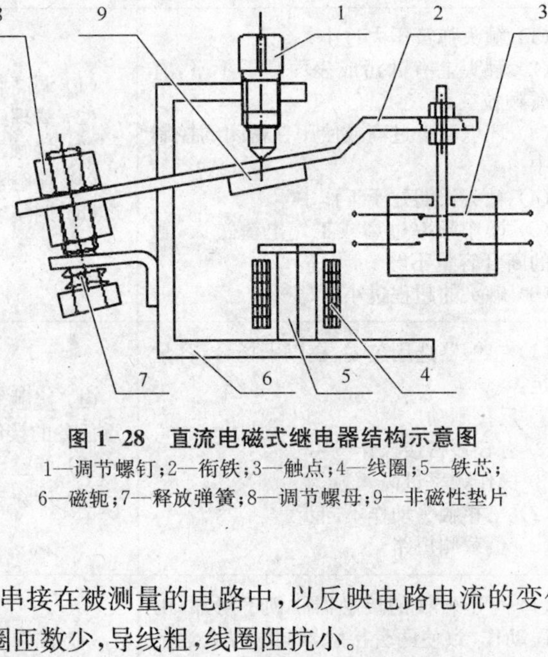

图 1-28　直流电磁式继电器结构示意图

1—调节螺钉;2—衔铁;3—触点;4—线圈;5—铁芯;
6—磁轭;7—释放弹簧;8—调节螺母;9—非磁性垫片

① 电流继电器

电流继电器的线圈串接在被测量的电路中,以反映电路电流的变化。为了不影响电路工作情况,电流继电器线圈匝数少,导线粗,线圈阻抗小。

电流继电器有欠电流继电器和过电流继电器两类。欠电流继电器的吸引电流为线圈额定电流的 30%～65%,释放电流为额定电流的 10%～20%,因此,在电路正常工作时,衔铁是吸合的,只有当电流降低到某一整定值时,继电器释放,输出信号。过电流继电器在电路正常工作时不动作,当电流超过某一整定值时才动作,整定范围通常为 1.1～4 倍额定电流。

在机床电气控制系统中,电流继电器主要根据主电路内的电流种类和额定电流来选择。

② 电压继电器

电压继电器的结构与电流继电器相似,不同的是电压继电器线圈为并联的电压线圈,所以匝数多,导线细,阻抗大。

电压继电器按动作电压值的不同,有过电压继电器、欠电压继电器和零电压继电器之分。

过电压继电器在电压为额定电压的 110%～115%以上时有保护动作；欠电压继电器在电压为额定电压的 40%～70%时有保护动作；零电压继电器当电压降至额定电压的 5%～25%时有保护动作。

③ 中间继电器

中间继电器实质上是电压继电器的一种，它的触点数多(有六对或更多)，触点电流容量大，动作灵敏。其主要用途是当其他继电器的触点数或触点容量不够时，可借助中间继电器来扩大它们的触点数或触点容量，从而起到中间转换作用。

中间继电器主要依据被控制电路的电压等级、触点的数量、种类及容量来选用。机床上常用的中间继电器有交流中间继电器和交直流两用中间继电器。

电磁式继电器的图形符号一般是相同的，中间继电器图形、文字符号如图 1-29 所示。电流继电器的文字符号为 KI，线圈方格中用 $I>$ (或 $I<$) 表示过电流(或欠电流)继电器。电压继电器的文字符号为 KV，线圈方格中用 $U<$ (或 $U=0$) 表示欠电压(或零电压)继电器。

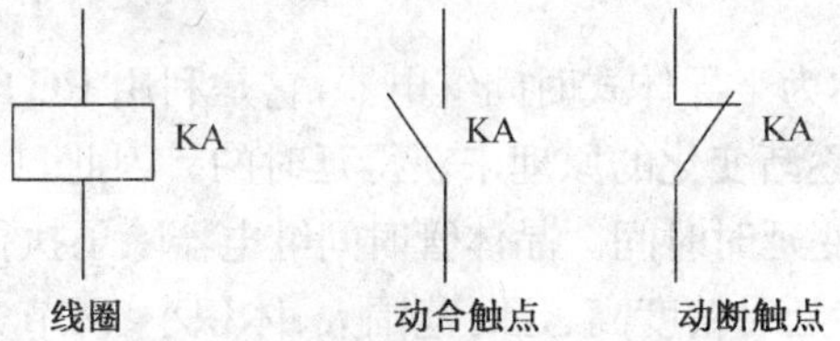

图 1-29　中间继电器的图形、文字符号

(2) 时间继电器

时间继电器是一种用来实现触点延时接通或断开的控制电器，按其动作原理与构造不同，可分为电磁式、空气阻尼式、电动式和晶体管式等类型。机床控制线路中应用较多的是空气阻尼式时间继电器，目前晶体管式时间继电器也获得了愈来愈广泛的应用。

① 空气阻尼式时间继电器

空气阻尼式时间继电器，是利用空气阻尼作用获得延时的，有通电延时和断电延时两种类型，时间继电器的结构示意图如图 1-30 所示，它主要由电磁系统、延时机构和工作触点三部分组成。

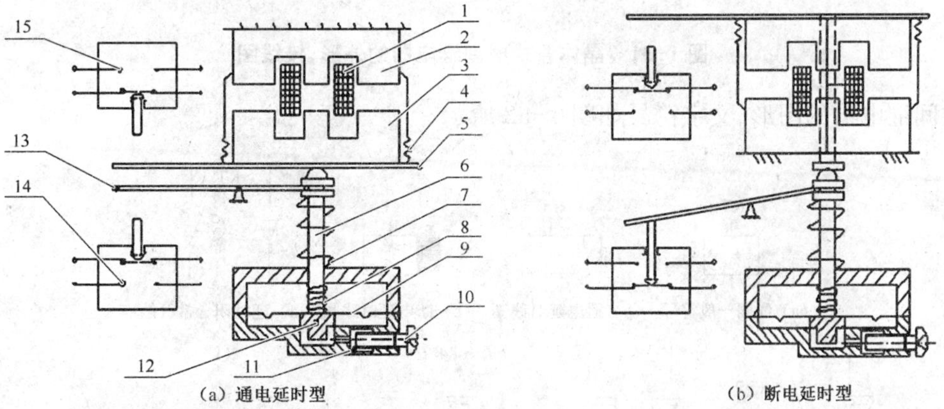

图 1-30　时间继电器的结构与动作原理图

1—线圈；2—铁芯；3—衔铁；4—复位弹簧；5—推板；6—活塞杆；7—塔形弹簧；8—弱弹簧；9—橡皮膜；10—调节螺钉；11—进气孔；12—活塞；13—杠杆；14、15—微动开关

图 1-30(a)为通电延时型时间继电器。当线圈 1 通电后,铁芯 2 将衔铁 3 吸合,推板 5 使微动开关 16 立即动作,活塞杆 6 在塔形弹簧的作用下,带动活塞 13 及橡皮膜 9 向上移动,由于橡皮膜下方气室空气稀薄,形成负压,因此活塞杆 6 不能迅速上移。当空气由进气孔 12 进入时,活塞杆 6 才逐渐上移,当移到最上端时,杠杆 14 才使微动开关 15 动作。延时时间为自电磁铁吸引线圈通电时刻起到微动开关动作时为止的这段时间。通过调节螺杆 11 调节进气孔的大小,就可以调节延时时间。当线圈 1 断电时,衔铁 3 在复位弹簧 4 的作用下将活塞 13 推向最下端。因活塞被往下推时,橡皮膜下方气室内的空气,通过橡皮膜 9、弱弹簧 8 和活塞 13 肩部所形成的单向阀,经上气室缝隙顺利排掉,因此延时与不延时的微动开关 15 与 16 都迅速复位。

将电磁机构翻转 180°安装后,可得到图 1-30(b)所示的断电延时型时间继电器。它的工作原理与通电延时型相似,微动开关 15 是在吸引线圈断电后延时动作的。

空气阻尼式时间继电器的优点是:结构简单,寿命长,价格低廉,还附有不延时的触点,所以应用较为广泛。缺点是准确度低,延时误差大,因此在要求延时精度高的场合不宜采用。

② 晶体管式时间继电器

晶体管式时间继电器又称为半导体式时间继电器,它是利用 RC 电路电容器充电时,电容电压不能突变,只能按指数规律逐渐变化的原理来获得延时的。因此,只要改变 RC 充电回路的时间常数(改变电阻值),即可改变延时时间。晶体管时间继电器除了执行继电器外,均由电子元件组成,没有机械部件,因而具有延时精度高、延时范围大、体积小、调节方便、控制功率小、耐冲击、耐振动、寿命长等优点,所以应用越来越广泛。图 1-31 为晶体管式时间继电器的外形、接线图。

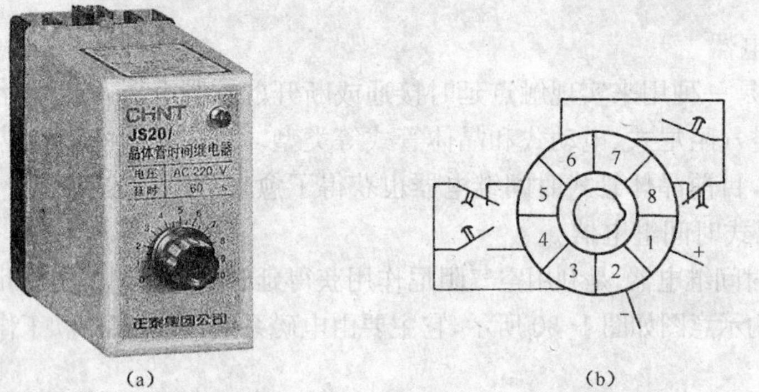

(a)　　　　(b)

图 1-31　晶体管式时间继电器的外形、接线图

时间继电器的图形、文字符号如图 1-32 所示。

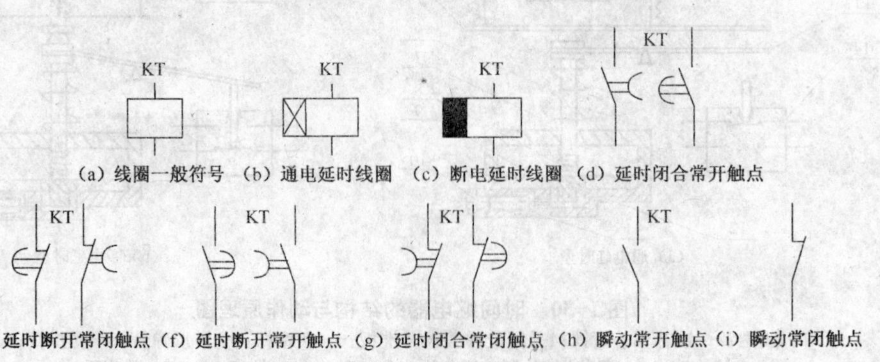

(a) 线圈一般符号 (b) 通电延时线圈 (c) 断电延时线圈 (d) 延时闭合常开触点

(e) 延时断开常闭触点 (f) 延时断开常开触点 (g) 延时闭合常闭触点 (h) 瞬动常开触点 (i) 瞬动常闭触点

图 1-32　时间继电器的图形、文字符号

(3)速度继电器

速度继电器是根据电磁感应原理制成的,用于转速的检测。如用来在三相交流异步电动机反接制动转速过零时,自动断开反相序电源。速度继电器常用于铣床和镗床的控制电路中。图 1-33 为其外形、结构和符号图。

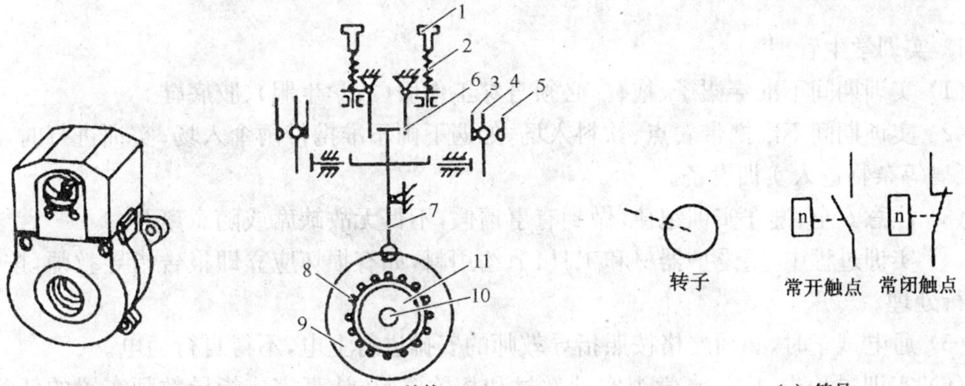

图 1-33　速度继电器外形、结构和符号图

1—调节螺钉;2—反力弹簧;3—常闭触点;4—动触点;5—常开触点;6—返回杠杆;7—摆杆;8—笼形绕组;9—圆环;10—转轴;11—转子

据图知,速度继电器主要由转子、圆环(笼形空心绕组)和触点三部分组成。转子由一块永久磁铁制成,与电动机同轴相连,用以接受转动信号。当转子(磁铁)旋转时,笼形绕组切割转子磁场产生感应电动势,形成环内电流,此电流与磁铁磁场相作用,产生电磁转矩,圆环在此力矩的作用下带动摆锤,克服弹簧力而顺转子转动的方向摆动,并拨动触点改变其通断状态(在摆锤左、右各设一组切换触点,分别在速度继电器正转和反转时发生作用)。

速度继电器的动作转速一般不低于 120 r/min,复位转速约在 100 r/min 以下,工作时,允许的转速高达 1000～3600 r/min。速度继电器图形符号如图 1-33(c)所示,文字符号为 KS。

三、研讨与练习

1. 何为低压电器？何为低压控制电器？

2. 在电动机的控制线路中,熔断器和热继电器能否相互代替？为什么？

3. 交流接触器主要由哪几部分组成？简述其工作原理。

4. 交流接触器铁芯上的短路环起什么作用？若此短路环断裂或脱落后 ,在工作中会出现什么现象？为什么？

5. 交流接触器能否串联使用？为什么？

6. 电动机的起动电流很大,起动时热继电器应不应该动作？为什么？

7. 低压断路器在电路中的作用是什么？它有哪些脱扣器,各起什么作用？

8. 画出下列低压电器的图形符号,标出其文字符号,并说明其功能:

(1) 熔断器;(2)热继电器;(3)接触器;(4)时间继电器;(5)控制按钮;(6)行程开关;(7)速度继电器。

9. 某机床的电动机为 JO2－42－4 型，额定功率 5.5 kW，额定电压 380 V，额定电流 12.5 A，起动电流为额定电流的 7 倍，现用按钮进行起停控制，需有短路保护和过载保护，试选用接触器、按钮、熔断器、热继电器和电源开关的型号。

同步训练　接触器的拆装与维修

1. 实训学生管理

(1) 实训期间不准穿裙子、拖鞋，必须身穿工作服(或学生服)、胶底鞋。

(2) 实训期间不准携带餐点、饮料入场，如遇下雨不准携带雨伞入场；实训进行时，防止头发、纸屑等杂物进入实训设备。

(3) 注意安全，遵守实训纪律，做到有事请假，不得无故缺席或随意离开。

(4) 实训过程中，要爱护器材和工具，节约用料，如有损坏应立即报告指导教师，按学院规定进行处理。

(5) 通电试车时，必须严格按照指导教师的安排进行上电，不得自行通电。

(6) 实训过程中，应认真学习实训教材和相关资料，认真完成指导教师布置的任务，及时总结实训经验；实训项目结束后，完成相应的实训报告。

2. 实训目的

(1) 熟悉接触器和继电器的结构，了解其动作原理。

(2) 熟悉接触器和继电器的拆卸与装配工艺，并能对常见故障进行正确的检修。

(3) 学会接触器和继电器的校验和调整方法。

(4) 培养学生安全操作、规范操作、文明生产的行为。

3. 实训器材与工具

序号	名　称	符　号	数　量
1	常用电工工具		
2	电器安装板		
3	自攻螺丝钉		
4	万用表		
5	导线		
6	交流接触器		
7	时间继电器		
8	热继电器		
9	中间继电器		
10	熔断器		
11	刀开关		
12	低压断路器		
13	按钮		
14	行程开关		

4. 实训内容及步骤

了解接触器内部结构、铭牌的意义，按要求对接触器进行正确的检测、拆卸及安装，并对常见故障进行检修；了解中间继电器、时间继电器和热继电器内部结构、铭牌的意义，按要求对其进行正确的检测、拆卸及安装，并对常见故障进行检修。

(1) 接触器实物认知(KM)

① 仔细观察接触器的外形结构，用仪表测量各个触头的阻值。

② 观察接触器上的铭牌及说明书，了解其型号及各参数的意义。

(2) 拆卸

① 卸下灭弧罩紧固螺钉，取下灭弧罩。

② 压下主触头弹簧，取下主触头压力弹簧片。拆卸主触头时必须将主触头侧转 45°后才能取出。

③ 松开辅助常开触头的线桩螺钉，取下常开静触头。

④ 松开接触器底部盖板螺钉，取下盖板。在松螺钉时，要用手轻轻压住，慢慢取下。

⑤ 慢慢按顺序取下铁芯、反力弹簧、垫片等。

⑥ 最后取出线圈，用仪表测量其阻值并记录。记住安装顺序。

(3) 检修

① 检测灭弧罩有无破损或烧坏变形，清理灭弧罩内的灰尘。

② 检查触头的磨损程度，磨损严重时应更换触头；若不需更换，则清除触头表面上烧毛的颗粒。

③ 清除铁芯端面的油垢，检查铁芯有无变形及端面接触是否平整。

④ 检查触头压力弹簧及反作用弹簧是否变形或弹力不足。如有需要则更换弹簧。

⑤ 检查电磁线圈是否有短路、断路及发热变色现象。

(4) 装配

按拆卸的逆顺序进行装配。

(5) 自检

用万用表欧姆挡检查线圈及各触头是否良好；用兆欧表测量各触头间及主触头对地电阻是否符合要求；用手按动主触头检查运动部分是否灵活，以防产生接触不良、振动和噪声。

(6) 触头压力的测量与调整

用纸条凭经验判断触头压力是否合适。将一张厚约 0.1 mm，比触头稍宽的纸条夹在 CJ 10—20 型接触器的触头间，触头处于闭合位置，用手拉动纸条，若触头压力合适，稍用力纸条即可拉出。若纸条很容易被拉出，说明触头压力不够。若纸条被拉断，说明触头压力太大。可调整触头弹簧或更换弹簧，直至符合要求。

(7) 中间继电器(KA)

其原理结构与交流接触器相似，训练参照交流接触器的步骤进行。

(8) 时间继电器(KT)

拆装过程：

① 观察时间继电器的实物及铭牌使用说明书，了解它的型号及各参数的意义。

② 仔细观察时间继电器的外形结构，用仪表测量各个触头的阻值。

③ 用手压各触头，观察各触头的分断情况。

④ 用小起子调节进气孔大小，记录触头延时的时间。

⑤ 取出线圈，用仪表测量其阻值，并记录。

⑥ 检查触头的磨损程度，磨损严重时应更换触头。若不需更换，则清除触头表面上烧毛的颗粒。

⑦ 清除铁芯端面的油垢，检查铁芯有无变形及端面接触是否平整。

⑧ 检查触头压力弹簧及反作用弹簧是否变形或弹力不足。如有需要则更换弹簧。

⑨ 检查电磁线圈是否有短路、断路及发热变色现象。

⑩ 按拆卸的逆顺序进行装配。

自检过程：

用万用表欧姆挡检查线圈及各触头是否良好；用兆欧表测量各触头间及主触头对地电阻是否符合要求；用手按动主触头检查运动部分是否灵活，以防产生接触不良、振动和噪声。

通过调节进气孔大小、记录数据查检延时的时间是否准确。

(9) 热继电器(FR)

拆装过程：

① 观察热继电器的实物及铭牌使用说明书，了解它的型号及各参数的意义。

② 仔细观察热继电器的外形结构，用仪表测量各个触头的阻值。

③ 对照铭牌找到相应的常开、常闭触头，并测量。

④ 用螺丝刀打开后盖板，用手拨动触头，观察内部连杆装置带动触头动作情况。

⑤ 按拆卸的逆顺序进行装配。

自检过程：

用万用表欧姆挡检查各触头是否良好；用兆欧表测量各触头间及主触头对地电阻是否符合要求；检查其复位按钮是否正常，电流调节孔能否正常工作。

(10) 继电器常见的故障处理方法

① 线圈故障检修　线圈故障通常有线圈绝缘损坏，受机械伤形成匝间短路或接地。由于电源电压过低，动、静铁芯接触不严密，使通过线圈电流过大，线圈发热以致烧毁。修理时，应重绕线圈。如果线圈通电后衔铁不吸合，可能是线圈引出线连接处脱落，使线圈断路。检查出脱落处后焊接上即可。

② 铁芯故障检修　铁芯故障主要有通电后衔铁吸不上，这可能是由于线圈断线，动、静铁芯之间有异物，电源电压过低等造成的，应区别情况修理。通电后，衔铁噪声大，这可能是由于动、静铁芯接触面不平整，或有油污染造成的，修理时应取下线圈，锉平或磨平其接触面，如有油污应进行清洗。噪声大可能是由于短路、环断裂引起的，修理或更换新的短路环即可。断电后，衔铁不能立即释放，这可能是由于动铁芯被卡住、铁芯气隙太小、弹簧劳损和铁芯接触面有油污等造成的，检修时应针对故障原因区别对待，或调整气隙使其保持在 0.02～0.05 mm，或更换弹簧，或用汽油清洗油污。

③ 触点的检修　打开外盖，检查触点表面情况。如果触点表面氧化可用油光锉锉平或用小刀轻轻刮去其表面的氧化层。如果触点表面不清洁，可用汽油或四氯化碳清洗。如果触点表面有灼伤烧毛痕迹，可用油光锉或小刀整修，不允许用砂布或砂纸整修，以免残留砂粒，造成接触不良。触点如果熔焊，应更换触点。如果是因触点容量太小造成的，则应更换容量大一级的继电器。

④ 热继电器故障检修　常见故障是热元件烧坏，或热元件误动作和不动作。

热元件烧坏，这可能是由于负载侧发生短路，或热元件动作频率太高造成的。检修时应更换热元件，重新调整整定值。

热元件误动作，这可能是由于整定值太小、未过载就动作，或使用场合有强烈的冲击及振动，使其动作机构松动脱扣而引起误动作造成的。

热元件不动作，这可能是由于整定值太小，使热元件失去过载保护功能所致。检修时应根据负载工作电流来调整整定电流。

5. 注意事项

(1) 拆卸过程中，应备有盛放零件的容器，以免丢失零件。

(2) 拆装过程中不允许硬撬，以免损坏电器。装配辅助静触头时，要防止卡住动触头。

(3) 通电校验时，接触器应固定在控制板上，并有教师监护，以确保用电安全。

(4) 通电校验过程中，要均匀、缓慢地改变调压变压器的输出电压，以使测量结果尽量准确。

(5) 调整触头压力时，注意不得损坏接触器的主触头。

6. 项目评价

本项目的考核评价如表 1-4 所示。

表 1-4　评分标准

<table>
<tr><td>项目内容</td><td>配分</td><td colspan="5">评分标准</td><td>扣分</td></tr>
<tr><td>拆卸和装配</td><td>20</td><td colspan="5">(1) 拆卸步骤及方法不正确，每次扣 5 分
(2) 拆装不熟练扣 5～10 分
(3) 丢失零部件，每件扣 10 分
(4) 拆卸不能组装扣 15 分
(5) 损坏零部件扣 20 分</td><td></td></tr>
<tr><td>检修</td><td>30</td><td colspan="5">(1) 未进行检修或检修无效果扣 30 分
(2) 检修步骤及方法不正确，每次扣 5 分
(3) 扩大故障(无法修复)扣 30 分</td><td></td></tr>
<tr><td>校验</td><td>25</td><td colspan="5">(1) 不能进行通电校验扣 25 分
(2) 检验方法不正确扣 10～15 分
(3) 检验结果不正确扣 10～20 分
(4) 通电时有振动或噪声扣 10 分</td><td></td></tr>
<tr><td>调整触头压力</td><td>25</td><td colspan="5">(1) 不能凭经验判断触头压力大小扣 10 分
(2) 不会测量触头压力扣 10 分
(3) 触头压力测量不准确扣 10 分
(4) 触头压力的调整方法不正确扣 15 分</td><td></td></tr>
<tr><td>安全文明生产</td><td colspan="6">违反安全文明生产规程　　酌情扣 5～20 分</td><td></td></tr>
<tr><td>定额时间 90 min</td><td colspan="6">每超时 5 min 以内以扣 5 分计算</td><td></td></tr>
<tr><td>备注</td><td colspan="5">除定额时间外，各项目扣分不得超过该项配分</td><td>成绩</td><td></td></tr>
<tr><td>开始时间</td><td colspan="2"></td><td>结束时间</td><td></td><td colspan="2">实际时间</td><td></td></tr>
</table>

7. 总结实训经验

第二篇　继电—接触器控制电路

项目二　三相异步电动机单向起动控制线路的安装与检修

项目目标

（1）掌握电气控制线路的读图、绘图方法。

（2）掌握三相异步电动机单向起动控制线路的工作原理。

（3）掌握三相异步电动机单向起动控制线路的电路安装接线步骤、工艺要求和检修方法。

（4）培养学生安全操作、规范操作、文明生产的行为。

一、项目任务

正确识读三相异步电动机单向起动控制线路的电气原理图并理解其工作原理，根据电气原理图及电动机型号选用电器元件及部分电工器材，按一定步骤、工艺要求安装布线，然后进行线路检查和通电试车。能对常见的故障进行分析并排除。

二、项目知识分析与实施

1. 电气控制系统图的基本知识

电气控制系统是由许多电气元件按一定要求连接而成的。为了便于电气控制系统的设计、分析、安装、使用和检修，需要将电气控制系统中各电气元件及其连接，用一定的图形表达出来，这种图形就是电气控制系统图。

电气控制系统图有三类：电气原理图、电器元件布置图和电气安装接线图。

（1）图形、文字符号

电气控制系统图中，电气元件必须使用国家统一规定的图形符号和文字符号。目前推行的最新标准是国家标准局颁布的《电气图用图形符号》（GB 4723—84）、《电气制图》（GB 6983—87）和《电气技术中的文字符号制订通则》（GB 7159—87）。

① 图形符号

图形符号通常用于图样或其他文件，用以表示一个设备或概念的图形、标记或字符。电气控制系统图中的图形符号必须按国家标准绘制。

② 文字符号

文字符号分为基本文字符号和辅助文字符号。

a. 基本文字符号:有单字母和双字母两种。单字母是按拉丁字母将电气设备、装置和元件划分为若干大类,每一大类用一个专用单字母表示。如"C"表示电容器类,"R"表示电阻器类。只有当用单字母不能满足要求,需将某一大类进一步划分时,才采用双字母。如"F"表示保护器件类,而"FU"表示熔断器,"FR"表示有延时动作的限流保护器件,"FV"表示限压保护器件等。

b. 辅助文字符号:用以表示电气设备、装置和元器件以及线路的功能、状态和特征的。如"SYN"表示同步,"RD"表示红色,"L"表示限制等。辅助文字还可以单独使用,如"ON"表示接通,"OFF"表示断开,"M"表示中间线,"PE"表示接地等。因"I"和"O"同阿拉伯数字"1"和"0"容易混淆,因此不能单独作为文字符号使用。

③ 主电路各接点标记

三相交流电源引入线采用 L1、L2、L3 标记。

电源开关之后的三相交流电源主电路分别按 U、V、W 顺序标记。次级三相交流电源主电路采用三相文字代号 U、V、W 的前面加上阿拉伯数字 1、2、3 等来标记,如 1U、1V、1W、2U、2V、2W 等。

(2) 电气原理图的画法规则

电气原理图是为了便于阅读和分析控制线路,根据简单清晰的原则,采用电气元件展开的形式绘制成的表示电气控制线路工作原理图的图形。在电气原理图中只包括所有电气元件的导电部件和接线端点之间的相互关系,但并不按照各电气元件的实际布置位置和实际接线情况来绘制,也不反映电气元件的大小。

绘制电气原理图的基本规则:

① 原理图一般由电源电路、主电路(动力电路)、控制电路、辅助电路四部分组成。

a. 电源电路由电源保护和电源开关组成,按规定绘成水平线。

b. 主电路是从电源到电动机大电流通过的电路,应垂直于电源线路,画在原理图的左边。

c. 控制电路由继电器和接触器的触头、线圈和按钮、开关等组成,用来控制继电器和接触器线圈得电与否的小电流的电路。画在原理图的中间,垂直地画在两条水平电源线之间。

d. 辅助电路包括照明电路、信号电路等,应垂直地绘于两条水平电源线之间,画在原理图的右边。

② 同一电器的各个部件按其功能分别画在不同的支路中时,要用同一文字符号标出。若有几个相同的电器元件,则在文字符号后面标出 1、2、3、…,例如 KM1、KM2、…

③ 原理图中,各电器元件的导电部件如线圈和触点的位置,应根据便于阅读和发现的原则来安排,绘在它们完成作用的地方。同电器元件的各个部件可以不画在一起。

④ 原理图中所有电器的触点,都按没有通电或没有外力作用时的开闭状态画出。如继电器、接触器的触点按线圈未通电时的状态画。

⑤ 原理图中,无论是主电路还是辅助电路,各电气元件一般应按动作顺序从上到下、从左到右依次排列,可水平或垂直布置。

⑥ 为了便于检索和阅读,可将图分成若干个图区,图区编号一般写在图的下面;每个电路

的功能，一般在图的顶部标明。

⑦ 由于同一电器元件的部件分别画在不同功能的支路(图区)，为了便于阅读，在原理图控制电路的下面，标出了“符号位置索引”。即在相应线圈的下面，给出触头的图形符号(有时也可省去)，注明相应触头所在图区，对未使用的触头用“×”表明(或不作表明)。

对接触器各栏表示的含义如下：

左　栏	中　栏	右　栏
主触头所在图区号	辅助常开触头所在图区号	辅助常闭触头所在图区号

对继电器各栏表示含义如下：

左　栏	右　栏
常开触头所在图区号	常闭触头所在图区号

⑧ 原理图上各电器元件连接点应编排接线号，以便检查和接线。

某车床电气原理图如图 2-1 所示。

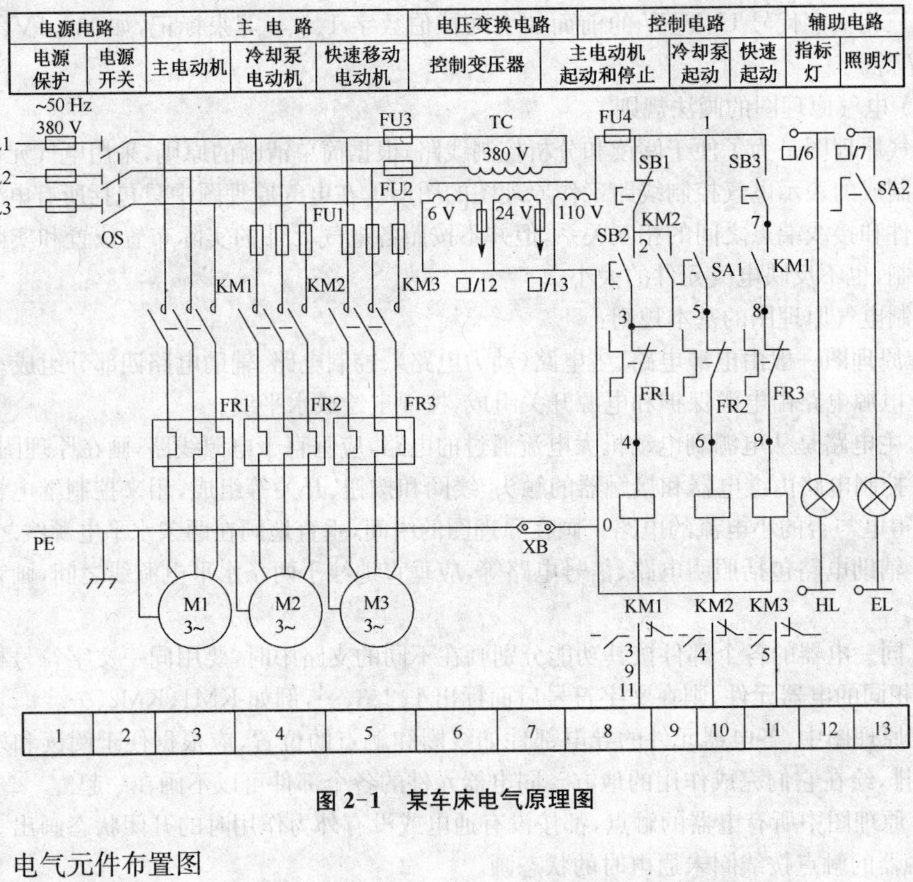

图 2-1　某车床电气原理图

(3) 电气元件布置图

电气元件布置图主要用来表示各种电气设备在机械设备上和电气控制柜中的实际安装位置，为机械电气控制设备的制造、安装、检修提供必要的资料。各电气元件的安装位置是由机床的结构和工作要求来决定的，机床电气元件布置图主要由机床电气设备布置图、控制柜及控制板电气设备布置图、操纵台及悬挂操纵箱电气设备布置图等组成。在绘制电气设备布置图时，所有能见到的以及需表示清楚的电气设备均用粗实线绘制出简单的外形轮廓，其他设备（如机床）的轮廓用双点划线表示，如图 2-2 所示。

（4）电气安装接线图

电气安装接线图是为了安装电气设备和电气元件时进行配线或检查检修电气控制线路故障服务的。在图中要表示各电气设备之间的实际接线情况，并标注出外部接线所需的数据。在接线图中各电气元件的文字符号、元件连接顺序、线路号码编制都必须与电气原理图一致。

电气安装接线图见图 2-3。图中表明了该电气设备中电源进线、按钮板、照明灯、电动机与电气安装板接线端之间的关系，也标注了所采用的包塑金属软管的直径和长度以及导线的根数、截面积。

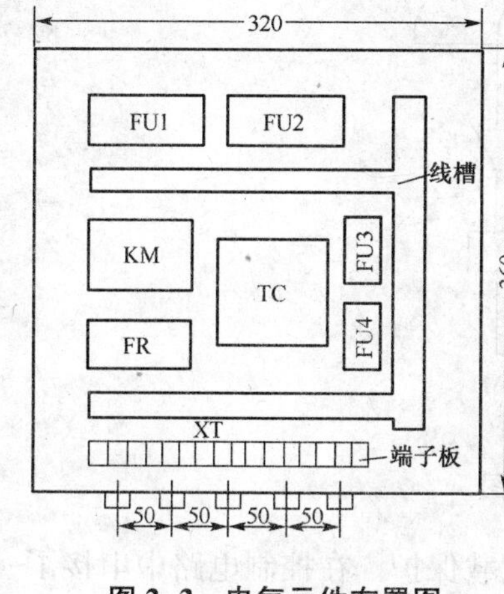

图 2-2　电气元件布置图

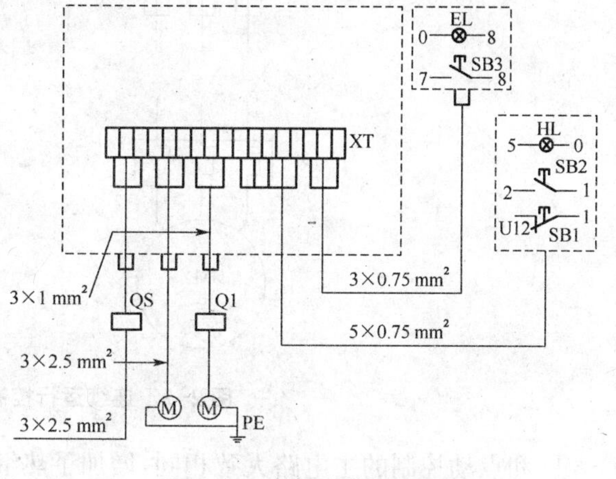

图 2-3　电气安装接线图

2. 电动机点动控制线路

所谓点动控制就是按住启动按钮电机启动，松开按钮电机则停止。

（1）识读电路图

点动控制线路原理图如图 2-4 所示，特点如下：

电路中 QS 为电源隔离开关，FU 为短路保护熔断器。KM 接触器用来控制电机，即 KM 线圈得电电机启动，KM 线圈失电电机停止。SB 是点动控制按钮。因点动启动时间较短，所以不需要热继电器做过载保护。

（2）电路工作原理

起动：按下起动按钮 SB→接触器 KM 线圈得电→KM 主触头闭合→电机 M 起动运行。

停止：松开按钮 SB→接触器 KM 线圈失电→KM 主触头断开→电动机 M 失电停转。

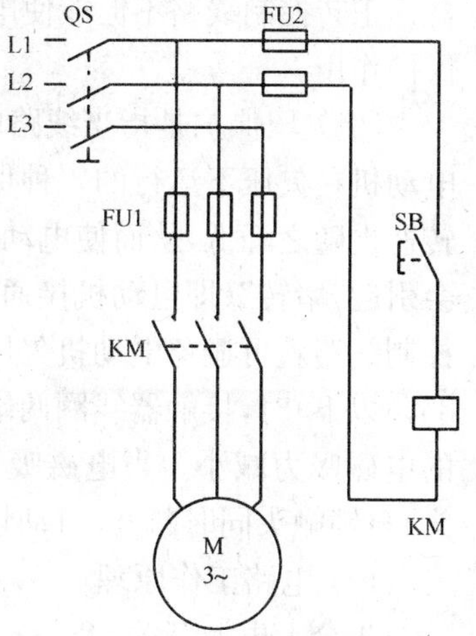

图 2-4　点动控制线路原理图

3. 全压起动连续运转控制线路

如要求电动机起动后能连续运行时，采用上述点动控制线路就不行了。因为要使电动机M连续运行，起动按钮SB就不能断开，这是不符合生产实际要求的。为实现电动机的连续运行，可采用图2-5所示的接触器自锁控制线路。

(1) 识读电路图

连续运行控制电路原理图如图2-5所示，特点如下：

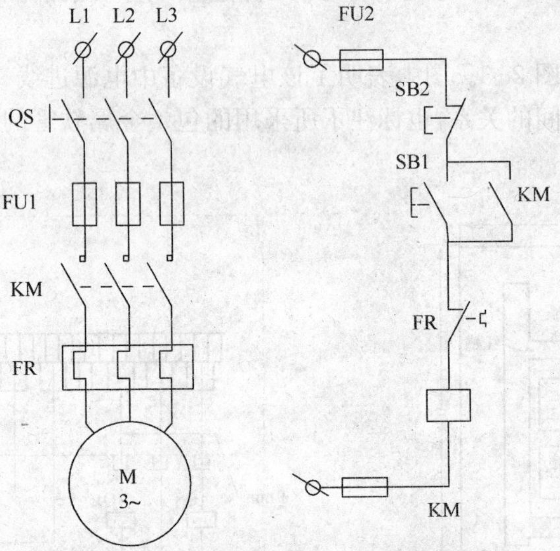

图2-5 连续运行控制电路原理图

① 和点动控制的主电路大致相同，增加了热继电器做过载保护。在控制电路中串接了一个停止按钮SB2，并在启动按钮SB1的两端并接了接触器KM的一对常开辅助触头。接触器自锁正转控制线路不但能使电动机连续运转，而且还有一个重要的特点，就是具有欠压和失压保护作用。

② 欠压保护是指当线路电压下降到某一数值时，电动机能自动脱离电源电压停转，避免电动机在欠压下运行的一种保护。因为当线路电压下降时，电动机的转矩随之减小，电动机的转速也随之降低，从而使电动机的工作电流增大，影响电动机的正常运行，电压下降严重时还会引起"堵转"(即电动机接通电源但不转动)的现象，以致损坏电动机。采用接触器自锁正转控制线路就可避免电动机欠压运行，这是因为当线路电压下降到一定值(一般指低于额定电压85%以下)时，接触器线圈两端的电压也同样下降到一定值，从而使接触器线圈磁通减弱，产生的电磁吸力减小。当电磁吸力减小到小于反作用弹簧的拉力时，动铁芯被迫释放，带动主触头、自锁触头同时断开，自动切断主电路和控制电路，电动机失电停转，达到欠压保护的目的。

(2) 电路工作原理

先合上电源开关QS。

① 起动：按下起动按钮

SB1→KM线圈得电→ KM常开触头闭合 / KM主触头闭合 → 电动机M起动连续运行

当松开 SB1 常开触头恢复分断后，因为接触器 KM 的常开辅助触头闭合时已将 SB1 短接，控制电路仍保持接通，所以接触器 KM 继续得电，电动机 M 实现连续运转。像这种当松开起动按钮 SB1 后，接触器 KM 通过自身常开触头而使线圈保持得电的作用叫做自锁（或自保）。与起动按钮 SB1 并联起自锁作用的常开触头叫自锁触头（也称自保触头）。

② 停止：按下停止按钮

SB2 → KM 自锁触头分析 → KM 主触头分断 → 电动机 M 断电停转
SB2 → KM 线圈失电 → KM 主触头分断 → 电动机 M 断电停转

当松开 SB2 其常闭触头恢复闭合后，因接触器 KM 的自锁触头在切断控制电路时已分断，解除了自锁，SB1 也是分断的，所以接触器 KM 不能得电，电动机 M 也不会转动。

电路的保护环节：短路保护；过载保护；失压和欠压保护。

该电路安全可靠，不仅具有各种电气保护措施，而且线路较简单，检修方便，应用普遍。

4. 既能点动又能连续运转控制线路

机床设备在正常运行时，一般电动机都处于连续运行状态。但在试车或调整刀具与工件的相对位置时，又需要电动机能点动控制，实现这种控制要求的线路是连续与点动混合控制的正转控制线路。

（1）识读电路图

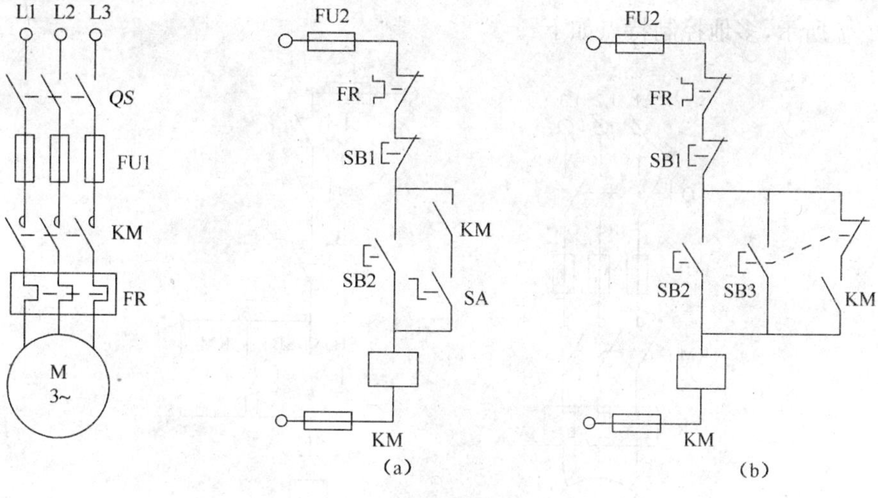

图 2-6　连续与点动混合控制

图(a)是自锁支路串接转换开关 SA，SA 打开时为点动控制，SA 合上时为连续控制。该电路简单，但若疏忽 SA 的操作就易引起混淆。

图(b)是自锁支路并接复合按钮 SB3，按下 SB3 为点动启动控制，按下 SB2 为连续启动控制。该电路的连续与点动按钮分开了，但若接触器铁芯因剩磁影响而释放缓慢时就会使点动变为连续控制，这在某些极限状态下是十分危险的。

（2）电路工作原理

以图 2-6(b)为例说明其工作原理。

连续工作：

按下 SB2→ KM 得电 → KM 主触头闭合 / 自锁触头闭合 → M 得电连续运行

点动控制：

按下 SB3 → SB3 常闭先分断→KM 自锁解除
按下 SB3 → SB3 常开后闭合→ KM 得电 → 主触头闭合→M 运行

松开 SB3→KM 断电→主触头断开→M 断电停转

(3)电路的优缺点

以上两种控制电路都具有线路简单、检修方便的特点，但可靠性还不够，可利用中间继电器 KA 的常开触点来接通 KM 线圈，虽然加了一个电器，但可靠性大大提高了。

5. 多地控制和顺序控制线路

(1) 多地控制

能在两地或多地控制同一台电动机的控制方式叫多地控制。在大型生产设备上，为使操作人员在不同方位均能进行起停操作，常常要求组成多地控制线路。

① 识读电路图

如图 2-7 所示，多地控制特点如下：

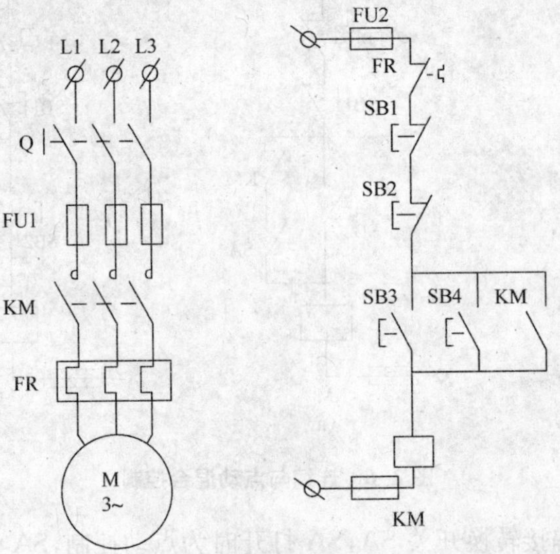

图 2-7 两地控制线路

起动按钮应并联接在一起，停止按钮应串联接在一起，这样就可以分别在甲、乙两地控制同一台电动机，达到操作方便的目的。对于三地或多地控制，只要将各地的起动按钮并联、停止按钮串联即可实现。

② 电路工作原理

起动按钮 SB3、SB4 并联在电路中，分别在甲、乙两地可单独启动。

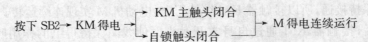

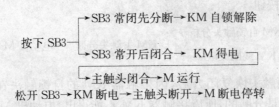

停止按钮 SB1、SB2 串联在电路中，分别在甲、乙两地可单独停止。

(2) 顺序控制

在机床的控制线路中，常常要求电动机的起停有一定的顺序。例如磨床要求先起动润滑油泵，然后再起动主轴电机；龙门刨床在工作台移动前，导轨润滑油泵要先起动；铣床的主轴旋转后，工作台方可移动等；顺序工作控制线路有顺序起动、同时停止控制线路，有顺序起动、顺序停止控制线路，还有顺序起动、逆序停止等控制线路。

① 识读电路图

如图 2-8 所示，顺序控制特点如下：

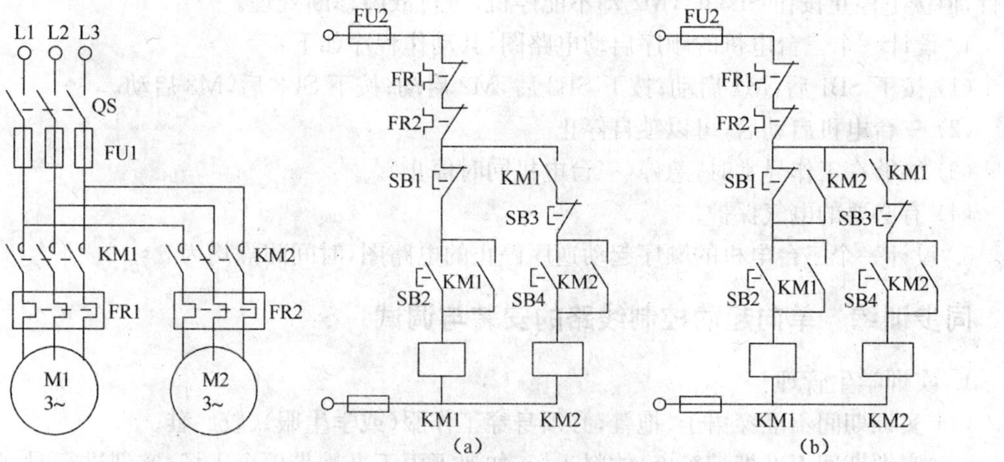

图 2-8　电动机的顺序控制线路

图 2-8(a)M1 电机启动后，M2 才能启动，可单独停止。

图 2-8(b)M1 电机启动后，M2 才能启动；M2 停止后，M1 才能停止。

② 电路工作原理

a. 图 2-8(a)工作原理

启动过程：

按下 SB2，KM1 线圈得电自锁，M1 启动，同时 KM1 常开闭合，为 M2 启动做准备。

按下 SB4，KM2 线圈得电自锁，M2 电机启动。

停止过程：

按下 SB1，KM1 线圈失电，M1、M2 同时停止。

按下 SB3，KM2 线圈失电，M2 单独停止。

b. 图 2-8(b)工作原理

启动过程：

按下 SB2，KM1 线圈得电自锁，M1 启动，同时 KM1 常开闭合，为 M2 启动做准备。

按下 SB4，KM2 线圈得电自锁，M2 电机启动，同时 KM2 常开触点把 SB1 按钮锁住，使得 SB1 不能单独停止 M1 电机。

停止过程：

只有先按下 SB3 按钮，KM2 线圈失电，M2 电机停止，同时 KM2 常开触点复位。再按下 SB1 按钮，才能停止 M1 电机。

三、研讨与练习

1. 在图 2-6(b)中,按下 SB2 时,KM 线圈得电;但松开按钮,接触器 KM 释放,进行故障诊断处理。

2. 在图 2-7 中,按下 SB3,接触器 KM 正常通电,但松开后,KM 线圈释放,电动机停止;按下 SB4 时,KM 的现象与上相同,进行故障诊断处理。

3. 在图 2-8(a)中,试车时,按下 SB2,电动机 M1 起动后运行,按下 SB4,电机 M2 也正常运行,但按下停止按钮 SB3 时,M2 却不能停机,进行故障诊断处理。

4. 设计一个三台电机的顺序启动电路图,其动作程序如下:

(1) 按下 SB1 后,M1 启动;按下 SB2 后,M2 启动;按下 SB3 后,M3 启动。

(2) 三台电机启动后,可以独自停止。

(3) 能够在工作异常时,急停(三台电机同时停止)。

(4) 有必要的电气保护。

5. 设计一个三台电机的顺序起动逆序停止的电路图,时间间隔均为 5 s。

同步训练　单向起动控制线路的安装与调试

1. 实训学生管理

(1) 实训期间不准穿裙子、拖鞋,必须身穿工作服(或学生服)、胶底鞋。

(2) 实训期间不准携带餐点、饮料入场,如遇下雨不准携带雨伞入场;实训进行时,防止头发、纸屑等杂物进入实训设备。

(3) 注意安全,遵守实训纪律,做到有事请假,不得无故缺席或随意离开。

(4) 实训过程中,要爱护器材和工具,节约用料,如有损坏应立即报告指导教师,按学院规定进行处理。

(5) 通电试车时,必须严格按照指导教师的安排进行上电,不得自行通电。

(6) 实训过程中,应认真学习实训教材和相关资料,认真完成指导教师布置的任务,及时总结实训经验;实训项目结束后,完成相应的实训报告。

2. 实训目的

(1) 掌握电动机单向起运控制线路安装的步骤、工艺要求和安装技能。

(2) 掌握检查和测试电气元件的方法。

(3) 学习接线、试车和排除故障的方法。

(4) 培养学生安全操作、规范操作、文明生产的行为。

3. 实训器材与工具

表 2-1　实训器材与工具

序号	名称	符号	数量
1	常用电工工具		
2	电器安装板		
3	自攻螺丝钉		

续表 2-1

序号	名称	符号	数量
4	万用表		
5	导线		
6	三相异步电动机		
7	低压断路器		
8	刀开关		
9	熔断器		
10	交流接触器		
11	热继电器		
12	按钮盒		

4. 实训内容及步骤

按照电气线路布局、布线的基本原则，在给定的电气线路板上固定好电气元件，并进行布线，通电调试好三相异步电动机单向起动控制线路以后，对电路的故障进行分析与检修。

(1) 电机单向起动控制线路的安装接线

① 安装步骤

表 2-2　安装步骤

安装步骤	内　容	工艺要求
分析电路图	明确电路的控制要求、工作原理、操作方法、结构特点及所用电器元件的规格	画出电路的接线图与元件位置图(见图 2-9)
列出元件清单	按电气原理图及负载电动机功率的大小配齐电气元件及导线	电器元件的型号、规格、电压等级及电流容量等符合要求
检查电气元件	外观检查	外壳无裂纹，接线桩无锈，零部件齐全
	动作机构检查	动作灵活，不卡阻
	元件线圈、触点等检查	线圈无断路、短路；线圈无熔焊、变形或严重氧化锈蚀现象
安装元器件	安装固定电源开关、熔断器、接触器和按钮等元器件	(1) 元器件布置要整齐、合理，做到安装时便于布线，便于故障检修 (2) 安装紧固用力均匀，紧固程度适当，防止电器元件的外壳被压裂损坏
布线	按电气接线图确定走线方向进行布线	(1) 连线紧固、无毛刺 (2) 布线平直、整齐、紧贴敷设面，走线合理 (3) 尽量避免交叉，中间不能有接头 (4) 电源和电动机配线、按钮接线要接到端子排上，进出线槽的导线要有端子标号

② 通电前的检查

安装完毕的控制电路板，必须经过认真检查后才能通电试车，以防止错接、漏接而造成控制功能不能实现或短路事故。检查内容见表 2-3。

表 2-3 通电前的检查内容

检查项目	检查内容	检查工具
接线检查	按电气原理图或电气接线图从电源端开始，逐段核对接线。 (1) 有无漏接，错接 (2) 导线压接是否牢固、接触良好	电工常用工具
检查电路通断	(1) 主回路有无短路现象(断开控制回路) (2) 控制回路有无开路或短路现象(断开主回路) (3) 控制回路自锁、联锁装置的动作及可靠性	万用表
检查电路绝缘	电路的绝缘电阻不应小于 1 MΩ	500 V 兆欧表

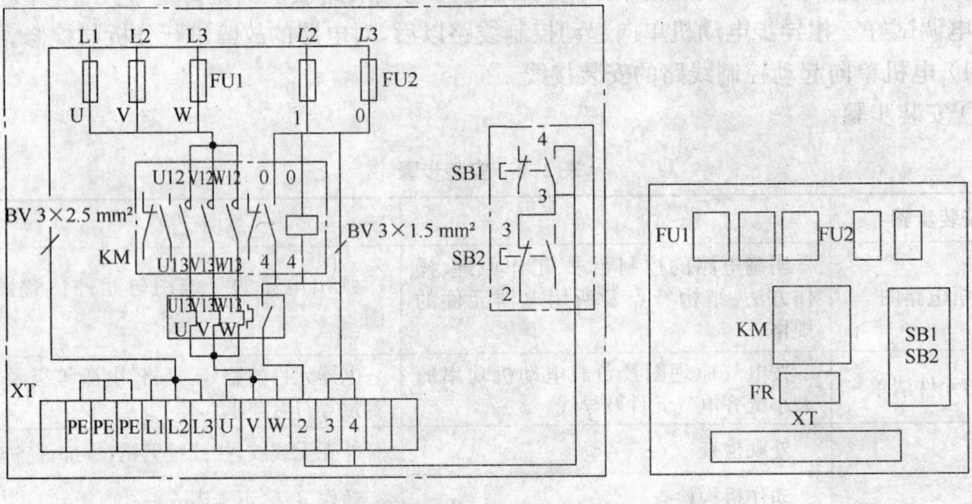

图 2-9 单向起运控制线路的接线图、布置图及安装图

③ 通电试车

为保证人身安全，在通电试车时，应认真执行安全操作规程的有关规定：一人监护，一人操作。通电试车步骤见表 2-4。

表 2-4 通电试车步骤

项 目	操作步骤	观察现象
空载试车 (不接电动机)	先合上电源开关，按下启动按钮，再按下停止按钮	(1) 接触器动作情况是否正常，是否符合电路功能要求 (2) 电气元件动作是否灵活，有无卡阻或噪声过大现象 (3) 有无异味 (4) 检查负载接线端子三相电源是否正常

续表 2-4

项　目	操作步骤	观察现象
负载试车（连接电动机）	合上电源开关	电源开关是否由下往上闭合
	按下启动按钮	接触器动作情况是否正常，电动机是否正常启动
	按下停止按钮	接触器动作情况是否正常，电动机是否停止
	电流测量	电动机平稳运行时，用钳形电流表测量三相电流是否平衡
	断开电源	先拆除三相电源线，再拆除电动机线，完成通电试车

(2) 电机单向运行控制线路的故障检查及排除

① 教师示范检修

案例：按下按钮 SB1，电机正常运转，松开后则停机。

检修过程：

A. 故障调查。可以采用试运转的方法，以对故障的原始状态有个综合的印象和准确描述，如按下起动按钮和停止按钮，仔细观察故障现象，从而判断和缩小故障范围。

B. 电路分析。根据调查结果，参考电气原理图进行分析，初步判断出故障产生的部位——控制电路，然后进一步缩小故障范围——KM 自锁所在回路。

C. 用测量法确定故障点。主要通过对电路进行带电或断电时的有关参数，如电压、电阻、电流等的测量，来判断电气元件的好坏、电路的通断情况，常用的故障检查方法有分段电压测量法、分段电阻测量法等，以下介绍常用的两种检测故障方法。

a. 采用试电笔检修法。检修时用试电笔依次测试 1、2、3、4、5 各点（在去掉和 L2 端连接的熔断器中熔芯的情况下），并按下 SB2，测量到哪一点试电笔不亮即为断路处。例如测到 2 号点时试电笔不亮则说明 FR 常闭触点有问题或者和 FR 常闭触点连接的导线有断路。图 2-10 为试电笔测量示意图。

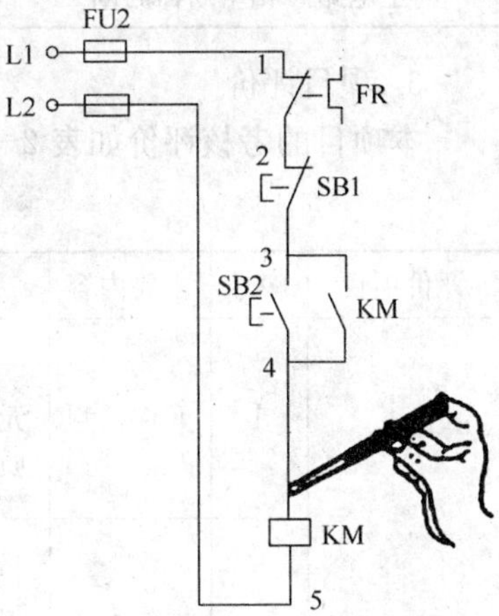

图 2-10　试电笔测量示意图

试电笔检测时注意事项：

在有一端接地的 220 V 电路中测量时，应从电源侧开始依次测量，并注意观察试电笔的亮度，防止由于外部电场、泄漏电流造成氖管发亮，而误认为电路没有断路。

当检查 380 V 且有变压器的控制电路中的熔断器是否熔断时，防止由于电源通过另一相熔断器和变压器的一次侧绕组回到已熔断的熔断器的出线端，造成熔断器没有熔断的假象。

b. 电压分阶测量检修法。检查时，首先用万用表测量 1、5 两点间的电压，若电路正常应为 380 V，然后按住起动按钮 SB2 不放，同时将黑色表棒接到 5 号线上，红色表棒按 2、3、4 标号依次测量，分别测量 5—2、5—3、5—4 各阶之间的电压，电路正常情况下，各阶的电压值均为 380 V，如测到 5—3 电压为 380 V，测到 5—4 无电压，则说明按钮 SB2 的动合触头(3—4)断路(当然也不能排除导线和 SB2 连接时出现故障或导线本身有故障等，以后类似处将不作说明)。图 2-11 为电压分阶测量检修法示意图。

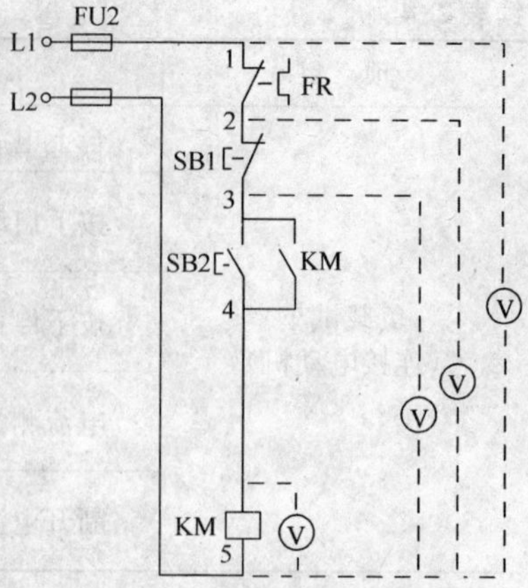

图 2-11　电压分阶测量检修法示意图

c. 故障排除。对故障点进行检修后，通电试车，用试验法观察下一个故障现象，进行第二个故障点的检测、检修，直到试车运行正常。

d. 整理现场，做好检修记录。

② 学生故障检修训练

在通电试车成功的电路上人为地设置故障，通电运行，在表 2-5 中记录故障现象并分析原因排除故障。

表 2-5　故障的检查及排除

故障设置	故障现象	检查方法及排除
起动按钮触点接触不良		
KM 接触器自锁触点接触不良		
主电路一相熔断器熔断		

5. 项目评价

本项目的考核评价如表 2-6 所示。

表 2-6　考核评价表

评价项目	序号	主要内容	考核要求	评分细则	配分	扣分	得分
电气控制线路的安装(70 分)	1	元件检测	正确选择电气元件；对电气元件质量进行检验	(1) 元器件选择不正确，错一个扣 1 分 (2) 电气元件漏检或错检，每个扣 0.5 分	5		
	2	元件安装	按图纸的要求，正确利用工具安装电气元件；元件安装要准确、紧固	(1) 元件安装不牢固、安装元件时漏装螺钉，每个扣 2 分 (2) 元件安装不整齐、不合理，每处扣 2 分 (3) 损坏元件每个扣 5 分	10		
	3	布线	按图接线，接线正确；走线整齐、美观、不交叉；连线紧固、无毛刺；电源和电动机配线、按钮接线要接到端子排上，进出线槽的导线要有端子标号	(1) 未按线路图接线，每处扣 3 分 (2) 布线不符合要求，每处扣 2 分 (3) 接点松动、接头露铜过长、反圈、压绝缘层、标记线号不清楚、遗漏或误标，每处扣 1 分 (4) 损伤导线绝缘或线芯，每根扣 1 分	20		

续表 2-6

评价项目	序号	主要内容	考核要求	评分细则	配分	扣分	得分
电气控制线路的安装（70分）	4	线路检查	在断电情况下会用万用表检查线路	漏检或错检，每个扣2分	10		
	5	通电试车	线路一次通电正常工作，且各项功能完好	(1) 热继电器整定值错误扣3分 (2) 主、控线路配错熔体，每个扣5分 (3) 1次试车不成功扣5分；2次试车不成功扣10分；3次试车不成功本项分为0 (4) 开机烧电源或其他线路，本项记0分	15		
	6	"6S"规范	整理、整顿、清扫、安全、清洁、素养	(1) 没有穿戴防护用品，扣4分 (2) 检修前，未清点工具仪器耗材扣2分 (3) 未经试电笔测试前，用手触摸电器线端，扣5分 (4) 乱摆放工具，乱丢杂物，完成任务后不清理工位，扣2～5分 (5) 违规操作，扣5～10分	10		
电气控制线路的检修（30分）	7	故障分析	在电气控制线路上分析故障可能的原因，思路正确	(1) 标错故障范围，每处扣3分 (2) 不能标出最小故障范围，每个故障点扣2～5分	10		
	8	故障查找及排除	正确使用工具和仪表，找出故障点并排除故障；试车成功，各项功能恢复	(1) 停电不验电，扣3分 (2) 量仪器和工具使用不正确，每次扣2分 (3) 检修步骤顺序颠倒，逻辑不清，扣2分 (4) 排除故障的方法不正确，扣5分 (5) 不能排除故障点，每处扣5分 (6) 扩大故障范围或产生新故障，每处扣10分 (7) 损坏万用表，扣10分 (8) 1次试车不成功扣5分；2次试车不成功扣10分；3次试车不成功本项得分为0	20		
评分人：				核分人：	总分		

6. 总结实训经验

项目三 三相异步电动机正反转控制线路的安装与检修

项目目标

(1) 进一步掌握电机电气控制线路的读图方法。

(2) 掌握三相异步电动机接触器联锁、双重联锁正反转控制电路和工作台往返控制电路的工作原理。

(3) 掌握双重联锁正反转控制电路和工作台往返控制电路的安装接线步骤、工艺要求和检修方法。

(4) 培养学生安全操作、规范操作、文明生产的行为。

一、项目任务

正确识读三相异步电动机正反转控制电气原理图并理解其工作原理，根据电气原理图及电动机型号选用电器元件及部分电工器材，按一定步骤、工艺要求安装布线，然后进行线路检查和通电试车成功。

二、项目知识分析与实施

1. 接触器联锁的正反转控制线路

生产机械的运动部件往往要求具有正反两个方向的运动，如机床主轴的正反转、工作台的前进后退、起重机吊钩的上升与下降等，这就要求电动机能够实现可逆运行。从电机原理可知，改变三相交流电动机定子绕组相序即可改变电动机旋转方向。

(1) 识读电路图

如图 3-1 所示，接触器联锁的正反转控制电路的特点如下：

① 电路中采用了两个接触器，即正转用的接触器 KM1 和反转用的接触器 KM2，它们分别由正转按钮 SB2 和反转按钮 SB3 控制。从主电路图中可以看出，这两个接触器的主触点所接通的电源相序不同，KM1 按 L1—L2—L3 相序接线，KM2 则按 L3—L2—L1 相序接线。相应的控制电路有两条：一条是由按钮 SB2 和 KM1 线圈等组成的正转控制电路；另一条是由按钮 SB3 和 KM2 线圈等组成的反转控制电路。

② 接触器 KM1 和 KM2 的主触点绝对不允许同时闭合，否则将造成两相电源(L1 相和 L3 相)短路事故。为避免两个接触器 KM1 和 KM2 同时得电动作，就在正、反转控制电路中

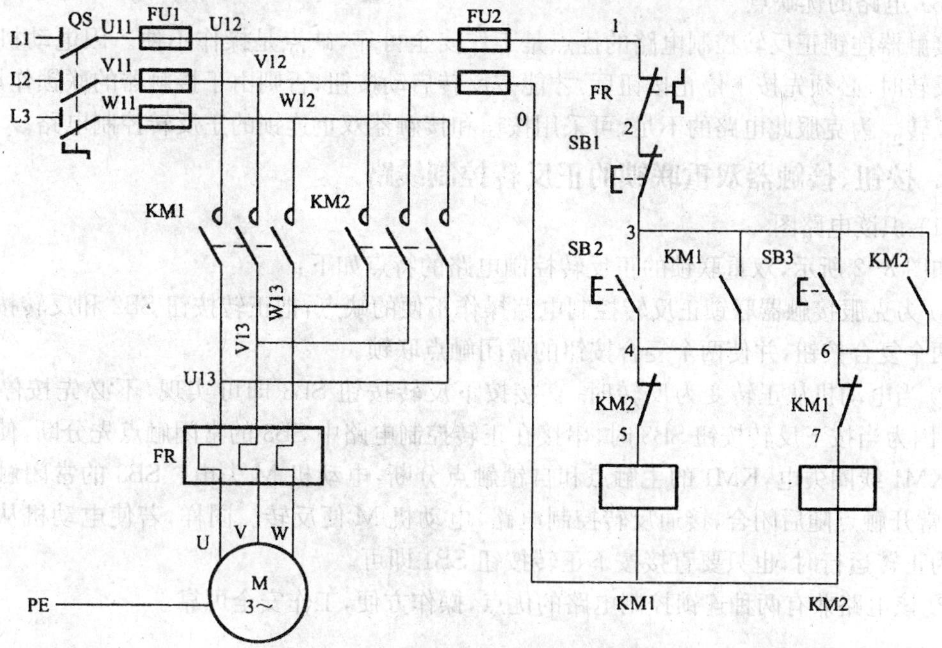

图 3-1　接触器联锁的正反转控制电路

分别串接了对方接触器的一对常闭辅助触点，这样，当一个接触器得电动作时，通过其常闭辅助触点使另一个接触器不能得电动作，接触器间这种相互制约的作用称为接触器联锁（或互锁）。实现联锁作用的常闭辅助触点称为联锁触点（或互锁触点）。连锁符号用“▽”表示。

（2）电路工作原理

① 正转控制

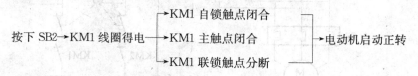

按下 SB2→KM1 线圈得电→
- →KM1 自锁触点闭合
- →KM1 主触点闭合
- →KM1 联锁触点分断

→电动机启动正转

② 反转控制

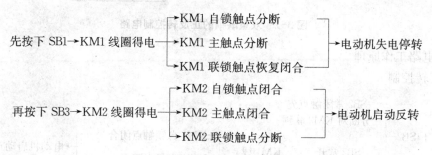

先按下 SB1→KM1 线圈得电→
- →KM1 自锁触点分断
- →KM1 主触点分断
- →KM1 联锁触点恢复闭合

→电动机失电停转

再按下 SB3→KM2 线圈得电→
- →KM2 自锁触点闭合
- →KM2 主触点闭合
- →KM2 联锁触点分断

→电动机启动反转

③ 停止控制

停止时，按下停止按钮 SB1→控制电路失电→KM1（或 KM2）主触头分断→电机失电停转。

(3) 电路的优缺点

接触器连锁正反转控制电路的优点是工作安全可靠,缺点是操作不便。因电动机从正转变为反转时,必须先按下停止按钮后,才能按反转启动按钮,否则由于接触器的联锁作用,不能实现反转。为克服此电路的不足,可采用按钮和接触器双重连锁的正反转控制电路。

2. 按钮、接触器双重联锁的正反转控制线路

(1) 识读电路图

如图 3-2 所示,双重联锁的正反转控制电路的特点如下:

① 为克服接触器联锁正反转控制电路操作不便的缺点,把正转按钮 SB2 和反转按钮 SB3 换成两个复合按钮,并使两个复合按钮的常闭触点联锁。

② 当电动机从正转变为反转时,直接按下反转按钮 SB3 即可实现,不必先按停止按钮 SB1。因为当按下反转按钮 SB3 时,串接在正转控制电路中 SB3 的常闭触点先分断,使正转接触器 KM1 线圈失电,KM1 的主触点和自锁触点分断,电动机 M 失电。SB3 的常闭触点分断后,其常开触点随后闭合,接通反转控制电路,电动机 M 便反转。同样,若使电动机从反转运行变为正转运行时,也只要直接按下正转按钮 SB1 即可。

③ 该电路兼有两种连锁控制电路的优点,操作方便,工作安全可靠。

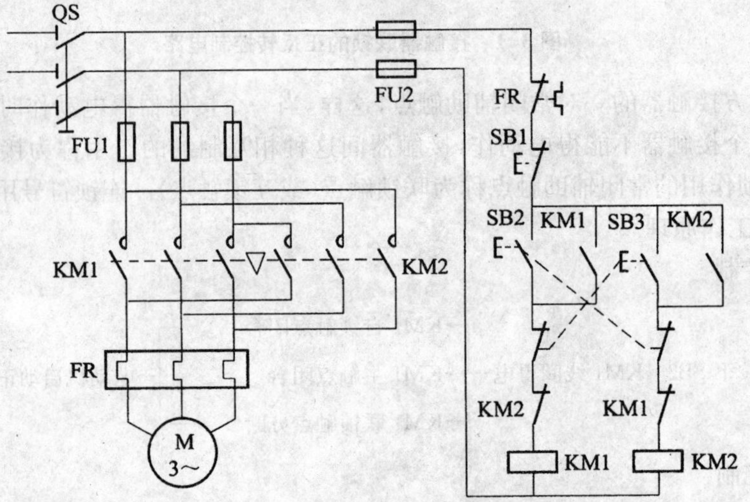

图 3-2 双重联锁的正反转控制电路

(2) 电路工作原理

① 正转控制

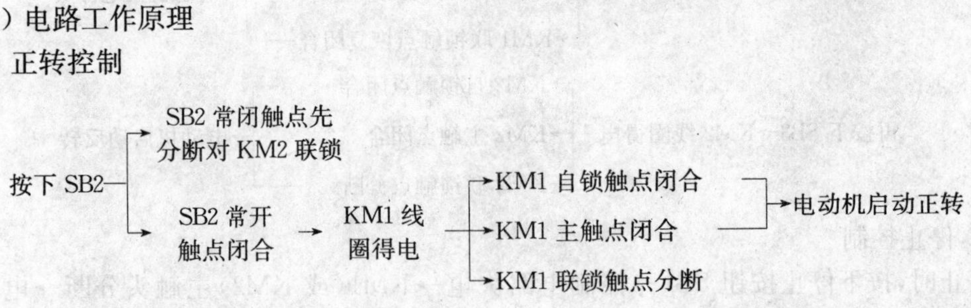

② 反转控制

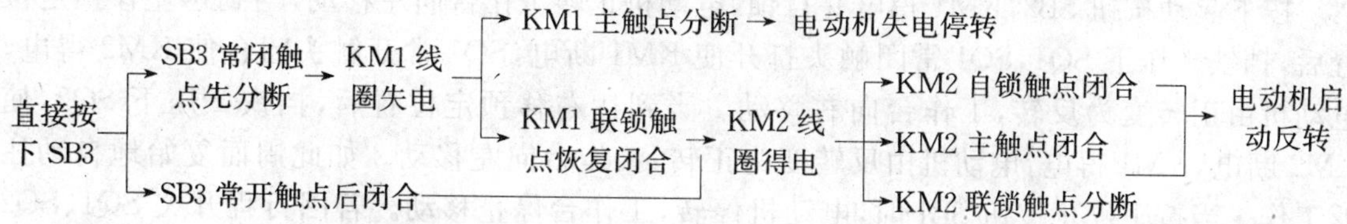

3. 工作台自动往返控制线路

有些生产机械，如万能铣床，要求工作台在一定距离内能自动往返，而自动往返通常是利用行程开关控制电动机的正反转来实现工作台的自动往返运动。

(1) 识读电路图

由行程开关组成的工作台自动往返控制电路图如图 3-3 所示。为了使电动机的正反转控制与工作台的左右相配合，在控制电路中设置了四个行程开关 SQ1、SQ2、SQ3 和 SQ4，并把它们安装在工作台需限位的地方。其中 SQ1、SQ2 被用来自动换接正反转控制电路，实现工作台自动往返行程控制。SQ3 和 SQ4 被用来作终端保护，以防止 SQ1、SQ2 失灵，工作台越过限定位置而造成事故。在工作台边的 T 形槽中装有两块挡铁，挡铁 1 只能和 SQ1、SQ3 相碰，挡铁 2 只能和 SQ2、SQ4 相碰。当工作台达到限定位置时，挡铁碰撞行程开关，使其触头动作，自动换接电动机正反转控制电路，通过机械机构使工作台自动往返运动。工作台行程可通过移动挡铁位置来调节。

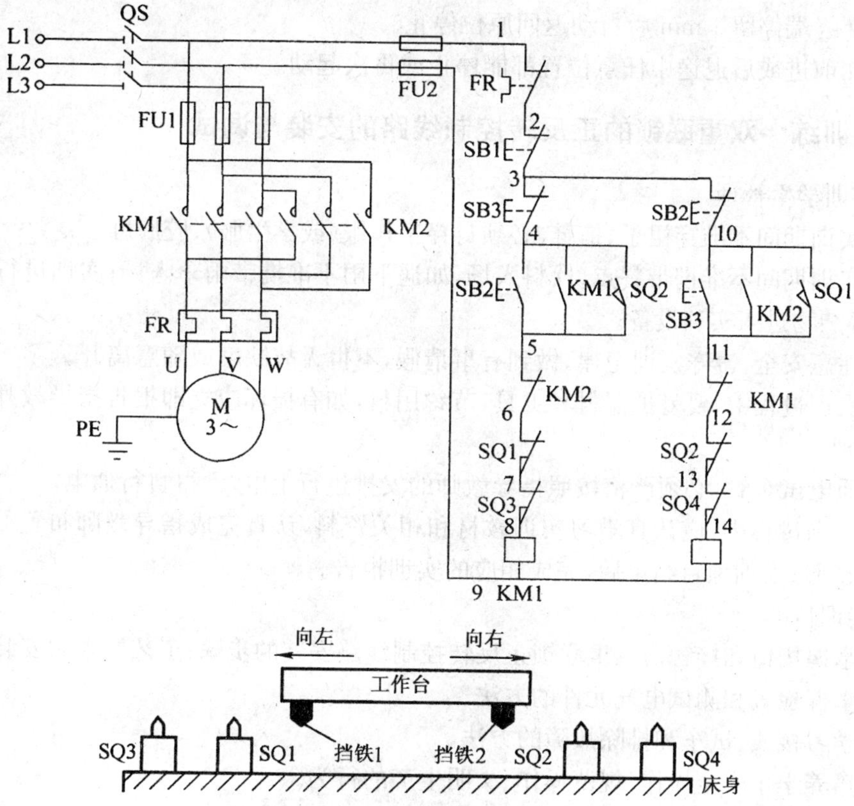

图 3-3　工作台自动往返控制电路

(2) 电路工作原理

按下起动按钮 SB2,KM1 得电并自锁,电动机正转工作台向左移动,当到达左移预定位置后,挡铁 1 压下 SQ1,SQ1 常闭触头打开使 KM1 断电,SQ1 常开触头闭合使 KM2 得电,电动机由正转变为反转,工作台向右移动。当到达右移预定位置后,挡铁 2 压下 SQ2,使 KM2 断电,KM1 得电,电动机由反转变为正转,工作台向左移动。如此周而复始地自动往返工作。当按下停止按钮 SB1 时,电动机停转,工作台停止移动。若因行程开关 SQ1、SQ2 失灵,则由极限保护行程开关 SQ3、SQ4 实现保护,避免运动部件因超出极限位置而发生事故。

三、研讨与练习

1. 在图 3-2 中,按下 SB2 或 SB3 时,KM1、KM2 均能正常动作,但松开按钮时接触器释放,进行故障诊断处理。

2. 在图 3-2 中,按下 SB2 接触器 KM1 剧烈振动,主触点严重起弧,电动机时转时停;松开 SB2 则 KM1 释放。按下 SB3 时,KM2 的现象与 KM1 相同,进行故障诊断处理。

3. 在图 3-3 中,电动机起动后设备运行,部件到达规定位置,挡块操作行程开关时接触器动作,但部件运动方向不改变,继续按原方向移动而不能返回,进行故障诊断处理。

4. 设计一个小车运行的电路图,其动作程序如下:

(1) 小车由原位开始前进,到终端后自动停止。

(2) 在终端停留 1 min 后自动返回原位停止。

(3) 在前进或后退途中任意位置都能停止或再次起动。

同步训练　双重联锁的正反转控制线路的安装与调试

1. 实训学生管理

(1) 实训期间不准穿裙子、拖鞋,必须身穿工作服(或学生服)、胶底鞋。

(2) 实训期间不准携带餐点、饮料入场,如遇下雨不准携带雨伞入场;实训进行时,防止头发、纸屑等杂物进入实训设备。

(3) 注意安全,遵守实训纪律,做到有事请假,不得无故缺席或随意离开。

(4) 实训过程中,要爱护器材和工具,节约用料,如有损坏应立即报告指导教师,按学院规定进行处理。

(5) 通电试车时,必须严格按照指导教师的安排进行上电,不得自行通电。

(6) 实训过程中,应认真学习实训教材和相关资料,认真完成指导教师布置的任务,及时总结实训经验;实训项目结束后,完成相应的实训报告。

2. 实训目的

(1) 掌握按钮和接触器双重联锁正反转控制线路安装的步骤、工艺要求和安装技能。

(2) 掌握检查和测试电气元件的方法。

(3) 学习接线、试车和排除故障的方法。

(4) 培养学生安全操作、规范操作、文明生产的行为。

3. 实训器材与工具

表 3-1 实训器材与工具

序号	名称	符号	数量
1	常用电工工具		
2	电器安装板		
3	自攻螺丝钉		
4	万用表		
5	导线		
6	三相异步电动机		
7	低压断路器		
8	刀开关		
9	熔断器		
10	交流接触器		
11	热继电器		
12	按钮盒		

4. 实训内容及步骤

按照电气线路布局、布线的基本原则，在给定的电气线路板上固定好电气元件，并进行布线，通电调试好三相异步电动机双重联锁的正反转控制线路以后，对电路的故障进行分析与维修。

(1) 双重连锁的正反转控制线路的安装接线

① 安装步骤

参照表 2-2。

② 通电前的检查

参照表 2-3。

③ 通电试车

参照表 2-4。

(2) 双重连锁正反转控制线路的故障检查及排除

① 教师示范检修

案例：按下按钮 SB2，电机不转。

检修过程：

a. 故障调查。可以采用试运转的方法，以对故障的原始状态有个综合的印象和准确描述。例如试运转结果：按按钮 SB2，KM1 不吸合。

b. 电路分析。根据调查结果，参考电气原理图进行分析，初步判断出故障产生的部位——控制电路，然后逐步缩小故障范围——KM1 线圈所在回路断路。

c. 用测量法确定故障点。主要通过对电路进行带电或断电时的有关参数如电压、电阻、电流等的测量，来判断电气元件的好坏、电路的通断情况，常用的故障检查方法有分段电压测

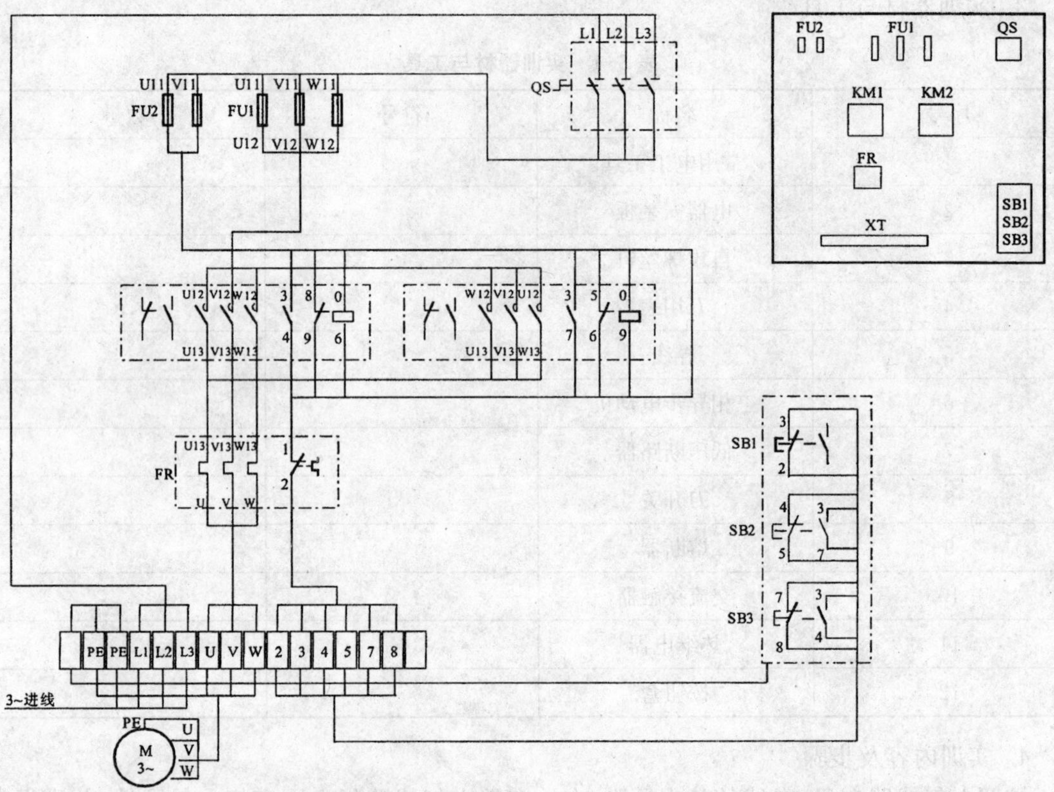

图 3-4　双重联锁正反转控制线路的接线图与元件位置图

量法、分段电阻测量法等。这里采用分段电阻测量法：检查时，先切断电源，按下起动按钮 SB2，然后依次逐段测量相邻两标号点 1—2、2—3、3—4、4—5、5—6、6—7 间的电阻。如测得某两点间的电阻力无穷大，说明这两点间的触头或连接导线断路。例如当测得 2—3 两点间电阻值为无穷大时，说明停止按钮 SB1 或连接 SB1 的导线断路。图 3-5 为分段电阻测量示意图。

d. 故障排除。对故障点进行检修后，通电试车，用试验法观察下一个故障现象，进行第二个故障点的检测、检修，直到试车运行正常。

e. 整理现场，做好维修记录。

② 学生故障检修训练

在通电试车成功的电路上人为地设置故障，通电运行，在表 3-2 中记录故障现象并分析原因排除故障。

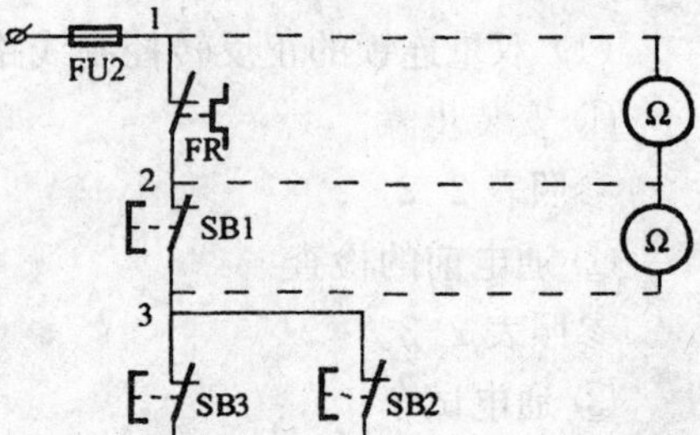

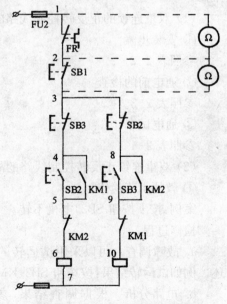

图 3-5　分段电阻测量示意图

表 3-2　故障的检查及排除

故障设置	故障现象	检查方法及排除
反向起动按钮触点接触不良		
KM1 接触器互锁触点接触不良		
KM2 接触器自锁触点接触不良		
主电路一相熔断器熔断		
热继电器常闭触点接触不良		

5. 项目评价

本项目的考核评价参照表 2-6 所示。

6. 总结实训经验

项目四 电动机Y-△降压起动控制线路的安装与检修

项目目标

(1) 掌握异步电动机的Y-△降压启动控制线路的组成并能画出其控制线路图。

(2) 掌握时间继电器的作用与使用方法。

(3) 掌握异步电动机的Y-△降压起动控制线路的安装接线步骤、工艺要求和检修方法。

(4) 培养学生安全操作、规范操作、文明生产的行为。

一、项目任务

正确识读笼形异步电动机的Y-△降压启动控制线路电气原理图并理解其工作原理，根据电气原理图及电动机型号选用电器元件及部分电工器材，按一定步骤、工艺要求安装布线，然后进行线路检查和通电试车成功。

二、项目知识分析与实施

星形—三角形(Y-△)降压启动是指电动机启动时，把定子绕组接成星形，以降低启动电压，减小启动电流；待电动机启动后，再把定子绕组改接成三角形，使电动机全压运行。Y-△启动只能用于正常运行时为三角形接法的电动机，且适合于轻载或空载起动的场合。

1. 手动Y-△起动控制

(1) 认读电路图

手动Y-△起动控制电路图中手动控制开关SA有两个位置，分别是电动机定子绕组星形和三角形连接。QS为三相电源开关，FU做短路保护。

(2) 电路工作原理

起动时，将开关SA置于“起动”位置，电动机定子绕组被接成星形降压起动，当电动机转速上升到一定值后，再将开关SA置于“运行”位置，使电动机定子绕组接成三角形，电动机全压运行。

(3) 电路的优缺点

此电路较简单，所需的电气元件也比较少，操

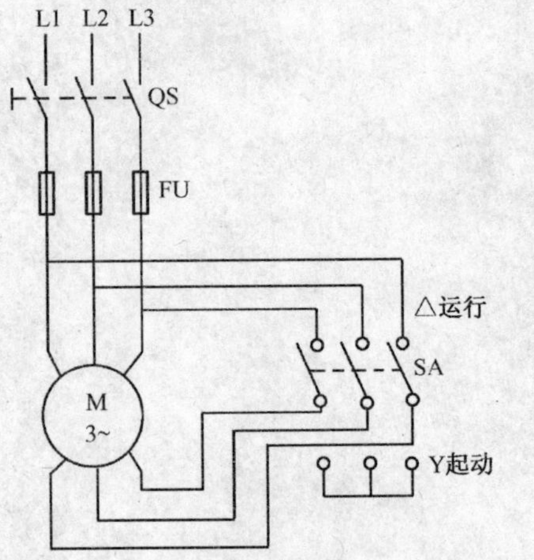

图4-1 手动星形—三角形起动控制电路图

作简单。但安全性、稳定性差，操作人员必须用手来扳动 SA 开关，只适合小容量的电机启动，且时间很难掌握。为克服此电路的不足，可采用按钮转换的 Y-△起动控制线路。

2. 按钮转换的 Y-△起动控制

(1) 识读电路图

如图 4-2 所示，按钮转换的 Y-△起动控制线路的特点如下：

① 为克服手动 Y-△起动控制电路的不足之处，把 SA 开关用 SB 按钮和接触器来取代。

② 图中采用了三个接触器，三个按钮。KM1 和 KM3 构成星形启动，KM1 和 KM2 构成三角形全压运行。SB1 为总停止按钮，SB2 是星形启动按钮，SB3 是三角形启动按钮。

③ 该电路具有必要的电气保护和联锁，操作方便，工作安全可靠。

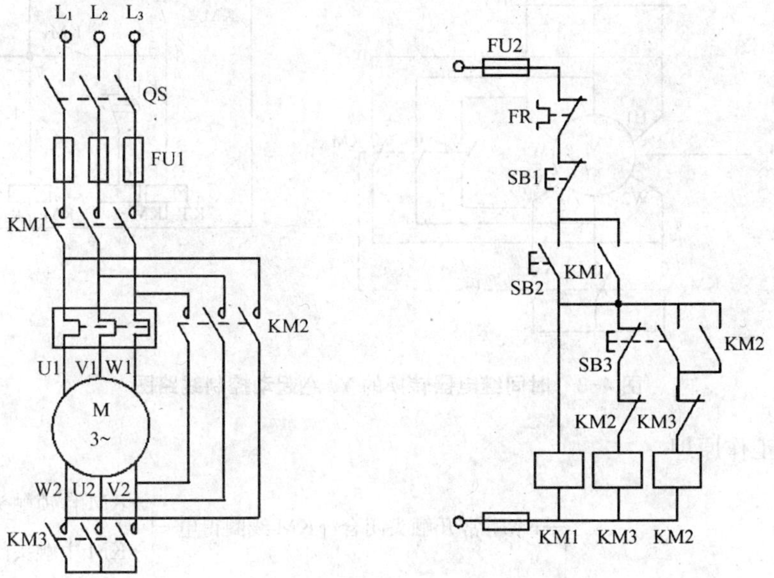

图 4-2　按钮转换的 Y-△起动控制电路图

(2) 电路工作原理

按下启动按钮 SB2，KM1、KM3 线圈同时得电自锁，电机做 Y 形启动。待电动机转速接近额定转速时，按下启动按钮 SB3，KM3 线圈失电 Y 形停止，同时接通 KM2 线圈自锁，电动机转换成三角形全压运行。按下 SB1 停止。其中 KM2 和 KM3 常闭触点为互锁保护。

(3) 电路的优缺点

此电路采用按钮手动控制星形-三角形的切换，同样存在操作不方便、切换时间不易掌握的缺点。为克服此电路的不足，可采用时间继电器控制的 Y-△降压起动。

3. 时间继电器转换的 Y-△起动控制

(1) 识读电路图

时间继电器切换的 Y-△起动控制电路如图 4-3 所示。该线路由三个接触器、一个热继电器、一个时间继电器和两个按钮组成。接触器 KM 做引入电源用，接触器 KM_Y 和 $KM_\triangle$ 分别作 Y 形降压启动用和△运行用，时间继电器 KT 用作控制 Y 形降压起动时间和完成 Y-△自动切换。SB1 是启动按钮，SB2 是停止按钮，FU1 作主电路的短路保护，FU2 作控制电路的短路保护，FR作过载保护。

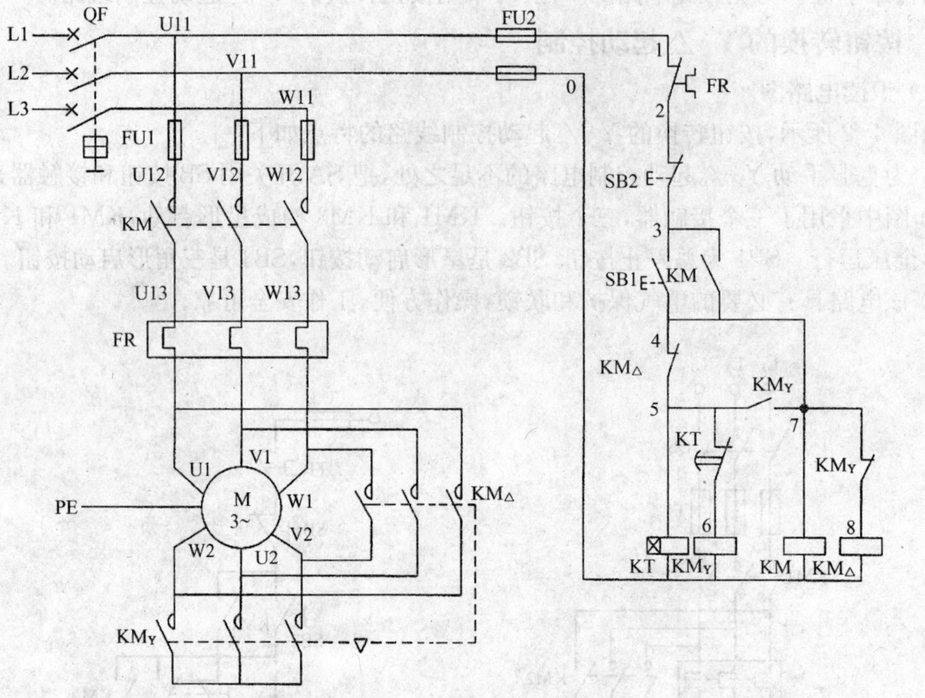

图 4-3　时间继电器转换的 Y-△起动控制线路图

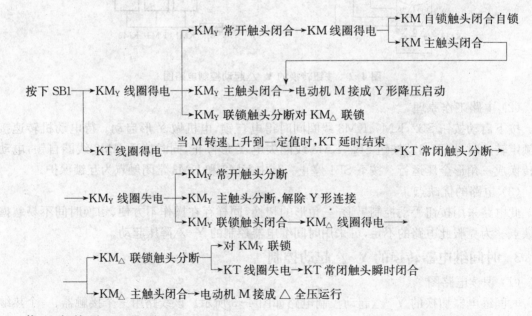

(2) 电路工作原理

按下 SB1→KM_Y 线圈得电→KM_Y 常开触头闭合→KM 线圈得电→KM 自锁触头闭合自锁；→KM 主触头闭合

按下 SB1→KM_Y 线圈得电→KM_Y 主触头闭合→电动机 M 接成 Y 形降压启动

按下 SB1→KM_Y 线圈得电→KM_Y 联锁触头分断对 $KM_△$ 联锁

按下 SB1→KT 线圈得电——当 M 转速上升到一定值时，KT 延时结束→KT 常闭触头分断→

→KM_Y 线圈失电→KM_Y 常开触头分断；→KM_Y 主触头分断，解除 Y 形连接；→KM_Y 联锁触头闭合→$KM_△$ 线圈得电→

→$KM_△$ 联锁触头分断→对 KM_Y 联锁；→KT 线圈失电→KT 常闭触头瞬时闭合

→$KM_△$ 主触头闭合→电动机 M 接成 △ 全压运行

停止时，按下 SB2 即可。

(3) 电路的优缺点

该线路中，接触器 KMY 得电以后，通过 KMY 的辅助常开触头使接触器 KM 得电动作，这样 KMY 的主触头是在无负载的条件下进行闭合的，故可延长接触器 KMY 主触头的使用寿命，且星形—三角形降压起动的电路简单，成本低。

起动时起动电流降低为直接起动电流的三分之一，起动转矩也降为直接起动转矩的三分之一，这种方法仅仅适合于电动机轻载或空载起动场合。

三、研讨与练习

1. 在图 4-2 中，按下 SB2 时，KM1、KM3 均能正常动作，但按下 SB3 按钮时，KM2 线圈并没有得电，进行故障诊断处理。

2. 在图 4-3 中，按下启动 SB1，启动过程全部正常，但是启动完成后发现时间继电器并没有失电释放，进行故障诊断处理。

3. 在图 4-3 中，试车按下 SB1 启动按钮，没有任何动作，进行故障诊断处理。

4. 电动机在什么情况下应采用降压启动？定子绕组为星形接法的三相异步电动机能否用 Y-△降压启动？为什么？

5. 课后阅读电动机其他的降压启动控制线路。

同步训练　Y-△降压起动控制线路的安装与调试

1. 实训学生管理

(1) 实训期间不准穿裙子、拖鞋，必须身穿工作服(或学生服)、胶底鞋。

(2) 实训期间不准携带餐点、饮料入场，如遇下雨不准携带雨伞入场；实训进行时，防止头发、纸屑等杂物进入实训设备。

(3) 注意安全，遵守实训纪律，做到有事请假，不得无故缺席或随意离开。

(4) 实训过程中，要爱护器材和工具，节约用料，如有损坏应立即报告指导教师，按学院规定进行处理。

(5) 通电试车时，必须严格按照指导教师的安排进行上电，不得自行通电。

(6) 实训过程中，应认真学习实训教材和相关资料，认真完成指导教师布置的任务，及时总结实训经验；实训项目结束后，完成相应的实训报告。

2. 实训目的

(1) 掌握笼形电动机 Y-△降压起动控制线路安装的步骤、工艺要求和安装技能。

(2) 掌握检查和测试电气元件的方法。

(3) 学习接线、试车和排除故障的方法。

(4) 培养学生安全操作、规范操作、文明生产的行为。

3. 实训器材与工具

表 4-1　实训器材与工具

序号	名称	符号	数量
1	常用电工工具		
2	电器安装板		
3	自攻螺丝钉		

续表 4-1

序号	名称	符号	数量
4	万用表		
5	导线		
6	三相异步电动机		
7	低压断路器		
8	刀开关		
9	熔断器		
10	交流接触器		
11	热继电器		
12	按钮盒		
13	时间继电器		

4. 实训内容及步骤

按照电气线路布局、布线的基本原则，在给定的电气线路板上固定好电气元件，并进行布线，通电调试好笼形异步电动机 Y-△降压起动控制线路以后，对电路的故障进行分析与检修。

(1) Y-△降压起动控制线路的安装接线

① 安装步骤

参照表 2-2。

② 通电前的检查

参照表 2-3。

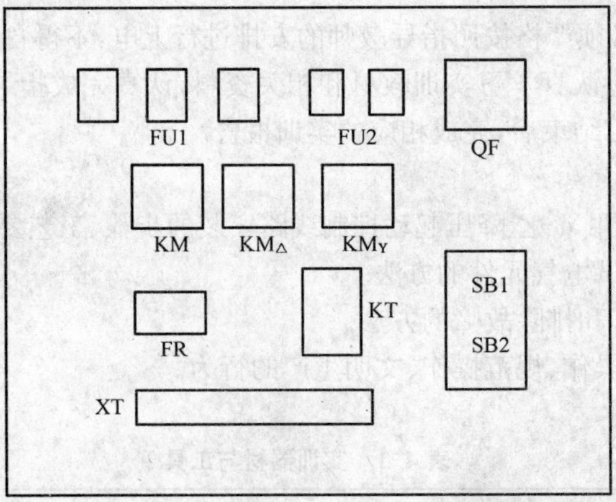

图 4-4 Y-△降压起动控制线路元件位置图

③ 通电试车

为保证人身安全，在通电试车时，应认真执行安全操作规程的有关规定：一人监护，一人操作。通电试车步骤见表 4-2。

表 4-2　通电试车步骤

项　目	操作步骤	观察现象
空载试车（不接电动机）	先合上电源开关，再按下 SB1 和 SB2 看 Y-△降压起动、停止控制是否正常	（1）接触器动作情况是否正常，是否符合电路功能要求 （2）电气元件动作是否灵活，有无卡阻或噪声过大现象 （3）延时的时间是否准确 （4）检查负载接线端子三相电源是否正常
负载试车（连接电动机）	合上电源开关	电源开关是否由下往上闭合
	按启动按钮	仔细观察 Y-△降压起动是否正常，时间继电器是否工作
	按停止按钮	接触器动作情况是否正常，电动机是否停止
	电流测量	电动机平稳运行时，用钳形电流表测量三相电流是否平衡
	断开电源	先拆除三相电源线，再拆除电动机线，完成通电试车

（2）学生故障检修训练

在通电试车成功的电路上人为地设置故障，通电运行，在表 4-3 中记录故障现象并分析原因，排除故障。

表 4-3　故障的检查及排除

故障设置	故障现象	检查方法及排除
熔断器 FU2 断		
时间继电器坏		
KM2 接触器自锁触点接触不良		
主电路一相熔断器熔断		
热继电器常闭触点接触不良		

5. 项目评价

本项目的考核评价参照表 2-6 所示。

6. 总结实训经验

项目五 三相异步电动机制动控制线路的安装与检修

项目目标

(1) 了解三相异步电动机制动的目的及常见方法。
(2) 掌握电动机各种制动方法的工作原理及特点。
(3) 掌握电机反接制动和能耗制动控制电路的安装接线步骤、工艺要求和检修方法。
(4) 培养学生安全操作、规范操作、文明生产的行为。

一、项目任务

正确识读三相异步电动机反接制动及能耗制动的电气原理图并理解其工作原理，根据电气原理图及电动机型号选用电器元件及部分电工器材，按一定步骤、工艺要求安装布线，然后进行线路检查和通电试车成功。

二、项目知识分析与实施

三相异步电动机切断工作电源后，因惯性需要一段时间才能完全停止下来，但有些生产机械要求迅速停车，有些生产机械要求准确停车，因而需要采取一些使电机在切断电源后能迅速准确停车的措施，这种措施称为电动机的制动。

异步电动机的制动方法有机械制动和电气制动。所谓机械制动指用电磁铁操纵机械机构进行制动的方法，常用电磁抱闸制动。电气制动指用电气的办法，使电动机产生一个与转子原转动方向相反的力矩进行制动，分为反接制动、能耗制动和回馈制动等。

1. 反接制动控制

反接制动是利用改变电动机电源的相序，使定子绕组产生相反方向的旋转磁场，因而产生制动转矩的制动方法。反接制动常采用转速为变化参量进行控制。由于反接制动时，转子与旋转磁场的相对速度接近于两倍的同步转速，所以定子绕组中流过的反接制动电流相当于全电压直接起动时电流的两倍，因此反接制动特点之一是制动迅速，效果好，冲击大，通常仅适用于 10 kW 以下的小容量电动机。为了减小冲击电流，通常要求在电动机主电路中串接限流电阻。

(1) 识读电路图

电动机单向反接制动控制线路如图 5-1 所示。

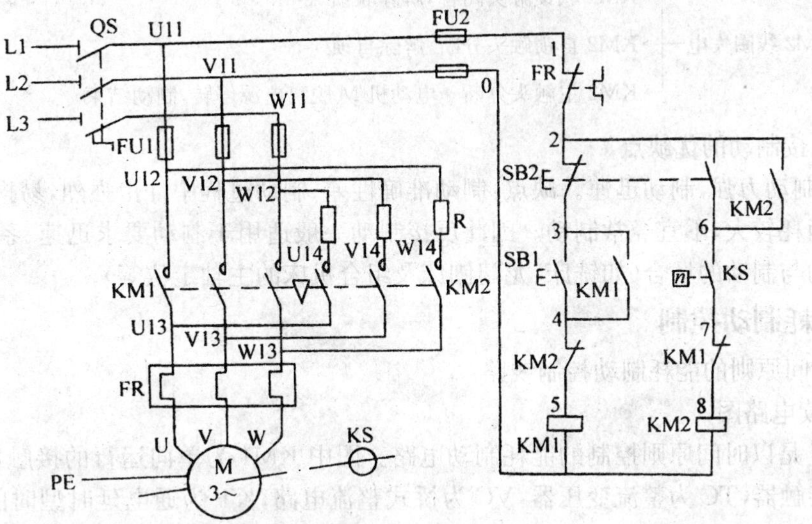

图 5-1　单向反接制动控制电路

在主电路中，KM1 接通，KM2 断开时，电动机单向电动运行；KM1 断开，KM2 接通时，电动机电源相序改变，电动机进入反接制动的运行状态。并用速度继电器检测电动机转速的变化，当电动机转速 $n>130$ r/min 时，速度继电器的触点动作（其常开触点闭合，常闭触点断开），当转速 $n<100$ r/min 时，速度继电器的触点复位。这样可以利用速度继电器的常开触点，当转速下降到接近于 0 时，使 KM2 接触器断电，自动地将电源切除。在控制电路中停止按钮用的是复合按钮。

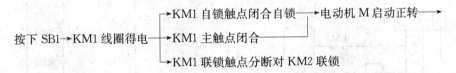

(2) 电路工作原理

单向启动：

按下 SB1→KM1 线圈得电→
- →KM1 自锁触点闭合自锁——→电动机 M 启动正转——→
- →KM1 主触点闭合
- →KM1 联锁触点分断对 KM2 联锁

——→至电动机转速上升到一定值（120 r/min 左右）时→KS 常开触头闭合为制动做准备

反接制动：

按下复合按钮 SB2—
- →SB2 常闭触头先分断→KM1 线圈失电—
  - →KM1 自锁触头分断，解除自锁
  - →KM1 主触头分断，M 暂失电
  - →KM1 联锁触头闭合——→
- →SB2 常开触头后闭合

——→KM2 线圈得电—
- →KM2 联锁触头分断对 KM1 联锁
- →KM2 自锁触头闭合自锁
- →KM2 主触头闭合→电动机 M 串接 R 反接制动——→

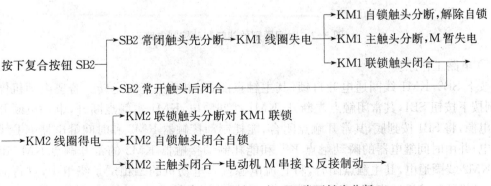

——→至电动机转速下降到一定值（100 r/min 左右）时→KS 常开触头分断——→

→KM2 线圈失电→KM2 联锁触头闭合，解除联锁
→KM2 自锁触头分断，解除自锁
→KM2 主触头分断→电动机 M 脱离电源停转，制动结束

(3) 反接制动的优缺点

优点：制动力强，制动迅速。缺点：制动准确性差；制动过程中冲击强烈，易损坏传动零件；制动能量消耗较大，不宜经常制动。因此反接制动一般适用于制动要求迅速、系统惯性较大、不经常启动与制动的场合(如铣床、龙门刨床及组合机床的主轴定位等)。

2. 能耗制动控制

(1) 时间原则的能耗制动控制线路

① 识读电路图

图 5-2 是以时间原则控制的能耗制动电路。图中 KM1 为单向运行的接触器，KM2 为能耗制动的接触器，TC 为整流变压器，VC 为桥式整流电路，KT 为通电延时型时间继电器。复合按钮 SB1 为停止按钮，SB2 为起动按钮。能耗制动时制动转矩的大小与通入定子绕组的直流电流的大小有关。电流大，产生的恒定的磁场强，制动转矩就大，电流可以通过 R 进行调节。但通入的直流电流不能太大，一般为空载电流的 3～5 倍，否则会烧坏定子绕组。

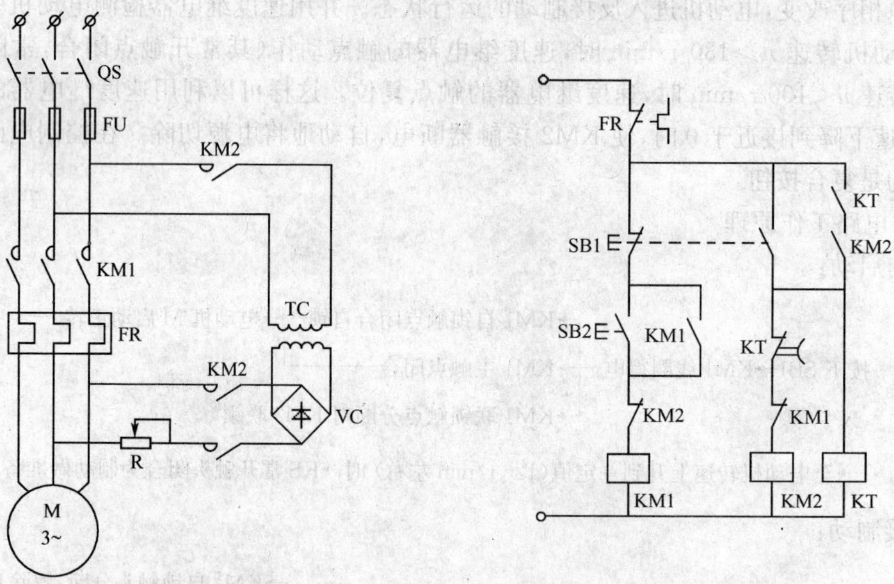

图 5-2　时间原则的能耗制动控制电路

② 电路工作原理

按下 SB2，KM1 线圈通电并自锁，其主触点闭合，电动机正向运转。若要电动机停止运行，则按下按钮 SB1，其常闭触点先断开，KM1 线圈断电，KM1 主触点断开，电动机断开三相交流电源，将 SB1 按到底，其常开触点闭合，能耗制动接触器 KM2 和时间继电器 KT 线圈同时通电，并由时间继电器的瞬动触点 KT 和能耗制动接触器 KM2 的常开触点 KM2 串联自锁。KM2 线圈通电，其主触点闭合，将直流电源接入电动机的二相定子绕组中，进行能耗制动，电动机的转速迅速降低。KT 线圈通电，开始延时，当延时时间到，其延时断开的常闭触点

断开，KM2 线圈断电，其主触点断开，将电动机的直流电源断开，KM2 自锁回路断开，KT 线圈断电，制动过程结束。时间继电器的时间整定应为电动机由额定转速降到转速接近于零的时间。当电动机的负载转矩较稳定，可采用时间原则控制的能耗制动，这样时间继电器的整定值比较固定。

注：KM2 常开触点上方应串接 KT 瞬动常开触点。防止 KT 出故障时其通电延时常闭触点无法断开，致使 KM2 不能失电而导致电动机定子绕组长期通入直流电。

(2) 速度原则控制的能耗制动控制线路

① 识读电路图

图 5-3 是速度原则控制的单向能耗制动控制线路。与按时间原则控制的电动机单向运行的能耗制动控制线路基本相同，只是在主电路中增加了速度继电器，在控制电路中不再使用时间继电器，而是用速度继电器的常开触点代替了时间继电器延时断开的常闭触点。

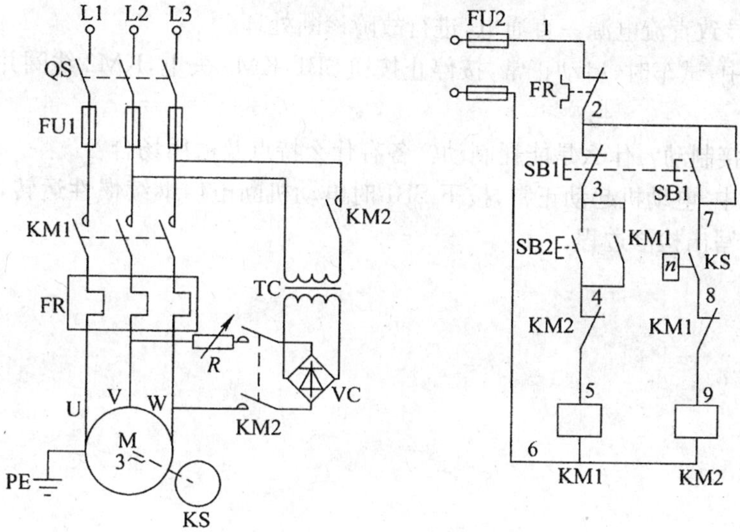

图 5-3　速度原则的能耗制动控制电路

② 电路工作原理

按下 SB2，KM1 线圈通电并自锁，其主触点闭合，电动机正向运转。当电动机转速上升到一定值时，速度继电器常开触点闭合。电动机若要停止运行，则按下按钮 SB1，其常闭触点先断开，KM1 线圈断电，KM1 主触点断开，电动机断开三相交流电源。由于惯性，电动机转子的转速仍然很高，速度继电器常开触点仍然处于闭合状态。将 SB1 按到底，其常开触点闭合，能耗制动接触器 KM2 线圈通电并自锁，其主触点闭合，将直流电源接入电动机的二相定子绕组中进行能耗制动，电动机的转速迅速降低。当电动机的转速接近零时，速度继电器复位，其常开触点断开，接触器 KM2 线圈断电释放，能耗制动结束。

③ 能耗制动的优缺点

优点是制动平稳，准确度高。但需直流电源，设备费用成本高。对于负载转速比较稳定的生产机械，可采用时间原则控制的能耗制动。对于可通过传动系统改变负载转速或加工零件经常更动的生产机械，采用速度原则控制的能耗制动较为适合。

表5-1 异步电动机能耗制动与反接制动比较

制动方法	适用范围	特点
能耗制动	要求平稳、准确的制动场合	制动准确,需直流电源,设备投入费用高
反接制动	制动要求迅速、系统惯性大、制动不频繁的场合	设备简单,制动迅速,准确性差,制动冲击力强

三、研讨与练习

1. 在图5-1中,启动时正常,如按下停止按钮SB2,电机并没有马上制动,而是慢慢停止,分析其原因。

2. 在图5-2中,按下SB2启动正常。按下停止按钮SB1,KT得电,但延时时间到,并没有切断KM2线圈,导致直流电源一直通电,进行故障诊断处理。

3. 在图5-2中,试车时,启动正常,按停止按钮SB1,KM1失电,KM2线圈并没有得电,进行故障诊断处理。

4. 什么是反接制动?什么是能耗制动?各有什么特点及适用场合?

5. 在图5-1中,电动机起动正常,按下SB1时电动机断电但继续惯性运转,无制动作用。试分析故障原因,写出检修过程。

第三篇　典型机床电气控制

项目六　C6140 型卧式车床电气控制线路检修

项目目标

(1) 了解 CA6140 型车床的运动形式及控制要求。
(2) 掌握机床电气控制线路的分析方法，理解 CA6140 型车床电气控制线路的工作原理。
(3) 能够按图样要求进行 CA6140 型车床电气控制线路的安装与调试。
(4) 掌握 CA6140 型车床电气控制线路的故障分析与检修方法。

一、项目任务

正确识读 CA6140 型车床电气控制原理图并理解其工作原理，根据电气原理图及电动机型号选用电器元件及部分电工器材，完成 CA6140 型车床电气控制电路的安装、自检及通电试车；在 CA6140 型车床电气控制柜中，排除电气故障，填写维修记录。

二、项目知识分析与实施

1. 车床的主要结构及运动形式

车床是一种应用极为广泛的金属切削机床，CA6140 型车床是我国自行设计制造的卧式普通车床，主要用来车削外圆、内圆、端面、螺纹和定型表面，并可通过尾架进行钻孔、铰孔和攻螺纹等加工。

(1) 主要结构

CA6140 型普通车床的主要结构如图 6-1 所示。主要由床身、主轴变速箱、挂轮箱、进给箱、溜板箱、溜板、刀架、尾架、光杆和丝杆等组成。

(2) 运动形式

车床有三种运动形式：主运动、进给运动和辅助运动。

① 主运动　车床的主运动为工件的旋转运动，是由主轴通过卡盘或尾架上的顶尖带动工件旋转。电动机的动力通过主轴箱传给主轴，主轴一般只要单方向的旋转运动，只有在车螺纹

时才需要用反转来退刀。CA6140 用操纵手柄通过摩擦离合器来改变主轴的旋转方向。车削加工要求主轴能在很大的范围内调速,普通车床调速范围一般大于 70。主轴的变速是靠主轴变速箱的齿轮等机械有级调速来实现的,变换主轴箱外的手柄位置,可以改变主轴的转速。

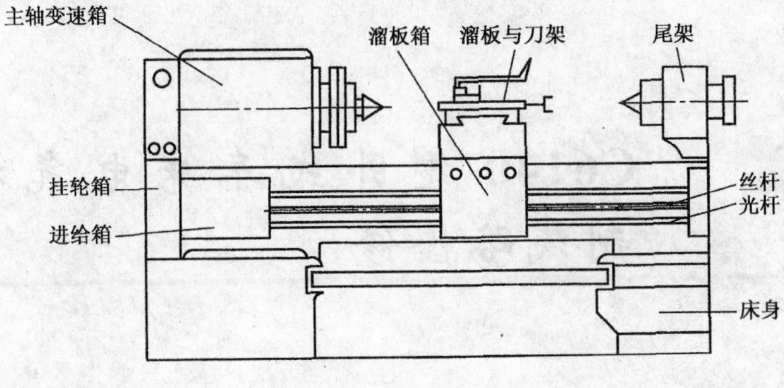

图 6-1　CA6140 型普通车床的主要结构

② 进给运动　车床的进给运动是指刀架的纵向或横向直线运动。所谓纵向运动是指相对于操作者的左右运动,横向运动是指相对于操作者的前后运动。车螺纹时要求主轴的旋转速度和进给的移动距离之间保持一定的比例,所以主运动和进给运动要由同一台电动机拖动,主轴箱和车床的溜板箱之间通过齿轮传动来连接,刀架再由溜板箱带动,沿着床身导轨作直线走刀运动。

③ 辅助运动　车床的辅助运动包括刀架的快速移动、尾架的移动以及工件的夹紧与放松等。为了提高工作效率,车床刀架的快速移动由一台单独的电动机拖动。

2. 电力拖动特点及控制要求

(1) 主轴电动机一般采用三相笼形异步电动机。为确保主轴旋转与进给运动之间的严格比例关系,由一台电动机来拖动主运动与进给运动。为满足调速要求,通常采用机械变速。

(2) 为车削螺纹,要求主轴能够正、反转。对于小型车床,主轴正、反转由主轴电动机正、反转来实现;当主轴电动机容量较大时,主轴正、反转由摩擦离合器来实现,电动机只作单向旋转。

(3) 主拖动电动机一般采用直接起动,自然停车,通过按钮操作。

(4) 车削加工时,为防止刀具与工件温度过高而变形,有时需要冷却,因而应该配有冷却泵电动机。冷却泵电动机只作单向旋转,且与主轴电动机有联锁关系,即起动在主轴电动机起动之后,同时停车。

(5) 为实现溜板箱的快速移动,应由单独的快速移动电动机来拖动,且采用点动控制方式。

(6) 电路具有过载、短路、欠压和失压保护,并有安全的局部照明和指示电路。

3. 车床电气线路分析

(1) 电气控制线路分析基础

① 电气控制线路分析的内容　电气控制线路是电气控制系统各种技术资料的核心文件。分析的具体内容和要求主要包括以下几个方面:

A. 设备说明书。设备说明书由机械(包括液压部分)与电气两部分组成。在分析时首先要阅读这两部分说明书,了解以下内容:

a. 设备的构造,主要技术指标,机械、液压和气动部分的工作原理。

b. 电气传动方式,电动机和执行电器的数目、型号规格、安装位置、用途及控制要求。

c. 设备的使用方法,各操作手柄、开关、旋钮和指示装置的布置及作用。

d. 同机械和液压部分直接关联的电器(行程开关、电磁阀、电磁离合器和压力继电器等)的位置、工作状态以及作用。

B. 电气控制原理图。这是控制线路分析的中心内容。原理图主要由主电路、控制电路和辅助电路等部分组成。在分析电气原理图时,必须与阅读其他技术资料结合起来。例如,各种电动机和电磁阀等的控制方式、位置及作用,各种与机械有关的位置开关和主令电器的状态等,只有通过阅读说明书才能了解。

C. 电气设备总装接线图。阅读分析总装接线图,可以了解系统的组成分布状况,各部分的连接方式,主要电气部件的布置和安装要求,导线和穿线管的型号规格。这是安装设备不可缺少的资料。

D. 电气元件布置图与接线图。这是制造、安装、调试和维护电气设备必须具备的技术资料。在调试和检修中可通过布置图和接线图方便地找到各种电器元件和测试点,进行必要的调试、检测和维修保养。

② 电气原理图阅读分析的方法与步骤　在仔细阅读了设备说明书,了解电气控制系统的总体结构、电动机和电器元件的分布状况及控制要求等内容之后,便可以阅读分析电气原理图了。

a. 分析主电路。从主电路入手,根据每台电动机和电磁阀等执行电器的控制要求去分析它们的控制内容,控制内容包括起动、方向控制、调速和制动等。

b. 分析控制电路。根据主电路中各电动机和电磁阀等执行电器的控制要求,逐一找出控制电路中的控制环节,利用前面学过的基本环节的知识,按功能不同划分成若干个局部控制线路来进行分析。分析控制电路的最基本方法是查线读图法。

c. 分析辅助电路。辅助电路包括电源显示、工作状态显示、照明和故障报警等部分,它们大多是由控制电路中的元件来控制的,所以在分析时,还要回过头来对照控制电路进行分析。

d. 分析联锁与保护环节。机床对于安全性和可靠性有很高的要求,实现这些要求,除了合理地选择拖动和控制方案以外,在控制线路中还设置了一系列电气保护和必要的电气联锁。

e. 总体检查。经过“化整为零”,逐步分析了每一个局部电路的工作原理以及各部分之间的控制关系之后,还必须用“集零为整”的方法检查整个控制线路,看是否有遗漏。特别要从整体角度去进一步检查和理解各控制环节之间的联系,理解电路中每个元件所起的作用。

(2) 主电路分析

图 6-2 是 CA6140 型普通车床的电气原理图。

在主电路中,M1 为主轴电动机,拖动主轴的旋转并通过传动机构实现车刀的进给。主轴由主轴变速箱实现机械变速,主轴正、反转由机械换向机构实现。因此,主轴与进给电动机 M1 是由接触器 KM1 控制的单向旋转直接起动的三相笼形异步电动机,由低压断路器 QF 实现短路和过载保护。M1 安装于机床床身左侧。

M2 为冷却泵电动机,由接触器 KM2 控制实现单向旋转直接起动,用于拖动冷却泵,在车

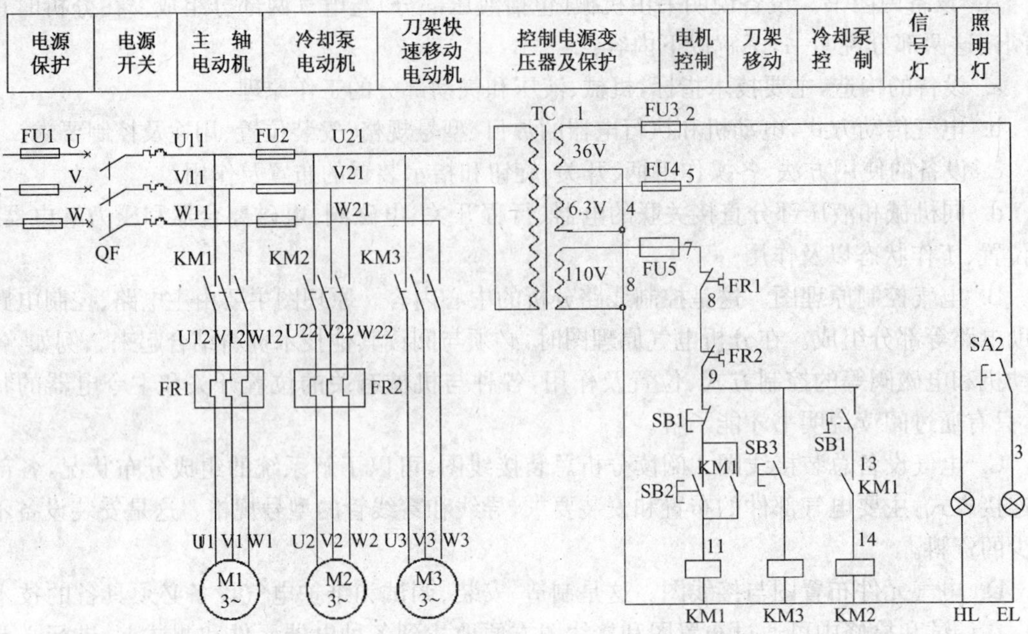

图 6-2　CA6140 型普通车床电气原理图

削加工时供出冷却液，对工件与刀具进行冷却，M2 安装于机床右侧。

M3 为刀架快速移动电动机，由接触器 KM3 控制实现单向旋转点动运行，M3 安装于溜板箱内。M2、M3 的容量都很小，加装熔断器 FU2 作短路保护。

热继电器 FR1 和 FR2 分别做 M1 和 M2 的过载保护，快速移动电动机 M3 是短时工作的，所以不需要过载保护。带钥匙的低压断路器 QF 是电源总开关。

(3) 控制电路分析

合上 QF，将电源引入控制变压器 TC 原边，TC 副边输出交流 110V 控制电源，并由熔断器 FU5 作短路保护。

① 主轴电动机 M1 的控制　SB1 是带自锁的红色蘑菇形的停止按钮，SB2 是绿色的起动按钮。按一下起动按钮 SB1，KM1 线圈通电吸合并自锁，KM1 的主触点闭合，主轴电动机 M1 起动运转。按一下 SB2，接触器 KM1 断电释放，其主触点和自锁触点都断开，电动机 M1 断电停止运行。

② 冷却泵电动机 M2 的控制　当主轴电动机起动后，KM1 的常开触点(13—14)闭合，这时若旋转转换开关 SA1 使其闭合，则 KM2 线圈通电，其主触点闭合，冷却泵电动机 M2 起动，提供冷却液。当主轴电动机 M1 停车时，KM1 的触点(13—14)断开，冷却泵电动机 M2 随即停止。M1 和 M2 之间存在顺序联锁关系。

③ 快速移动电动机 M3 的控制　快速移动电动机 M3 是由接触器 KM3 进行的点动控制。按下按钮 SB3，接触器 KM3 线圈通电，其主触点闭合，电动机 M3 起动，拖动刀架快速移动；松开 SB3，M3 停止。快速移动的方向通过装在溜板箱上的十字手柄扳到所需要的方向来控制。

(4) 照明、信号电路分析

照明电路采用 36 V 安全交流电压，信号回路采用 6.3 V 的交流电压，均由控制变压器二次侧提供。FU3 是照明电路的短路保护，照明灯 EL 的一端必须保护接地。FU4 为指示灯的短路保护，合上电源开关 QF，指示灯 HL 亮，表明控制电路有电。

4. 车床常见电气故障的分析与排除

表 6-1　车床常见电气故障的分析与排除

序号	故障现象	故障原因	修复故障措施
1	主轴电动机不能起动	主要原因可能是： (1) FU1 或控制电路中 FU5 的熔丝熔断 (2) 断路器 QF 接触不良或连线断路 (3) 热继电器已动作过，其常闭触点尚未复位 (4) 起动按钮 SB2 或停止按钮 SB1 内的触点接触不良 (5)接触器 KM1 的线圈烧毁或触点接触不良 (6) 电动机损坏	(1) 更换相同规格和型号的熔丝 (2) 修复断路器或连接导线 (3) 将热继电器复位 (4) 修复或更换同规格的按钮 (5) 修复或更换同规格的接触器 (6) 修复或更换电动机
2	按下起动按钮，主轴电动机发出嗡嗡声，不能起动	这是电动机缺相运行造成的，可能的原因有： (1) 熔断器 FU1 有一相熔丝烧断 (2) 接触器 KM1 有一对主触点没有接触好 (3) 电动机接线有一处断线	(1) 更换相同规格和型号的熔丝 (2) 修复接触器的主触点 (3) 重新接好线
3	主轴电动机起动后不能自锁	接触器 KM1 自锁用的辅助常开触头接触不好或接线松开	修复或更换 KM1 的自锁触点，拧紧松脱的线头
4	按下停止按钮，主轴电动机不会停止	(1) 停止按钮 SB1 常闭触点被卡住或线路中 9、10 两点连接导线短路 (2) 接触器 KM1 铁芯表面粘牢污垢 (3) 接触器主触点熔焊，主触点被杂物卡住	(1) 更换按钮 SB1 和导线 (2) 清理交流接触器铁芯表面污垢 (3) 更换 KM1 主触点
5	主轴电动机在运行中突然停转	一般是热继电器 FR1 动作，引起热继电器 FR1 动作的原因可能是： (1) 三相电源电压不平衡或电源电压较长时间过低 (2) 负载过重 (3) 电动机 M1 的连接导线接触不良	(1) 用万用表检查三相电源电压是否平衡 (2) 减轻所带的负载 (3) 拧紧松开的导线 发生这种故障后，一定要找出热继电器 FR1 动作的原因，排除后才能使其复位
6	照明灯不亮	(1) 照明灯泡已坏 (2) 照明开关 SA2 损坏 (3) 熔断器 FU3 的熔丝烧断 (4) 变压器原绕组或副绕组已烧毁	(1) 更换同规格和型号的灯泡 (2) 更换同规格的开关 (3) 更换相同规格和型号的熔丝 (4) 修复或更换变压器

三、研讨与练习

1. CA6140车床主轴电动机缺相不能运转的故障检修。

首先根据故障现象在电气原理图上标出可能的最小故障范围,然后按以下步骤进行检查,直至找出故障点:

(1) 机床起动后,KM1接触器吸合后M1电动机不能运转,听电动机有无“嗡嗡”声,电动机外壳有无微微振动的感觉,如有即为缺相运行应立即停机。

(2) 用万用表的AC500~750 V挡测QF的进出三相线之间的电压应为380(1±10%)V。

(3) 拆除主轴电动机M1的接线起动机床。

(4) 用万用表检查交流接触器KM1主触点的进出线三相之间的电压应为380(1±10%)V。

(5) 若以上无误,切断电源,拆开电动机三角形接线端子,用绝缘电阻表检测电动机的三相绕组。

技术要求及注意事项:

(1) 电动机有“嗡嗡”声说明电动机缺相运行,若电动机不运行则可能无电源。

(2) QF的电源进线缺相应检查电源,若出线缺相应检修QF开关。

(3) 接触器KM1主触点进线电源缺相则电力线路有断点,若出线缺相则KM1的主触点损坏,需要更换触点。

(4) 带电操作注意安全,正确选择仪表的功能、挡位和测试位置,以免损坏万用表并防止仪表指针与相邻点接触造成短路。

2. CA6140车床在运行中自动停车的故障检修。

首先根据故障现象在电气原理图上标出可能的最小故障范围,然后按以下步骤进行检查,直至找出故障点:

(1) 检查FR1热继电器是否动作,观察红色复位按钮是否弹出。

(2) 过几分钟待热继电器的温度降低后,按红色按钮使热继电器复位。

(3) 起动机床。

(4) 根据FR1动作情况将钳形电流表卡在M1电动机三相电源的输入线上,测量其定子平衡电流。

(5) 根据电流的大小采取相应的解决措施。

技术要求及注意事项:

(1) 如电动机的电流等于或大于额定电流的120%,则电动机为过载运行,此时应减小负载。

(2) 如减小负载后电流仍很大,超过额定电流,应检修电动机或检查机械传动部分。

(3) 如电动机的电流接近额定电流值FR1动作,这是因为电动机运行时间过长,环境温度过高、机床振动造成热继电器的误动作。

(4) 若电动机的电流小于额定电流,可能是热继电器的整定值偏移或过小,此时应重新校验、调整热继电器。

(5) 钳形电流表的挡位应选用大于额定电流值2~3倍的挡位。

3. 绘制CA6140型普通车床电气控制线路的元件位置图与接线图。

4. 在图6-2中,按下停止按钮,主轴电动机不停止。试分析故障原因,写出检修过程。

项目七 X62W型卧式万能铣床电气控制线路检修

项目目标

(1) 了解X62W型卧式万能铣床的运动形式及控制要求。
(2) 理解X62W型卧式万能铣床电气控制线路的工作原理。
(3) 熟悉掌握X62W型卧式万能铣床电气元件的作用与安装位置,并能熟练操作机床。
(4) 掌握X62W型卧式万能铣床电气控制线路的故障分析与检修方法。

一、项目任务

正确识读X62W型卧式万能铣床电气控制原理图并理解其工作原理,根据电气原理图及电动机型号选用电器元件及部分电工器材,完成X62W型卧式万能铣床电气控制电路的安装、自检及通电试车;在X62W型卧式万能铣床电气控制柜中,排除电气故障,填写维修记录。

二、项目知识分析与实施

1. 铣床的主要结构及运动形式

铣床主要用于加工工件的平面、斜面、沟槽。装上分度头以后,可以加工直齿轮、螺旋面;装上回转工作台,则可以加工凸轮、弧形槽。铣床有卧铣、立铣、龙门铣、仿形铣等。

X62W型万能升降台铣床是应用较广泛的中型卧式铣床,具有主轴转速高、调速范围宽、操作方便和加工范围广等特点。X表示铣床,6表示卧式,2表示工作台宽320 mm,W表示万能(可进行多种铣削加工)。

(1) 主要结构

X62W型万能卧式铣床主要由底座、床身、主轴电动机、升降台、溜板、转动部分、工作台、悬梁及刀杆支架等部分组成,其结构如图7-1所示。

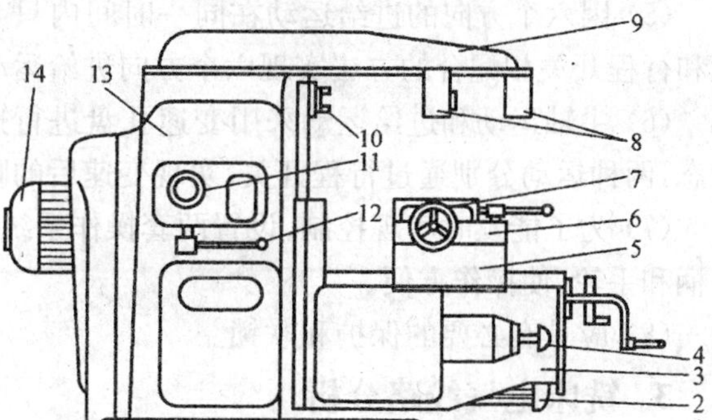

图7-1 X62W型万能卧式铣床结构示意图

1—底座;2—进给电动机;3—升降台;
4—进给变速手柄及变速盘;5—溜板;
6—转动部分;7—工作台;8—刀架支杆;9—悬梁;
10—主轴;11—主轴变速盘;12—主轴变速手柄;
13—床身;14—主轴电动机

箱形的床身13固定在底座1上，在床身内装有主轴传动机构及主轴变速操作机构。顶部有水平导轨，导轨上带有一个或两个刀杆支架的悬梁。刀杆支架用来支承安装铣刀心轴的一端，而心轴的另一端则固定在主轴上。在床身的前方有垂直导轨，一端悬挂的升降台可沿轨道上下移动。在升降台上面的水平导轨上，装有可平行于主轴轴线方向移动（横向移动）的溜板5。工作台7可沿溜板上部转动部分6的导轨在垂直于主轴轴线的方向移动（纵向移动）。安装在工作台上的工件，可以在三个方向调整位置或完成进给运动。此外，由于转动部分6对溜板5可绕垂直轴线转动一个角度（通常为±45°），这样，工作台在水平面上除能平行或垂直于主轴轴线方向进给外，还能在倾斜方向上进给，从而完成铣螺旋槽的加工。

（2）运动形式

① 主运动：主轴带动铣刀的旋转运动。

② 进给运动：是指工件相对于铣刀的移动。包括工作台带动工件在上、下、前、后、左、右六个方向上的直线运动或圆形工作台的旋转运动。在横向溜板上的水平导轨上，工作台沿导轨作左、右移动；在升降台的水平导轨上，使工作台沿导轨前、后移动；升降台依靠下面的丝杆，沿床身前面的导轨同工作台一起上、下移动。

③ 辅助运动：调整工件与铣刀相对位置的运动为辅助运动。是指工作台带动工件在上、下、前、后、左、右六个方向上的快速移动。

2. 电力拖动特点及控制要求

（1）该铣床由三台异步电动机拖动，M1为主轴电动机，担负主轴的旋转运动；M2为进给电动机，机床的进给运动和辅助运动均由M2拖动；M3为冷却泵电动机，将冷却液输送到机床切削部位，进行冷却。

（2）为了进行顺铣和逆铣加工，要求主轴正、反转。由于加工过程中不需要改变电动机旋转方向，故主轴电动机M1的正、反转采用倒顺开关改变电源的相序来实现。

（3）为使主轴迅速停车，对M1采用反接制动。

（4）进给电动机M2拖动工作台上下、前后、左右运动，故要求M2正、反转。

（5）因六个方向的进给运动在同一时间内只允许一个方向上的运动，故采用机械操纵手柄和行程开关相配合的方法实现六个方向进给运动的联锁。

（6）主轴运动和进给运动采用变速孔盘进行速度选择，为保证变速齿轮进入良好的啮合状态，两种运动分别通过行程开关，实现变速后的瞬时点动。

（7）为了能及时实现控制，设置两套操作系统，在机床正面及左侧面，都安装相同的按钮、手柄和手轮，使操作方便。

（8）应具有必要的保护和联锁。

3. 铣床电气线路分析

图7-2为X62W型万能卧式铣床电气原理图。该电路的突出特点是电气控制与机械操作紧密配合，是典型的机械—电气联合动作的控制机床。因此，分析电气控制原理图时，应弄清机械操作手柄扳动时相应的机械动作和电气开关动作情况，弄清各电器开关的作用和相应触点的通断状态。表7-1为X62W型万能铣床电器元件一览表。

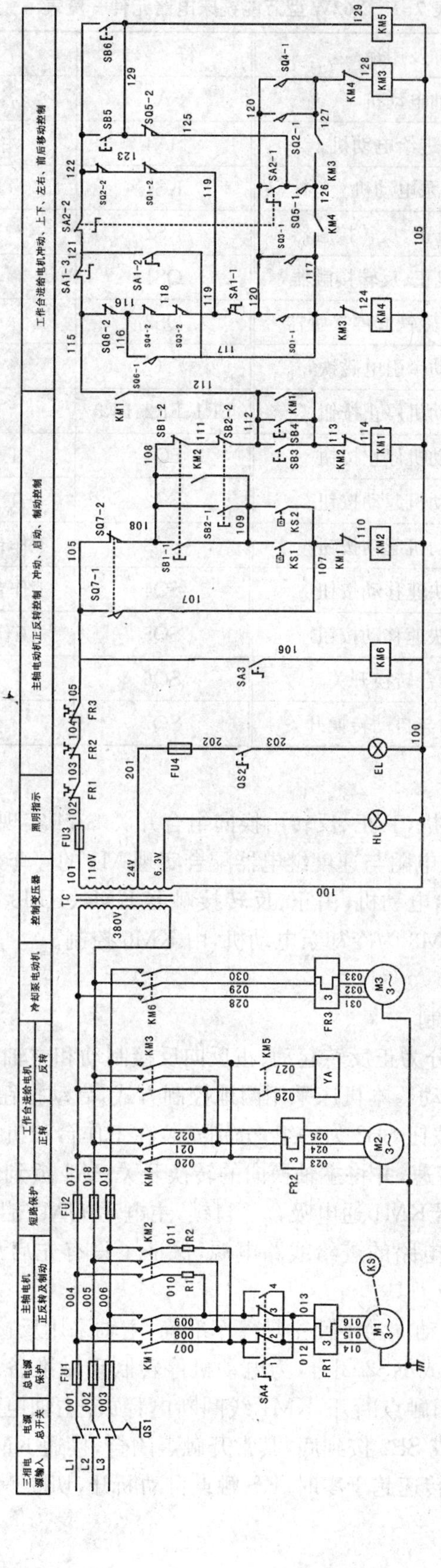

图 7-2　X62W 型万能铣床电气原理图

表 7-1　X62W 型万能铣床电器元件一览表

符　号	名称及用途	符　号	名称及用途
M1	主轴电动机	SA3	冷却泵电动机起停开关
M2	工作台进给电动机	SA4	主轴电动机正、反转开关
M3	冷却泵电动机	KS1	速度继电器正转触头
KM1、KM2	主轴电动机正、反转接触器	KS2	速度继电器反转触头
KM3、KM4	进给电动机正、反转接触器	QS1	电源引入开关
KM5	快速牵引电磁铁起停接触器	QS2	照明灯开关
YA	快速移动牵引电磁铁	TC	控制变压器
SB1	主轴电动机停止按钮	FR1、FR2、FR3	热继电器
SB2	主轴电动机停止按钮	SQ1	工作台向右进给限位开关
SB3	主轴电动机起动按钮	SQ2	工作台向左进给限位开关
SB4	主轴电动机起动按钮	SQ3	工作台向前、向下进给限位开关
SB5	工作台快速移动按钮	SQ4	工作台向后、向上进给限位开关
SB6	工作台快速移动按钮	SQ5	工作台快速与进给转换开关
SA1	圆工作台转换开关	SQ6	进给变速点动开关
SA2	工作台手动与自动转换开关	SQ7	主轴变速点动开关

(1)主电路分析

图 7-2 中,M1 为主电动机,其正、反转由换向组合开关 SA4 实现,正常运行时由 KM1 控制。KM2 的主触点串联两相电阻与速度继电器配合实现 M1 的停车反接制动,还可进行变速点动控制。M2 为工作台进给电动机,由正、反转接触器 KM4、KM3 主触点控制,YA 为快速移动电磁铁,由 KM5 控制。M3 为冷却泵电动机,由 KM6 控制。

(2) 控制电路分析

① 主轴电动机 M1 的控制

主轴电动机 M1 的控制分为正反转起动、正反向反接制动和主轴变速冲动。

a. 主轴电动机 M1 的启动　本机床采用两地控制方式,启动按钮 SB3 和停止按钮 SB1 为一组,启动按钮 SB4 和停止按钮 SB2 为一组,分别安装在工作台和机床床身,以方便操作。

启动前,先选择好主轴转速,并将主轴换向的转换开关 SA4 扳到所需转向上。然后,按下启动按钮 SB3 或 SB4,接触器 KM1 通电吸合并自锁,主电动机 M1 启动。KM1 的辅助常开触点(112-115)闭合,接通控制电路的进给线路电源,保证了只有先启动主轴电动机,才可启动进给电动机,避免损坏工件或刀具。

b. 主轴电动机 M1 的制动　为了使主轴停车准确,主轴采用反接制动。M1 起动后,速度继电器 KS 的常开触点 KS1 或 KS2 闭合,为电动机停转制动做准备。停车时,按下停止复合按钮 SB1 或 SB2,首先其常闭触点断开,KM1 线圈断电释放,主轴电动机 M1 断电,但因惯性继续旋转,将停止按钮 SB1 或 SB2 按到底,其常开触点闭合,接通 KM2 回路,改变 M1 的电源相序进行反接制动。当 M1 转速趋于零时,KS 触点自动断开,切断 M2 的电源。

c. 主轴变速冲动　主轴变速是通过改变齿轮的传动比进行的。当改变了传动比的齿轮组重新啮合时，因齿之间的位置不能刚好对上，若直接启动，有可能使齿轮打牙。为此，本机床设置了主轴变速瞬时点动控制线路。

图 7-3 是主轴变速冲动控制示意图。变速时，将变速手柄向下压，并推向前头，在推动手柄的过程中，凸轮转动压动弹簧杆，压下限位开关 SQ7。SQ7-2 常闭触头分断，使 KM1 线圈失电释放，切断 M1 运转电源。由于 SQ7-1 常开触头闭合，使 KM2 线圈得电吸合但不自保。电源经限流电阻 R 使 M1 缓慢转动。转动变速孔盘选好转速，齿轮啮合好后，将变速手柄拉回原位，限位开关复位，SQ7-1 常开触头分断，切断 M1 电源，SQ7-2 常闭触头闭合，为重新起动 M1 做准备。

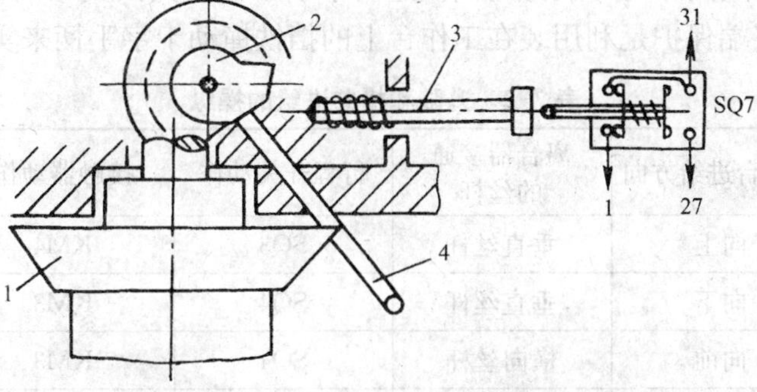

图 7-3　主轴变速冲动控制示意图

1—变速盘；2—凸轮；3—弹簧杆；4—变速手柄

② 工作台移动控制

转换开关 SA1 是控制圆工作台运动的，在不需要圆工作台运动时，将转换开关 SA1 扳至“断开”位置，转换开关 SA1 在正向位置的两个触点 SA1-1、SA1-3 闭合，反向位置的触点 SA1-2 断开。再将工作台自动与手动控制方式选择开关 SA2 扳到手动位置，SA2-1 断开，SA2-2 闭合，然后起动 M1。这时接触器 KM1 吸合，其触点 KM1(112-115)闭合，这样就可以进行工作台的进给控制。

工作台上下、前后、左右六个方向的进给都由 M2 拖动，接触器 KM4 和 KM3 控制 M2 的正、反转。进给方向由有关操纵手柄选定。操纵手柄经联动机构，在机械上接通相应的离合器，在电气上压合相应的限位开关，使接触器线圈得电，电动机 M2 的转动传至相应的丝杆，使工作台按选定的方向进给。“纵向”进给与“升降和横向”进给之间采用电气互锁，“横向”与“升降”之间采用机械互锁。

a. 工作台的“纵向”进给（左右）控制　首先将圆工作台转换开关 SA1 扳在“断开”位置。操纵工作台纵向运动的手柄有两个，一个装在工作台底座顶面的正中央，另一个装在工作台底座的左下方，它们之间由机械连接，只要操纵其中任意一个就可以了。手柄有三个位置，即“左”、“右”和“中间”。当手柄扳到“右”或“左”时，手柄联动机构压下行程开关 SQ1 或 SQ2 使接触器 KM4 或 KM3 动作，控制进给电动机 M2 的正反转。工作台的左右行程可通过调整安装在工作台两端的挡铁来控制。当工作台纵向运动到极限位置时，挡铁撞动纵向操纵手柄，使它回到零位，工作台停止运动，从而实现了纵向终端保护。

在主轴电动机起动后，将操作手柄扳向右，其联动机构压下行程开关 SQ1，使 SQ1-2 断开，SQ1-1闭合，接触器KM4线圈得电，电动机M2正转，拖动工作台向右。同理，将操作手柄扳向左，其联动机构压下行程开关SQ2，使SQ2-2断开，SQ2-1闭合，接触器KM3线圈得电，电动机M2反转，拖动工作台向左。

b. 工作台的“升降和横向”进给控制　控制工作台上下运动和前后运动的手柄是十字手柄，有两个完全相同的手柄分别装在工作台左侧的前、后方。它们之间有机械联锁，只需操纵其中任意一个。手柄有五个位置，即上、下、前、后和中间，五个位置是联锁的。手柄的联动机构与行程开关SQ3、SQ4相连，扳动十字手柄时，通过传动机构将同时压下相应的行程开关SQ3或SQ4。

SQ3控制工作台向上及向后运动，SQ4控制工作台向下及向前运动，见表7-2。工作台的上下限位终端保护是利用床身导轨旁的挡铁撞动十字手柄使其回到中间位置，升降台便停止运动。横向运动的终端保护是利用装在工作台上的挡铁撞动十字手柄来实现的。

表7-2　升降和横向进给的操纵

十字手柄位置	工作台进给方向	离合器接通的丝杆	行程开关动作	接触器动作	电动机转向
向上	向上	垂直丝杆	SQ3	KM4	M2正转
向下	向下	垂直丝杆	SQ4	KM3	M2反转
向前	向前	横向丝杆	SQ4	KM3	M2反转
向后	向后	横向丝杆	SQ3	KM4	M2正转
中间	停止	横向丝杆	复位	释放	停止

在主轴起动以后，将手柄扳至向上位置，其联动机构一方面接通垂直传动丝杆离合器，为垂直传动丝杆的转动做好准备，另一方面它使行程开关SQ3动作，SQ3-2断开，SQ3-1闭合，接触器KM4线圈通电，M2正转，工作台向上运动。

将手柄扳至向后位置，联动机构拨动垂直传动丝杆的离合器使它脱开，停止转动，而将横向传动丝杆的离合器接通进行传动，可使工作台向后运动。

将手柄扳至向下位置，其联动机构一方面接通垂直传动丝杆离合器，为垂直传动丝杆的转动做好准备，另一方面它使行程开关SQ4动作，SQ4-2断开，SQ4-1闭合，接触器KM3线圈通电，M2反转，工作台向下运动。

将手柄扳至向前位置，联动机构拨动垂直传动丝杆的离合器使其脱开，而将横向传动丝杆的离合器接通进行传动，由横向传动丝杆使工作台向前运动。

工作台“纵向”与“升降和横向”进给是采用了“常闭触头串联”方式实现电气互锁的。

进给控制电路，有两条通路都能使接触器KM4或KM3的线圈得电。

c. 工作台快速移动控制　在铣床不进行铣削加工时，工作台可以快速移动。工作台的快速移动也是由进给电动机M2来拖动的，在六个方向上都可以实现快速移动控制。

主轴起动以后，将工作台的进给手柄扳到所需的运动方向，工作台将按操纵手柄指定的方向慢速进给。这时按下快速移动按钮SB5(在床身侧面)或SB6(在工作台前面)，使接触器KM5线圈得电，接通牵引电磁铁YA，电磁铁通过杠杆使摩擦离合器合上，减少中间传动装置，使工作台按原运动方向作快速移动。当松开快速移动按钮时，电磁铁YA断电，摩擦离合器断开，快速移动停止。工作台仍按原进给速度继续运动。

d. 进给变速冲动的控制　进给变速冲动是由操纵进给变速孔盘和操纵手柄实现的，其操纵动作如同主轴变速冲动。

选好变速位置后，在将变速手柄向原位推回过程中，压动限位开关 SQ6，其常闭触头 SQ6-2 分断，常开触头 SQ6-1 闭合，KM4 线圈经(17-122-119-116-117-124)得电动作，M2 正向旋转，使变速齿轮啮合良好。变速手柄推回到原位时，SQ6 复位，M2 停转。

从进给变速冲动环节的通电回路中可以看出，要经过 SQ1～SQ4 四个行程开关的常闭触点，因此，只有在进给运动的操作手柄在中间位置时，才能实现进给变速冲动的控制，以保证操作安全。同时应注意进给电动机的通电时间不能太长，以防止转速过高，在变速时打坏齿轮。

③ 自动循环控制

这是指工作台在左右两个方向上进行连续的往复单循环或间断的半自动循环进动。

a. 纵向进给自动控制机构　图 7-4 是纵向进给自动控制机构示意图，其中：操纵手柄由手柄、凸轮和套在同轴上的星形轮组成。手柄向右扳压动限位开关 SQ1，向左扳压动 SQ2。手柄的动作可使纵向离合器啮合或脱开。星形轮每转动一齿，SQ5 轮换压动和复位一次。凸轮和星形轮都可被固定在工作台前侧的撞块碰动。

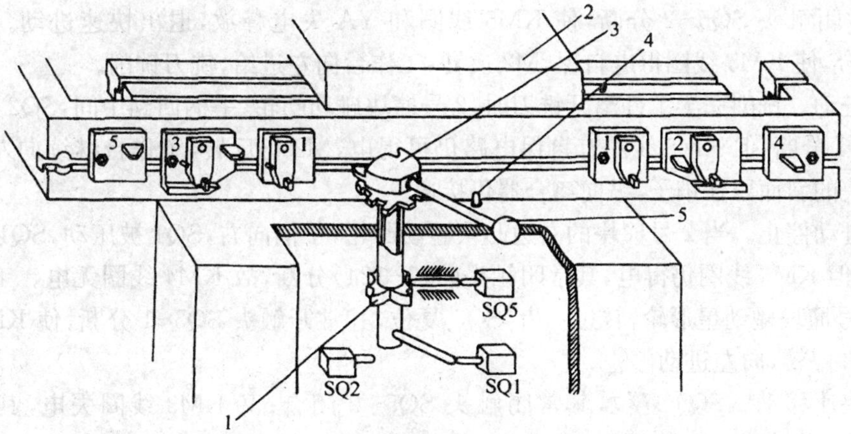

图 7-4　纵向进给自动控制机构

1—星形轮；2—工件；3—手柄凸轮；4—销子；5—手柄

有五种不同形状的六块撞块，供不同的自动控制选用，见表 7-3。

表 7-3　X62W 型铣床的撞块

撞块编号	名称(作用)	碰撞部位
1	快慢行程转换(两块)	星形轮
2	左行回程	先碰凸轮，再压销子，后碰星形轮
3	右行回程	
4	左行停止	凸轮
5	右行停止	

选择配用各种撞块，可实现多种进给循环，如左(右)行程的单向自动循环、一次进给往复

单循环、二次进给往复单循环、多次进给往复多循环等。各种循环的工作原理相似，现以向左一次进给往复单循环为例，分析其控制过程和工作原理。

b. 向左一次进给往复单循环工作流程

工作台在右端 —(纵向手柄向左扳)→ 快速向左进动 —(碰块 1 碰动星形轮)→ 向左进给铣削加工 —(碰块 2 碰动凸轮，手柄回中间)→ 向左进动 —(碰块 2 又先碰凸轮，后碰星形轮)→ 向左进给停止，快速向右进动 —(5 号撞块碰动凸轮)→ 工作台回到右端停止

c. 向左一次进给往复单循环控制

准备工作。将圆工作台转换开关 SA1 扳至“断开”，将自动与手动转换开关 SA2 扳至“自动”，SA2-1 闭合，SA2-2 断开。将星形轮拨至使 SQ5 复位，SQ5 常闭触头 SQ5-2 闭合。按下按钮 SB3 或 SB4，KM1 线圈得电自保，M1 运转。KM1 辅助常开触头(112-115)闭合。于是 KM6 线圈得电动作，快速电磁铁 YA 得电动作。

向左快速移动。将纵向手柄向左扳，接通纵向离合器，挂上纵向丝杆；压动限位开关 SQ2，SQ2-1 常开触头闭合。KM3 线圈经得电，M2 反转，工作台快速向左移动。

向左进给(铣削)。工作台快速移至工件接近铣刀时，1 号撞块碰动星形轮转过一齿，压动 SQ5。其常闭触头 SQ5-2 分断，使 KM5 线圈和 YA 失电释放，退出快速进动。常开触头 SQ5-1 闭合，使 KM5 线圈得电自保，M2 反转，工作台向左进给，铣刀铣削。

向左进动。铣削完毕工件离开铣刀时，2 号撞块碰动凸轮，手柄回到中间，SQ2 复位，常开触头 SQ2-1 分断，但 KM5 线圈有自保电路仍可得电，M2 仍反转，工作台继续向左进动。这时 2 号撞块的斜面压住销子，纵向离合器仍接通。

向左进动停止。当 2 号撞块的右边凸块碰动凸轮，手柄向右，SQ1 被压动，SQ1-1 常开触头虽闭合，但 KM3 线圈仍得电，其常闭触头(117-124)分断，故 KM4 线圈无电。工作台再进动一点，2 号撞块碰动星形轮，转过一齿，SQ5 复位，其常开触头 SQ5-1 分断，使 KM3 线圈失电释放，M2 停转，向左进动停止。

向右快速移动。SQ5 复位，其常闭触头 SQ5-2 闭合；又 KM3 线圈失电，其常闭触头(117-124)闭合，使 KM4 线圈得电，M2 正转。同时，常闭触头 SQ5-2 的闭合，使 KM5 线圈和 YA 得电动作，于是工作台得以快速向右移动。

工作台在右端停止。工作台向右回到原起始位置时，5 号撞块将手柄碰回中间位置，SQ1 复位，常开触头 SQ1-1 分断，KM4 线圈失电释放，M2 停转。工作台向右移动停止。

④ 圆工作台的控制

为扩大铣床的加工能力，如铣削圆弧、凸轮曲线，在工作台上安装圆工作台。圆工作台工作时，先将转换开关 SA1 扳到“接通”位置，触点 SA1-1、SA1-3 断开，SA1-2 接通，然后将工作台的进给操作手柄扳至中间位置，此时行程开关 SQ1～SQ4 处于不受压状态。按下主轴起动按钮 SB3 或 SB4，主轴电动机起动，同时 KM4 线圈经(17-116-118-119-123-122-121-117-124)得电动作，进给电动机起动，并通过机械传动使圆工作台按照需要的方向转动。可以看出，圆工作台只能沿着一个方向做旋转运动，并且圆工作台运动控制的通路需要经过 SQ1～SQ4 四个行程开关的常闭触点，如果扳动工作台任意一个进给手柄，圆工作台都会停止工作，这就保证了工作台的进给运动与圆工作台的旋转运动不能同时进行。若按下主轴停止

按钮，主轴停转，圆工作台也同时停止工作。

(3) 照明、信号电路分析

照明电源是变压器 TC 提供的 24 V 交流电压。照明灯 EL 由开关 SQ2 控制，熔断器 FU4 作为照明电路的短路保护。HL 为电源工作指示灯。

4. 铣床常见电气故障的分析与排除

表 7-4　铣床常见电气故障的分析与排除

序号	故障现象	故障原因	修复故障措施
1	主轴电动机不能起动	原因可能为： (1) 控制电路熔断器 FU3 或 FU4 熔丝熔断 (2) 主轴换相开关 SA4 在停止位置 (3) SB1、SB2、SB3 或 SB4 的触点接触不良 (4) 主轴变速冲动行程开关 SQ7 的常闭触点接触不良 (5) 热继电器已经动作，没有复位 (6) 主轴电动机损坏	(1) 更换相同规格和型号的熔丝 (2) 修复或更换同规格的按钮 (3) 将 SA4 扳到所需转向上 (4) 修复或更换行程开关 (5) 将热继电器复位 (6) 修复或更换电动机
2	按下停止按钮后主轴不停	(1) 若按下停止按钮后，接触器 KM1 不释放，说明接触器 KM1 主触点熔焊 (2) 若按下停止按钮后，KM1 能释放，KM2 吸合后有"嗡嗡"声，或转速过低，则说明制动接触器 KM2 主触点只有两相接通 (3) 若按下停止按钮，电动机能反接制动，但放开停止按钮后，电动机又再次起动，则是起动按钮在起动电动机 M1 后绝缘被击穿 (4) 停止按钮常闭触点短路	(1) 修复接触器 KM1 的主触点 (2) 修复 KM2 另一相主触点 (3) 更换起动按钮 (4) 更换停止按钮
3	工作台各个方向都不能进给	(1) SA2 不在"断开"位置 (2) 接触器 KM3 和 KM4 主触头接触不良 (3) 电动机 M2 接线脱落或电动机绕组断路 (4) SQ1、SQ2、SQ3、SQ4 的位置发生变动或被撞坏	(1) 将 SA2 置于"断开"位置 (2) 修复接触器的主触点 (3) 重新接好线或更换电动机 (4) 更换行程开关或调整好位置并切实安装牢固
4	工作台不能快速进给	(1) 牵引电磁铁 YA 线圈损坏或机械卡死 (2) 离合器摩擦片间隙调整不当或损坏 (3) SB5 和 SB6 的触点接触不良 (4) KM5 主触点接触不良或线圈损坏	(1) 更换电磁铁 (2) 调整离合器摩擦片间隙或更换 (3) 修复或更换同规格的按钮 (4) 修复或更换接触器
5	变速时不能冲动控制	多数是由于冲动位置开关 SQ6 或 SQ7 经常受到频繁冲击，使开关位置改变(压不上开关)，甚至开关底座被撞坏或接触不良	修理或更换开关，并调整好开关的动作距离

三、研讨与练习

1. 主轴停车时没有制动的故障检修。

研究分析:主轴无制动时要首先检查按下停止按钮后反接制动接触器 KM2 是否吸合,如 KM2 不吸合,则应检查控制电路。检查时先操作主轴变速冲动手柄,若有冲动,说明故障的原因是速度继电器或按钮支路发生故障。若 KM2 吸合,则首先检查 KM2 主触点、R 的制动回路是否有缺两相的故障存在,如果制动回路缺两相则完全没有制动现象;其次检查速度继电器的常开触点是否过早断开,如果速度继电器的常开触点过早断开,则制动效果不明显。

检查处理:检修时应根据具体情况进行处理,直到排除故障为止。

2. 工作台能向左、右进给,不能向前后、上下进给的故障检修。

研究分析:铣床控制工作台各个方向的开关是互相连锁的,使之只有一个方向的运动。因此这种故障的原因可能是控制左右进给的位置开关 SQ2 或 SQ1 由于经常被压合,使螺钉松动、开关移位、触头接触不良、开关机构卡住等,使电路断开或开关不能复位闭合,电路 122-123 或123-119 断开。这样,当操作工作台向前、后、上、下运动时,位置开关 SQ3-2 或 SQ4-2 也被压开,切断了进给接触器 KM3、KM4 的通路,造成工作台只能左、右运动,而不能前、后、上、下运动。

检查处理:检修故障时,用万用表欧姆挡测量 SQ2-2 或 SQ1-2 的接触导通情况,查找故障部位,修理或更换元器件就可排除故障。注意:在测量 SQ2-2 或 SQ1-2 接通情况时,应操纵前后上下进给手柄,使 SQ3-2 或 SQ4-2 断开,否则通过 122-121-17-116-118-119 导通,会误认为 SQ2-2 或 SQ1-2 接触良好。

3. 深入现场,认真观察 X62W 型万能铣床每个电器元件的安装位置、安装方法,画出电器布置图及电气安装接线图。

4. 写出工作台能向前、后、上、下进给,不能向左、右进给的故障检修工作过程。

第四篇　PLC 的基本组成和工作原理

项目八　PLC 的产生与发展

项目目标

(1) 掌握 PLC 的定义。

(2) 了解世界上第一台 PLC 是怎样产生的。

(3) 了解 PLC 有哪些主要特点、应用场合和分类。

一、项目知识分析

1. PLC 的产生

20 世纪 60 年代，计算机技术已经开始应用于工业控制了，但是由于计算机技术本身的复杂性，编程难度高，难以适应恶劣的工业环境以及价格昂贵等原因，未能在工业控制中广泛应用。当时的工业控制，主要还是以继电—接触器组成控制系统。60 年代末期，美国的汽车制造工业竞争异常激烈。为了适应生产工艺不断更新的需要，降低成本，缩短新产品的开发周期，美国通用汽车公司(GM 公司)在 1968 年提出了招标开发研制新型顺序逻辑控制装置的十条要求，即著名的十条招标指标。其主要内容如下：

(1) 编程简单，可在现场修改和调试程序。

(2) 维护方便，各部件最好是插件式的装置。

(3) 可靠性高于继电器控制柜。

(4) 体积小于继电器控制柜。

(5) 可将数据直接送入管理计算机。

(6) 在成本上可与继电器控制柜竞争。

(7) 输入可以是交流 115 V(注：美国电网电压为 110 V)。

(8) 输出为交流 115 V、2 A 以上，能直接驱动电磁阀。

(9) 具有灵活的扩展能力，在扩展时原系统只需做很少的变更。

(10) 用户程序存储容量至少能扩展到 4 kB(根据当时汽车装配过程的要求提出的)。

从这些指标看，GM 公司希望研制出一种控制装置，使汽车生产流水线在汽车型号不断翻新的同时，尽可能减少重新设计继电—接触器控制系统和重新接线的工作；设想把计算机的灵活、通用、功能完备等优点与继电—接触器控制系统的简单易懂、操作方便、价格便宜等优点结合起来，研制成一种通用的控制装置；将计算机的编程方法和程序输入方式加以简化，用面向问题的"自然语言"进行编程，使得不熟悉计算机的人也能很方便地使用。它也反映了自动化工业以及其他各类制造工业用户的要求和愿望。

1969 年，美国数字设备公司(DEC 公司)根据十项招标指标的要求，研制出世界上第一台可编程控制器，型号为 PDP-14。用它代替传统的继电—接触器控制系统，在美国通用汽车公司的自动装配线上试用，获得了成功。此后，这项新技术就迅速发展起来，日本和西欧国家通过引进技术，也分别于 1971 年和 1973 年研制出自己的可编程控制器。此后，PLC 装置遍及世界各发达国家的工业现场。我国对此项技术的研究始于 1974 年，三年后进入工业应用阶段。

2. PLC 的定义

早期的 PLC 设计，虽然采用了计算机的设计思想，但只能进行逻辑控制，主要用于顺序控制，所以被称为可编程逻辑控制器。近年来，随着微电子技术和计算机技术的迅猛发展，可编程逻辑控制器不仅能实现逻辑控制，还具有数据处理及通信等功能，又改称为可编程控制器，简称 PC(Programmable Controller)。但由于 PC 容易和个人电脑(Personal Comp Uter)相混淆，故人们仍习惯地用 PLC 作为可编程控制器的缩写。

PLC 是可编程逻辑控制器(Programmable Logic Controller)的缩写，是作为传统继电—接触器的替代产品出现的。国际电工委员会(IEC)在其颁布的可编程逻辑控制器标准草案中给 PLC 做了如下定义："可编程控制器是一种数字运算操作的电子系统，专为工业环境下的应用而设计。它采用可编程的存储器，用来在其内部存储执行逻辑运算、顺序控制、定时、计数和算术运算等操作的命令，并通过数字式、模拟式的输入和输出，控制各种机械或生产过程。可编程控制器及其有关设备，都应按易于与工业控制系统形成一个整体，易于扩展其功能的原则设计。"PLC 将传统的继电—接触器控制技术和现代的计算机信息处理技术的优点有机结合起来，成为工业自动化领域中最重要、应用最多的控制设备之一，成为现代工业生产自动化三大支柱(PLC、CAD/CAM、机器人)之一。

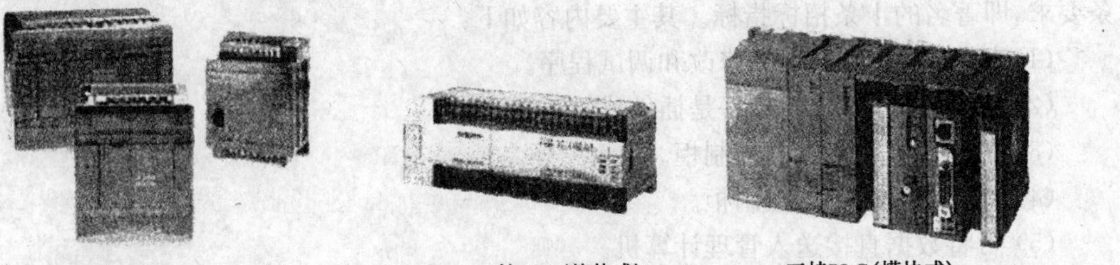

西门子PLC　　三菱PLC(整体式)　　三菱PLC(模块式)

图 8-1　常见 PLC 外形图

3. PLC 的主要特点

由 PLC 的产生和发展过程可知，PLC 的设计是站在用户立场，以用户需要为出发点的，以直接应用于各种工业环境为目标，但又不断采用先进技术求发展。可编程控制器经过近四十年的发展，已日臻完善。其主要特点如下：

(1) 可靠性高，抗干扰能力强

PLC组成的控制系统用软件代替了传统的继电—接触器控制系统中复杂的硬件线路，故使用PLC的控制系统故障率明显低于继电—接触器控制系统。另一方面，PLC本身采用了抗干扰能力强的微处理器作为CPU，电源采用多级滤波并采用集成稳压块稳压，以适应电网电压的波动；输入/输出采用光电隔离技术；工业应用的PLC还采用了较多的屏蔽措施。此外，PLC带有硬件故障自我检测功能，出现故障时可及时发出警报信息。由于采取了以上措施，使得PLC有很强的抗干扰能力，从而提高了整个系统的可靠性。例如三菱公司生产的F系列PLC平均无故障时间高达30万小时。一些使用冗余CPU的PLC平均无故障工作时间则更长。

(2) 编程简单易学

PLC的最大特点之一，就是采用易学易懂的梯形图语言。这种编程方式既继承了传统的继电—接触器控制电路的清晰直观感，又考虑到了大多数技术人员的读图习惯，即使没有计算机基础的人也很容易学会，故很容易在厂矿企业中推广使用。

(3) 使用维护方便

① 硬件配置方便。PLC的硬件都是由专门生产厂家按一定标准和规格生产的。硬件可按实际需要配置，在市场上可方便地购买。PLC的硬件配置采用模块化组合结构，使系统构成十分灵活，可根据需要任意组合。

② 安装方便。内部不需要接线和焊接，只要编程就可以使用。

③ 使用方便。PLC内各种继电器的辅助触点在编程时没有次数限制，它采用的是PLC内部的一种数据逻辑状态，而继电—接触器控制系统中的辅助触点是一种实实在在的硬件结构，触点的数量有限。因此，PLC的输入/输出继电器与硬件有关系，具有固定的数量，应用时需考虑输入/输出点数。

④ 维护方便。PLC配有很多监控提示信号，能检查出系统自身的故障，并随时显示给操作人员，且能动态地监视控制程序的执行情况，为现场的调试和维护提供了方便，而且接线少，维修时只需更换插入式模块，维护方便。

(4) 体积小，质量轻，功耗低

由于PLC是专门为工业控制而设计的，其结构紧凑、坚固，体积小巧，易于装入机械设备内部，是实现机电一体化的理想控制设备。

(5) 设计施工周期短

PLC用存储逻辑代替接线逻辑，大大减少了控制设备外部的接线，使控制系统设计及建造周期大为缩短，同时维护也变得容易。更重要的是使同一设备经过修改程序改变生产过程成为可能。这很适合多品种、小批量的生产场合。正是由于有了上述优点，使得PLC受到了广泛欢迎。

4. PLC的应用场合

PLC在国内外已广泛应用于钢铁、采矿、石化、电力、机械制造、汽车制造、环保及娱乐等各行各业，其应用大致可分为以下几种类型：

(1) 用于逻辑开关和顺序控制

这是PLC最基本、最广泛的应用领域，它取代传统的继电—接触器电路，实现逻辑控制、顺序控制，既可用于单台设备的控制，也可用于多机群控及自动化流水线。可用PLC取代传统继电—接触器控制，如机床电气、电动机控制等，亦可取代顺序控制，如高炉上料、电梯控制等。

（2）机械位移控制

机械位移控制是指PLC使用专用的位移控制模块来控制驱动步进电机或伺服电机，实现对机械构件的运动控制。世界上各主要PLC厂家的产品几乎都有运动控制功能，广泛用于各种机械手、数控机床、机器人、电梯等场合。

（3）数据处理

现代PLC具有数学运算（含矩阵运算、函数运算、逻辑运算）、数据传送、数据转换、排序、查表、位操作等功能，可以完成数据的采集、分析及处理。这些数据可以与存储在存储器中的参考值比较，完成一定的控制操作，也可以利用通信功能传送到别的智能装置，或将它们打印制表。数据处理一般用于大型控制系统，如无人控制的柔性制造系统；也可用于过程控制系统，如造纸、冶金、食品工业中的一些大型控制系统。

（4）用于模拟量的控制

PLC具有D/A、A/D转换及算术运算功能，可实现模拟量控制。现在大型PLC都配有PID（比例、积分、微分）子程序或PID模块，可实现单电路、多电路的调节控制。

（5）用于组成多级控制系统，实现工厂自动化网络

PLC通信含PLC间的通信及PLC与其他智能设备间的通信。随着计算机控制的发展，工厂自动化网络发展得很快，各PLC厂商都十分重视PLC的通信功能，纷纷推出各自的网络系统。新近生产的PLC都具有通信接口，通信非常方便，可以实现对整个生产过程的信息控制和管理。

5. PLC的分类

可编程控制器的种类很多，一般可以从它的结构形式、输入/输出点数及功能进行分类。

（1）按结构形式分类

由于可编程控制器是专门为工业环境应用而设计的，为了便于现场安装和接线，其结构形式与一般计算机有很大的区别，主要有整体式和模块式两种结构形式。

整体式PLC，又称单元式或箱体式。如图8-2所示，整体式PLC是将电源、CPU、I/O部件都集中装在一个机箱内。一般小型PLC采用这种结构。特点是结构紧凑，体积小，质量轻，价格低。

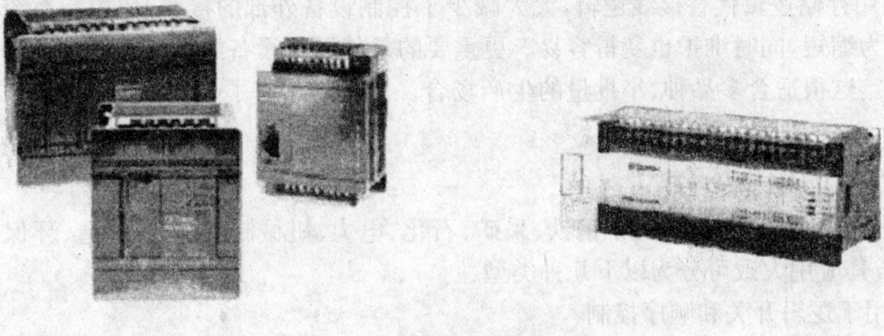

图8-2　整体式PLC外观图

模块式 PLC，是将各部分以单独的模块分开，形成独立单元，使用时可将这些单元模块分别插入机架底板的插座上，如图 8-3 所示。特点是组装灵活，便于扩展，维修方便，可根据要求配置不同模块以构成不同的控制系统。一般大、中型 PLC 采用模块式结构，有的小型 PLC 也采用这种结构。

主基板

模块式PLC

图 8-3　模块式 PLC 外观图

(2) 按输入/输出点数和内存容量分类

为适应不同工业生产过程的应用要求，可编程控制器能够处理的输入/输出点数是不一样的。按输入/输出点数的多少和内存容量的大小，可分为微型机、小型机、中型机、大型机、超大型机等类型。

① I/O 点数小于 32 为微型 PLC。

② I/O 点数在 32～128 为微小型 PLC。

③ I/O 点数在 128～256 为小型 PLC。

④ I/O 点数在 256～2048 为中型 PLC。

⑤ I/O 点数大于 2048 为大型 PLC。

⑥ I/O 点数在 4000 以上为超大型 PLC。

以上划分不包括模拟量 I/O 点数，且划分界限不是固定不变的。不同的厂家也有自己的分类方法。

6. PLC 的技术指标

虽然各 PLC 生产厂家产品的型号、规格和性能各不相同，但通常可以按照以下七种性能指标进行综合描述：

(1) 输入/输出点数(I/O 点数)

输入/输出点数是指 PLC 输入信号和输出信号的数量，也就是输入、输出端子数总和。这是一项很重要的技术指标，因为在选用 PLC 时，要根据控制对象的 I/O 点数要求确定机型。PLC 的 I/O 点数包括主机的 I/O 点数和最大扩展点数，主机的 I/O 点数不够时可扩展 I/O 模块，但因为扩展模块内一般只有接口电路、驱动电路，而没有 CPU，它通过总线电缆与主机相连，由主机的 CPU 进行寻址，故最大扩展点数受 CPU 的 I/O 寻址能力的限制。

(2) 存储容量

存储容量是指 PLC 中用户程序存储器的容量，也就是用户 RAM 的存储容量。一般以 PLC 所能存放用户程序的多少来衡量内存容量。在 PLC 中程序指令是按“步”存放的(一条指令往往不止一“步”)，一“步”占一个地址单元，一个地址单元一般占两个字节(16 位的

CPU),所以一“步”就是一个字。例如,一个内存容量为1000步的PLC,可推知其内存为2K字节。

应注意到“内存容量”实际上是指用户程序容量,它不包括系统程序存储器的容量。程序容量与最大I/O点数大体成正比。

(3) 扫描速度

扫描速度一般指执行1步指令的时间,单位为“ms/步”。有时也以执行1000步指令的时间计,其单位为“ms/千步”。PLC用户手册一般给出执行各条指令所用的时间,可以通过比较各种PLC执行相同的操作所用的时间来衡量扫描速度的快慢。

(4) 编程语言与指令系统

PLC的编程语言一般有梯形图、助记符、SFC(Sequential Function Chart)功能图以及高级语言等。PLC的编程语言越多,用户的选择性就越大,但是不同厂家采用的编程语言往往不兼容。PLC中指令功能的强弱、数量的多少是衡量PLC软件性能强弱的重要指标。编程指令的功能越强,数量越多,PLC的处理能力和控制能力也就越强,用户编程也就越简单,越容易完成复杂的控制任务。

(5) 内部寄存器

PLC内部有许多寄存器,用以存放输入/输出变量的状态、逻辑运算的中间结果、定时器/计数器的数据等。还有许多辅助寄存器给用户提供特殊功能,以简化整个系统设计。内部寄存器的种类多少、容量大小和配置情况是衡量PLC硬件功能的一个主要指标。内部寄存器的种类与数量越多,表示PLC存储和处理各种信息的能力越强。

(6) 功能模块

PLC除了主控模块(又称为主机或主控单元)外,还可以配接各种功能模块。主控模块可实现基本控制功能,功能模块的配置则可实现一些特殊的专门功能。因此,功能模块的配置反映了PLC的功能强弱,是衡量PLC产品档次高低的一个重要标志。目前各生产厂家都在开发模块上下了很大工夫,使其发展很快,种类日益增多,功能也越来越强。常用的功能模块主要有A/D和D/A转换模块、高速计数模块、位置控制模块、速度控制模块、轴定位模块、温度控制模块、远程通信模块、高级语言编辑模块以及各种物理量转换模块等。这些功能模块使PLC不但能进行开关量顺序控制,而且能进行模拟量的控制、定位控制和速度控制,还有了网络功能,实现PLC之间、PLC与计算机之间的通信,可直接用高级语言编程,给用户提供了强有力的工具支持。

(7) 可扩展能力

PLC的可扩展能力主要包括I/O点数的扩展、存储容量的扩展、联网功能的扩展和各种功能模块的扩展等。在选择PLC时,经常需要考虑到PLC的可扩展性。

7. PLC的相关知识

(1) PLC与继电—接触器控制系统的比较

① 从可靠性来看,PLC的可靠性高于继电—接触器控制系统。

② 从适应性和通用性来看,要实现某种控制,继电—接触器控制电路是通过许多真正的硬继电器和它们之间的连线达到的,控制功能包含在固定线路之中,功能专一,系统扩充必须变更硬接线,故灵活性较差。而PLC采用软件编制程序来完成控制任务,编程时所用到的继电器为内部软继电器(理论上讲,其触点数量无限,使用次数任意),外部只需在端子上接入相

应的输入/输出信号即可。系统在 I/O 点数及内存容量允许的范围内可自由扩充，并且可用编程器在线或离线修改程序，以适应系统控制要求的改变，因此同一台 PLC 不改变硬件，仅改变软件，就可适应各种控制，故通用性强。

③ 从控制速度来看，继电—接触器控制逻辑依靠触点的机械动作实现控制，触点的开关动作一般在几十毫秒数量级。另外，机械触点还会出现抖动问题，故工作频率低。而 PLC 是由程序中的指令控制半导体电路来实现控制，一般一条用户指令的执行时间在微秒数量级，故速度较快。PLC 内部还有严格的同步控制，故不会出现抖动问题。

④ 从工作方式来看，继电—接触器控制系统是并行的，也就是说，只要接通电源，整个系统处于带电状态，该闭合的触点都同时闭合，不该闭合的触点都因受某种条件限制而不能闭合。PLC 控制系统是串行的，各软继电器处于周期性循环扫描中，受同一条件制约的软继电器的动作顺序取决于扫描顺序，同它们在梯形图中的位置有关。新一代 PLC 除具有远程通信联网功能以及易与计算机接口实现群控外，还可通过附加高性能模块对模拟量进行处理，从而实现各种复杂的控制功能，这些对于布线逻辑的硬继电器控制系统是无法办到的。

⑤ 从价格来看，继电—接触器控制逻辑使用机械开关、继电器和接触器，价格较便宜。PLC 采用大规模集成电路，价格相对较高。一般认为在少于 10 个继电器的装置中，继电—接触器控制系统比较经济；在需要 10 个以上继电器的场合，或控制 4 台以上电动机时，使用 PLC 比较经济。

从以上比较可知，PLC 在性能上比继电—接触器控制逻辑优异。特别是可靠性高、设计施工周期短、调试修改方便，且体积小、功耗低、使用维护方便，但价格高于继电—接触器控制。

(2) PLC 与微型计算机控制系统的比较

PLC 虽然采用了计算机技术和微处理器，但它与计算机相比又具有明显的不同，主要表现在以下方面：

① 从应用范围来看，微型计算机除用于控制领域之外，还大量用于科学计算、数据处理、计算机通信等方面；而 PLC 主要用于工业控制。

② 从工作环境来看，微型计算机对工作环境要求较高，一般要在干扰小且具有一定温度和湿度要求的室内使用；而 PLC 是专为适应工业控制的恶劣环境而设计的，适用于工程现场的环境。

③ 从编程语言来看，微型计算机具有丰富的程序设计语言，其语法关系复杂，要求使用者必须具有一定水平的计算机软硬件知识；而 PLC 采用面向控制过程的逻辑语言，以继电器逻辑梯形图为表达方式，形象直观，编程操作简单，可在较短时间内掌握其使用方法和编程技巧。

④ 从工作方式来看，微型计算机一般采用等待命令方式，运算和响应速度快；PLC 采用循环扫描的工作方式，其输入/输出存在响应滞后，速度较慢。对于快速系统，PLC 的使用受扫描速度的限制。另外，PLC 一般采用模块化结构，可针对不同的对象和控制需要进行组合和扩展，比起微型计算机有很大的灵活性和很好的性能价格比，维修更简便。

⑤ 从价格来看，微型计算机是通用机，功能完备，故价格较高；而 PLC 是专用机，功能较少，价格相对较低。

从以上几个方面的比较可知，PLC 是一种用于工业自动化控制的专用微型计算机控制系统，结构简单，抗干扰能力强，易于学习和掌握，价格也比一般的微型计算机便宜。在同一系统中，一般 PLC 集中在功能控制方面，而微型计算机作为上位机集中在信息处理和 PLC 网络的通信管理上，两者相辅相成。

(3) PLC与单片机控制系统的比较

单片机具有结构简单、使用方便、价格便宜等优点，一般用于数字采集和工业控制。而PLC是专门为工业现场自动化控制而设计的，因此与单片机控制系统相比有以下不同：

① 从使用者学习掌握的角度来看，单片机的编程语言一般采用汇编语言或单片机C语言，这就要求设计人员具备一定的计算机硬件和软件知识，对于只熟悉机电控制的技术人员来说，需要相当一段时间的学习才能掌握。PLC虽然本质上是一种微机系统，但它提供给用户使用的是机电控制人员所熟悉的梯形图语言，使用的仍然是"继电器"一类的术语，大部分指令与继电器触点的串、并联相对应，这就使得熟悉机电控制的工程技术人员一目了然。对于使用者来说，不必去关心微机的一些技术问题，只需用较短时间去熟悉PLC的指令系统及操作方法，就能应用到工程现场。

② 从使用简单程度来看，单片机用来实现自动控制时，一般要在输入/输出接口上做大量的工作。例如要考虑现场与单片机的连接、接口的扩展、输入/输出信号的处理、接口工作方式等问题，除了要设计控制程序外，还要在单片机的外围做很多软件和硬件方面的工作，系统的调试也比较麻烦。而PLC的I/O口已经做好，输入接口可以与输入信号直接连线，非常方便，输出接口具有一定的驱动能力。

③ 从可靠性来看，用单片机实现工业控制，突出的问题是抗干扰性能差。而PLC是专门应用于工程现场的自动控制装置，在系统硬件和软件上都采取了抗干扰措施，例如光电耦合、自诊断、多个CPU并行操作等，故PLC系统的可靠性较高。但PLC在数据采集、数据处理等方面不如单片机。总之，PLC用于控制，稳定可靠，抗干扰能力强，使用方便，但单片机的通用性和适应性较强。

从以上比较可以看出：在使用范围上PLC是专用机，微型计算机是通用机；从工业控制角度来说，PLC是控制通用机，而微型计算机是可以做成某一控制设备的专用机；从更长远来看，由于PLC的功能不断增强，更多地采用微型计算机技术，而微型计算机也为了适应用户的需要，变得更耐用、更易维护。这样两者相互渗透，两者间的界限变得越来越模糊，两者将长期共存，各有所长，共同发展。

(4) PLC资料与软件的下载

目前，国际上生产可编程控制器的厂家大多具有专业网站，可提供相关技术支持与讨论，并可从网站下载一些免费资料或软件。三菱电机公司的PLC资料可在其工控网站www.meau.corn下载。三菱电机自动化(上海)有限公司的网址是：http://www.mitsubishielectric—automation.cn/index/index.asp。

二、研讨与练习

1. 第一台PLC产生的时间是(　　)。

A. 1967年　　B. 1968年　　C. 1969年　　D. 1970年

2. PLC控制系统能取代继电—接触器控制系统的(　　)部分。

A. 整体　　B. 主电路　　C. 接触器　　D. 控制电路

3. 在PLC中程序指令是按"步"存放的，如果程序为8000步，则需要存储单元(　　)K。

A. 8　　B. 16　　C. 4　　D. 2

4. 一般情况下，对 PLC 进行分类时，I/O 点数为(　　)点时，可以看做大型 PLC。

A. 128　　B. 256　　C. 512　　D. 1 024

5. 对以下四个控制选项进行比较，选择 PLC 控制会更经济、更有优势的是(　　)。

A. 4 台电动机　　B. 6 台电动机

C. 10 台电动机　　D. 10 台以上电动机

6. 什么是可编程控制器?

7. PLC 是如何分类的?

8. PLC 有哪些主要特点?

9. PLC 有哪些主要技术指标?

10. PLC 与继电—接触器控制比较有哪些优点?

11. PLC 与微型计算机控制比较有哪些优点?

项目九

PLC的硬件组成

项目目标

(1) 学习掌握PLC的基本结构。

(2) 学习掌握PLC的基本工作原理。

(3) 了解三菱FX_{2N}系列PLC的硬件配置。

一、项目知识分析

1. PLC的基本结构

PLC是一种适用于工业控制的专用电子计算机,采用了典型的计算机结构,硬件系统结构如图9-1所示。PLC的硬件主要由中央处理器(CPU)、存储器、输入/输出接口、通信接口、扩展接口和电源等部分组成。其中,CPU是PLC的核心,输入/输出接口是连接现场输入/输出设备与CPU之间的接口电路,通信接口用于与编程器、上位计算机等外设连接。

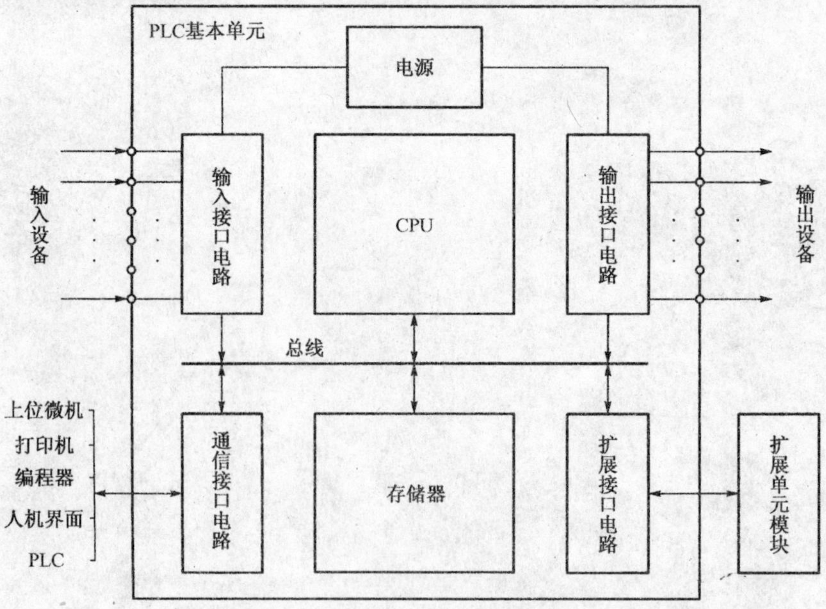

图9-1 PLC的硬件系统结构

(1) 中央处理器CPU

CPU是整个PLC的核心，与微机一样，CPU在整个PLC控制系统中的作用就像人的大脑一样，是一个控制指挥中心。在PLC中，CPU是按照固化在ROM中的系统程序所设计的功能来工作的，它能监测和诊断电源、内部电路工作状态和用户程序中的语法错误，并按照扫描方式执行用户程序。其执行过程如下：

① 取样外部输入信号送入输入映像存储器中存储起来。

② 按存储的先后顺序取出用户指令，进行编译。

③ 完成用户指令规定的各种操作。

④ 将输出映像存储器中的结果送到输出端子。

⑤ 响应各种外围设备(如编程器、打印机等)的请求。

目前，小型PLC为单CPU系统，而中、大型PLC则大多为双CPU系统，甚至有些PLC中多达8个CPU。对于双CPU系统，其中一个多为字处理器，一般采用8位或16位处理器；另一个多为位处理器，采用由各厂家设计制造的专用芯片。字处理器为主处理器，用于执行编程器接口功能，监视内部定时器，监视扫描时间，处理字节指令以及对系统总线和位处理器进行控制等。位处理器为从处理器，主要用于处理位操作指令和实现PLC编程语言向机器语言的转换。位处理器的采用，提高了PLC的速度，使PLC更好地满足实时控制的要求。

(2) 存储器

PLC的存储器分为系统存储器和用户存储器，提供PLC运行的平台。

系统存储器用来存放系统管理程序，完成系统诊断、命令解释、功能子程序调用管理、逻辑运算、通信及各种参数设定等功能。其内容由生产厂家固化到ROM、PROM或EPROM中，用户不能修改。

用户存储器用来存放用户编制的梯形图程序或用户数据，一般由RAM、EPROM、EEPROM构成。RAM是随机存取存储器，它工作速度高，价格低，改写方便，为防止掉电时信息的丢失，常用高效的锂电池作后备电池。

由于系统程序及工作数据与用户无直接联系，所以在PLC产品样本或使用手册中所列存储器的形式及容量是指用户存储器。当PLC提供的用户存储器容量不够用时，PLC增加内部为EPROM和EEPROM的存储器扩充卡盒来实现存储器的扩展。

(3) 输入/输出接口电路

输入/输出接口就是将PLC与现场各种输入/输出设备连接起来的部件。PLC应用于工业现场，要求其输入能将现场的输入信号转换成微处理器能接收的信号，且最大限度地排除干扰信号，提高可靠性；输出能将微处理器送出的弱电信号放大成强电信号，以驱动各种负载，因此PLC采用了专门设计的输入/输出接口电路。常用的输入/输出接口电路如图9-2所示。

① 输入接口电路一般由光电耦合电路和微电脑输入接口电路组成

采用光电耦合电路实现了现场输入信号与CPU电路的电气隔离，增强了PLC内部与外部电路不同电压之间的电气安全，同时通过电阻分压及RC滤波电路，可滤掉输入信号的高频抖动和降低干扰噪声，提高PLC输入信号的抗干扰能力。图9-2(a)所示为直流输入的接口电路。

② 输出接口电路一般由CPU输出电路和功率放大电路组成

CPU输出接口电路同样采用了光电耦合电路，使PLC内部电路在电气上是完全与外部

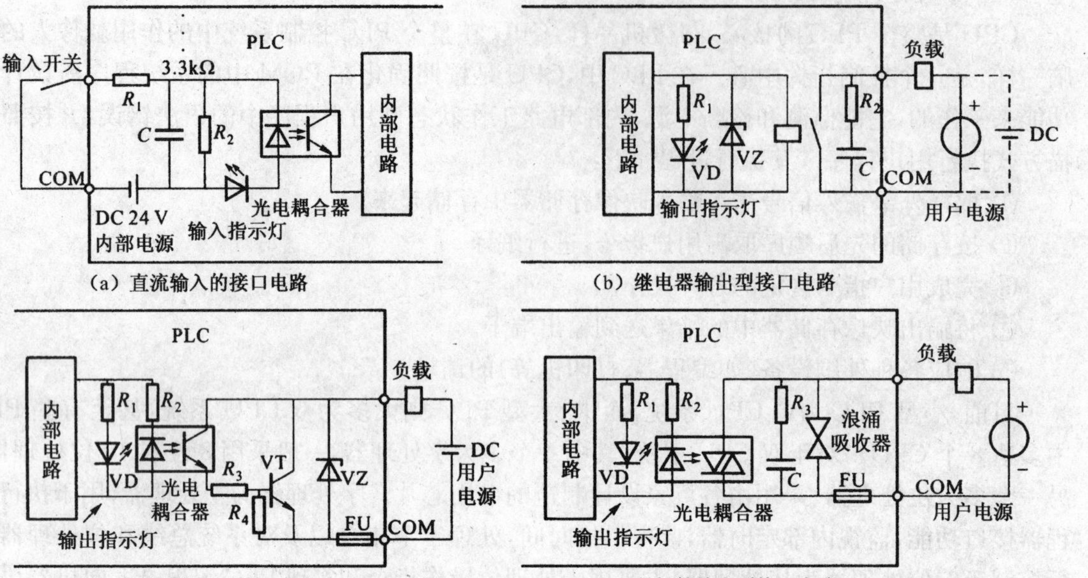

（a）直流输入的接口电路　　（b）继电器输出型接口电路

（c）晶体管输出型接口电路　　（d）晶闸管输出型接口电路

图 9-2　常用的 PLC 接口电路

控制设备隔离的，有效地防止了现场的强电干扰，以保证 PLC 能在恶劣环境下可靠地工作。

功率放大电路是为了适应工业控制的要求，将 CPU 输出的信号加以放大，用于驱动不同动作频率和功率要求的外部设备。PLC 的输出电路一般有三种输出类型，即继电器输出、晶体管输出和晶闸管输出，分别如图 9-2 中的(b)、(c)、(d)所示。其中继电器输出型为有触点输出方式，可用于接通或断开开关频率较低的大功率直流负载或交流负载电路，负载电流约为 2 A(AC 220 V)；晶体管输出型和晶闸管输出型为无触点输出方式，开关动作快、寿命长，可用于接通和断开开关频率较高的负载电路。其中晶闸管输出型常用于带交流电源的大功率负载，负载电流约为 1 A(AC 220 V)；晶体管输出型则用于带直流电源的小功率负载，负载电流约 0.5 A(DC 30 V)。

③ 电源

PLC 配有开关电源，以供内部电路使用。与普通电源相比，PLC 电源的稳定性好，抗干扰能力强，对电网提供的电源稳定度要求不高，一般允许电源电压在其额定值±15%的范围内波动。许多 PLC 还向外提供直流 24 V 稳压电源，用于对外部传感器供电。

④ 其他接口电路

a. 通信接口电路。PLC 通过这些通信接口可与打印机、监视器、其他 PLC、计算机等设备实现通信。PLC 与打印机连接，可将过程信息、系统参数等输出打印；与监视器连接，可将控制过程的图像显示出来；与其他 PLC 连接，可组成多机系统或连成网络，实现更大规模控制；与计算机连接，可组成多级分布式控制系统，实现控制与管理相结合。远程 I/O 系统也必须配备相应的通信接口模块。

b. 扩展接口电路。PLC 基本单元模块与其他功能模块连接的接口，以扩展 PLC 的控制功能。常用的 PLC 模块有 I/O(输入/输出)模块、高速计数模块、闭环控制模块、运动控制模块、中断控制模块等。

2. PLC的工作原理

(1) PLC的工作方式

PLC是采用“顺序扫描，不断循环”的方式进行工作的。即在PLC运行时，CPU根据用户按控制要求编制好并存于用户存储器中的程序，按指令步序号(或地址号)作周期性循环扫描，如无跳转指令，则从第一条指令开始逐条顺序执行用户程序，直至程序结束。然后重新返回到第一条指令，开始下一轮新的扫描。在每次扫描过程中，还要完成对输入信号的取样和对输出状态的刷新等工作。用户程序的执行可分为自诊断、通信服务、输入处理、程序执行和输出处理五个阶段，如图9-3所示。

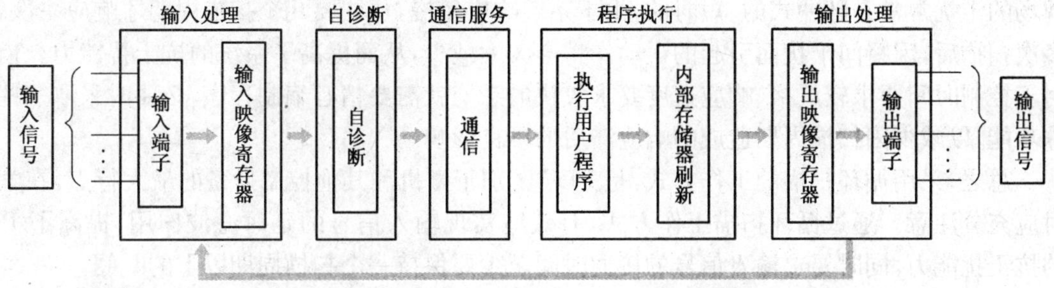

图9-3 PLC循环扫描示意图

① 自诊断　每次扫描用户程序之前，都先执行故障自诊断程序。自诊断内容包括I/O部分、存储器、CPU等，并且通过CPU设置定时器来监视每次扫描是否超过规定的时间，发现异常停机，显示出错。若自诊断正常，继续向下扫描。

② 通信服务　PLC检查是否有与编程器、计算机等的通信要求，若有，则进行相应处理。

③ 输入处理(又称输入刷新)　PLC在输入刷新阶段，首先以扫描方式按顺序从输入锁存器中读入所有输入端子的状态或数据，并将其存入内存中为其专门开辟的暂存区——输入状态映像区中，这一过程称为输入取样或输入刷新。随后关闭输入端口，进入程序执行阶段。在程序执行阶段，即使输入端状态有变化，输入状态映像区中的内容也不会改变。变化了的输入信号的状态只能在下一个扫描周期的输入刷新阶段被读入。

④ 程序执行　PLC在程序执行阶段，按用户程序顺序扫描执行每条指令，从输入状态映像区中读取输入信号的状态，经过相应的运算处理后，将结果写入输出状态映像区。程序执行时CPU并不直接处理外部输入/输出接口中的信号。

⑤ 输出处理(又称输出刷新)　同输入状态映像区一样，PLC内存中也有一块专门的区域称为输出状态映像区。当程序所有指令执行完毕时，输出状态映像区中所有输出继电器的状态在CPU的控制下被一次集中送至输出锁存器中，并通过一定输出方式输出，推动外部相应执行元件工作，这就是PLC的输出刷新阶段。

可以看出，PLC在一个扫描周期内，对输入状态的扫描只是在输入取样阶段进行，对输出赋的值也只有在输出刷新阶段才能被送出，而在程序执行阶段输入/输出被封锁。这种方式称为“集中取样，集中输出”。

(2) 扫描周期

扫描周期即完成一次扫描(I/O刷新、程序执行和监视服务)所需时间。由PLC的工作过

程可知，一个完整的循环扫描周期 T 应为

$$T = (\text{读入 1 点的时间} \times \text{输入点数}) + (\text{运算速度} \times \text{程序步数}) + (\text{输出 1 点时间} \times \text{输出点数}) + \text{监视服务时间}$$

扫描周期的长短主要取决于三个因素：一是 CPU 执行指令的速度；二是每条指令占用的时间；三是执行指令条数的多少，即用户程序的长短。扫描周期越长，系统的响应速度越慢。现在厂家生产的基本型 PLC 的一个扫描周期大约为 10 ms，这对于一般的开关量控制系统来说是完全允许的，不但不会造成影响，反而可以增强系统的抗干扰能力。这是因为输入取样仅在输入刷新阶段进行，PLC 在一个工作周期的大部分时间里实际上是与外设隔离的。而工业现场的干扰常常是脉冲式的、短时的，由于系统响应较慢，往往要几个扫描周期才响应一次，而多次扫描后，因瞬间干扰而引起的误动作将会大大减少，从而提高了系统的抗干扰能力。但是对于控制时间要求较严格、响应速度要求较快的系统就需要精心编制程序，必要时采取一些特殊功能，以减少因扫描周期造成的响应滞后的不良影响。

总之，采用循环扫描的工作方式，是 PLC 区别于微机和其他控制设备的最大特点，在学习时应充分注意。通过循环扫描工作方式，有效地实现输入信号的延时滤波作用，提高了 PLC 的抗干扰能力，同时要求输入信号的接通时间至少要保持一个扫描周期以上的时间。

3. 三菱 FX_{2N} 系列 PLC 的硬件配置

FX_{2N} 系列 PLC 是三菱公司 20 世纪 90 年代在 FX 系列 PLC 的基础上推出的新型产品，该机型是一种小型化、高速度、高性能，各方面都相当于 FX 系列中最高档次的小型 PLC，它的基本指令执行时间为 0.08 μs/指令，内置的程序存储器为 8 K 步，可扩展到 16 K 步，最大可扩展到 256 个 I/O 点，具有丰富的功能指令和强大的通信能力。FX_{2N} 系列 PLC 产品可分为基本单元、I/O 扩展单元、I/O 扩展模块及特殊模块等不同功能的模块式结构。这些模块按照一定的规则连接在一起可以实现不同的控制要求。

(1) FX_{2N} 系列基本单元

基本单元包括 CPU、存储器、输入/输出接口及电源等，是 PLC 的主要部分，每个 PLC 控制系统中必须至少具有一个基本单元。

FX_{2N} 系列 PLC 左侧可以连接 1 个特殊功能扩展板，右侧可以连接最多 8 个 I/O 扩展单元和模块，模块编号为 N0.0～N0.7。可扩展连接的最大输入/输出点数各为 184 点，但合计输入/输出点数应在 256 点以内，对于不同的 PLC 型号，其扩展 I/O 点数不同，应区别对待。图 9-4为 FX_{2N} 系列 PLC 基本单元与扩展及功能模块连接示意图。

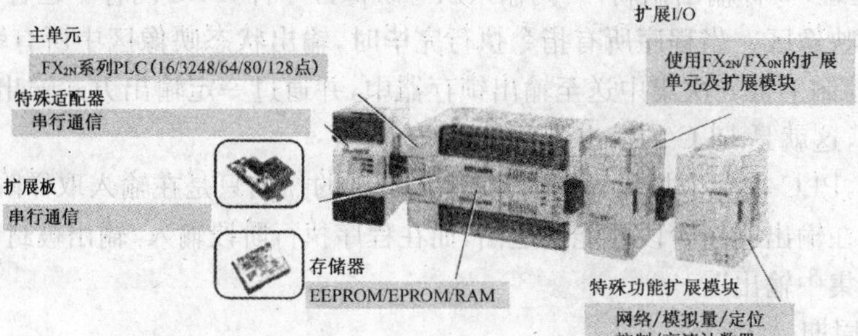

图 9-4　FX_{2N} 系列 PLC 基本单元与扩展及功能模块连接示意图

FX_{2N}系列基本单元的种类共有 17 种，如表 9-1 所示。

表 9-1 FX_{2N}系列基本单元的种类

型号(AC电源 DC电源)			输入点数(DC 24 V)	输出点数(R,T)
继电器输出	晶闸管输出	晶体管输出		
FX_{2N}-16MR-001	FX_{2N}-16MS-001	FX_{2N}-16MT-001	8点	8点
FX_{2N}-32MR-001	FX_{2N}-32MS-001	FX_{2N}-32MT-001	16点	16点
FX_{2N}-48MR-001	FX_{2N}-48MS-001	FX_{2N}-48MT-001	24点	24点
FX_{2N}-64MR-001	FX_{2N}-64MS-001	FX_{2N}-64MT-001	32点	32点
FX_{2N}-80MR-001	FX_{2N}-80MS-001	FX_{2N}-80MT-001	40点	40点
FX_{2N}-128MR-001	—	FX_{2N}-128MT-001	64点	64点

(2) FX_{2N}系列扩展单元

扩展单元是用于增加 I/O 点数或改变 I/O 点数比例的装置，扩展单元内有电源，内部没有 CPU，只能和基本单元一起使用。FX_{2N}系列扩展单元的种类共有 5 种，如表 9-2 所示。

表 9-2 FX_{2N}系列扩展单元的种类

型号(AC电源 DC电源)			输入点数(DC 24 V)	输出点数(R,T)
继电器输出	晶闸管输出	晶体管输出		
FX_{2N}-32ER	FX_{2N}-32ES	FX_{2N}-32ET	16点	16点
FX_{2N}-48ER	—	FX_{2N}-48ET	24点	24点

(3)FX_{2N}系列扩展模块

扩展模块也是用于增加 I/O 点数或改变 I/O 点数比例的装置，扩展模块没有电源，内部没有 CPU，只能和基本单元一起使用。扩展模块与扩展单元唯一不同的地方是扩展单元内有电源，两者都是用于扩展基本单元的 I/O 数量。FX_{2N}系列扩展模块的种类共有 7 种，如表 9-3 所示。

表 9-3 FX_{2N}系列扩展模块的种类

型　　号				输入点数(DC 24 V)	输出点数
输　　入	继电器输出	晶闸管输出	晶体管输出		
FX_{2N}-16EX	—	—	—	16点	—
FX_{2N}-16EX-C	—	—	—	16点	—
FX_{2N}-16EL-C	—	—	—	16点	—
—	FX_{2N}-16EYR	FX_{2N}-16EYS	FX_{2N}-16EYT	—	16点
—	—	—	FX_{2N}-16EYT-C	—	16点

(4) FX_{2N}系列特殊模块

特殊模块是具有专门用途的装置，常用的特殊模块有位置扩展模块、模拟量控制模块、计算机通信模块等。FX_{2N}系列特殊功能模块的种类如表 9-4 所示。

表 9-4　FX_{2N}系列特殊功能模块

分　类	型　号	名　称	占用点数	耗电量
特殊功能扩展板	FX_{2N}-8AV-BD	容量适配器	—	20 mA
	FX_{2N}-232-BD	RS232 通信版	—	20 mA
	FX_{2N}-422-BD	RS422 通信版	—	60 mA
	FX_{2N}-485-BD	RS485 通信版	—	60 mA
	FX_{2N}-CNV-BD	FX_{2N}用适配器连接板	—	—
模拟量控制模块	FX_{2N}-3A	2CH 模拟输入,1CH 模拟输出	8	30 mA
	FX_{2N}-2AD	2CH 模数转换模块	8	30 mA
	FX_{2N}-4AD	4CH 模数转换模块	8	30 mA
	FX_{2N}-2AD-PT	2CH 温度传感器输入模块	8	30 mA
	FX_{2N}-4AD-PT	4CH 温度传感器输入模块	8	30 mA
	FX_{2N}-4AD-TC	4CH 热电偶传感器输入模块	8	30 mA
	FX_{2N}-2DA	2CH 数模转换模块	8	30 mA
	FX_{2N}-4DA	4CH 数模转换模块	8	30 mA
高速计数及脉冲输出模块	FX_{2N}-1HC	50 kHz 2 相调整计数器	8	90 mA
	FX_{2N}-1PG	100 kpps 脉冲输出模块	8	55 mA
位置定位模块	FX_{2N}-1GM	定位脉冲输出单元(1 轴)	8	自给
	FX_{2N}-10GM	定位脉冲输出单元(1 轴)	8	自给
	FX_{2N}-20GM	定位脉冲输出单元(2 轴)	8	自给
计算机通信模块	FX_{2N}-232IF	RS232C 通信接口	8	40 mA
	FX_{2N}-20GM	定位脉冲输出单元(2 轴)	8	自给
	FX_{2N}-232IF	RS232C 通信接口	8	40 mA

二、研讨与练习

1. PLC 的基本结构由＿＿＿＿＿＿、＿＿＿＿＿＿、＿＿＿＿＿＿、＿＿＿＿＿＿组成。

2. PLC 的存储器包括＿＿＿＿＿＿和＿＿＿＿＿＿。

3. PLC 采用＿＿＿＿＿＿工作方式,是 PLC 区别于微机的最大特点。一个扫描周期可分　为＿＿＿＿＿＿、＿＿＿＿＿＿、＿＿＿＿＿＿、＿＿＿＿＿＿、＿＿＿＿＿＿。

4. PLC 是专为工业控制设计的,为了提高其抗干扰能力,输入/输出接口电路均采用

________电路；输出接口电路有________、________、________三种输出方式，以适用于不同负载的控制要求。其中高速、大功率的交流负载，应选用________输出的输出接口电路。

5. PLC"扫描速度"一般指________的时间，其单位为________。

6. PLC的"存储容量"实际是指________的内存容量，它一般和________成正比。

7. 主控模块可实现________功能，功能模块的配置则可实现一些________功能。因此，它的配置反映了PLC的功能强弱，是衡量PLC产品档次高低的一个重要标志。

8. (　　)是PLC的核心。

A. CPU　　B. 存储器　　C. 输入/输出部分　　D. 通信接口电路

9. 用户设备需输入PLC的各种控制信号，通过(　　)将这些信号转换成中央处理器能包接受和处理的信号。

A. CPU　　B. 输出接口电路

C. 输入接口电路　　D. EEPROM

10. 扩展模块是为专门增加PLC的控制功能而设计的，一般扩展模块内没有(　　)。

A. CPU　　B. 输出接口电路

C. 输入接口电路　　D. 链接接口电路

11. PLC每次扫描用户程序之前都可执行(　　)。

A. 与编程器等通信　　B. 自诊断　　C. 输入取样　　D. 输出刷新

12. 在PLC中，可以通过编程器修改或增删的是(　　)。

A. 系统程序　　B. 用户程序　　C. 工作程序　　D. 任何程序

项目十 PLC 的软元件

项目目标

(1) 掌握 FX_{2N} 系列 PLC 性能指标。

(2) 学会使用 FX_{2N} 系列 PLC 内部软元件资源。

一、项目知识分析

1. FX_{2N} 系列 PLC 的性能指标

在选择和使用 PLC 时应注意 PLC 的性能指标，这样才能保证其工作正常。性能指标如表 10-1 所示。

表 10-1　FX_{2N} 系列 PLC 性能指标

运行控制方式		存储程序反复运算方式(专用 LSI)，中断命令	
输入/输出控制方式		批处理方式(执行 END 指令时)，但是有 I/O 刷新指令	
程序语言		继电器符号十步进梯形图方式(可用 SFC 表示)	
程序存储器	最大存储容量	16 K 步(含注释文件寄存器最大 16 K)	
	内置存储器容量	8 K 步，RAM(内置锂电池后备)	
	可选存储卡盒	RAM 8 K 步，EEPROM 4 K/8 K/16 K 步，EPROM 8 K 步	
指令种类	顺控指令	顺控指令 27 条，步进梯形图指令 2 条	
	应用指令	128 种，298 个	
运算处理速度	基本指令	0.08 μs/指令	
	应用指令	1.52 μs～数百微秒/指令	
输入输出点数	扩展并用时输入点数	X0～X267	184 点(8 进制编号)
	扩展并用时输出点数	Y0～Y267	184 点(8 进制编号)
	扩展并用时总点数	256 点	
辅助继电器	① 一般用	M0～M499	500 点
	② 保持用	M500～M1023	524 点
	③ 保持用	M1024～M3071	2048 点
	特殊用	M8000～M8255	156 点

续表 10-1

状态寄存器	初始化	S0～S9	10 点
	① 一般用	S10～S499	490 点
	② 保持用	S500～S899	400 点
	③ 信号用	S900～S999	100 点
定时器	100 ms	T0～T199	200 点(0.1～3276.7 s)
	10 ms	T200～T245	46 点(0.01～327.67 s)
	③ 1 ms 积算型	T246～T249	4 点(0.001～32.767 s)
	③ 100 ms 积算型	T250～T255	6 点(0.1～3276.7 s)
计数器	① 16 位向上	C0～C99	100 点(0～32767)
	② 16 位向上	C100～C199	100 点(0～32767)
	① 32 位双向	C220～C234	20 点(－2147483648－＋2147483647)
	② 32 位双向	C220～C234	15 点(－2147483648－＋2147483647)
	② 32 位高速双向	C235～C255	6 点
数据寄存器	① 16 位通用	D0～D199	200 点
	② 16 位保持用	D200～D511	312 点
	③ 16 位保持用	D512～D7999	7488 点
	16 位保持用	D8000～D8195	106 点
	16 位保持用	V0～V7、Z0～Z7	16 点
指针	JAMP、CALL 分支用	P0～P127	128 点
	输入中断、计时中断	10～18	9 点
	计数中断	1010～1060	6 点
嵌套	主控	N0～N7	8 点
常数	10 进制(K)	16 位:－32768～＋32767 32 位:－2147483648～＋2147483647	
	16 进制(H)	16 位:0～FFFF 32 位:0～FFFFFFFF	

注:①、②:分别为非电池后备区和电池后备区,通过参数设置可相互转换。
③:电池后备固定区,不可改。

2. FX_{2N}系列 PLC 的编程元件

通过前面的讲述,知道 PLC 可以将它看成有继电器、定时器、计数器和其他功能模块构成,它与继电器控制的根本区别在于 PLC 采用软元件,通过程序将各元件联系起来实现各种控制功能,FX_{2N}系列 PLC 内部软元件资源即 PLC 的内部寄存器(软元件),从工业控制的角度来看 PLC,可把其内部寄存器看成是不同功能的继电器(即软继电器),由这些软继电器执行指令,从而实现 PLC 的各种控制功能。因此在使用 PLC 之前最重要的是先了解 PLC 的内部寄存器及其地址分配情况。

(1) 输入继电器(X0～X267)

输入继电器的作用是将外部开关信号或传感器的信号输入到PLC,供PLC编制控制程序使用。输入继电器必须由外部信号驱动,不能用程序驱动,所以在程序中不可能出现其线圈。由于输入继电器(X)为输入映像寄存器中的状态,所以其触点的使用次数不限。

FX_{2N}系列PLC的输入继电器以八进制进行编号,FX_{2N}输入继电器的编号范围为X0～X267(184点),注意,它与输出继电器的和不能超过256点。基本单元输入继电器的编号是固定的,扩展单元和扩展模块是按与基本单元连接的模块开始顺序进行编号。例如:基本单元FX_{2N}—64MR的输入继电器编号为X0～X037(32点),如果接有扩展单元或扩展模块,则扩展的输入继电器从X040开始编号。

在使用三菱FXGP编程软件输入梯形图程序或语句表程序时,输入/输出继电器的编号是以三位数的形式出现的。例如输入X0或X000会自动转换成X000显示,输入Y0或Y000会自动转换成Y000显示,其意义是相同的。

书中梯形图程序和语句表程序会以三位数的形式书写,在语言叙述或PLC接线图中会以简化形式书写。

(2) 输出继电器(Y0～Y267)

输出继电器的作用是将PLC的执行结果向外输出,驱动外部设备(如接触器、电磁阀等)动作。输出继电器必须由PLC控制程序执行的结果来驱动。输入/输出继电器有无数个动合/动断触点,在编程时可随意使用。

FX_{2N}系列PLC的输出继电器也是八进制编号,其中FX_{2N}编号范围为Y0～Y267(184点)。与输入继电器一样,基本单元的输出继电器编号是固定的,扩展单元和扩展模块的编号也是按与基本单元连接的部分开始顺序进行编号。

在实际使用中,输入/输出继电器的数量,要看具体系统的配置情况。

(3) 辅助继电器M

辅助继电器M是用软件实现的,其作用与继电器—接触器中的中间继电器相似,故又称中间继电器。它们不能接收外部的输入信号,也不能驱动外部输出,只能在PLC内部使用。辅助继电器有无数个动合/动断触点,在编程时可随意使用。另外,辅助继电器还具有一些特殊功能。辅助继电器的地址采用十进制编号。

① 通用辅助继电器M0～M499,共500点,非保持型。

② 断电保持型辅助继电器M500～M1023,共524点,保持型,由锂电池支持。通过参数设定,可以变更为非保持型辅助继电器。

③ 断电保持型辅助继电器M1024～M3071,共2048点,固定保持型,不能通过参数设定而改变保持特性。

④ 特殊辅助继电器M8000～M8255,共256点,通常分为下面两大类:

a. 触点利用型的特殊辅助继电器,这些继电器的线圈由PLC自行驱动,用户只可以利用其触点。

如:M8000为运行监控用,PLC运行时M8000接通。

M8002为仅在运行开始时瞬间接通的初始脉冲继电器。

M8012为产生100 ms时钟脉冲的特殊辅助继电器。

b. 圈驱动型特殊辅助继电器,用户驱动线圈后,PLC作特定运行。

如：M8030 当锂电池电压跃落时，M8030 动作，指示灯亮，提醒用户及时更换锂电池。

M8033 为 PLC 停止时输出保持特殊辅助继电器。

M8034 为输出全部禁止特殊辅助继电器。

M8039 为定时扫描特殊辅助继电器。

(4) 状态继电器 S

状态继电器 S 是用于编制顺序控制程序的一种编程元件(状态标志)，它与步进指令配合使用。不用步进指令时，与辅助继电器一样，可作为普通的触点/线圈进行编程。

状态继电器的地址采用十进制编号。

① 初始状态继电器 S0～S9，共 10 点。

② 回零状态继电器 S10～S19，共 10 点。

③ 通用状态继电器 S20～S499，共 480 点，没有断电保持功能，但是用程序可以将它们设定为有断电保持功能状态。

④ 断电保持状态继电器 S500～S899，共 400 点。

⑤ 报警用状态继电器 S900～S999，共 100 点。这 100 个状态继电器也可用做外部故障诊断输出。辅助继电器是 PLC 中数量最多的一种继电器，一般的辅助继电器与继电—接触器控制系统中的中间继电器相似。

在使用状态继电器时应注意：

① 状态继电器与辅助继电器一样有无数个动合/动断触点。

② 状态继电器不与步进顺控指令 STL 配合使用时，可作为辅助继电器 M 使用。

③ FX_{2N}系列 PLC 可通过程序设定将 S20～S499 设置为有断电保持功能的状态继电器。

(5) 定时器 T

定时器 T 相当于继电器接触器控制系统中的时间继电器。FX_{2N}系列 PLC 给用户提供最多 256 个定时器，这些定时器为加计数型预置定时器，定时时间按下式计算：

定时时间＝时间脉冲单位×预置值

其中：时间脉冲单位有 1 ms、10 ms、100 ms 三种；预置值(设定值)为十进制常数 K，取值范围为 K1～K32767。也可用数据寄存器(D)的内容进行间接指定。在 PLC 中有两个与定时器有关的存储区，即设定值寄存器和当前值寄存器。

定时器的地址采用十进制编号。

① 常规定时器 T0～T245

100 ms 定时器 T0～T199，共 200 点，定时时间 0.1～3276.7 s。

10 ms 定时器 T200～T245，共 46 点，定时时间 0.01～327.67 s。

【例】　分析图 10-1 所示定时器 T200 应用实例的工作原理。

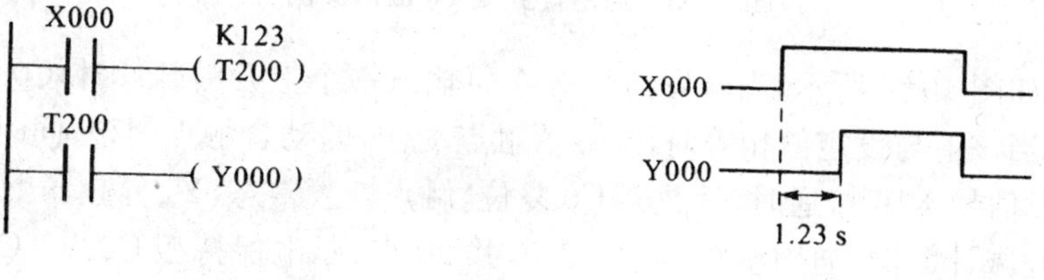

图 10-1　常规定时器 T200 应用实例

工作原理：如图 10-1 所示，当触发信号 X0 接通时，定时器 T200 开始工作，当前值寄存器对 10 ms 时钟脉冲进行累积计数，当该值与设定值 K123 相等时，定时时间到，定时器触点动作，即动合触点闭合，动断触点断开。触发信号断开，定时器复位，触点恢复常态。

② 积算定时器 T246～T255

1 ms 积算定时器 T246～T249，共 4 点，定时时间 0.001～32.767 s。

100 ms 积算定时器 T250～1255，共 6 点，定时时间 0.1～3276.7 s。

【例】 分析图 10-2 所示定时器 T250 应用实例的工作原理。

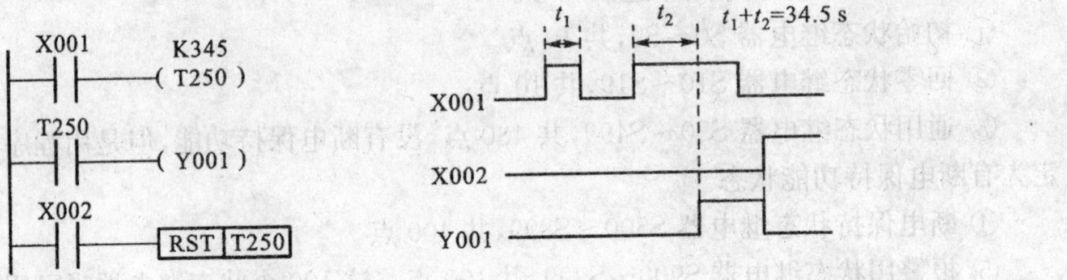

图 10-2 积算定时器 T250 应用实例

工作原理：如图 10-2 所示，当触发信号 X1 接通时，定时器开始工作，当前值寄存器对 100 ms 时钟脉冲进行累积计数，当该值与设定值相等时，定时时间到，定时器触点动作，即动合触点闭合，动断触点断开。若计数中间触发信号断开，当前值可保持。输入触发信号再接通或复电时，计数继续进行。当复位触发信号 X2 接通时，定时器复位，触点恢复常态。

(6) 计数器 C

内部计数器 C 用来对 PLC 的内部影像寄存器(X、Y、M、S)提供的触点信号的上升沿进行计数，这种计数操作是在扫描周期内进行的，因此计数的频率受扫描周期制约，即需要计数的触点信号相邻的两个上升沿的时间必须大于 PLC 的扫描周期，否则将出现计数误差。

① 16 位递加计数器：通用型 C0～C99，共 100 点；断电保持型 C100～C199，共 100 点。设定值范围：K1～K32767。

【例】 分析图 10-3 所示通用计数器 C0 应用实例的工作原理。

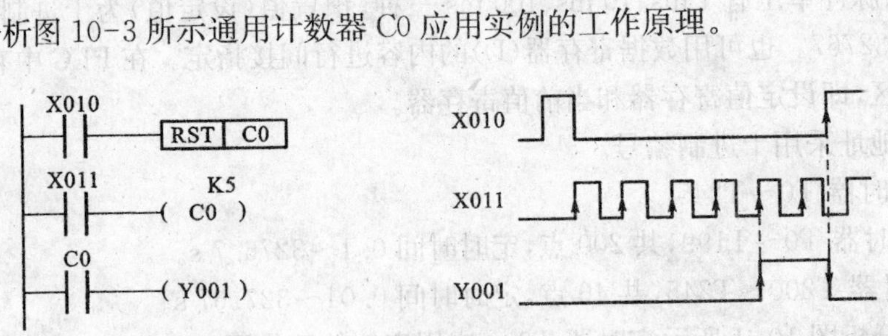

图 10-3 通用计数器 C0 应用实例

工作原理：如图 10-3 所示，当触发信号 X11 每输入一个上升沿脉冲时，C0 当前值寄存器进行累积计数，当该值与设定值相等时，计数器触点动作，即动合触点闭合，同时控制了 Y1 的输出。复位触发信号 X10 接通时，计数器 C0 复位，触点恢复常态，Y1 停止输出。

② 32 位加/减计数器：通用型 C200～C219，共 20 点；断电保持型 C220～C234，共 15 点。设定值范围：－K2147483648～＋K2147483647。

32 位双向计数是递加型还是递减型计数是由特殊辅助继电器 M8200～M8234 设定的。特殊辅助继电器接通(ON)时,为递减计数;断开(OFF)时,为递加计数。

递加计数时,当计数值达到设定值,接点动作并保持;递减计数时,到达计数值则复位。

③ 高速计数器:C235～C255,共 21 点。适用于高速计数器 PLC 的输入端子有 6 点 X0～X7。如果这 6 个端子中的一个被高速计数器占用,则不能用于其他用途。

高速计数器类型:

1 相无启动/复位端子高速计数器 C235～C240;

1 相带启动/复位端子高速计数器 C241～C245;

1 相 2 输入(双向)高速计数器 C246～C250;

2 相输入(A—B 相型)高速计数器 C251～C255。

上面所列计数器均为 32 位递增/减型计数器。表 10-2 中列出了各个计数器对应输入端子的名称。

表 10-2　高速计数器表(X0、X2、X3:最高 10 kHz;X1、X4、X5:最高 7 kHz)

输入	I 相无启动/复位						I 相带启动/复位					I 相 2 输入(双向)					2 相输入(A—B 相型)				
	C235	C236	C237	C238	C239	C240	C241	C242	C243	C244	C245	C246	C247	C248	C249	C250	C251	C252	C253	C254	C255
X0	U/D						U/D			U/D		U	U		U		A	A		A	
X1		U/D					R			R		D	D		D		B	B		B	
X2			U/D					U/D			U/D		R		R			R		R	
X3				U/D				R			R			U		U			A		A
X4					U/D				U/D					D		D			B		B
X5						U/D			R					R		R			R		R
X6										S					S					S	
X7											S										S

注:U—加计数输入;D—减计数输入;A—A 相输入;B—B 相输入;R—复位输入;S—启动输入。

X6 和 X7 也是高速输入,但只能用作启动信号而不能用于高速计数,不同类型的计数器可同时使用,但它们的输入不能共用。下面以 1 相无启动/复位高速计数器为例简单介绍。

1 相无启动/复位端子高速计数器 C235～C240,计数方式及接点动作与前述普通 32 位计数器相同。递加计数时,当计数值达到设定值时,接点动作并保持;作递减计数时,到达计数值则复位。1 相 1 输入的计数方式取决于其对应标志 M8×××(×××为对应的计数器地址编号)。

【例】 分析图 10-4 所示高速计数器 C235 应用实例的工作原理。

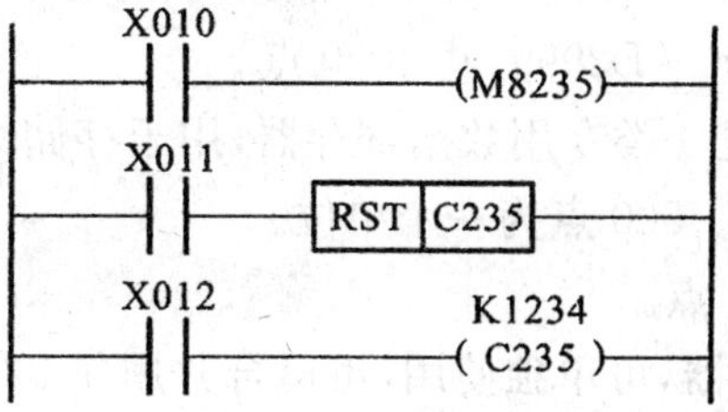

图 10-4　高速计数器 C235 应用实例

工作原理：如图 10-4 所示，X10 接通，方向标志置位 M8235 置位，计数器 C235 递减计数；反之递加计数。当 X11 接通时，C235 复位。当 X12 接通时，C235 对 X0 输入的脉冲信号计数。

（7）指针与常数

指针（P/I）包括分支和子程序调用的指针（P）和中断用的指针（I）。在梯形图中，指针放在左侧母线的左边。

分支指针 P0～P63，共 64 点。指针作为标号，用来指定条件跳转、子程序调用等分支指令的跳转目标。

中断指针 I0□□～8□□，共 9 点。分外部中断和内部定时中断。

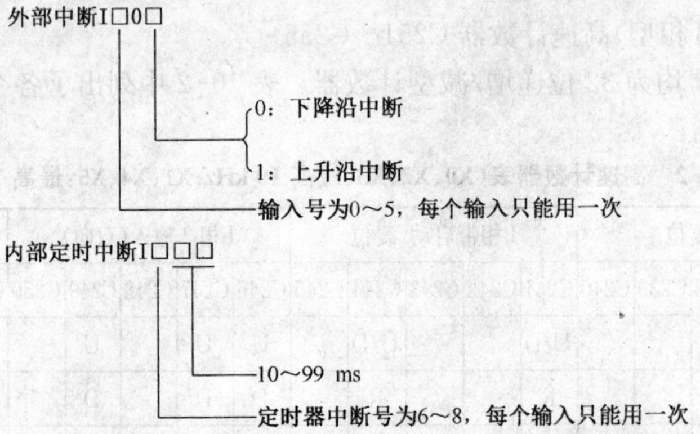

在 PLC 中常数也作为器件对待，它在存储器中占有一定的空间。PLC 最常用的常数有两种：一种是以 K 表示的十进制数，一种是以 H 表示的十六进制数。如：K100 表示十进制的 100；H64 表示十进制的 64，对应的是十进制的 100。常数一般用于定时器、计数器的设定值或数据操作。

PLC 中的数据全部是以二进制表示的，最高位是符号位，0 表示正数，1 表示负数。在手持编程器或编程软件中只能以十进制或十六进制形式进行数据输入或显示。

（8）数据寄存器 D/V/Z

数据寄存器为 16 位，最高位为符号位，可用两个数据寄存器合起来存放 32 位数据，最高位仍为符号位。

① 通用数据寄存器 D0～D199，共 200 点。

当 PLC 由运行到停止时，该类寄存器的数据均为 0，但当特殊辅助继电器 M8031 置 1，PLC 由运行转向停止时，数据可以保持。

② 断电保持数据寄存器 D200～D511，共 312 点。

③ 特殊数据寄存器 D8000～D8255，共 256 点。

④ 文件数据寄存器 D1000～D2999，共 2000 点。

文件数据寄存器实际上是一类专用数据寄存器，用于存储大量的数据，例如采集数据、统计计算数据、多组控制数据等。500 点为一个单位。

⑤ 变址寄存器 V/Z，共 2 点。

V 和 Z 都是 16 位的寄存器，可单独使用，也可合并用作 32 位寄存器，V 为高 16 位，Z 为低 16 位。

二、研讨与练习

1. FX系列PLC的X/Y编号是采用(　　)进制。

A. 十　　B. 八　　C. 十　　D. 二

2. FX系列PLC的输出继电器最大可扩展到(　　)点。

A. 256　　B. 40　　C. 184　　D. 128

3. FX系列PLC的初始化脉冲继电器是(　　)。

A. M8000　　B. M8001　　C. M8002　　D. M8003

4. FX系列PLC的定时器T的编号是采用(　　)进制。

A. 十　　B. 八　　C. 十六　　D. 二

5. FX系列PLC中,S表示(　　)。

A. 状态继电器　　B. 辅助继电器　　C. 指针　　D. 特殊位

同步训练　基本指令编程仿真

1. 实训学生管理

(1) 实训期间不准穿裙子、拖鞋,必须身穿工作服(或学生服)、胶底鞋。

(2) 实训期间不准携带餐点、饮料入场,如遇下雨不准携带雨伞入场;实训进行时,防止头发、纸屑等杂物进入实训设备。

(3) 注意安全,遵守实训纪律,做到有事请假,不得无故缺席或随意离开。

(4) 实训过程中,要爱护器材和工具,节约用料,如有损坏应立即报告指导教师,按学院规定进行处理。

(5) 通电试车时,必须严格按照指导教师的安排进行上电,不得自行通电。

(6) 实训过程中,应认真学习实训教材和相关资料,认真完成指导教师布置的任务,及时总结实训经验;实训项目结束后,完成相应的实训报告。

2. 实训目的

(1) 掌握GX-Works2编程软件的使用方法。

(2) 掌握定时器和计数器的使用。

(3) 掌握置位、复位及脉冲指令的使用。

(4) 掌握多重输出及主控指令的使用。

(5) 通过对编程软件的熟悉,能够对未学过的指令进行验证。

(6) 通过计算机编程控制掌握PLC输出。

3. 实训器材与工具

序号	名　称	符　号	数　量
1	常用电工工具		
2	万用表		
3	导线		

续表

序号	名　　称	符　　号	数　　量
4	可编程控制器		
5	数据传输电缆		
6	PLC 实训控制台		
7	计算机(装有 GX—WORKS2)		
8	按钮盒		

4. 实训内容及步骤(使用计算机编程仿真,并通过计算机控制 PLC 输出)

(1) LD、AND、OR、OUT 指令的使用

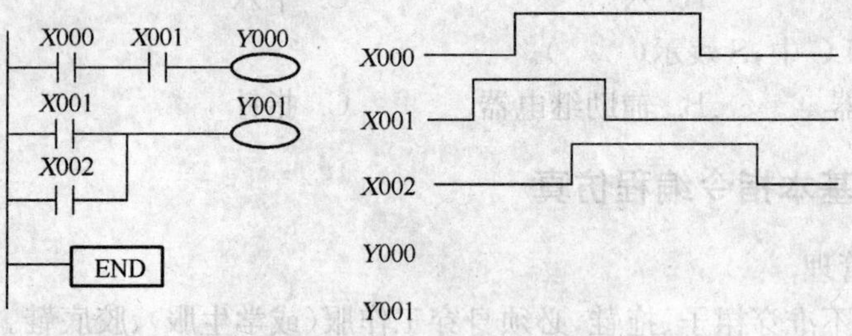

(2) SET、RST、PLS、PLF 指令的使用

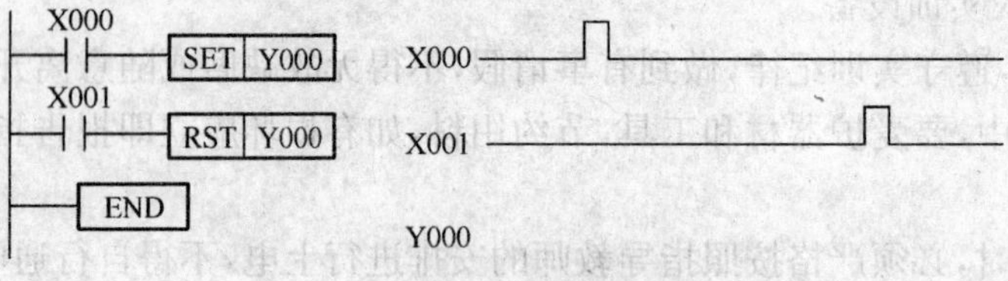

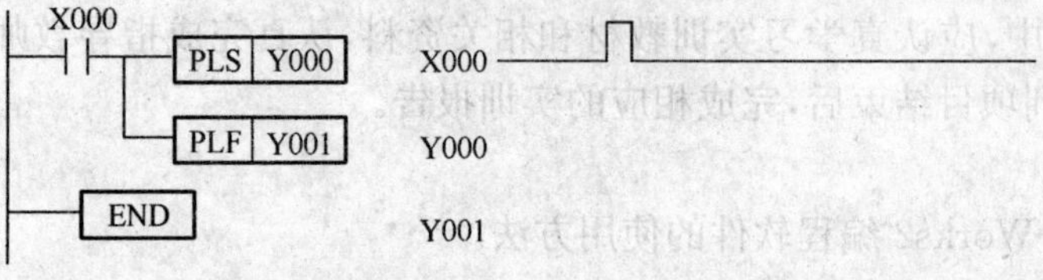

(3) 多重输出指令 MPS、MRD、MPP 的使用

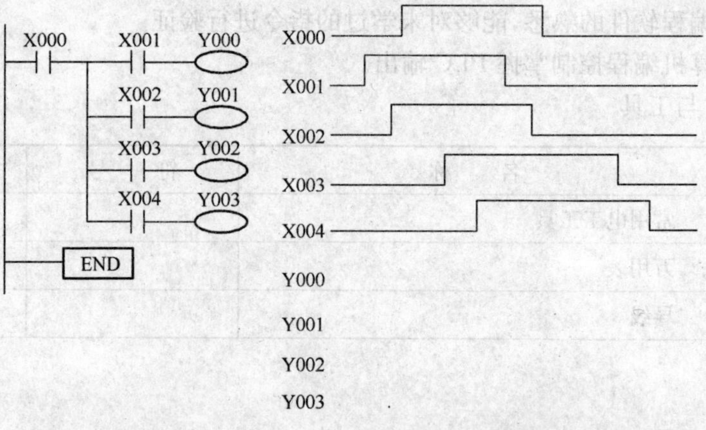

（4）主控指令 MC/MCR 的使用

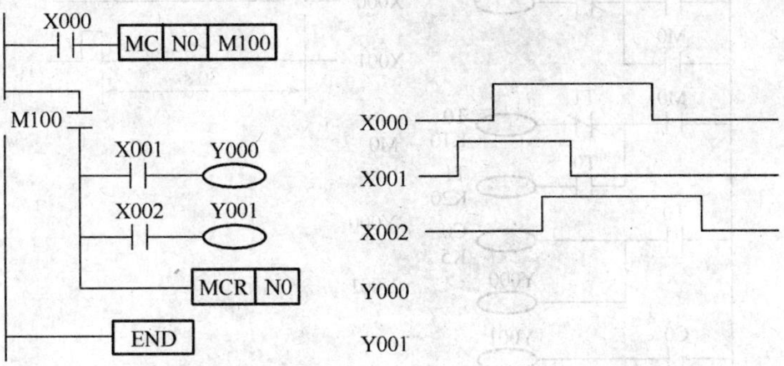

（5）定时器的使用

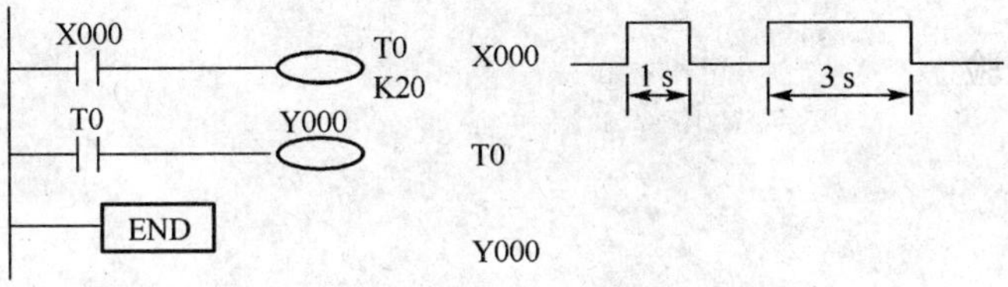

（a）

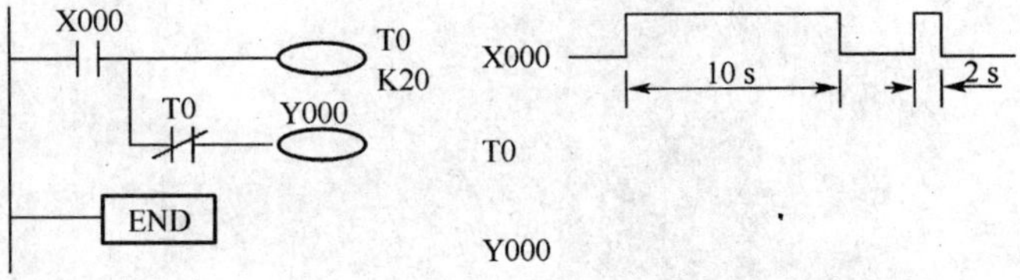

（b）

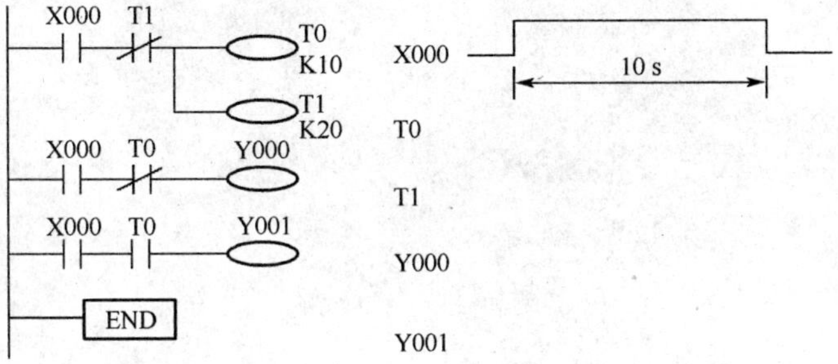

（c）

（6）计数器的使用

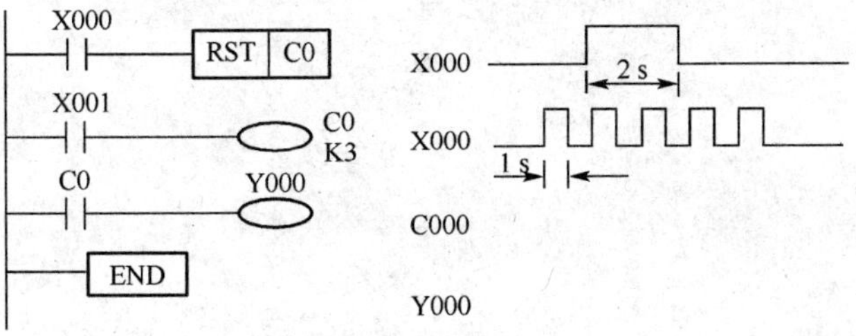

（a）

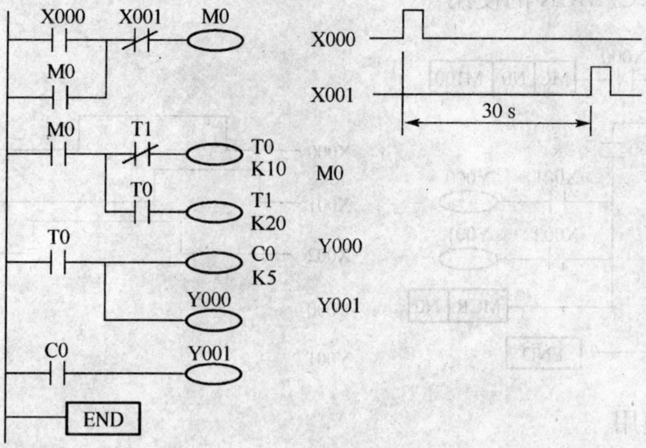
X000
X001
M0
M0
T1
T0
K10
T0
T1
K20
T0
C0
K5
Y000
C0
Y001
END
X000
X001
30 s
M0
Y000
Y001

(b)

5. 总结实训经验

第五篇　三菱FX系列PLC的应用

项目十一

电动机单向点动运行控制

项目目标

(1) 学会使用FX_{2N}的基本逻辑指令：LD、LDI、AND、ANI、OUT、END。

(2) 掌握PLC的基本编程方法。

(3) 了解PLC应用设计的步骤。

一、项目任务

在花园中要安装一个小型喷泉，水泵是一台小功率的三相异步电动机(额定电压380 V，额定功率5.5 kW，额定转速1378 r/min，额定频率50 Hz)，要让喷泉喷起来，请思考有多少种方法可以实现电动机单向点动控制运行？会使用PLC进行控制吗？

二、项目知识分析

对于小功率电动机控制运行的方法有很多种，最简单的是在电动机与供电线路之间用一只刀开关来连接与控制，优点是成本低，缺点是这种方法仅适用于小功率电动机的近距离控制，不适合远距离控制，安全保护比较简单。在工业控制场合基本不采用这种方法。最常用的是采用空气断路器、交流接触器、热继电器、按钮构成的控制电路，如图11-1所示，这种控制电路具有较完善的短路保护和过负荷保护功能。合上空气断路器QF后，按下“起动”按钮SB，电动机运转，喷泉可以喷水；松开按钮SB，电动机停转，水泵停止工作。其功能是典型的电动机单向点动运行控制。继电器点动控制电路原理图如图11-2所示。请用PLC实现喷泉水泵的点动控制。

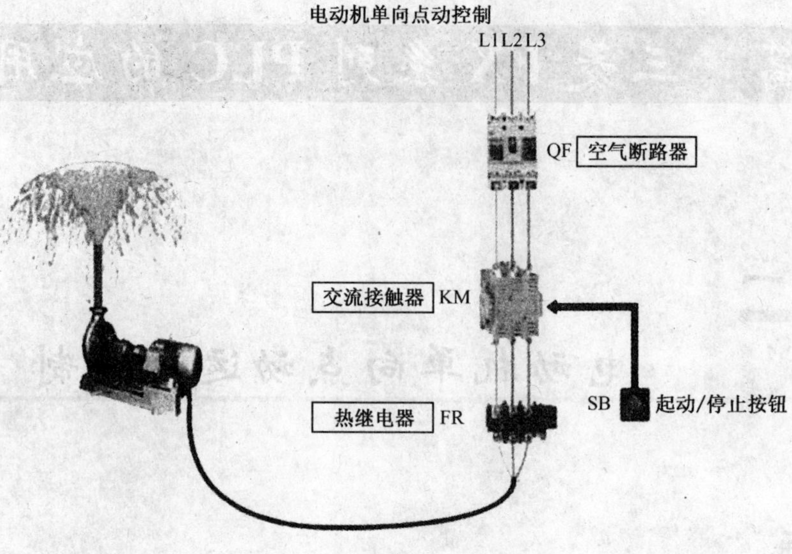

图 11-1　喷泉水泵实物电路图

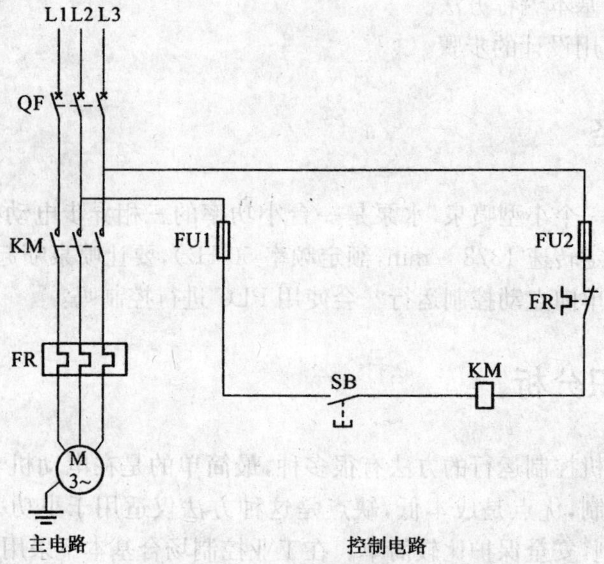

图 11-2　喷泉水泵继电—接触器点动控制电路原理图

三、相关指令

以上分析了用继电器实现电动机单向点动控制的工作原理，如果用 PLC 来实现对水泵电动机的点动控制，需要用到 LD、OUT、ANI、END 四条基本指令，LDI、AND 与上述相应指令有一定的关系，下面详细说明以上六条指令的功能，其余指令将在后续项目中分批讲解。

表 11-1　基本指令功能表

助记符、名称	功能说明	梯形图形表示及可用元件	程序步数
LD 取	逻辑运算开始，与主母线连接一动合触点		1
LDI 取反	逻辑运算开始，与主母线连接一动断触点		1
AND 与	串联连接动合触点		1
ANI 与非	串联连接动断触点	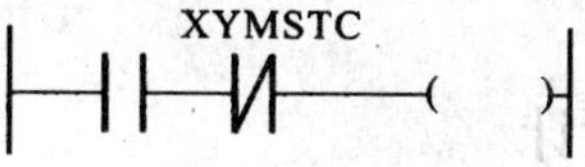	1
OUT 输出	线圈驱动指令	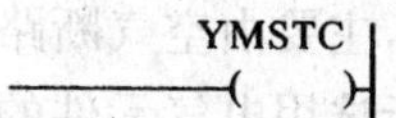	Y,M:1 S,特 M:2 T:3 C:3—5
END 结束	顺控程序结束	顺控程序结束返回到 0 步	0

1. LD、LDI 指令

LD:取指令，表示以动合触点开始逻辑运算。

LDI:取反指令，表示以动断触点开始逻辑运算。

操作数范围:LD、LDI 指令适用于所有的继电器，即 X、Y、M、S、T、C 的动合触点。

2. OUT 指令

输出指令，将运算结果输出到指定的继电器线圈。

操作数范围:OUT 指令适用于 Y、M、S、T、C。

特别注意:OUT 指令不能输出控制输入继电器 X，它只能由 PLC 外部输入信号控制。

3. ANI、AND 指令

ANI:逻辑与非运算指令，表示串联一动断触点。

AND:逻辑与运算指令，表示串联一动合触点。

操作数范围:X、Y、M、S、T、C。

4. END 指令

程序结束指令。END 指令是一个无操作数的指令。

【例】　分析图 11-3 所示梯形图的工作原理。

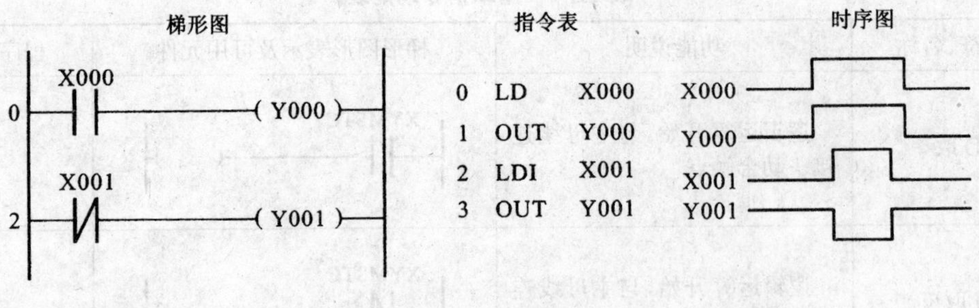

图 11-3 示意图

例题解释：如图 11-3 所示，当继电器 X0 接通时，动合触点 X0 接通，输出继电器 Y0 接通；当继电器 X1 断开时，动断触点 X1 接通，输出继电器 Y0 接通。

四、项目实施

1. 主电路设计

在 PLC 应用设计中应首先考虑主电路的设计，主电路是为电动机提供电能的通路，具有高电压、大电流的特点，主要由空气断路器、交流接触器、热继电器等器件组成，是 PLC 不能取代的。通过主电路中所选用电气元件的数量和类型，可确定 PLC 输入/输出点数。图 11-4 所示的主电路采用了 3 个元件(空气断路器、交流接触器、热继电器)，可以确定主电路需要的输入/输出点数为 2 点，一个输出接点用来控制交流接触器 KM 的线圈，另一个输入接点是热继电器 FR 的辅助触点。

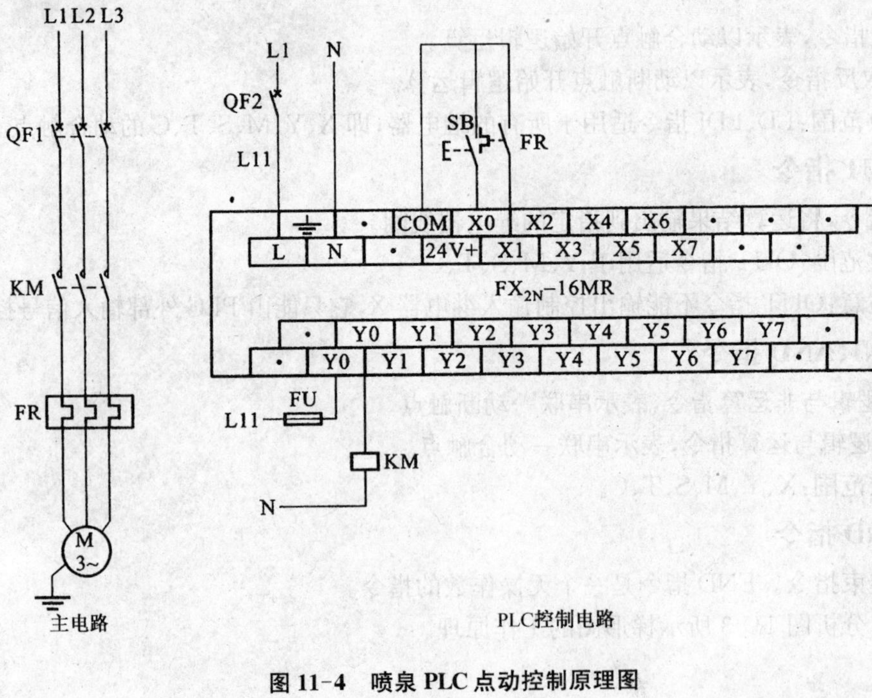

图 11-4 喷泉 PLC 点动控制原理图

2. 确定 I/O 点总数及地址分配

在第一个步骤中，仅仅确定了主电路中 PLC 所需的 I/O 点数，且每台电动机至少还有一个控制按钮，如图 11-4 中所示的按钮开关 SB。在 PLC 控制系统中按钮均是作为输入点，这样整个控制系统总的输入点数为 2 个，输出点数为 1 个。

为了将输入/输出控制元件与 PLC 的输入/输出点一一对应接线，需要对以上 3 个输入/输出点进行地址分配。I/O 地址分配如表 11-2 所示。

表 11-2　I/O 地址分配表

输入信号			输出信号		
1	X0	按钮 SB	1	Y0	交流接触器　KM
2	X1	热继电器　FR			

3. 控制电路

控制电路就是 PLC 电气原理图，是 PLC 应用设计的重要技术资料。从图 11-4 中所示的控制电路中可以看到，各元件的接线符合 PLC 的 I/O 分配情况。

4. 设备材料表

从原理图上可以看出实现电动机点动控制所需的元器件。元器件的选择应该以满足功能要求为原则，否则会造成资源的浪费。例如 PLC 选型时保留 20%的裕量即可，本项目控制中输入点数应选 2×1.2≈3 点，输出点数应选 1×1.2≈2 点(继电器输出)。通过查找三菱 FX_{2N} 系列选型表，选定三菱 FX_{2N}-16MR-001(其中输入 8 点，输出 8 点，继电器输出)。通过查找电气元件选型表，可获得按钮、热继电器、交流接触器、空气断路器等元器件的常用型号。选择的元器件列表如表 11-3 所示。

表 11-3　设备材料表

序号	符号	设备名称	型号、规格	单位	数量	备注
1	M	电动机	Y-112M-4380 V、5.5 kW、1378 r/min、50 Hz	台	1	
2	PLC	可编程控制器	FX_{2N}-16MR-001	台	1	
3	QF1	空气断路器	DZ47-D25/3P	个	1	
4	QF2	空气断路器	DZ47-D10/1P	个	1	
5	FU	熔断器	RT18-32/6A	个	2	
6	KM	交流接触器	CJX2(LC1-D)-12　线圈 20 V	个	1	
7	SB	按钮	LA39-11	个	1	
8	FR	热继电器	JBSJ(LR1)-D09316/10.5 A			

5. 参考程序

请将图 11-5 所示梯形图输入到计算机中，编译后能直接得到图中右侧的语句表程序。当按下外部按钮 SB 时，X0 置位成 ON 状态，Y0 也置位成 ON 状态，外部 KM 吸合，喷泉工作；

当松开外部按钮 SB 时，X0 置位成 OFF 状态，Y0 也置位成 OFF 状态，外部 KM 断开，喷泉停止工作。

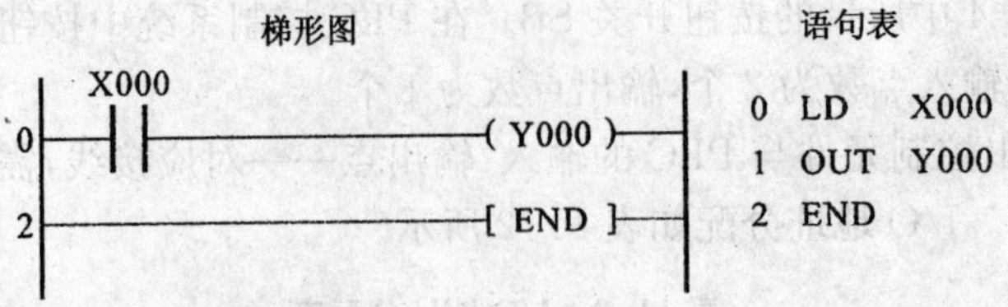

图 11-5　点动控制程序 1

图 11-6 所示梯形图程序中加入了热继电器的状态条件。当热保护没有过负荷动作时，动断触点 X1 为 ON 状态，操作外部按钮 SB 后控制喷泉工作或停止；当热保护过负荷动作时，动断触点 X1 为 OFF 状态，操作外部按钮 SB 将不能控制喷泉工作或停止。

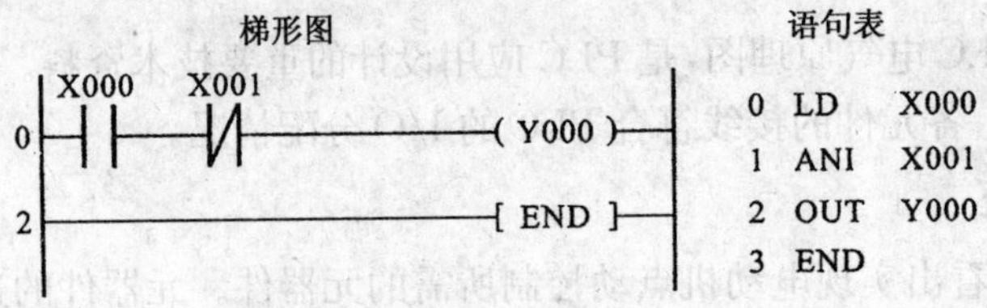

图 11-6　点动控制程序 2

梯形图程序的执行是对每一个逻辑行进行逻辑运算，运算结果输出给逻辑行最右侧 PLC 规定的线圈。运算过程遵循从左到右、从上到下原则。从以上两个梯形图程序可以看出两者的差异，程序 1 中 Y0 的动作只与 X1 的输入状态有关，X1 的状态直接输出给 Y0。LD X000 表示开始逻辑运算，因为不存在第二个逻辑状态，结果(X0 的状态)通过 OUT Y000 指令输出给 Y0。

程序 2 中 Y0 与串联在一起的 X0 和 X1 两个输入的状态有关，X0 和 X1 进行逻辑与运算后结果才输出给 Y0。LD X000 表示开始逻辑运算，ANI 001 表示 X1 的动断触点的状态同 X0 进行逻辑与运算，结果：X0、X1 与运算后的结果通过 OUT Y000 指令输出给 Y0。

6. 运行调试

根据原理图在实验台上连接 PLC 控制电路，检查无误后将程序下载到 PLC 中，对程序进行模拟调试，观察控制过程。

五、研讨与练习

1. 动断触点与左母线相连接的指令是(　　)。

A. LDI　　B. LD　　C. AND　　D. OUT

2. 线圈驱动指令 OUT 不能驱动的软元件是(　　)。

A. X　　B. Y　　C. T　　D. C

3. 根据梯形图程序图 11-7，下列选项中语句表程序正确的是(　　)。

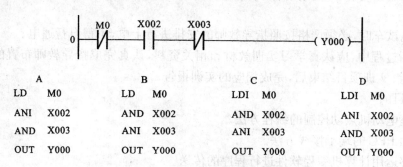

A		B		C		D	
LD	M0	LD	M0	LDI	M0	LDI	M0
ANI	X002	AND	X002	AND	X002	ANI	X002
AND	X003	ANI	X003	ANI	X003	AND	X003
OUT	Y000	OUT	Y000	OUT	Y000	OUT	Y000

图 11-7　题 3 示意图

4. 图 11-8 中与下述语句表程序对应的正确梯形图的一项是(　　)。

0　LDI X000
1　AND X001
2　OUT　M0
3　OUT　Y000

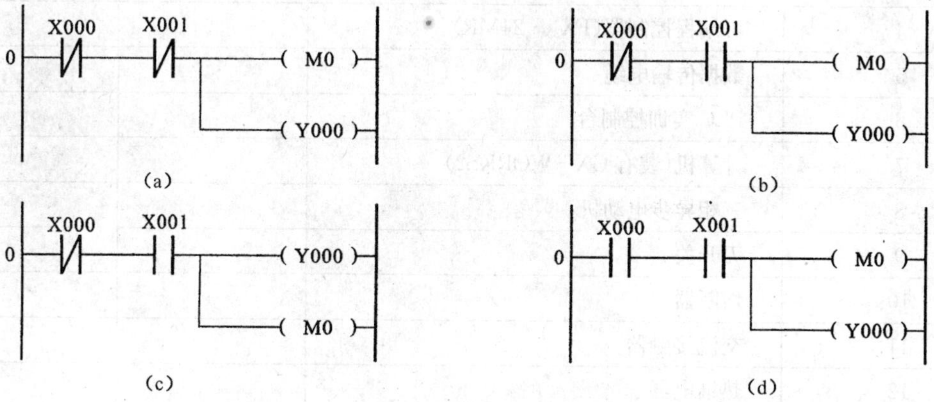

图 11-8　题 4 示意图

5. 有一 PLC 控制系统，已占用了 16 个输入点和 8 个输出点，合理的 PLC 型号是(　　)。
A. FX_{2N}-16MR　　B. FX_{2N}-32MR　　C. FX_{2N}-48MR　　D. FX_{2N}-64MR

6. 应用拓展

现有两台小功率(10 kW)的电动机，均采用点动控制方式，两台电动机独立控制，用一只 PLC 设计控制系统。请规范设计，完成主电路、控制电路、I/O 地址分配、PLC 程序及元件选择。

同步训练　三相异步电动机单向点动控制的 PLC 改造

1. 实训学生管理

(1) 实训期间不准穿裙子、拖鞋，必须身穿工作服(或学生服)、胶底鞋。

(2) 实训期间不准携带餐点、饮料入场，如遇下雨不准携带雨伞入场；实训进行时，防止头发、纸屑等杂物进入实训设备。

(3) 注意安全，遵守实训纪律，做到有事请假，不得无故缺席或随意离开。

(4) 实训过程中，要爱护器材和工具，节约用料，如有损坏应立即报告指导教师，按学院规定进行处理。

(5) 通电试车时，必须严格按照指导教师的安排进行上电，不得自行通电。

(6) 实训过程中，应认真学习实训教材和相关资料，认真完成指导教师布置的任务，及时总结实训经验；实训项目结束后，完成相应的实训报告。

2. 实训目的

(1) 掌握电动机点动控制的编程方法。

(2) 熟悉 PLC 的端子接线方法。

(3) 能够运用计算机编程软件进行程序的传送。

(4) 熟悉控制电路的接线步骤，并且能够进行通电试车和故障诊断。

3. 实训器材与工具

序号	名　称	符号	数量
1	常用电工工具		
2	万用表		
3	导线		
4	可编程控制器(FX_{2N}-24MR)		
5	数据传输电缆		
6	PLC 实训控制台		
7	计算机(装有 GX-WORKS2)		
8	三相异步电动机		
9	刀开关		
10	熔断器		
11	交流接触器		
12	热继电器		
13	按钮盒		

4. 实训内容及步骤

(1) 绘制分析电气原理图。

① 绘制主电路

② I/O分配表

输入单元			输出单元		
电气符号	软元件	功能	电气符号	软元件	功能

③ I/O接线图

④ 梯形图

⑤ 写出指令表程序

(2) 将程序写入计算机编程软件(GX-WORKS2),并且进行模拟仿真。

(3) 选择性能正常的器材。

(4) 在PLC实训控制台上,确定器材的位置。

(5) 根据电气原理图进行电路安装(严格按照电工工艺要求进行接线,区分导线颜色)。

① 接主电路。

② 接控制电路。

(6) 检查线路。

① 清理板面杂物。

② 目视检查法。

a. 对照原理图,一根一根导线检查,看是否有错接、漏接。

b. 用手轻摇每一条导线,看导线是否接牢,是否存在虚接故障。

c. 看导线是否有损伤,是否压住绝缘层。

③ 仪表检查法。

a. 分阶测量法。

b. 分段测量法。

④ 请指导教师进行检查。

(7) 按照相应的传送方法将计算机的程序传入PLC主机。

(8) 暂不接输出电源进行调试：把PLC主机上的开关扳向“RUN”，然后按下相应的按钮输入，观察对应的PLC输出显示灯是否按控制要求发光；如有误，把PLC主机上的开关扳向“STOP”，检查程序和接线，修改后重复上述步骤，直至正常。

(9) 通电试车(在指导教师的监督下)：模拟调试无误后，接通输出端电源，按下相应按钮，控制电动机正常运行。是否存在故障？如遇故障，进行诊断分析，完成下表，再次进行通电试车。(是/否)

故障现象	故障分析	检查方法及排除

(10) 实训结束。

① 清点实训器材与工具，交指导教师检查。

② 整理工位，打扫卫生。

5. 项目评价

本项目的考核评价如表11-4所示。

表11-4 考核评价表

评价项目	序号	主要内容	考核要求	评分细则	配分	扣分	得分
PLC控制线路的安装(70分)	1	元件检测	正确选择电气元件；对电气元件质量进行检验	(1) 器件选择不正确，错一个扣1分 (2) 电气元件漏检或错检，每个扣0.5分	5		
	2	元件安装	按图纸要求，正确利用工具安装电气元件；元件安装要准确、紧固	(1) 元件安装不牢固，安装元件时漏装螺钉，每只扣2分 (2) 元件安装不整齐、不合理，每处扣2分 (3) 损坏元件，每只扣5分	10		
	3	布线	按图接线，接线正确；走线整齐、美观、不交叉；连线紧固、无毛刺；电源和电动机配线、按钮接线要接到端子排上，进出线槽的导线要有端子标号	(1) 未按线路图接线，每处扣3分 (2) 布线不符合要求，每处扣2分 (3) 接点松动、接头露铜过长、反圈、压绝缘层、标记线号不清楚、遗漏或误标，每处扣1分 (4) 损伤导线绝缘或线芯，每根扣1分	20		

续表 11-4

评价项目	序号	主要内容	考核要求	评分细则	配分	扣分	得分
PLC 控制线路的安装（70 分）	4	线路检查	在断电情况下会用万用表检查线路	漏检或错检，每个扣 2 分	10		
	5	通电试车	线路一次通电正常工作，且各项功能完好	(1) 热继电器整定值错误扣 3 分 (2) 主、控线路配错熔体，每个扣 5 分 (3) 1 次试车不成功扣 5 分；2 次试车不成功扣 10 分；3 次试车不成功本项分为 0 分 (4) 开机烧电源或其他线路，本项记 0 分	15		
	6	“6S”规范	整理、整顿、清扫、安全、清洁、素养	(1) 没有穿戴防护用品，扣 4 分 (2) 检修前，未清点工具仪器耗材扣 2 分 (3) 未经试电笔测试前，用手触摸电器线端，扣 5 分 (4) 乱摆放工具，乱丢杂物，完成任务后不清理工位，扣 2～5 分 (5) 违规操作，扣 5～10 分	10		
PLC 控制线路的检修（30 分）	7	故障分析	在 PLC 控制线路上分析故障可能的原因，思路正确	(1) 标错故障范围，每处扣 3 分 (2) 不能标出最小故障范围，每个故障点扣 2～5 分	10		
	8	故障查找及排除	正确使用工具和仪器，找出故障点并排除故障；试车成功，各项功能恢复	(1) 停电不验电，扣 3 分 (2) 测量仪器和工具使用不正确，每次扣 2 分 (3) 检修步骤顺序颠倒，逻辑不清，扣 2 分 (4) 排除故障的方法不正确，扣 5 分 (5) 不能排除故障点，每处扣 5 分 (6) 扩大故障范围或产生新故障，每处扣 10 分 (7) 损坏万用表，扣 10 分 (8) 1 次试车不成功扣 5 分；2 次试车不成功扣 10 分；3 次试车不成功本项得分为 0 分	20		
		评分人：		核分人：	总分		

6. 总结实训经验

项目十二 电动机单向连续运行控制

项目目标

(1) 学会使用 PLC 的基本逻辑指令：OR、ORI、ANB、ORB、SET、RST。
(2) 掌握由继电—接触器控制电路转换成 PLC 程序的方法。
(3) 进一步掌握 PLC 应用设计的步骤。

一、项目任务

在花园中要安装一个小型喷泉，水泵是一台小功率的三相异步电动机(额定电压 380 V，额定功率 5.5 kW，额定转速 1378 r/min，额定频率 50 Hz)，要求按下起动按钮，喷泉连续喷涌；按下停止按钮，喷泉停止喷水。请用 PLC 实现水泵的单向连续运行控制。

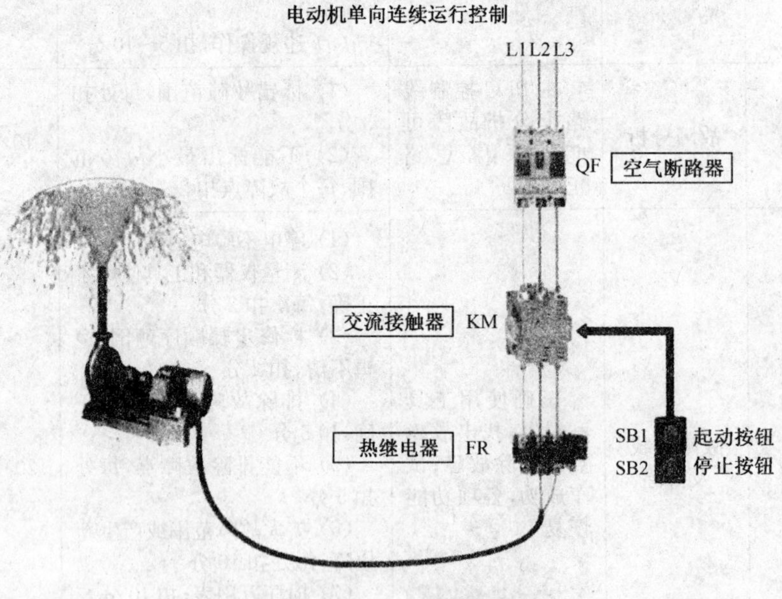

图 12-1　喷泉水泵实物电路图

二、项目知识分析

项目采用空气断路器、交流接触器、热继电器和一只控制按钮，实现了对于小功率电动机的单向点动控制。要实现电动机单向连续运行，需要采用两只控制按钮及使用交流接触器的自保持功能，如图 12-1 所示。继电—接触器控制电路工作原理如图 12-2 所示，合上空气断路器 QF 后，按下起动按钮 SB1，KM 得电吸合，电动机运行；松开按钮 SB1，因在起动按钮两端并联了交流接触器 KM 的动合触点，为 KM 导通提供了另一条供电通路，从而实现了控制电路的自保持，电动机可以保持连续运行；按下停止按钮 SB2，KM 失电断开，电动机停止运行。这是典型的电动机单向连续运行控制电路。

请用 PLC 实现小型喷泉的连续喷涌控制。

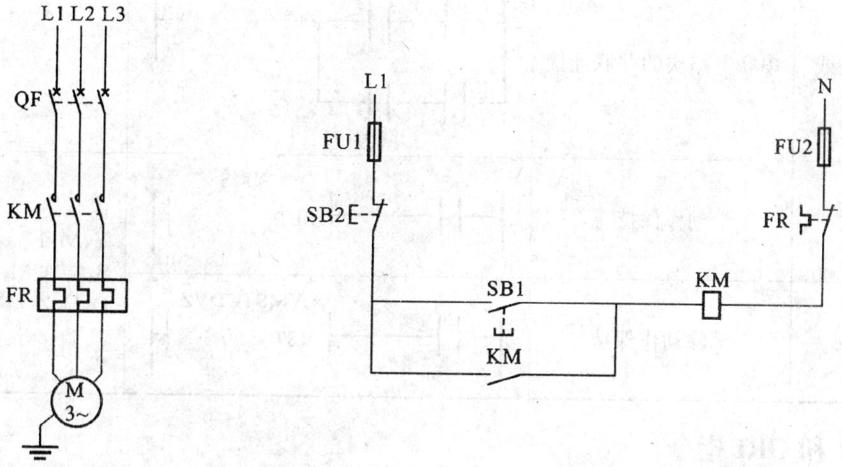

主电路　　控制电路

图 12-2　水泵连续运行继电—接触器控制图

三、相关指令

触点的并联及电路块的串并联指令功能如表 12-1 所示。

表 12-1　基本指令功能表

助记符、名称	功能说明	梯形图表示及可用元件	程序步数
OR 或	并联连接动合触点	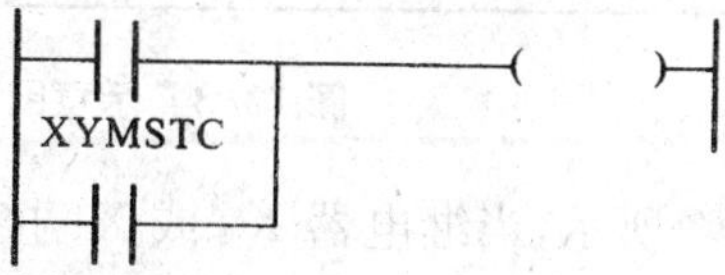	1
ORI 或非	并联连接动断触点	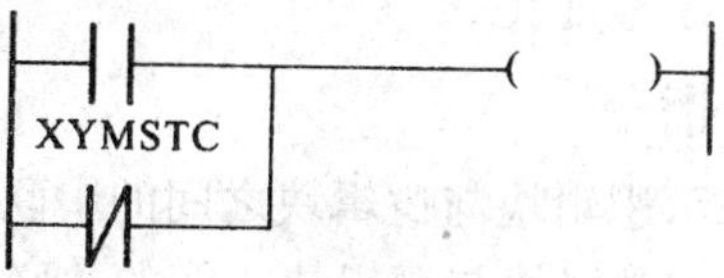	1

续表 12-1

助记符、名称	功能说明	梯形图表示及可用元件	程序步数
ANB 电路块与	并联电路块的串联连接	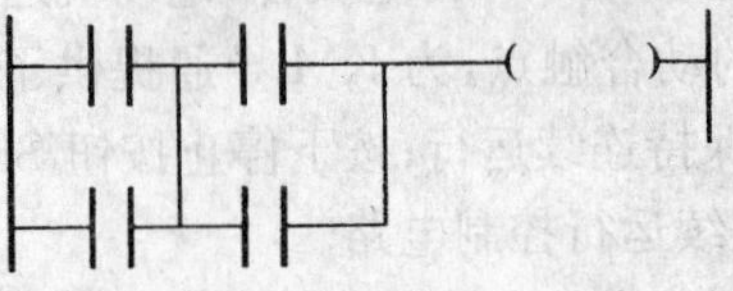	1
ORB 电路块或	串联电路块的并联连接	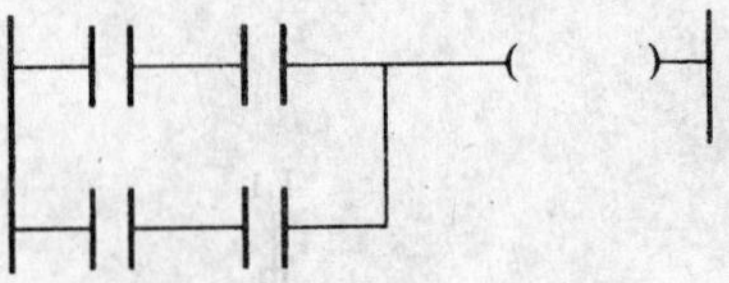	1
SET 置位	动作保持	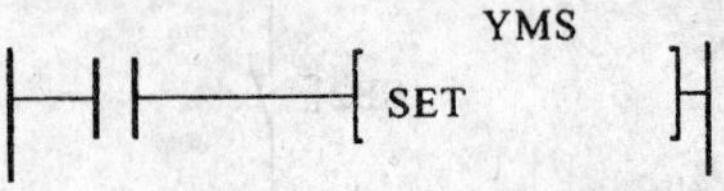	Y,M:1 S,特殊 M,T,C:2 D,V,Z,特殊 D:3
RST 复位	消除动作保持	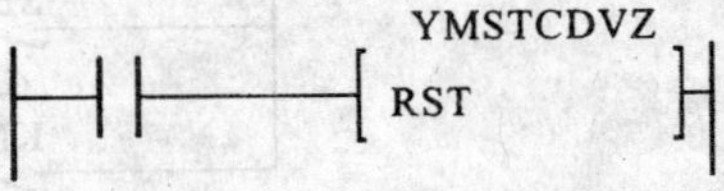	

1. OR 和 ORI 指令

OR:逻辑或运算指令,表示并联一动合触点。

ORI:逻辑或非运算指令,表示并联一动断触点。

【例】 分析图 12-3 所示梯形图的工作原理。

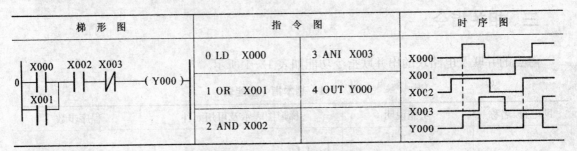

梯形图	指令图		时序图
	0 LD X000	3 ANI X003	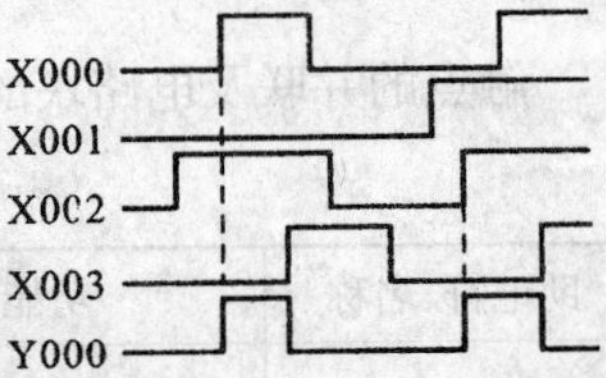
	1 OR X001	4 OUT Y000	
	2 AND X002		

图 12-3 示意图

例题解释:如图 12-3 所示,当继电器 X0 或 X1 接通且 X2 接通、X3 断开时,输出继电器 Y0 接通。

操作数范围:X、Y、M、S、T、C。

2. ANB 和 ORB 指令

ANB:块与指令,表示逻辑块与逻辑块之间的串联。

ORB:块或指令,表示逻辑块与逻辑块之间的并联。

ANB 和 ORB 用于多个指令块的串联和并联,每一个指令块必须用 LD 或 LDI 指令开始。并且应注意:这两条指令均无操作数。

【例】 分析图 12-4 所示梯形图的工作原理。

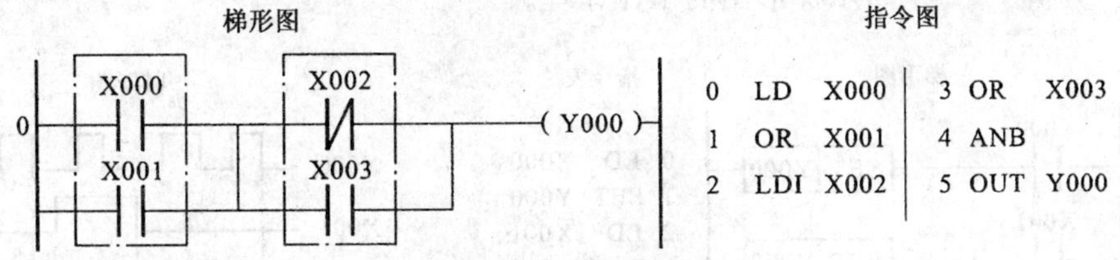

图 12-4　示意图

例题解释：如图 12-4 所示，编程的顺序是先将 X0 和 X1 并在一起形成块一，再将 X2 非和 X3 并在一起形成块二，最后将两个块相串联。这里的"串联"操作用前面所讲的 ANB 指令是难以完成的，故可用 ANB 指令来实现两组触点块相与。

【例】 分析图 12-5 所示梯形图的工作原理。

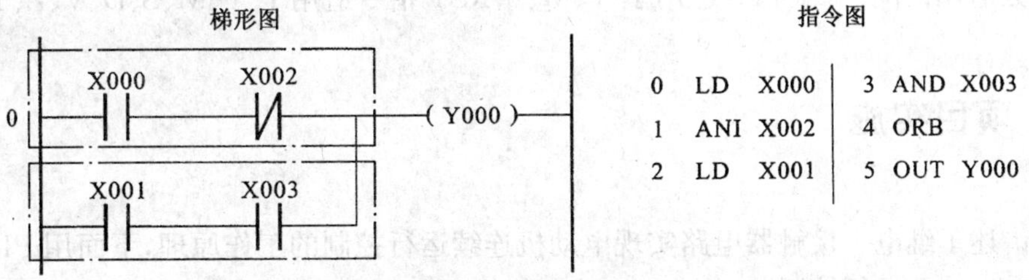

图 12-5　示意图

例题解释：如图 12-5 所示，编程的顺序是先将 X0 和 X2 非串在一起形成块一，再将 X2 和 X3 与串在一起形成块二，最后将两个块相并联。这里的"并联"操作用前面所讲的 OR 指令是难以完成的，故可用 ORB 指令来实现两组触点块相或。

【例】 分析图 12-6 所示梯形图的工作原理。

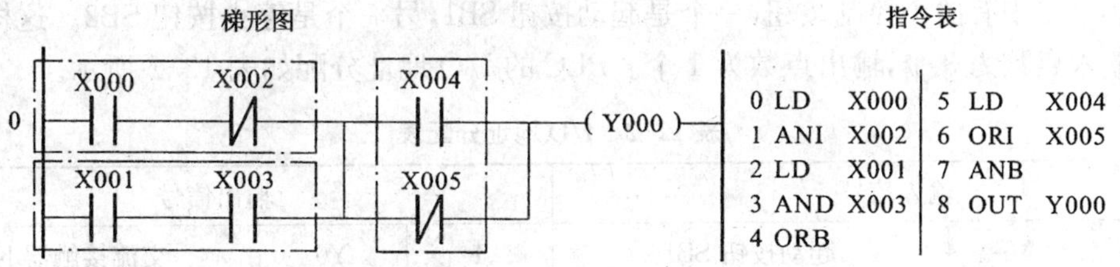

图 12-6　示意图

例题解释：如图 12-6 所示，编程的顺序是先将 X0 和 X2 非串在一起形成块一，再将 X1 和 X3 与串在一起形成块二，将两者相并联形成块三，然后将 X4 和 X5 非并在一起形成块四，最后将两块串联。

3. SET 和 RST 指令

SET：置位指令。当触发信号接通时，使指定元件接通并保持。

RST：复位指令。当触发信号接通时，使指定元件断开并保持或指定当前值及寄存器清零。

【例】 分析图 12-7 所示梯形图的工作原理。

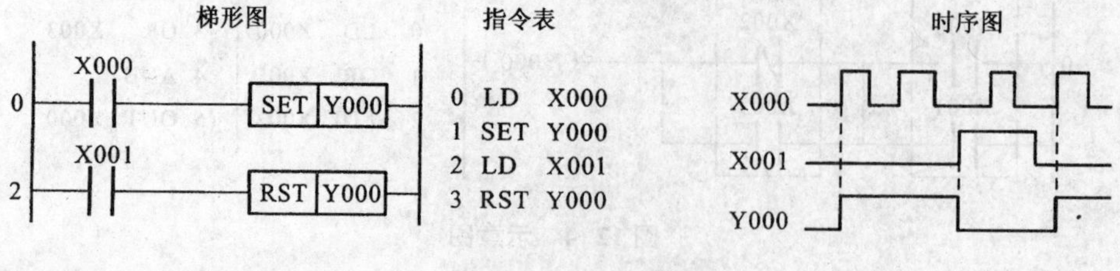

图 12-7 示意图

例题解释：如图 12-7 所示，X0 为置位触发信号，X1 为复位触发信号。当 X0 接通时，输出 Y0 接通并保持，无论 X0 是否变化，直至 X1 接通，输出 Y0 才会断开。

对同一编号的元件，SET、RST 可多次使用，顺序也可随意，但最后执行者有效。

操作数适用范围：SET 指令适用于 Y、M、S；RST 指令适用于 Y、M、S、D、V、Z、T、C。

四、项目实施

前面讲述了继电—接触器电路实现电动机连续运行控制的工作原理，下面用 PLC 来实现电动机的单向连续运行控制。

1. 主电路设计

如图 12-8 所示的主电路中采用了 3 个电气元件，分别为空气断路器 QF1、交流接触器 KM，热继电器 FR。其中，KM 的线圈与 PLC 的输出点连接，FR 的辅助触点与 PLC 的输入点连接，可以确定主电路中需要 1 个输入点与 1 个输出点。

2. 确定 I/O 点总数及地址分配

控制电路中有两个控制按钮，一个是起动按钮 SB1，另一个是停止按钮 SB2。这样整个系统总的输入点数为 3 个，输出点数为 1 个。PLC 的 I/O 地址分配如表 12-2 所示。

表 12-2 I/O 地址分配表

输入信号			输出信号		
1	X0	起动按钮 SB1	1	Y0	交流接触器 KM
2	X1	停止按钮 SB2			
3	X2	热继电器 FR			

3. 控制电路

PLC 控制的电动机单向连续运行电气原理图如图 12-8 所示。

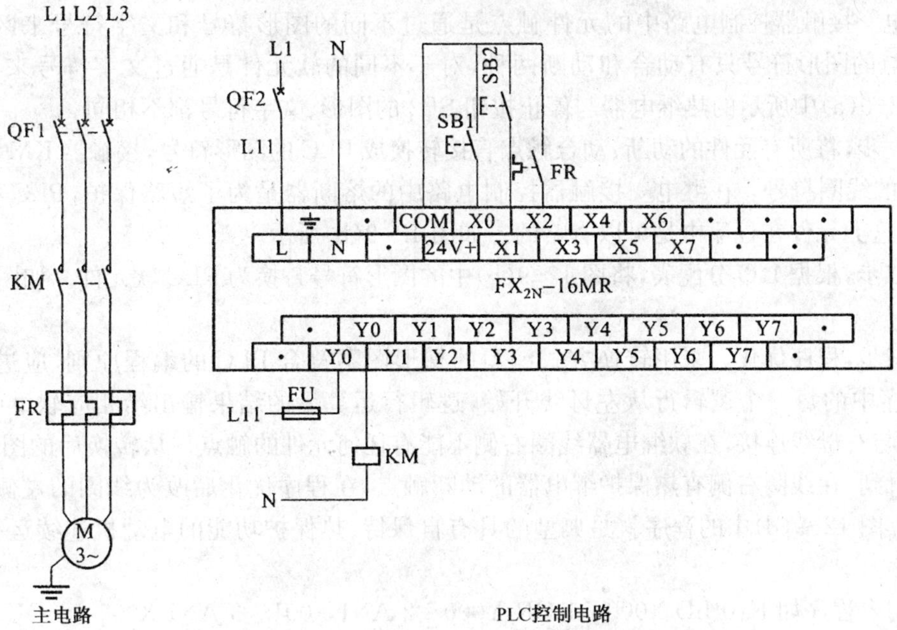

图 12-8　PLC 控制单向连续运行控制原理图

4. 设备材料表

控制中输入点数应选 3×1.2≈4 点；输出点数应选 1×1.2≈2 点(继电器输出)。通过查找三菱 FX_{2N}系列选型表，选定三菱 FX_{2N}-16MR-001(其中输入 8 点，输出 8 点，继电器输出)。通过查找电气元件选型表，选择的元器件列表如表 12-3 所示。

表 12-3　设备材料表

序号	符号	设备名称	型号、规格	单位	数量	备注
1	M	电动机	Y-112M-4　380 V，5.5 kW，1378 r/min，50 Hz	台	1	
2	PLC	可编程控制器	FX_{2N}-16MR-0001	台	1	
3	QF1	空气断路器	DZ47-D25/3P	个	1	
4	QF2	空气断路器	DZ47-D10/1P	个	1	
5	FU	熔断器	RT18-32/6 A	个	2	
6	KM	交流接触器	CJX2(LC1-D)-12 线圈电压 220 V	个	1	
7	FR	热继电器	JRS1(LR1)-D09316/10.5 A	个	1	
8	SB	按钮	LA39-11	个	2	

5. 程序设计

方法一：根据继电—接触器控制原理转换梯形图程序设计。

(1) 程序设计

继电—接触器控制电路中的元件触点是通过不同的图形符号和文字符号来区分的，而PLC触点的图形符号只有动合和动断两种，对于不同的软元件是通过文字符号来区分。例如：图 12-9(a)中所示的热继电器与停止按钮 SB2 的图形、文字符号都不相同。

第一步，将所有元件的动断、动合触点直接转换成PLC的图形符号，接触器KM线圈替换成PLC的线圈符号。在继电—接触器控制电路中的熔断器是为了短路保护，PLC程序不需要保护，这类元件在程序中是可以省略的。如图 12-9(b)所示。

第二步，根据I/O分配表，将图 12-9(b)中的图形符号替换为PLC软元件。如图 12-9(c)所示。

第三步，程序优化。采用转换方式编写的梯形图不符合PLC的编程原则，应进行优化。PLC程序中的每一个逻辑行从左母线开始，逻辑行运算后的结果输出给相应软继电器的线圈，然后与右母线连接，在软继电器线圈右侧不能有任何元件的触点。从转换后的图 12-9(c)中可以看到，在线圈右侧有热保护继电器的动断触点，在程序优化后改为线圈的左侧，逻辑关系不变。图 12-9(d)中的程序就是典型的具有自保持、热保护功能的电动机连续运行控制梯形图程序。

语句表程序如下：0 LD X000　1 OR Y000　2 ANI X001　3 ANI X002　4 OUT Y000

在梯形程序中 X0 与 Y0 先并联然后与 X1、X2 串联，因每次逻辑运算只能有两个操作数，所以将 X0 和 Y0 进行或运算后结果只有一位，再与后续进行运算。X0 与 Y0 的并联读做 X0 或 Y0，或运算为 OR 指令。

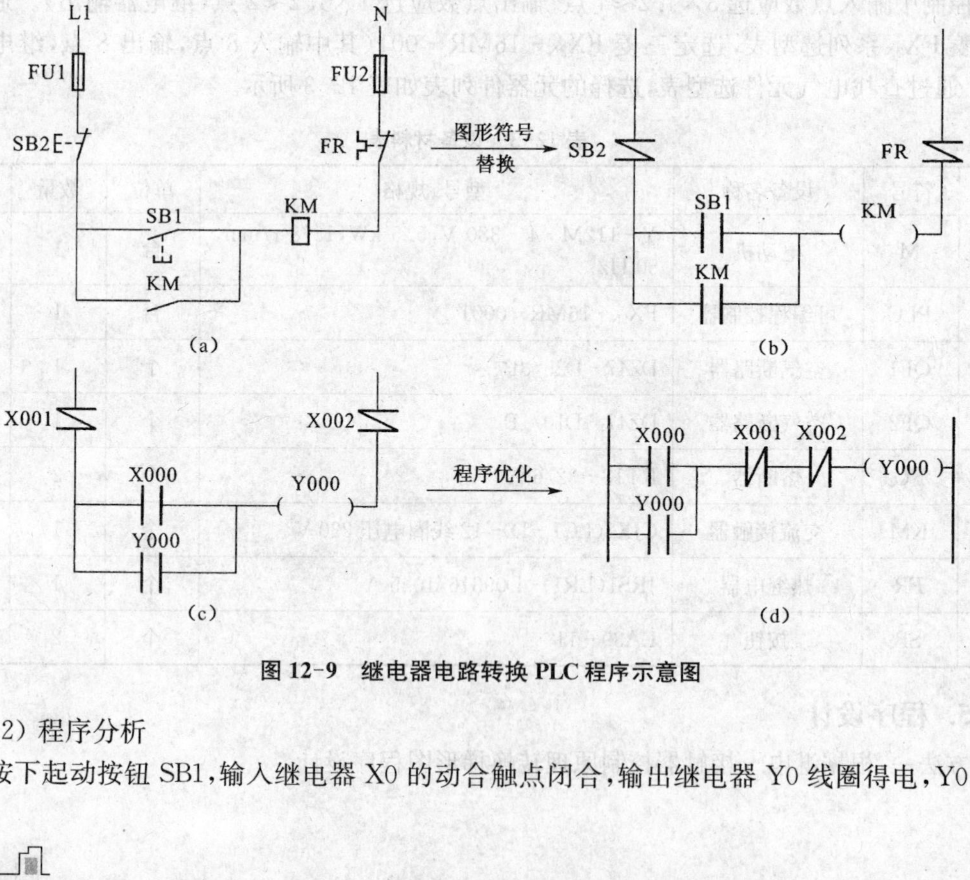

图 12-9　继电器电路转换 PLC 程序示意图

(2) 程序分析

按下起动按钮 SB1，输入继电器 X0 的动合触点闭合，输出继电器 Y0 线圈得电，Y0 动合触点闭合自锁,使交流接触器 KM 的线圈得电,KM 主触点闭合,电动机得电连续运转。

按下停止按钮 SB2,输入继电器 X1 的动断触点断开,输出继电器 Y0 线圈失电,使交流接触器 KM 的线圈失电,KM 主触点断开,电动机失电停止运转。

电动机发生过载时,FR 动合触点闭合,输入继电器 X2 的动断触点断开,使输出继电器 Y0 线圈失电,电动机失电停止运转。

方法二:利用 SET/RST 指令实现控制要求。

(1) 程序设计

程序及指令表如图 12-10 所示。

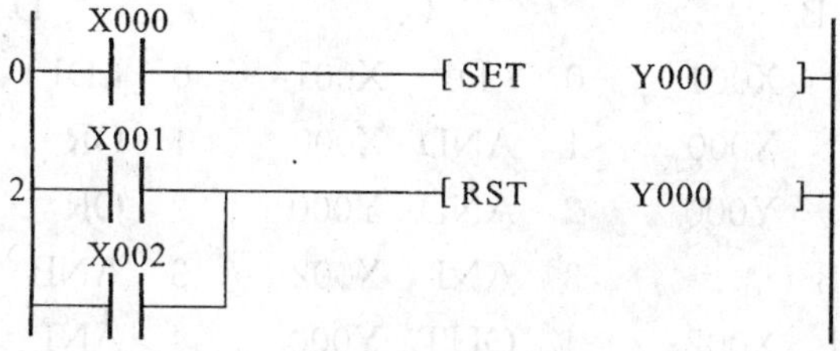

步序	指令	
0	LD	X000
1	SET	Y000
2	LD	X001
3	OR	X002
4	RST	Y000

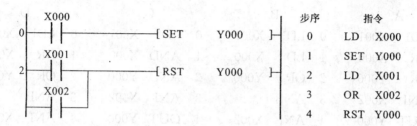

图 12-10　利用置位、复位指令实现编程

(2) 程序分析

按下起动按钮 SB1,输入继电器 X0 的动合触点闭合,执行置位指令,输出继电器 Y0 线圈得电,使交流接触器 KM 的线圈得电,KM 主触点闭合,电动机得电连续运转。

按下停止按钮 SB2,输入继电器 X1 的动断触点闭合,执行复位指令,输出继电器 Y0 线圈失电,使交流接触器 KM 的线圈失电,KM 主触点断开,电动机失电停止运转。

电动机过载时,FR 动合触点闭合,输入继电器 X2 的动断触点闭合,执行复位指令,使输出继电器 Y0 线圈失电,电动机失电停止运转。

6. 运行调试

根据原理图连接 PLC 模拟调试线路,检查无误后将程序下载到 PLC 中,运行程序,观察控制过程。

(1) 按下外部起动按钮 SB1,将 X1 置 ON 状态,观察 Y0 的动作情况。

(2) 松开外部起动按钮 SB1,将 X1 置 OFF 状态,观察 Y0 的动作情况。

(3) 按下外部停止按钮 SB2,将 X2 置 ON 状态,观察 Y0 的动作情况。

五、研讨与练习

1. 单个动合触点与前面的触点进行串联连接的指令是(　　)。

A. AND　　B. OR　　C. ANI　　D. ORI

2. 单个动断触点与上面的触点进行并联连接的指令是(　　)。

A. AND　　B. OR　　C. ANI　　D. ORI

3. 表示逻辑块与逻辑块之间并联的指令是(　　)。

A. AND　　B. ANB　　C. OR　　D. ORB

4. 根据梯形图程序图 12-11，下列选项中语句表程序正确的是(　　)。

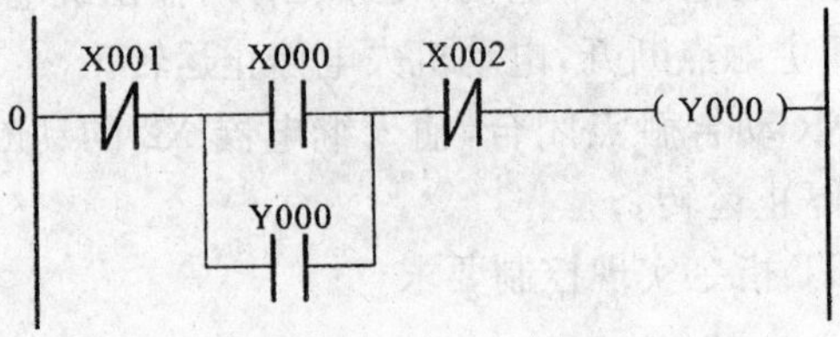

图 12-11　示意图

A.			B.			C.			D.		
0	LD1	X001	0	LD1	X001	0	LD1	X001	0	LD1	X001
1	OR	X000	1	LD	X000	1	AND	X000	1	OR	X000
2	OR	Y000	2	OR	Y000	2	AND	Y000	2	OR	Y000
3	ANI	X002	3	ANB		3	ANI	X002	3	ANB	
4	OUT	Y000	4	ANI	X002	4	OUT	Y000	4	ANI	X002
			5	OUT	Y000				5	OUT	Y000

5. 图 12-12 中与语句表程序对应的正确梯形图是(　　)。

0	LD1	X001	5	LD	X005
1	AND	X000	6	AND	X006
2	OR	X003	7	ORB	
3	ANI	X002	8	OUT	Y000
4	AND	X004	9	OUT	M0

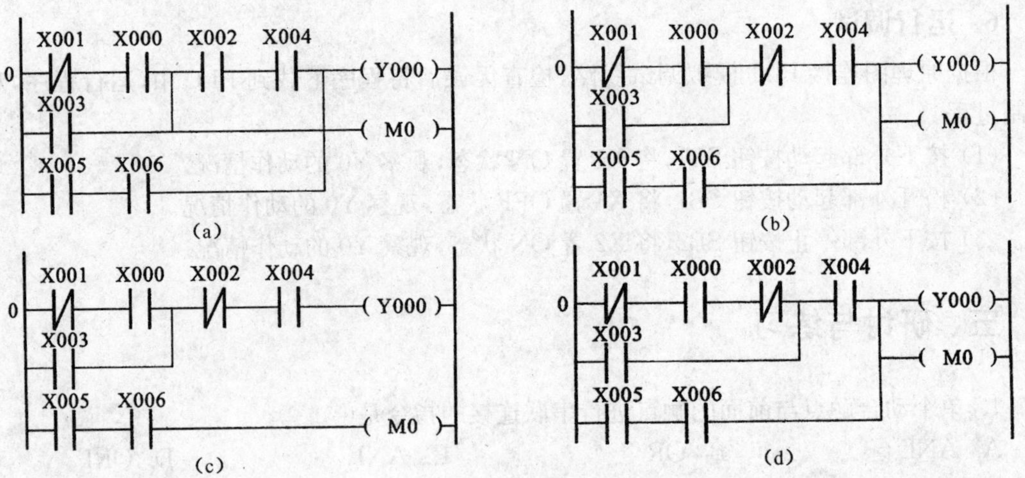

图 12-12　示意图

6. 应用拓展

现有两台小功率(10 kW)的电动机，均采用直接起动控制方式，请设计一个 PLC 控制系统，要求实现当 1 号电动机起动后，2 号电动机才允许起动，停止时各自独立停止。请完成主电路、控制电路、I/O 地址分配、PLC 程序及元件选择，编制规范的技术文件。

同步训练　三相异步电动机单向连续运行的 PLC 改造

1. 实训学生管理

(1) 实训期间不准穿裙子、拖鞋，必须身穿工作服(或学生服)、胶底鞋。

(2) 实训期间不准携带餐点、饮料入场，如遇下雨不准携带雨伞入场；实训进行时，防止头发、纸屑等杂物进入实训设备。

(3) 注意安全，遵守实训纪律，做到有事请假，不得无故缺席或随意离开。

(4) 实训过程中，要爱护器材和工具，节约用料，如有损坏应立即报告指导教师，按学院规定进行处理。

(5) 通电试车时，必须严格按照指导教师的安排进行上电，不得自行通电。

(6) 实训过程中，应认真学习实训教材和相关资料，认真完成指导教师布置的任务，及时总结实训经验；实训项目结束后，完成相应的实训报告。

2. 实训目的

(1) 掌握电动机自锁控制的编程方法。

(2) 熟悉 PLC 的端子接线方法。

(3) 能够运用计算机编程软件进行程序的传送。

(4) 熟悉控制电路的接线步骤，并且能够进行通电试车和故障诊断。

3. 实训器材与工具

序号	名　称	符　号	数　量
1	常用电工工具		
2	万用表		
3	导线		
4	可编程控制器(FX_{2N}-24MR)		
5	数据传输电缆		
6	PLC 实训控制台		
7	计算机(装有 GX-WORKS2)		
8	三相异步电动机		
9	刀开关		
10	熔断器		
11	交流接触器		
12	热继电器		
13	按钮盒		

4. 实训内容及步骤

(1) 绘制分析电气原理图。

① 绘制主电路

② I/O分配表

输入单元			输出单元		
电气符号	软元件	功能	电气符号	软元件	功能

③ I/O接线图

④ 梯形图

⑤ 写出指令表程序

(2) 将程序写入计算机编程软件(GX－WORKS2),并且进行模拟仿真。

(3) 选择性能正常的器材。

(4) 在 PLC 实训控制台上,确定器材的位置。

(5) 根据电气原理图进行电路安装(严格按照电工工艺要求进行接线,区分导线颜色)。

① 接主电路。

② 接控制电路。

(6) 检查线路。

① 清理板面杂物。

② 目视检查法。

a. 对照原理图,一根一根导线检查,看是否有错接、漏接。

b. 用手轻摇每一根导线,看导线是否接牢,是否存在虚接故障。

c. 看导线是否有损伤,是否压住绝缘层。

③ 仪表检查法。

a. 分阶测量法。

b. 分段测量法。

④ 请指导教师进行检查。

(7) 按照相应的传送方法将计算机的程序传入 PLC 主机。

(8) 暂不接输出电源进行调试:把 PLC 主机上的开关扳向“RUN”,然后按下相应的按钮输入,观察对应的 PLC 输出显示灯是否按控制要求发光;如有误,把 PLC 主机上的开关扳向“STOP”,检查程序和接线,修改后重复上述步骤,直至正常。

(9) 通电试车(在指导教师的监督下):模拟调试无误后,接通输出端电源,按下相应按钮,控制电动机正常运行。是否存在故障?如遇故障,进行诊断分析,完成下表,再次进行通电试车。(是/否)

故障现象	故障分析	检查方法及排除

(10) 实训结束。

① 清点实训器材与工具,交指导教师检查。

② 整理工位,打扫卫生。

5. 项目评价

本项目的考核评价参照表 11-4 所示。

6. 总结实训经验

项目十三 电动机正反转运行控制

项目目标

(1) 学会使用 PLC 的基本逻辑指令:LDP、LDF、ANDP、ANDF、ORP、ORF、PLS、PLF。
(2) 学习由 PLC 基本结构程序逐步编程的方法。
(3) 学习 PLC 的编程规则。

一、项目任务

在生产应用中,经常遇到要求电动机同时具有正转和反转的控制功能。例如,电梯上下运行,天车的上下提升和左右运行,数控机床的进刀、退刀等,均需要对电动机进行正、反转控制。图 13-1 所示是卷扬机的上下运行控制。要求实现当按下正转按钮时,小车上行;按下停止按钮时,小车停止运行。按下反转按钮时,小车下行;按下停止按钮时,小车停止运行。电动机为三相异步电动机(额定电压 380 V,额定功率 15 kW,额定转速 1378 r/min,额定频率 50 Hz)。

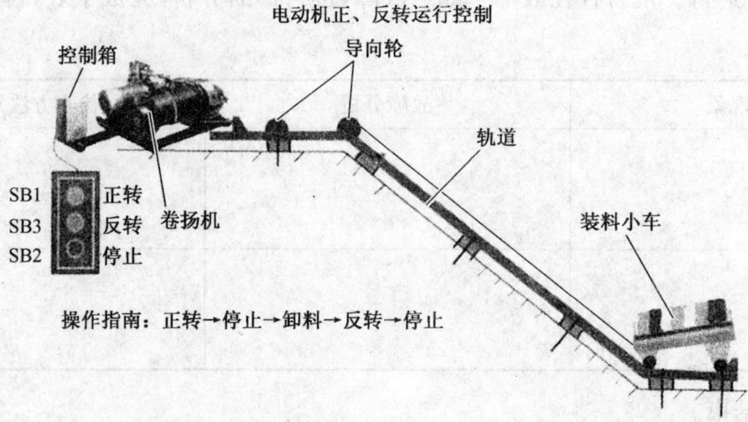

图 13-1 卷扬机运行控制实物模拟图

二、项目知识分析

继电—接触器控制电路如图 13-2 所示,主电路中 KM1 吸合时,电动机正转,小车上行;KM2 吸合时,电动机反转,小车下行。由于电动机的电气特性要求,电动机在运行过程中不能直接反向运行,操作时,先按停止按钮待电动机停止后,再起动反向运行;另外,控制电动机的

KM11 和 KM2 不能同时吸合，否则会造成短路故障，这就要求接触器 KM1 和 KM2 必须互锁。图 13-2(a)是具有交流接触器互锁的控制电路，图 13-2(b)为具有交流接触器、按钮双重互锁的控制电路。

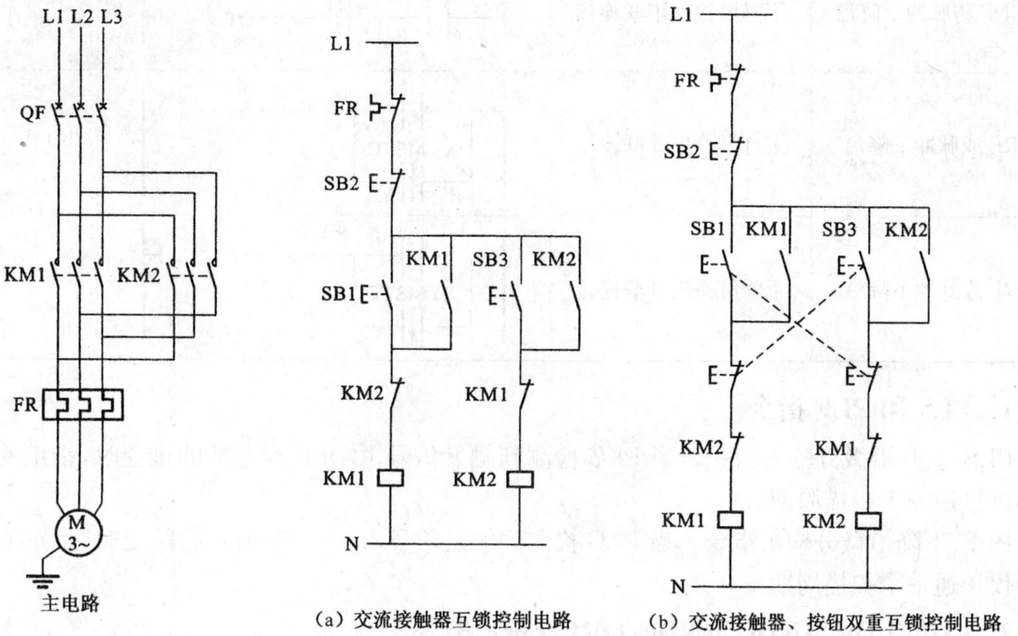

（a）交流接触器互锁控制电路　　（b）交流接触器、按钮双重互锁控制电路

图 13-2　卷扬机正、反转继电—接触器控制电路

三、相关指令

微分指令功能如表 13-1 所示。

表 13-1　微分指令功能表

助记符、名称	功能说明	梯形图表示及可用元件	程序步数
PLS 上升沿脉冲	上升沿微分输出	[PLS　YM　特殊 M 除外]	1
PLF 下降沿脉冲	下降沿微分输出	[PLF　YM　特殊 M 除外]	1
LDP 取脉冲上升沿	上升沿检出运算开始	XYMSTC	2
LDF 取脉冲下降沿	下降沿检出运算开始	XYMSTC	2
ANDP 与脉冲上升沿	上升沿检出串联连接	XYMSTC	2

续表 13-1

助记符、名称	功能说明	梯形图表示及可用元件	程序步数
ANDF 与脉冲下降沿	下降沿检出串联连接		2
ORP 或脉冲下降沿	上升沿检出并联连接	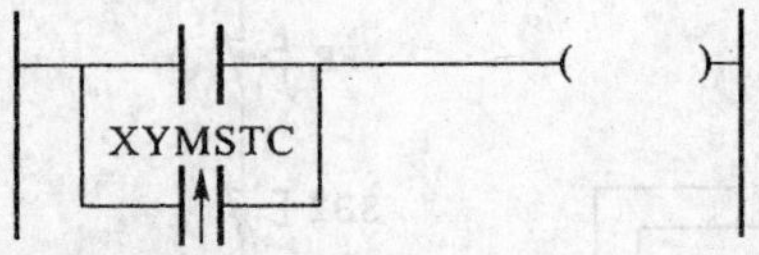	2
ORF 或脉冲下降沿	下降沿检出并联连接	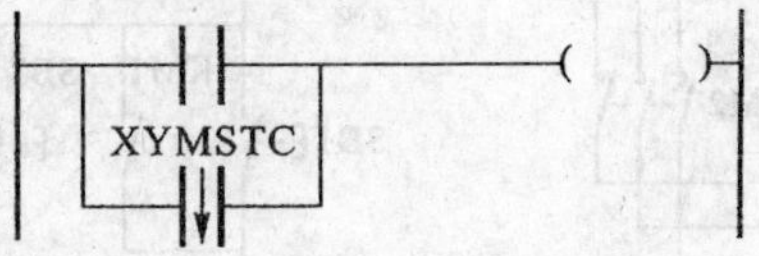	2

1. PLS 和 PLF 指令

PLS:上升沿微分输出指令。当 PLC 检测到触发信号由 OFF 到 ON 的跳变时,指定的继电器仅接通一个扫描周期。

PLF:下降沿微分输出指令。当 PLC 检测到触发信号由 ON 到 OFF 的跳变时,指定的继电器仅接通一个扫描周期。

2. LDP、LDF、ANDP、ANDF、ORP、ORF 指令

LDP、ANDP、ORP:上升沿微分指令,是进行上升沿检出的触点指令,仅在指定位软元件的上升沿时(OFF→ON 变化时)接通一个扫描周期。

LDF、ANDF、ORF:下降沿微分指令,是进行下降沿检出的触点指令,仅在指定位软元件的下降沿时(ON→OFF 变化时)接通一个扫描周期。

程序步数:2 步。

操作数范围:X、Y、M、S、T、C。

图 13-3 中所示的两个梯形图程序执行的动作相同。两种情况都在 X0 由 OFF→ON 变化时,M6 接通一个扫描周期。

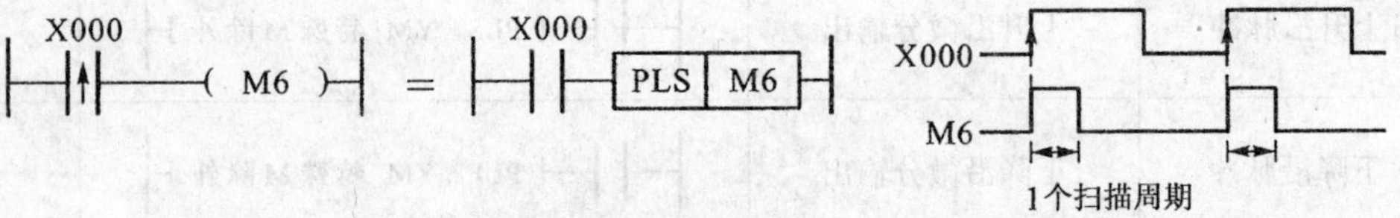

图 13-3　在基本指令中应用

【例】 如图 13-4 所示,X0～X2 由 ON→OFF 时或由 OFF→～ON 变化时,MO 或 M1 仅有一个扫描周期接通。

编程是 PLC 实现工业控制的关键,基本指令的编程是学习 PLC 程序设计的基础,下面主要介绍一些基本电路和基本功能程序以及由它们组成的简单应用系统。

(1) 尽量减少控制过程中的输入/输出信号。

因为输入/输出信号与 I/O 点数有关,所以从经济角度来看应尽量减少 I/O 点数。其他

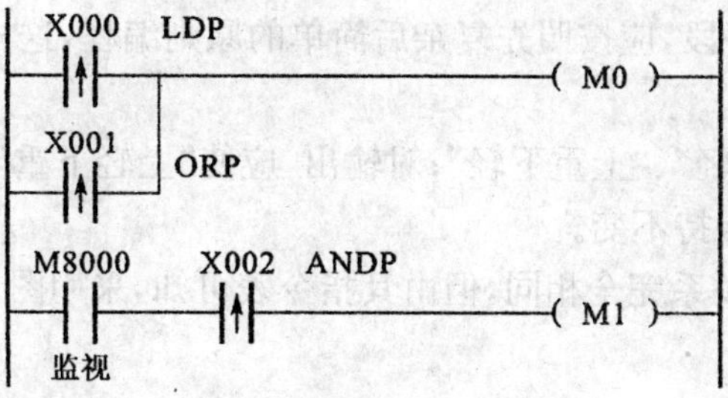


```
0   LDP   X000
2   ORP   X001
4   OUT   M0
5   LD    M5
6   ANDP  X002
8   OUT   M1
```

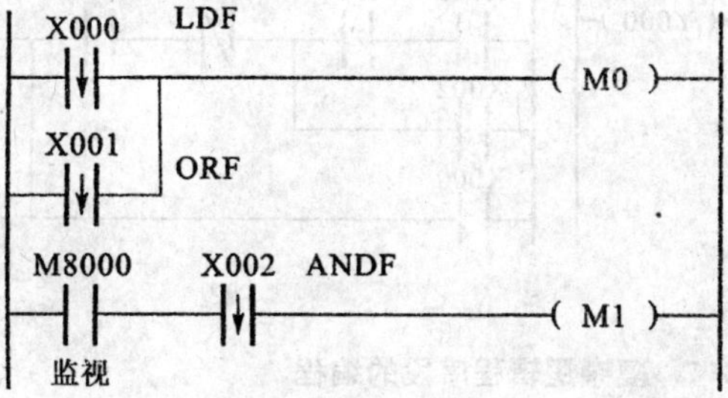


```
0   LDF   X000
2   ORF   X001
4   OUT   M0
5   LD    M5
6   ANDF  X002
8   OUT   M1
```

图 13-4　程序说明

类型的继电器因是纯软件方式，不需要考虑数量问题，因此不需要用复杂的程序来解决触点的使用次数。

(2) PLC 采用循环扫描工作方式，扫描梯形图的顺序是自左向右、自上而下，因此梯形图的编写也应按此顺序，避免输入/输出的滞后现象。

图 13-5 所示两段程序，图(a)中 PLC 第一次进入循环扫描时，虽然外部触点 X0 已经闭合，但由于第一个扫描到的触点是 M0，所以 Y0 不会有输出；第二次进入循环扫描时，触点 M0 已接通，则输出继电器 Y0 接通。这种情况在继电一接触器控制电路中是不存在的，只要触点 X0 接通，Y0 立刻有输出。把这种现象称为输入/输出的滞后现象。应将图 13-6(a)改画成图 13-6(b)所示的梯形图，当第一个扫描周期结束后，输出继电器 Y0 就接通了。

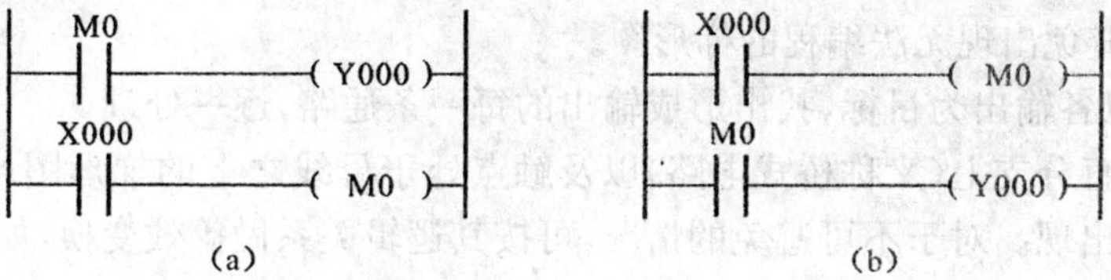

图 13-5　输入/输出的滞后现象

(3) 同一编号的输出元件在一个程序中使用两次，即形成双线圈输出，双线圈输出容易引起误操作，应尽量避免。但不同编号的输出元件可以并行输出，如图 13-6 所示。

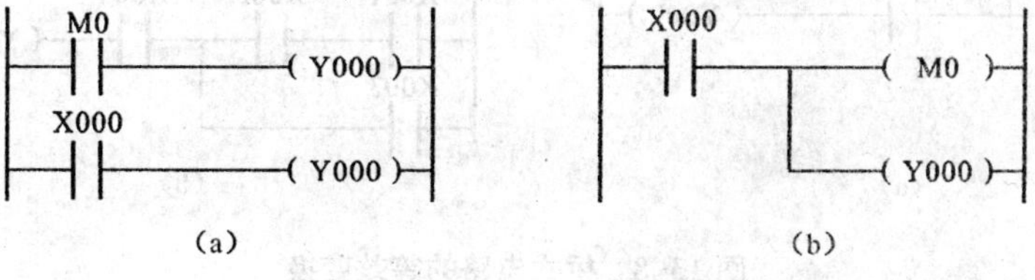

图 13-6　双线圈及并行输出

(4) 对于有复杂逻辑关系的程序段，应按照先复杂后简单的原则编程，这样可以节省程序存储空间，减少扫描时间。

简化原则：对输入，应使“左重右轻”、“上重下轻”；对输出，应使“上轻下重”。

变换依据：等效，即程序的功能保持不变。

图 13-7 所示两段程序，其逻辑关系完全相同，但由其指令表可知，采用图 13-7(b)程序要比采用图 13-7(a)程序好得多。

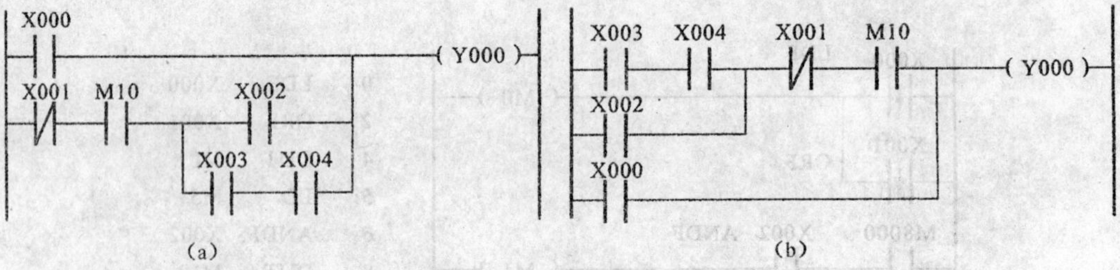

图 13-7　复杂逻辑程序段的编程

程序(a)指令表如下：

0 LD X000
1 LDI X001
2 AND M10
3 LD X002
4 LD X003
5 AND X004
6 ORB
7 ANB
8 ORB
9 OUT Y000

程序(b)指令表如下：

0 LD X003
1 AND X004
2 OR X002
3 ANI X001
4 AND M10
5 OR X000
6 OUT Y000

(5) 应注意避免出现无法编程的梯形图。

简化原则：以各输出为目标，找出形成输出的每一条通路，逐一处理。

触点处于垂直分支上(又称桥式电路)以及触点处于母线之上的梯形图均不能编程，在设计程序时应避免出现。对于不可避免的情况，可按其逻辑关系做等效变换，如图 13-8 所示。

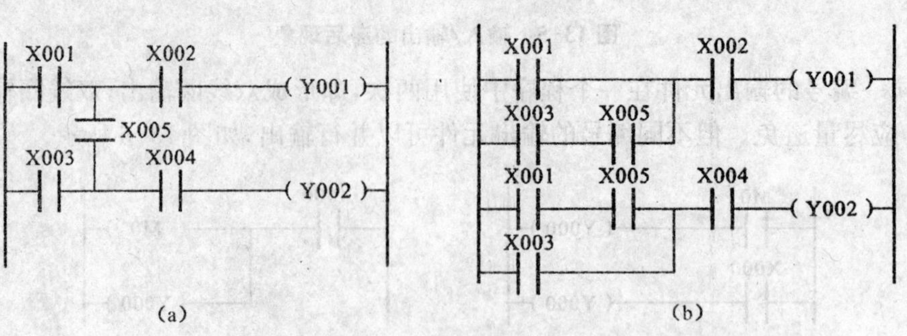

图 13-8　桥式电路的等效变换

四、项目实施

用 PLC 来实现电动机运行控制如下。

1. 主电路设计

如图 13-9 所示的主电路采用了 4 个电气元件，分别为空气断路器 QF1、交流接触器 KM1 和 KM2，热继电器 FR。其中，KM 的线圈与 PLC 的输出点连接，FR 的辅助触点与 PLC 的输入点连接，这样可以确定主电路中需要 1 个输入点与 2 个输出点。

2. 确定 I/O 点总数及地址分配

在控制电路中还有 3 个控制按钮，正转按钮 SB1、停止按钮 SB2、反转按钮 SB3。这样整个系统总的输入点数为 4 个，输出点数为 2 个。PLC 的 I/O 分配的地址如表 13-2 所示。

表 13-2　I/O 地址分配表

输入信号			输出信号		
1	X0	正转起动按钮 SB1	1	Y0	交流接触器 KM1
2	X1	停止按钮 SB2	2	Y1	交流接触器 KM2
3	X2	反转起动按钮 SB3			
4	M3	热继电器 FR			

3. 控制电路

PLC 控制的电动机正、反转运行接线原理图如图 13-9 所示。

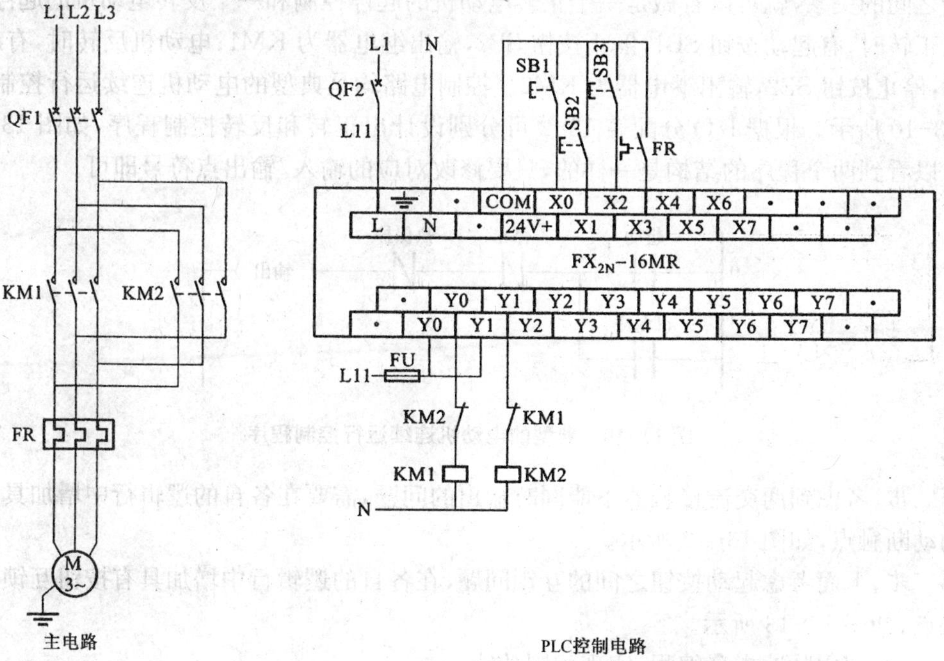

图 13-9　PLC 的正、反转运行控制原理图

4. 设备材料表

控制中输入点数应选 4×1.2≈5 点；输出点数应选 2×1.2≈3 点(继电器输出)。通过查找三菱 FX_{2N}系列选型表，选定三菱 FX_{2N}-16MR-001(其中输入 8 点，输出 8 点，继电器输出)。通过查找电气元件选型表，选择的元器件列表如表 13-3 所示。

表 13-3 设备材料表

序号	符号	设备名称	型号、规格	单位	数量	备注
1	M	电动机	Y-112M-4380 V,15 kW,1378 r/min,50 Hz	台	1	
2	PLC	可编程控制器	FX_{2N}-16MR-001	台	1	
3	QF1	空气断路器	DZ47-D40/3P	个	1	
4	QF2	空气断路器	DZ47-D10/1P	个	1	
5	FU	熔断器	RT18-32/6 A	个	2	
6	KM	交流接触器	CJX2(LC1-D)-32 线圈电压 220 V	个	2	
7	SB	按钮	LA39-11	个	3	
8	FR	热继电器	JRS1(LR1)-D40353/28.5 A			

5. 程序设计

前面学习了由继电—接触器控制原理图转换为梯形图程序的设计方法，下面介绍采用 PLC 典型梯形图程序，逐步增加相应功能的编程方法来编程。

方法一：利用典型梯形图结构编程。

第一步，根据不同的控制功能，按单个功能块进行设计，例如在当前项目中先不考虑正转与反转之间的关系，就可以看做是一个正转电动机的起停控制和一个反转电动机的起停控制。电动机正转时，有起动按钮 SB1，停止按钮 SB2，输出继电器为 KM1；电动机反转时，有起动按钮 SB3，停止按钮 SB2，输出继电器为 KM2。控制电路均是典型的电动机连续运行控制电路，如图 13-10 所示。根据 I/O 分配表 13-2 可分别设计出正转和反转控制程序，如图 13-11 所示。可以看到两个程序的结构是一样的，只要修改对应的输入/输出点符号即可。

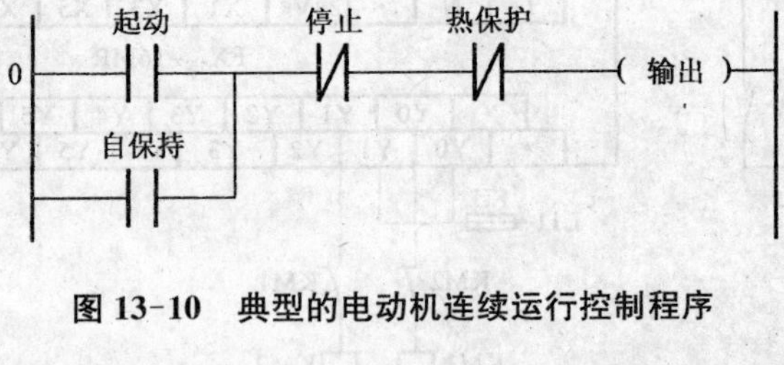

图 13-10 典型的电动机连续运行控制程序

第二步，考虑到两交流接触器不能同时输出的问题，需要在各自的逻辑行中增加具有互锁功能的动断触点，如图 13-12 所示。

第三步，下面考虑起动按钮之间的互锁问题，在各自的逻辑行中增加具有按钮互锁功能的动断触点，如图 13-13 所示。

方法二：利用脉冲指令编程，实现相同功能。

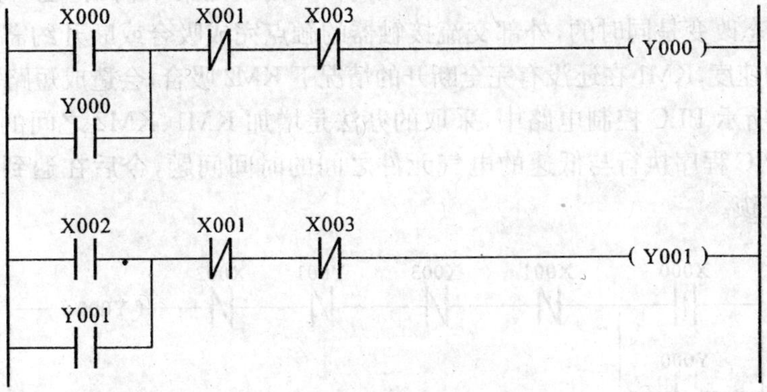

图 13-11　正、反转的程序

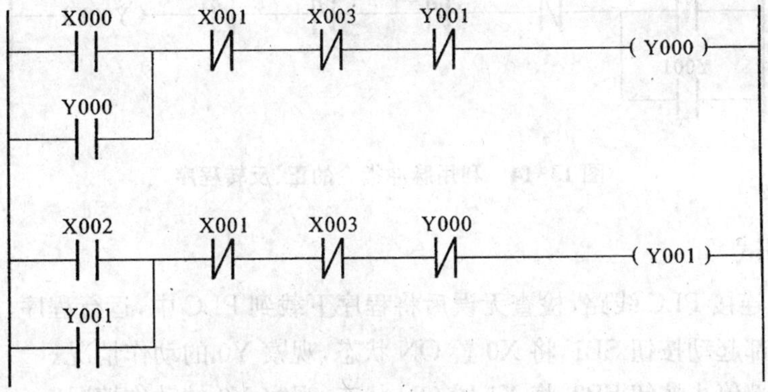

图 13-12　接触器互锁的正、反转程序

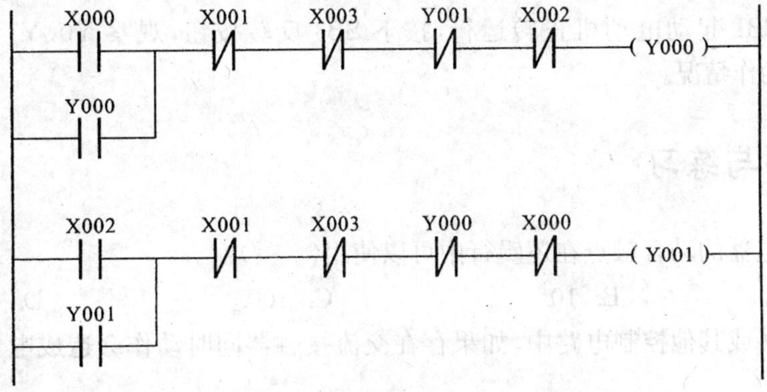

图 13-13　按钮、接触器互锁的正、反转程序

PLC 的编程方法和可利用的指令很多，利用脉冲指令编程，也能实现相同功能。梯形图程序如图 13-14 所示。

正、反转控制中有一个需要特别注意的问题，PLC 程序控制与电气控制存在一定的差别，应采取相应的措施，避免造成电气故障。

例如：在图 13-13 所示程序中，如果此时电动机正转运行，按下反转起动按钮 X2，Y0 会停止输出，Y1 开始工作，逻辑关系是正确的。由于 PLC 输出是集中输出，也就是说 Y0 的状态改变与 Y1 的状态改变是同时的，外部交流接触器的触点完成吸合或断开约需 0.1 s，远远低于 PLC 程序执行的速度，KM1 在还没有完全断开的情况下 KM2 吸合，会造成短路等电气故障。

在图 13-9 所示 PLC 控制电路中，采取的办法是增加 KM1、KM2 之间的硬件互锁，这就解决了高速的 PIC 程序执行与低速的电气元件之间的时间问题，今后在遇到这类问题时，应首先考虑硬件互锁。

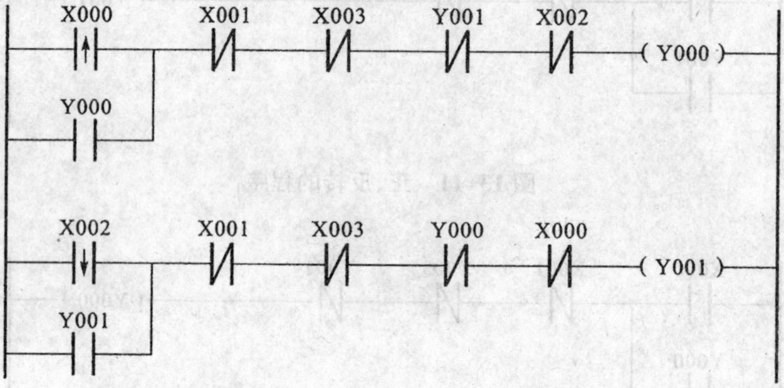

图 13-14　利用脉冲指令的正、反转程序

6. 运行调试

根据原理图连接 PLC 线路，检查无误后将程序下载到 PLC 中，运行程序，观察控制过程。

(1) 按下外部起动按钮 SB1，将 X0 置 ON 状态，观察 Y0 的动作情况。

(2) 按下外部停止按钮 SB2，将 X1 置 ON 状态，观察 Y0 的动作情况。

(3) 按下外部起动按钮 SB3，将 X2 置 ON 状态，观察 Y1 的动作情况。

(4) 按下外部停止按钮 SB2，将 X1 置 ON 状态，观察 Y1 的动作情况。

(5) 按下 SB1 起动电动机正转运行，按下 SB3 反转按钮，观察 Y0、Y1 输出指示灯与 KM1、KM2 的动作情况。

五、研讨与练习

1. 输出继电器的动合触点在逻辑行中可以使用(　　)次。

A. 1　　B. 10　　C. 100　　D. 无限

2. 在正反转或其他控制电路中，如果存在交流接触器同时动作会造成电气故障时，应增加的解决办法是(　　)。

A. 按钮互锁　　B. 内部输出继电器互锁

C. 内部输入继电器互锁　　D. 外部继电器互锁

3. 表示逻辑块与逻辑块之间串联的指令是(　　)。

A. AND　　B. ANB　　C. OR　　D. ORB

4. 根据梯形图程序图 13-5，当 X0 接通时，图(a)比图(b)中的 Y0 输出动作时间差为(　　)。

A. 1 s　　B. 多1个扫描周期　　C. 少1个扫描周期　　D. 100 ms

5. 集中使用ORB指令的次数不超过(　　)次。

A. 1　　B. 2　　C. 8　　D. 10

6. 应用拓展

在电动机控制中，交流接触器的主触点会因电弧烧结在一起而不易断开，请用PLC设计电动机直接起动控制系统，要求实现按下停止按钮后，检测交流接触器是否断开，如果没有断开，PLC输出控制报警指示灯显示。请完成主电路、控制电路、I/O地址分配、PLC程序及元器件选择，编制规范的技术文件。程序下载到PLC中运行，并模拟故障现象。

同步训练　三相异步电动机正反转运行的PLC改造

1. 实训学生管理

(1) 实训期间不准穿裙子、拖鞋，必须身穿工作服(或学生服)、胶底鞋。

(2) 实训期间不准携带餐点、饮料入场，如遇下雨不准携带雨伞入场；实训进行时，防止头发、纸屑等杂物进入实训设备。

(3) 注意安全，遵守实训纪律，做到有事请假，不得无故缺席或随意离开。

(4) 实训过程中，要爱护器材和工具，节约用料，如有损坏应立即报告指导教师，按学院规定进行处理。

(5) 通电试车时，必须严格按照指导教师的安排进行上电，不得自行通电。

(6) 实训过程中，应认真学习实训教材和相关资料，认真完成指导教师布置的任务，及时总结实训经验；实训项目结束后，完成相应的实训报告。

2. 实训目的

(1) 掌握电动机正反转控制的编程方法。

(2) 熟悉PLC的端子接线方法。

(3) 能够运用计算机编程软件进行程序的传送。

(4) 熟悉控制电路的接线步骤，并且能够进行通电试车和故障诊断。

3. 实训器材与工具

序号	名　称	符号	数量
1	常用电工工具		
2	万用表		
3	导线		
4	可编程控制器(FX_{2N}-24MR)		
5	数据传输电缆		
6	PLC实训控制台		
7	计算机(装有GX-WORKS2)		
8	三相异步电动机		
9	刀开关		

续表

序号	名　　称	符号	数量
10	熔断器		
11	交流接触器		
12	热继电器		
13	按钮盒		

4. 实训内容及步骤

(1) 绘制分析电气原理图。

① 绘制主电路。

② I/O分配表。

输入单元			输出单元		
电气符号	软元件	功能	电气符号	软元件	功能

③I/O接线图

④ 梯形图

⑤ 写出指令表程序

(2) 将程序写入计算机编程软件(GX-WORKS2),并且进行模拟仿真。

(3) 选择性能正常的器材。

(4) 在 PLC 实训控制台上,确定器材的位置。

(5) 根据电气原理图进行电路安装(严格按照电工工艺要求进行接线,区分导线颜色)。

① 接主电路。

② 接控制电路。

(6) 检查线路。

① 清理板面杂物。

② 目视检查法。

a. 对照原理图,一根一根导线检查,看是否有错接、漏接。

b. 用手轻摇每一根导线,看导线是否接牢,是否存在虚接故障。

c. 看导线是否有损伤,是否压住绝缘层。

③ 仪表检查法。

a. 分阶测量法。

b. 分段测量法。

④ 请指导教师进行检查。

(7) 按照相应的传送方法将计算机的程序传入 PLC 主机。

(8) 暂不接输出电源进行调试:把 PLC 主机上的开关扳向“RUN”,然后按下相应的按钮输入,观察对应的 PLC 输出显示灯是否按控制要求发光;如有误,把 PLC 主机上的开关扳向“STOP”,检查程序和接线,修改后重复上述步骤,直至正常。

(9) 通电试车(在指导教师的监督下):模拟调试无误后,接通输出端电源,按下相应按钮,控制电动机正常运行。是否存在故障?如遇故障,进行诊断分析,完成下表,再次进行通电试车。(是/否)

故障现象	故障分析	检查方法及排除

(10) 实训结束。

① 清点实训器材与工具,交指导教师检查。

② 整理工位,打扫卫生。

5. 项目评价

本项目的考核评价参照表 11-4 所示。

6. 总结实训经验

项目十四　两台电动机主控选择运行控制

项目目标

(1) 学会使用 PLC 的基本逻辑指令：主控指令 MC、MCR。
(2) 掌握主控指令的编程方法。
(3) 学会用单按键实现起停控制的方法。

一、项目任务

有两台小功率电动机，1＃电动机功率为 5. 5 kW，2＃电动机功率为 7. 5 kW，在负荷较大时采用 2＃电动机工作，负荷较小时采用 1＃电动机工作。利用按钮控制切换 1＃与 2＃电动机起动和停止电动机运行。两台电动机选择运行控制仿真图如图 14-1 所示。

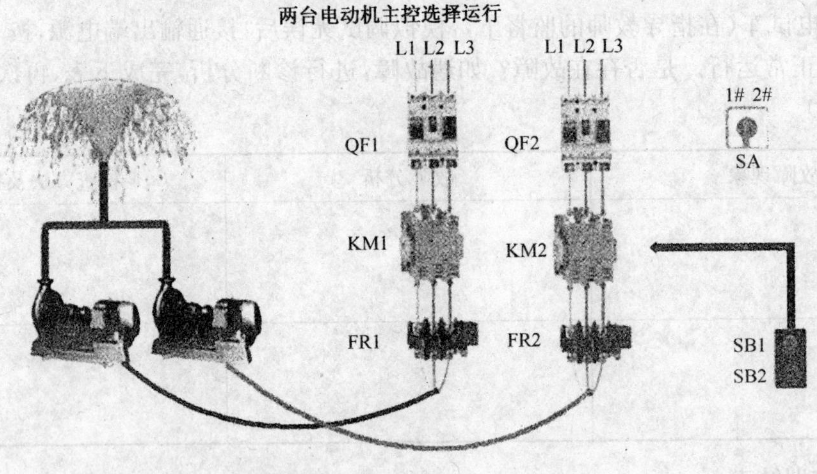

图 14-1　两台电动机主控选择运行控制仿真图

二、项目知识分析

这里两台电动机均采用直接起动控制方式。控制过程如下：

当转换开关 SA 在 1＃位置时，按下起动按钮 SB1，1＃电动机起动运行，按下停止按钮 SB2，电动机停止运行。

当转换开关 SA 在 2＃位置时，按下起动按钮 SB2，2＃电动机起动运行，按下停止按钮 SB2，2＃电动机停止运行（为单按钮控制方式）。

三、相关指令

主控继电器指令功能如表 14-1 所示。

表 14-1　基本指令功能表

助记符、名称	功能说明	梯形图表示及可用元件	程序步数
MC 主控	公共串联点的连接线圈	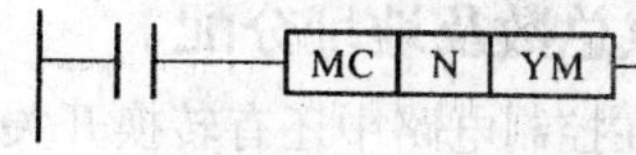	3
MCR 主控复位	公共串联点的清除线圈	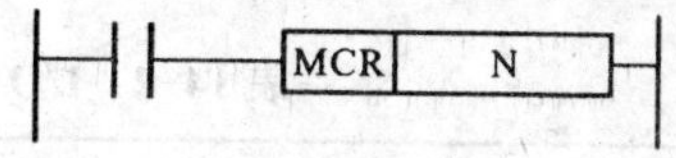	2

MC：主控继电器开始指令。

MCR：主控继电器复位指令。

功能：当预置触发信号接通时，执行 MC 和 MCR 之间的指令；当预置触发信号断开时，跳过 MC 和 MCR 之间的指令，执行 MCR 后面的指令。

MC 和 MCR 应成对使用。

主控指令可嵌套使用。最大可编写 8 级（N7）。无嵌套结构时，可多次使用 N0 编制程序，N0 的使用次数无限制；有嵌套结构时，嵌套级 N 的编号按顺序增大（NO→N1→N2→N3→N4→N5→N6→N7），返回时则从大到小退出主控结构。

当预置触发信号为 OFF 时，MC 和 MCR 之间的指令操作数如下形式：

现状保持：累积定时器、计数器、用置位和复位指令驱动的继电器。

变为断开的继电器：非累积定时器、计数器、用 OUT 指令驱动的继电器。

操作数使用范围：MC 和 MCR 指令的操作数是 Y、M，但不允许使用特殊辅助继电器。

【例】　主控指令应用。

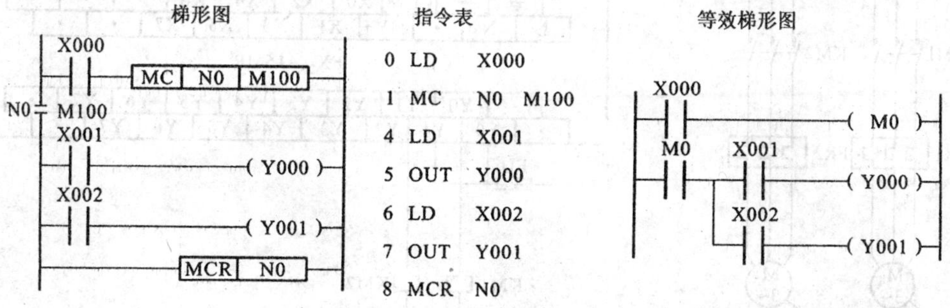

图 14-2　示意图

例题说明：如图 14-2 所示，输入 X0 接通时，就执行从 MC N0 到 MCR N0 之间的指令。

输入 X0 断开时，不执行从 MC N0 到 MCR N0 之间的指令，并且 Y0、Y1 保持断开状态。

四、项目实施

下面用 PLC 来实现项目任务的控制要求。

1. 主电路设计

2 台电动机直接控制的主电路各自独立，如图 14-3 主电路所示，采用的控制元件有 2 个交流接触器，2 个热继电器。可以确定主电路需要的输出点数 2 点，输入点数 2 点。

2. 确定 I/O 点总数及地址分配

根据控制要求，在控制电路中还有转换开关 SA、起动按钮 SB1 和停止按钮 SB2。这样整个系统总的输入点数为 5 个，输出点数为 2 个。I/O 地址分配如表 14-2 所示。

表 14-2　I/O 地址分配表

输入信号			输出信号		
1	X0	转换开关 SA	1	Y0	交流接触器 KM1
2	X1	SB1：1＃起动按钮	2	Y1	交流接触器 KM2
3	X2	SB2：1＃停止按钮，2＃控制按钮			
4	X3	热继电器 FR1			
5	X4	热继电器 FR2			

3. 控制电路

根据 I/O 地址分配表绘制 PLC 控制电气原理图如图 14-3 所示。

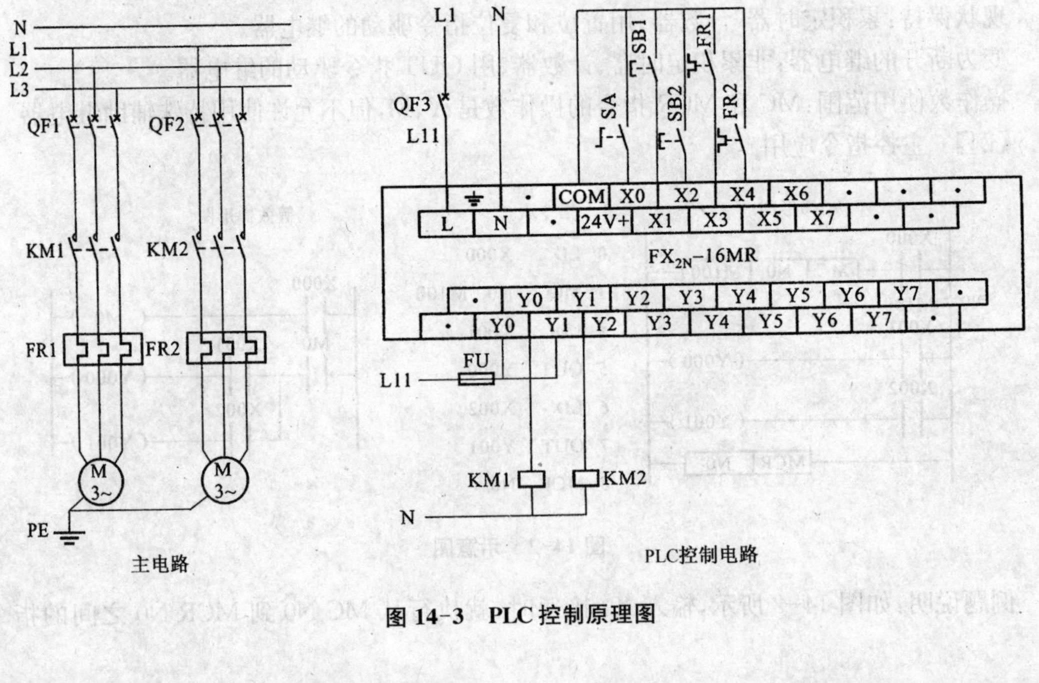

图 14-3　PLC 控制原理图

4. 设备材料表

本控制中输入点数应选 5×1.2≈6 点；输出点数应选 2×1.2≈3 点(继电器输出)。通过查找三菱 FX_{2N}系列选型表，选定三菱 FX_{2N}-16MR-001(其中输入 8 点，输出 8 点，继电器输出)。通过查找电气元件选型表，选择的元器件列表如表 14-3 所示。

表 14-3　设备材料表

序号	符号	设备名称	型号、规格	单位	数量	备注
1	M1	电动机	Y-112M-4380 V、5.5 kW、1378 r/min，50 Hz	台	1	
2	M2	电动机	Y-112M-4380 V、7.5 kW、1440 r/min，50 Hz	台	1	
2	PLC	可编程控制器	FX_{2N}-16MR-001	台	1	
3	QF1	空气断路器	DZ47-D25/3P	个	1	
4	QF2	空气断路器	DZ47-D40/3P	个	1	
5	QF3	空气断路器	DZ47-D10/1P	个	1	
6	FU	熔断器	RT18-32/6 A	个	2	
7	KM1	交流接触器	CJX2(LC1-D)-12　线圈电压 220 V	个	1	
8	KM2	交流接触器	CJX2(LC1-D)-16　线圈电压 220 V	个	1	
9	SB	按钮	LA39-11	个	2	
10	FR1	热继电器	JRS1(LR1)-D09316　额定电流 10.5 A	个	1	
11	FR2	热继电器	JRS1(LR1)-DJ6321　整定电流 14.3 A	个	1	
12	SA	转换开关	NP2-BJ21	个	1	

5. 程序设计

(1) 参考程序如图 14-4 所示。

(2) 程序分析。

图 14-4 梯形图程序是采用了 MC、MCR 主控指令编写的。程序中从 MC N0 M0 逻辑行开始，到 MCR N0 逻辑行是一个程序段，当 X0 内部继电器动合点接通时，执行 MC N0 M0 与 MCR N0 之间的程序，否则跳过这段程序，执行 MCR N0 之后的程序。程序中从 MC NI M1 逻辑行开始，到 MCR N1 逻辑行又是一个程序段，当 X0 内部继电器动断触点接通时，执行 MC N1 M1 与 MCR N1 之间的程序，否则跳过这段程序，执行 MCR N1 之后的程序。

所以，当转换开关旋转到闭合位置时，X0 动合触点接通，执行 MC N0 M0 与 MCR N0 之间的程序，在此条件下，接下起动按钮 SB1，X1 接通，Y0 输出，1＃电动机自保持运行；按下停止按钮 SB2，X2 的动断触点断开，Y0 停止输出，1＃电动机停止运行。

当转换开关旋转到断开位置时，X0 动断触点接通，执行 MC N1 M1 与 MCR N1 之间的程序，在此条件下，接下按钮 SB2，X2 接通一次，接通时间为一个扫描周期，M0 接通一个扫描周期，在第 17 步时，根据动合触点 M10 与此时为动断触点闭合的 M11 形成接通状态，所以 M11 得电，控制 Y1 输出，2＃电动机自保持运行。程序在下一个扫描周期运行到第 17 步时，由动

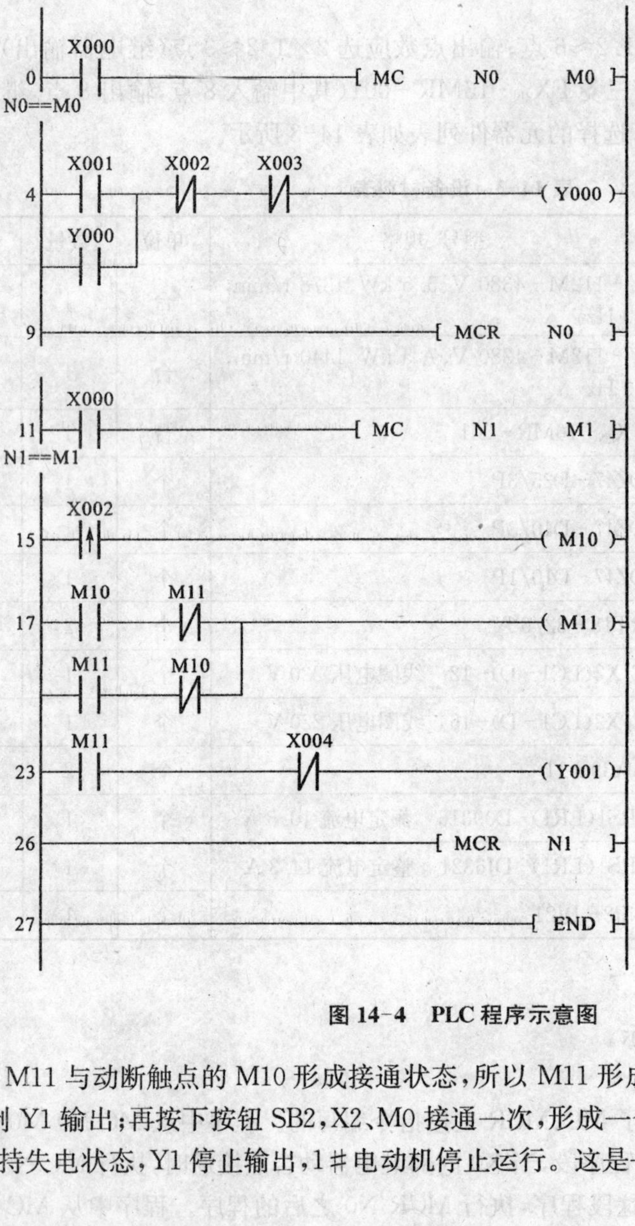

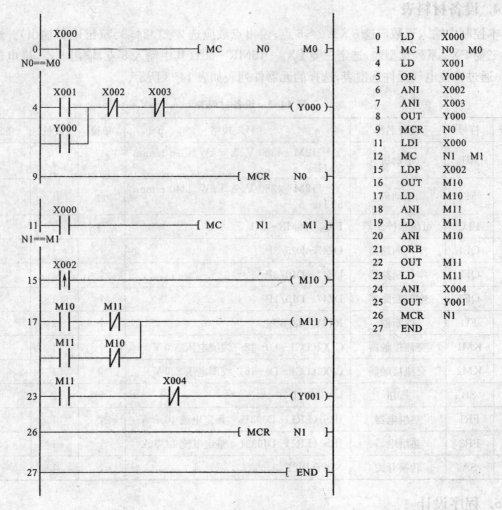

```
0   LD    X000
1   MC    N0   M0
4   LD    X001
5   OR    Y000
6   ANI   X002
7   ANI   X003
8   OUT   Y000
9   MCR   N0
11  LDI   X000
12  MC    N1   M1
15  LDP   X002
16  OUT   M10
17  LD    M10
18  ANI   M11
19  LD    M11
20  ANI   M10
21  ORB
22  OUT   M11
23  LD    M11
24  ANI   X004
25  OUT   Y001
26  MCR   N1
27  END
```

图 14-4　PLC 程序示意图

合触点 M11 与动断触点的 M10 形成接通状态，所以 M11 形成自保持状态，控制 M11 线圈得电，控制 Y1 输出；再按下按钮 SB2，X2、M0 接通一次，形成一个扫描周期的接通脉冲，M11 失电并保持失电状态，Y1 停止输出，1＃电动机停止运行。这是一个典型的单按键起停控制应用电路。

6. 运行调试

根据原理图连接 PLC 线路，检查无误后将程序下载到 PLC 中，运行程序，观察控制过程。

(1) 将转换开关 SA 旋转到闭合位置，按下 SB1，观察 Y0、Y1 的状态。按下 SB2，观察 Y0、Y1 的状态。

(2) 将转换开关 SA 旋转到断开位置，按下 SB1，观察 Y0、Y1 的状态。按下 SB2，观察 Y0、Y1 的状态；再按一次 SB2，观察 Y0、Y1 的状态；间隔几秒钟按下 SB2，观察 Y0、Y1 的状态。

(3) 在步骤(1)操作过程中，1＃电动机运行时，将转换开关 SA 由闭合位置切换到断开位置时，观察 Y0 的状态。

(4) 在步骤(2)操作过程中,2＃电动机运行时,将转换开关 SA 由断开位置切换到闭合位置。

五、研讨与练习

1. 主控指令 MC、MCR 可嵌套使用,最大可编写(　　)级。

A. 1　　B. 2　　C. 8　　D. 10

2. 当预置触发信号为 OFF 时,MC 和 MCR 之间的控制继电器状态保持的是(　　)。

A. 累积定时器　　B. 非累积定时器

C. 非累积计数器　　D. 用 OUT 指令驱动的继电器

3. 主控指令嵌套级 N 的编号顺序是(　　),返回时的顺序是(　　)。

A. 从大到小　　B. 从小到大　　C. 随机嵌套　　D. 同一数码

4. 下述指令中属于下降沿微分输出的指令是(　　)。

A. LDP　　B. ANDP　　C. PLF　　D. ORF

5. SET 指令不能输出控制的继电器是(　　)。

A. Y　　B. D　　C. M　　D. S

6. 应用拓展

根据本项目的要求,如果使用转换开关 SA,按钮 SB1、SB2、SB3、SB4 元器件,当转换开关 SA 闭合时,按下起动按钮 SB1,1＃电动机起动运行,按下停止按钮 SB2,1＃电动机停止运行。当转换开关 SA 断开时,按下起动按钮 SB3,2＃电动机起动运行;按下停止按钮 SB4,2＃电动机停止运行。不使用 MC、MCR 指令实现上述控制要求,请完成主电路、控制电路、I/O 地址分配、PLC 程序及元器件选择,并编制规范的技术文件。

同步训练　三相异步电动机顺序控制的 PLC 改造

1. 实训学生管理

(1) 实训期间不准穿裙子、拖鞋,必须身穿工作服(或学生服)、胶底鞋。

(2) 实训期间不准携带餐点、饮料入场,如遇下雨不准携带雨伞入场;实训进行时,防止头发、纸屑等杂物进入实训设备。

(3) 注意安全,遵守实训纪律,做到有事请假,不得无故缺席或随意离开。

(4) 实训过程中,要爱护器材和工具,节约用料,如有损坏应立即报告指导教师,按学院规定进行处理。

(5) 通电试车时,必须严格按照指导教师的安排进行上电,不得自行通电。

(6) 实训过程中,应认真学习实训教材和相关资料,认真完成指导教师布置的任务,及时总结实训经验;实训项目结束后,完成相应的实训报告。

2. 实训目的

(1) 掌握电动机顺序控制的编程方法。

(2) 熟悉 PLC 的端子接线方法。

(3) 能够运用计算机编程软件进行程序的传送。

(4) 熟悉控制电路的接线步骤,并且能够进行通电试车和故障诊断。

3. 实训器材与工具

序号	名　称	符号	数量
1	常用电工工具		
2	万用表		
3	导线		
4	可编程控制器(FX_{2N}-24MR)		
5	数据传输电缆		
6	PLC实训控制台		
7	计算机(装有GX-WORKS2)		
8	三相异步电动机		
9	刀开关		
10	熔断器		
11	交流接触器		
12	热继电器		
13	按钮盒		

4. 实训内容及步骤

用PLC设计控制程序：要求三台三相异步电动机，按下起动按钮时，第一台电动机运转，间隔10 s，第二台电动机运转，间隔10 s，第三台电动机运转；按下停止按钮时，第三台电动机停止工作，间隔5 s，第二台电动机停止工作，间隔5 s，第一台电动机停止工作。每台电动机都设有过载保护。

(1) 绘制分析电气原理图。

① 绘制主电路

② I/O分配表

输入单元			输出单元		
电气符号	软元件	功能	电气符号	软元件	功能

③ I/O 接线图

④ 梯形图

⑤ 写出指令表程序

(2) 将程序写入计算机编程软件(GX - WORKS2),并且进行模拟仿真。
(3) 选择性能正常的器材。
(4) 在 PLC 实训控制台上,确定器材的位置。
(5) 根据电气原理图进行电路安装(严格按照电工工艺要求进行接线,区分导线颜色)。
① 接主电路。
② 接控制电路。
(6) 检查线路。
① 清理板面杂物。
② 目视检查法。
a. 对照原理图,一根一根导线检查,看是否有错接、漏接。
b. 用手轻摇每一根导线,看导线是否接牢,是否存在虚接故障。
c. 看导线是否有损伤,是否压住绝缘层。
③ 仪表检查法。
a. 分阶测量法。
b. 分段测量法。
④ 请指导教师进行检查。
(7) 按照相应的传送方法将计算机的程序传入 PLC 主机。

(8) 暂不接输出电源进行调试：把 PLC 主机上的开关扳向“RUN”，然后按下相应的按钮输入，观察对应的 PLC 输出显示灯是否按控制要求发光；如有误，把 PLC 主机上的开关扳向“STOP”，检查程序和接线，修改后重复上述步骤，直至正常。

(9) 通电试车(在指导教师的监督下)：模拟调试无误后，接通输出端电源，按下相应按钮，控制电动机正常运行。是否存在故障？如遇故障，进行诊断分析，完成下表，再次进行通电试车。(是/否)

故障现象	故障分析	检查方法及排除

(10) 实训结束。

① 清点实训器材与工具，交指导教师检查。

② 整理工位，打扫卫生。

5. 项目评价

本项目的考核评价参照表 11-4 所示。

6. 总结实训经验

项目十五　运料小车两地往返运动控制

项目目标

(1) 学会使用内部定时器指令 T(T0～T255)。
(2) 理解由 PLC 基本结构程序逐步编程的方法。
(3) 掌握内部定时器的各种分类及使用方法。

一、项目任务

在自动化生产线中,要求小车在煤场和煤仓两地之间自动往返运行的情况很多。这是典型的顺序控制,利用定时器或计数器可实现控制要求。如图 15-1 所示,小车在煤场和煤仓两地间自动往返运煤。选择三相异步电动机(额定电压 380 V,额定功率 15 kW,额定转速1378 r/min,额定频率 50 Hz)控制小车运行。

控制过程是:按下起动按钮 SB1,小车左行。当小车到达煤场后,触发行程开关 SQ1,小车停留 5 s,装料。定时时间到后,小车起动右行,当小车到达煤仓后,触发行程开关 SQ2。小车停留 8 s,卸料。定时时间到后,小车左行回到煤场准备下一次的运煤过程。按下停止按钮 SB2,小车停止运行。

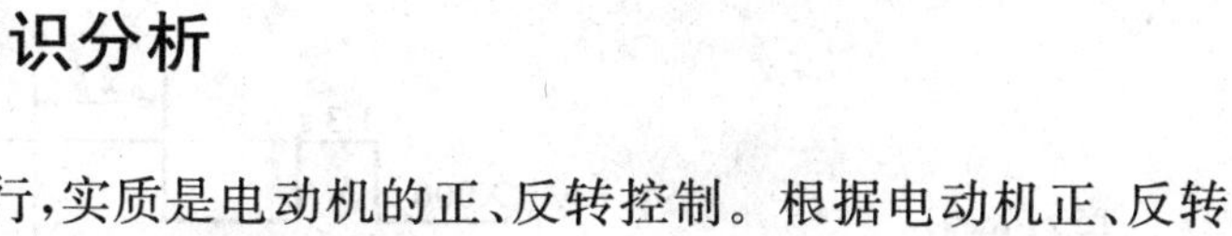

图 15-1　小车在煤场和煤仓两地间自动往返运动模拟图

请用 PLC 实现小车在煤场和煤仓两地间自动往返运动(参考项目十三)。

二、项目知识分析

小车的往返运行,实质是电动机的正、反转控制。根据电动机正、反转的要求,主电路中 KM1 吸合时,电动机正转运行;KM2 吸合时,电动机反转运行。电动机在运行过程中不能直接反向运行。在操作过程中,当小车到达煤场后,停留数秒,待电动机停止后,再起动反向运行(相当于小车装料);同样,当小车到达煤仓后,停留数秒,待电动机停止后,再起动正向运行(相当于小车卸料)。

三、相关知识

1. 定时器的编号和功能

FX_{2N}系列PLC共有256个定时器，编号为T0～T255，每个定时组件的设定值范围为1～32767。定时器在PLC中的作用相当于通电延时时间继电器，它有一个设定值寄存器（一个字长）、一个当前值寄存器（一个字长）以及动合和动断触点（可无限次使用）。对于每一个定时器，这三个量使用同一地址编号，但使用场合不一样。

定时器通常以用户程序存储器内的常数K作为设定值。也可以使用数据寄存器D的内容作为设定值。这里使用的数据寄存器应有断电功能。

定时器按功能可分为通用定时器和累积定时器两大类，每类又分两种。

(1) 通用定时器T0～T245

分为100 ms和10 ms两种。

100 ms通用定时器T0～T199，共200个。每个设定值范围为0.1～3276.7 s。其中T192～T199可在子程序或中断服务程序中使用。

10 ms通用定时器T200～T245，共46个。每个设定值范围为0.01～327.67 s。

(2) 累积定时器T246～T255

分为100 ms和1 ms两种。

1 ms累积定时器T246～T249，共4个。每个设定值范围为0.001～32.767 s。考虑到一般实用程序的扫描时间都要大于1 ms，所以该定时器一般设计成以中断方式工作。可以在子程序或中断服务程序中使用。

100 ms累积定时器T250～1255，共6个。每个设定值范围为0.1～3276.7 s。100ms累计定时器不能在子程序或中断服务程序中使用。

通用与累积定时器的异同：当驱动逻辑为ON后，定时器的动作是相同的，但是，当驱动逻辑为OFF或者PLC断电后，通用定时器立即复位；而累积定时器并不复位；当驱动逻辑再次为ON或者PLC恢复通电后，累积定时器在上次计时时间的基础上继续累加，直到定时时间到达为止。

2. 定时器的基本应用

【例】 分别用不同基准时间的通用定时器实现当X0接通时间超过2 s后Y1输出，当X0断开时，Y0停止输出。图15-2所示T50为100 ms通用定时器用法，图15-3所示T200为10 ms通用定时器用法。

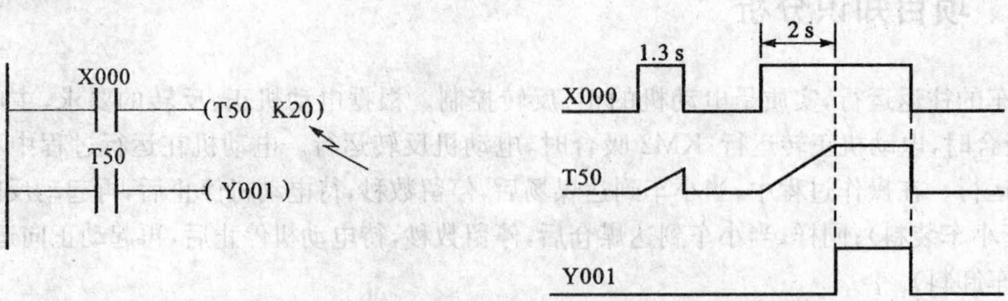

(a) 梯形图　　(b) 波形图

图15-2 通用定时器T50的常规用法

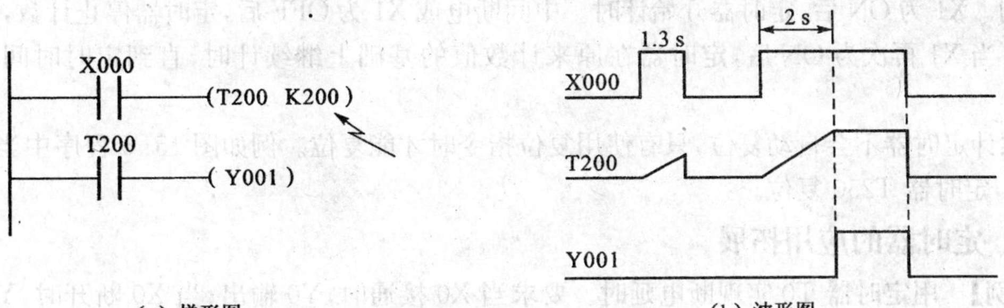

(a) 梯形图　(b) 波形图

图 15-3　通用定时器 T200 的常规用法

程序说明：

图 15-2 和图 15-3 所示程序均是实现累计定时 2 s 的程序，不同之处为两者的基准时间不同。X0 为 ON 后，定时器开始计时，中间断电或 X0 为 OFF 后，定时器停止计数，并且复位。当 X1 再次为 ON 后，定时器重新开始定时计数，直到定时时间 2 s 到，定时器辅助触点动作输出。在 X0 变为 OFF 后自动复位。

【例】 图 15-4 所示 T248 为 1 ms 累积定时器的应用方法；图 15-5 所示 T250 为 100 ms 累计定时器应用及复位方法。

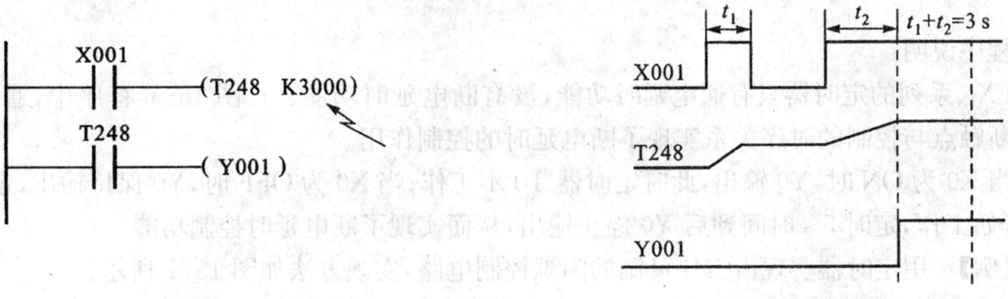

(a) 梯形图　(b) 波形图

图 15-4　累计定时器 T248 的使用

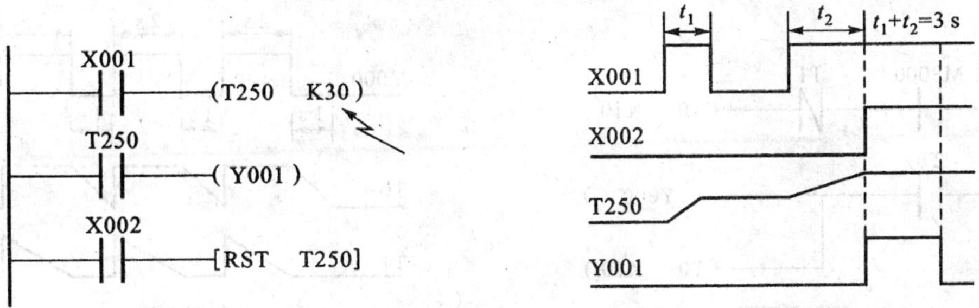

(a) 梯形图　(b) 波形图

图 15-5　累计定时器 T250 的使用与复位

程序说明：

图 15-4 和图 15-5 所示的程序均是实现累计定时 3 s 的程序，不同之处为两者的基准时

间不同。X1 为 ON 后，定时器开始计时。中间断电或 X1 为 OFF 后，定时器停止计数，但不会复位。当 X1 再次为 ON 后，定时器在原来计数值的基础上继续计时，直到定时时间 3 s 到为止。

累计定时器不会自动复位，只有使用复位指令时才能复位。例如图 15-5 程序中当 X2 为 ON 后，定时器 T250 复位。

3. 定时器的应用拓展

【例】 用定时器 T0 实现断电延时。要求当 X0 接通时，Y0 输出；当 X0 断开时，Y0 延时 5s 后断开。实现方法如图 15-6 所示。

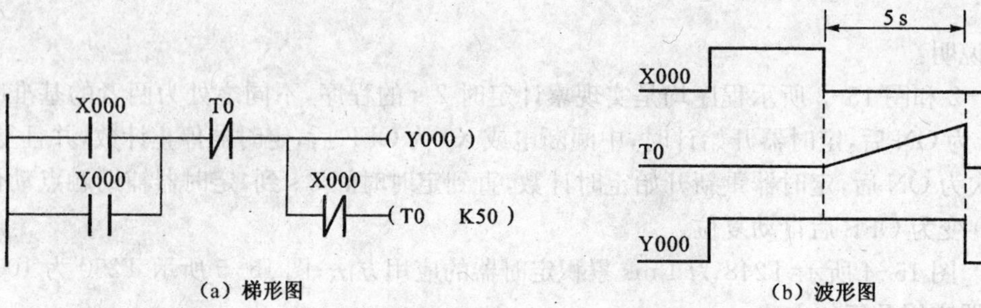

图 15-6 用定时器 T0 实现断电延时

程序说明：

FX_{2N}系列的定时器只有通电延时功能，没有断电延时功能。在图 15-6 程序中，通过 X0 的动断触点与控制的时序关系实现了断电延时的控制作用。

当 X0 为 ON 时，Y0 输出，此时定时器 T0 不工作；当 X0 为 OFF 时，Y0 保持输出，定时器 T0 开始工作，定时 5 s 时间到后 Y0 停止输出，从而实现了断电延时控制功能。

【例】 用定时器实现占空比可调的闪烁控制电路，实现方法如图 15-7 所示。

在图 15-7 程序中，首先 T0 开始工作，1 s 后 T0 定时时间到，Y0 输出并保持，同时控制 T1 开始定时工作，T1 在 2 s 后定时时间到，控制 T0 的复位和 Y0 停止输出，复位后 T0 开始下次的定时控制。

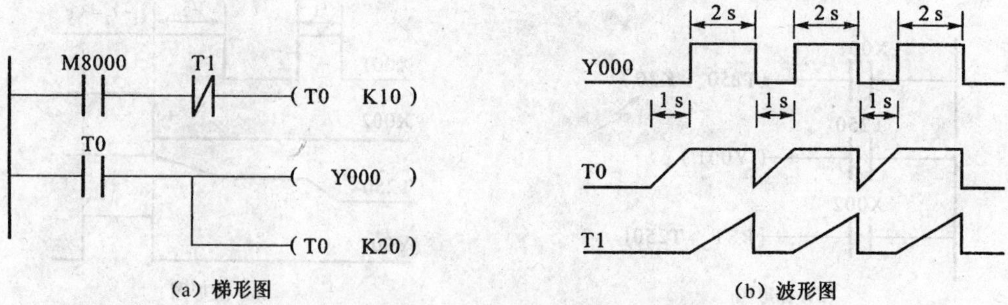

图 15-7 用定时器实现占空比可调的闪烁控制电路

从程序中可以看到，修改 T0 的定时时间可以改变 Y0 低电平控制时间，修改 T1 的定时时间可以改变 Y0 的高电平输出时间。

四、项目实施

1. 主电路设计

如图 15-8 所示，主电路中四个元器件，空气断路器 QF1、热继电器 FR、正转控制交流接触器 KM1、反转控制交流接触器 KM2。可以确定主电路中需要 1 个输入点与 2 个输出点。

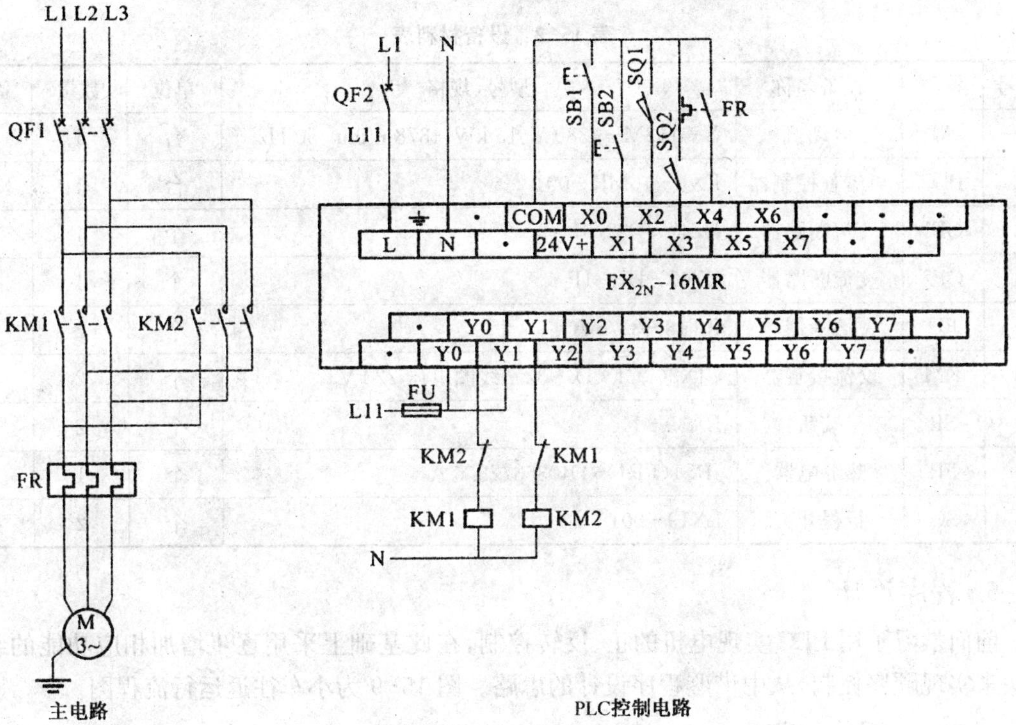

图 15-8 小车往返运行 PLC 控制原理图

2. 确定 I/O 点总数及地址分配

控制电路中有两个控制按钮，起动按钮 SB1 和停止按钮 SB2；两个行程开关 SQ1 和 SQ2。控制系统总的输入点数为 5 个，输出点数为 2 个。PLC 的 I/O 分配的地址如表 15-1 所示。

表 15-1 I/O 点总数及地址分配

输入信号			输出信号		
1	X0	起动按钮 SB1	1	Y0	左行交流接触器 KM1
2	X1	停止按钮 SB2	2	Y1	右行交流接触器 KM2
3	X2	行程开关 SQ1			
4	X3	行程开关 SQ2			
5	X4	热继电器 FR			

3. 控制电路

运料小车两地往返运动控制电气原理图如图 15-8 所示。

4. 设备材料表

本控制中输入点数应选 5×1.2≈6 点，输出点数应选 2×1.2≈3 点(继电器输出)。通过查找三菱 FX_{2N}系列选型表，选定三菱 FX_{2N}-16MR-001(其中输入 8 点，输出 8 点，继电器输出)。通过查找电气元件选型表，选择的元器件列表如表 15-2 所示。

表 15-2　设备材料表

序号	符号	设备名称	型号、规格	单位	数量	备注
1	M	电动机	Y-112M-4380 V、15 kW、1378 r/min，50 Hz	台	1	
2	PLC	可编程控制器	FX_{2N}-16MR-001	台	1	
3	QF1	交流断路器	DZ47-D32/3P	个	1	
4	QF2	交流断路器	DZ47-D10/1P	个	1	
5	FU	熔断器	RT18-32/6 A	个	2	
6	KM	交流接触器	CJX2(LC1-D)-32　线圈电压 220 V	个	2	
7	SB	按钮	LA39-11	个	2	
8	FR	热继电器	JRS1(LR1)-D40353/28.6 A	个	1	
9	SQ	行程开关	LX19-001	个	2	

5. 程序设计

前面学习了用 PLC 实现电机的正、反转控制，在此基础上采用逐步增加相应功能的编程方法来实现顺序控制，从中借鉴程序设计的思路。图 15-9 为小车往返运行流程图。

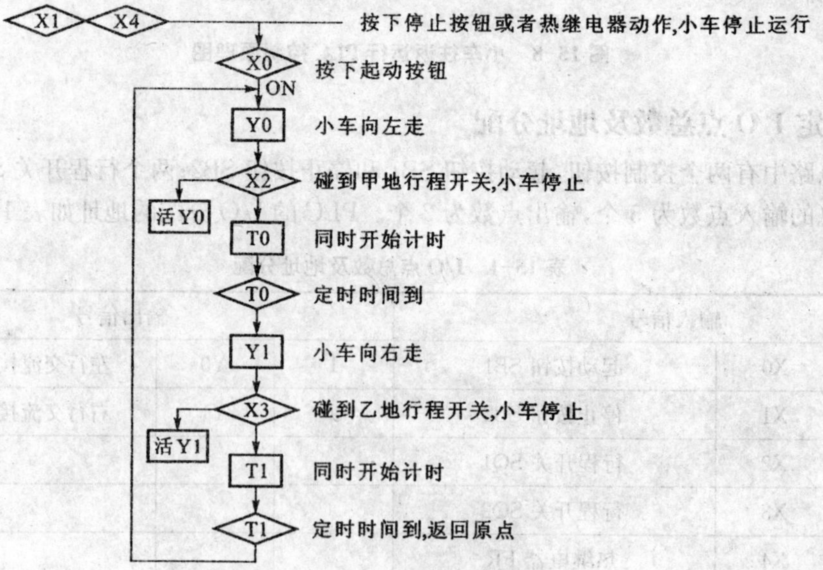

图 15-9　小车往返运动流程图

第一步，根据项目三的电动机正、反转控制程序结构，结合本项目的 I/O 分配表及控制要求对原程序进行修改，由于没有反转按钮，原 X2 的位置符号待定，修改后的程序结构如图 15-10 所示。

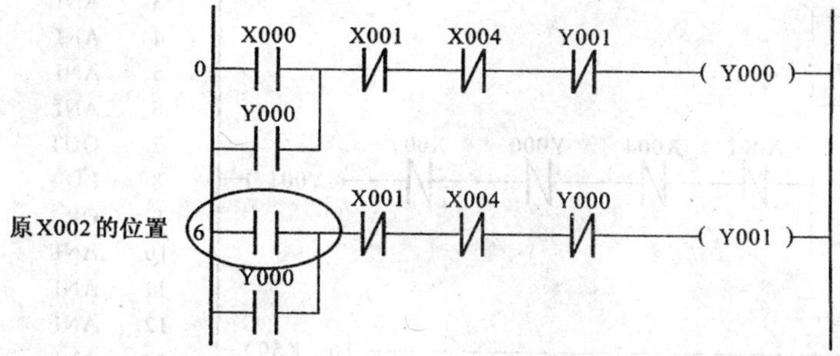

图 15-10　程序结构图

第二步，增加行程开关和定时控制的程序。

(1) 当小车左行到位后，行程开关 SQ1 闭合，既是定时器 T0 工作的条件，也是输出继电器 Y0 失电的条件，T0 后面的参数 K50 是表示定时时间为 5 s。

(2) 当小车右行到位后，行程开关 SQ2 得电，既是定时器 T1 工作的条件，也是输出继电器 Y1 失电的条件，T1 后面的参数 K80 是表示定时时间为 8 s。

在程序中添加行程开关触发定时器及使输出继电器失电的程序段，图 15-11 所示为增加行程开关和定时控制的程序。

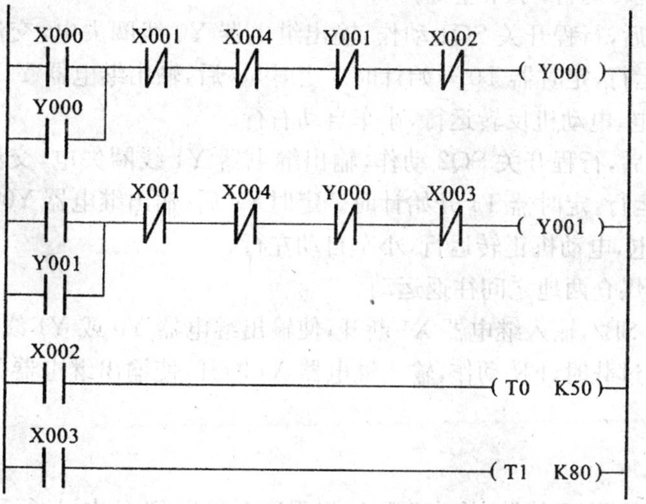

图 15-11　增加行程开关和定时控制的程序

第三步，下面考虑定时时间到使电动机继续运行的问题。T0 时间到是小车右行起动的条件；T1 时间到是小车左行起动的条件。在程序中添加定时器动合触点触发小车运行的程序段，图 15-12 所示为运料小车两地自动往返运行控制程序。

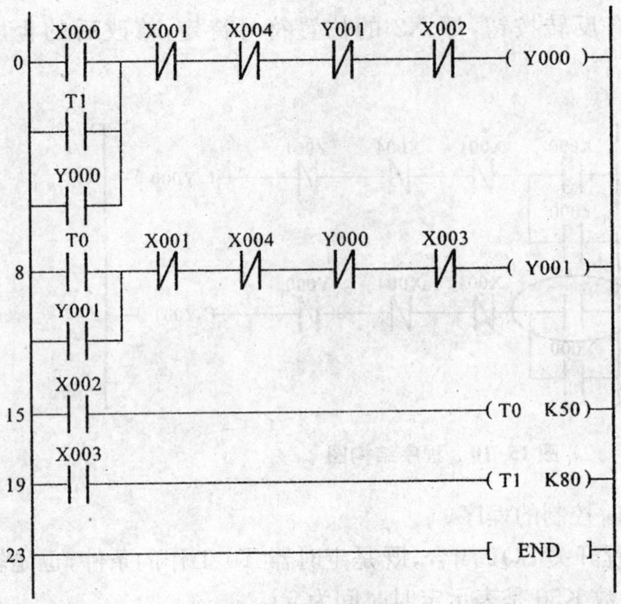

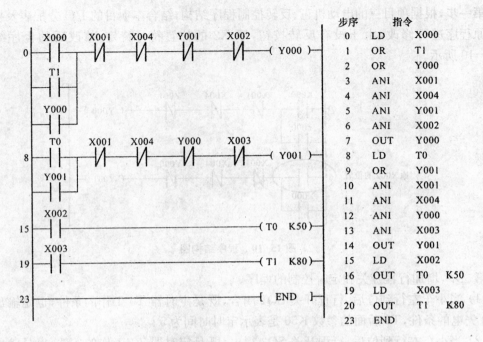

步序	指令		
0	LD	X000	
1	OR	T1	
2	OR	Y000	
3	ANI	X001	
4	ANI	X004	
5	ANI	Y001	
6	ANI	X002	
7	OUT	Y000	
8	LD	T0	
9	OR	Y001	
10	ANI	X001	
11	ANI	X004	
12	ANI	Y000	
13	ANI	X003	
14	OUT	Y001	
15	LD	X002	
16	OUT	T0	K50
19	LD	X003	
20	OUT	T1	K80
23	END		

图 15-12　运料小车两地自动往返运动控制程序

程序说明：

按下起动按钮 SB1，输入继电器 X0 闭合，输出继电器 Y0 线圈得电，交流接触器 KM1 的线圈得电，电动机正转运行，小车左行。

小车到达煤场后，行程开关 SQ1 动作，输出继电器 Y0 线圈失电，交流接触器 KM1 的线圈失电，小车停止运行，定时器 T0 开始计时。定时 5 s 后，输出继电器 Y1 线圈得电，交流接触器 KM2 的线圈得电，电动机反转运行，小车自动右行。

小车到达煤仓后，行程开关 SQ2 动作，输出继电器 Y1 线圈失电，交流接触器 KM2 的线圈失电，小车停止运行，定时器 T1 开始计时。定时 8 s 后，输出继电器 Y0 线圈得电，交流接触器 KM1 的线圈得电，电动机正转运行，小车自动左行。

小车在煤场和煤仓两地之间往返运动。

按下停止按钮 SB2，输入继电器 X1 断开，使输出继电器 Y0 或 Y1 线圈失电，电动机停止运行。电动机发生过载时，FR 动作，输入继电器 X4 断开，使输出继电器 Y0 或 Y1 线圈失电，电动机停止运行。

6. 运行调试

根据原理图连接 PLC 线路，检查无误后将程序下载到 PLC 中，运行程序，观察控制过程。

(1) 按下起动按钮 SB1，将 X0 置 ON 状态，观察 Y0 的动作情况。

(2) 行程开关 SQ1 得电，观察定时器 T0 和继电器 Y0、Y1 的动作情况。

(3) 定时时间到，观察定时器 T0 和继电器 Y0、Y1 的动作情况。

(4) 行程开关 SQ2 得电，观察定时器 T1 和继电器 Y0、Y1 的动作情况。

(5) 定时时间到，观察定时器 T1 和继电器 Y0、Y1 的动作情况。

(6) 按下外部停止按钮 SB2，将 X1 置 ON 状态，观察 Y0、Y1 的动作情况。

(7) 将 X4 置 ON 状态，观察 Y0、Y1 的动作情况。

五、研讨与练习

1. FX_{2N}系列 PLC 中最常用的两种常数是 K 和 H，其中以 K 表示的是(　　)进制数。

A. 二　　B. 八　　C. 十　　D. 十六

2. FX_{2N}系列 PLC 中通用定时器的编号为(　　)。

A. T0～T256　　B. T0～T245　　C. T1～T256　　D. T1～T245

3. FX_{2N}系列通用定时器分 100 ms 和(　　)两种。

A. 1000 ms　　B. 10 ms　　C. 1 ms

4. FX_{2N}系列累计定时器分 1 ms 和(　　)两种。

A. 1000 ms　　B. 100 ms　　C. 10 ms

5. FX_{2N}系列通用定时器与累计定时器的区别在于(　　)。

A. 当驱动逻辑为 OFF 或 PLC 断电时，通用定时器立即复位，而累计定时器并不复位，再次通电或驱动逻辑再次为 ON 时，累计定时器在上次定时时间的基础上继续累加，直到定时时间到达为止。

B. 当驱动逻辑为 OFF 或 PLC 断电时，累计定时器立即复位，而通用定时器并不复位，再次通电或驱动逻辑再次为 ON 时，通用定时器在上次定时时间的基础上继续累加，直到定时时间到达为止。

C. 当驱动逻辑为 OFF 或 PLC 断电时，通用定时器不复位，而累计定时器也不复位。

D. 当驱动逻辑为 OFF 或 PLC 断电时，通用定时器复位，而累计定时器也复位。

6. 应用拓展

图 15-13 所示六盏彩灯，要求实现霓虹灯效果，请用 PLC 内部定时器设计程序。要求实现按下按钮 SB 后，彩灯 HL1、HL3、HL5 亮，彩灯 HL2、HL4、HL6 灭；2 s 后彩灯 HL1、HL3、HL5 闪三下熄灭，此时彩灯 HL2、HL4、HL6 亮。同样，2 s 后彩灯 HL2、HL4、HL6 闪三下熄灭，此时彩灯 HL1、HL3、HLJ5 亮，然后循环。当再次按下按钮 SB 后，所有彩灯熄灭。请完成主电路、控制电路、I/O 地址分配、PLC 程序及元件选择，编制规范的技术文件。程序下载到 PLC 中运行，并模拟霓虹灯效果。

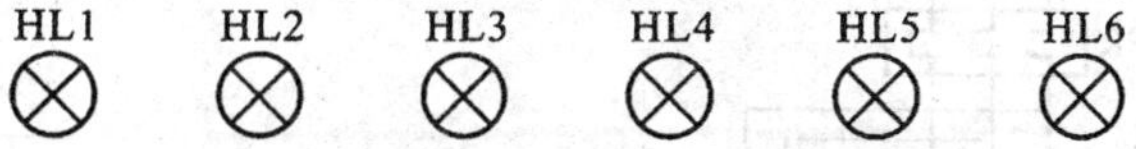

图 15-13　六盏彩灯控制示意图

项目十六　电动机 Y-△降压起动运行控制

项目目标

(1) 理解掌握 PLC 的基本逻辑指令：MPS、MRD 和 MPP 指令。

(2) 了解由继电器控制电路转换成 PLC 程序的方法。

(3) 进一步了解 PLC 应用设计的步骤。

(4) 学会应用布尔表达式进行 PLC 程序设计。

一、项目任务

如图 16-1 所示，有一台功率较大的三相异步电动机，额定电压 380 V，额定功率 37 kW，额定转速 1378 r/min，额定频率 50 Hz，采用 Y-△降压起动的方法进行控制，请用 PLC 实现控制要求。

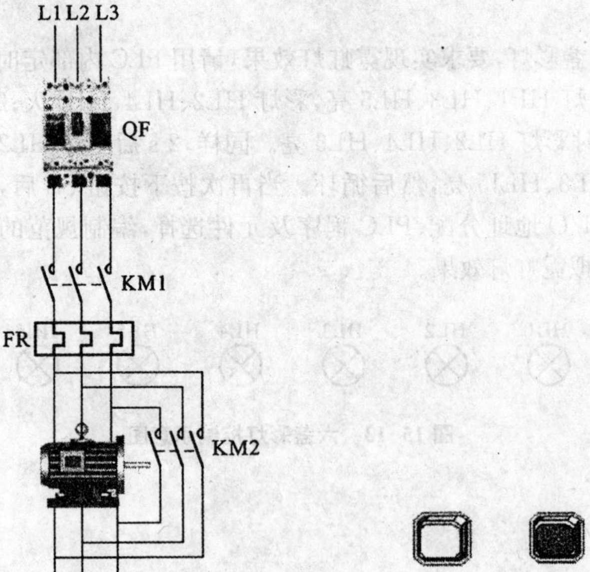

图 16-1　电动机 Y-△降压起动控制仿真图

二、项目知识分析

在工业应用场合,较大功率电动机常采用 Y-△降压起动控制方式,在继电器控制电路中,通常采用1个空气断路器、3个交流接触器、1个热继电器、若干按钮等电器元件构成控制电路。如图16-2所示,合上QF后,按下起动按钮SB1,KM1吸合并形成自保,同时KM3吸合,电动机按星形联结降压起动,同时通电延时定时器KT线圈得电开始工作;定时器KT延时时间到后,其延时断开动断触点断开,KM3失电,其延时闭合动合触点闭合,KM2得电,电动机按三角形联结运行。按下按钮SB2,KM1、KM2均失电,电动机停转。

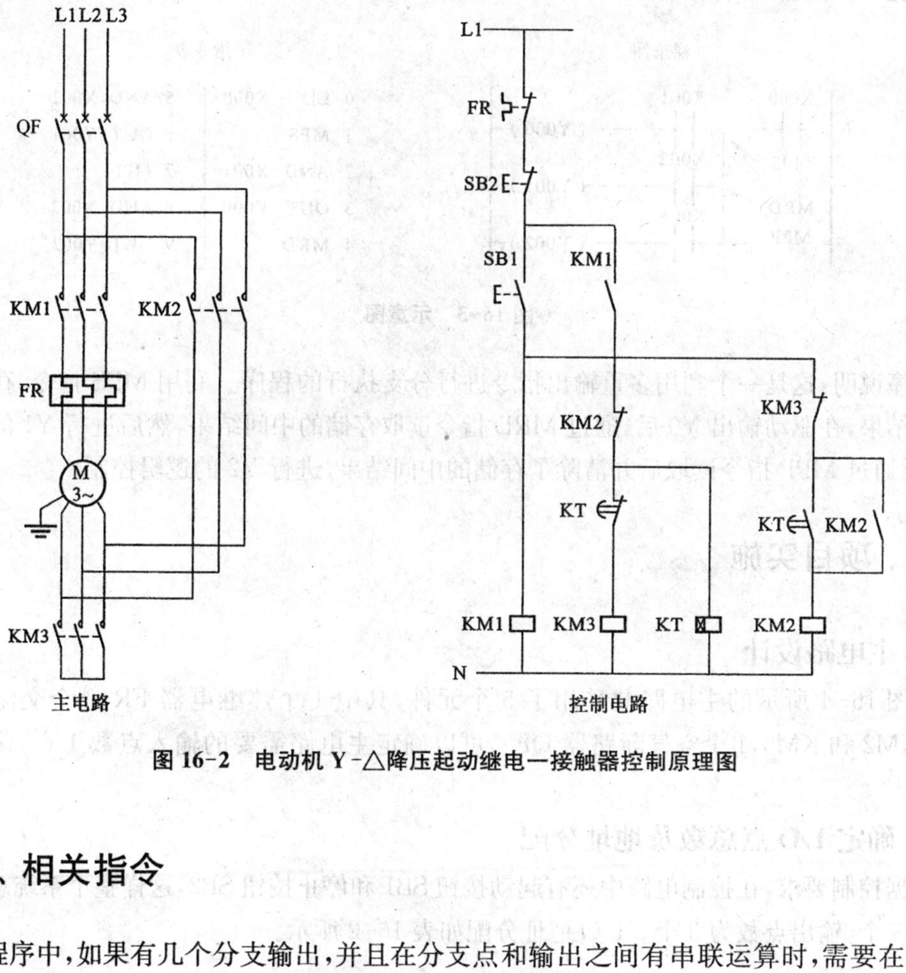

图 16-2 电动机 Y-△降压起动继电—接触器控制原理图

三、相关指令

在程序中,如果有几个分支输出,并且在分支点和输出之间有串联运算时,需要在第一次运算到该支点时,将该支点处的结果入栈保存。栈存储器与多重输出指令如表16-1所示。

MPS:推入堆栈。将指令处的运算结果压入栈中存储,并执行下一步指令。

MRD:读出堆栈。将栈中MPS指令存储的结果读出,需要时可反复读出,栈中内容不变。

MPP:弹出堆栈。将栈中由MPS指令存储的结果读出,并清除栈中的内容。

FX系列PLC中有11个栈存储器,故MPS和MPP嵌套使用必须少于11次,并且MPS和MPP必须成对使用。

表 16-1　栈存储器与多重输出指令表

助记符、名称	功　能	梯形图表示和可用软元件	程序步数
MPS 进栈	连接点数据入栈	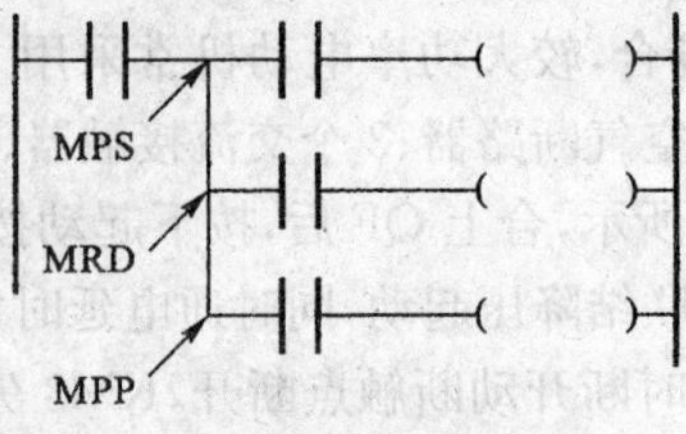	1
MRD 读栈	从堆栈读出连接点数据		1
MPP 出栈	从堆栈读出连接点数据并复位		1

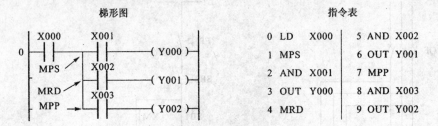

【例】 多重输出指令的应用如图 16-3 所示。

梯形图

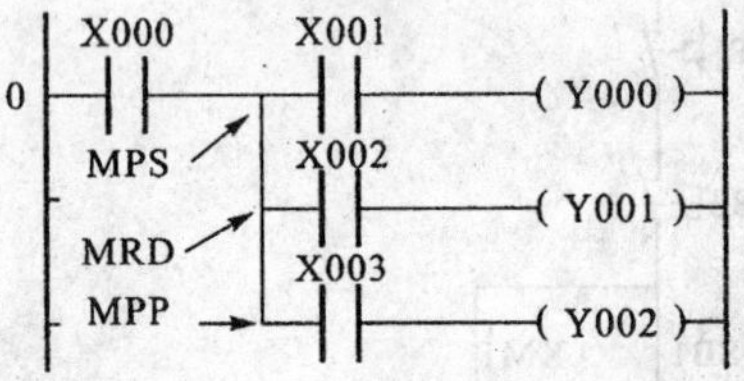

指令表

0 LD X000		5 AND X002	
1 MPS		6 OUT Y001	
2 AND X001		7 MPP	
3 OUT Y000		8 AND X003	
4 MRD		9 OUT Y002	

图 16-3　示意图

程序说明：这是一个利用多重输出指令进行分支执行的程序。利用 MPS 指令，存储运算的中间结果，在驱动输出 Y0 后，通过 MRD 指令读取存储的中间结果，然后进行 Y1 的逻辑控制，最后通过 MPP 指令读取后并清除了存储的中间结果，进行 Y2 的逻辑控制。

四、项目实施

1. 主电路设计

如图 16-4 所示的主电路共采用了 5 个元件，其中 1 个热继电器 FR、3 个交流接触器 KM1、KM2 和 KM3，1 个空气断路器 QF。可以确定主电路需要的输入点数 1 点，输出点数 3 点。

2. 确定 I/O 点总数及地址分配

根据控制要求，在控制电路中还有起动按钮 SB1 和停止按钮 SB2，这样整个系统总的输入点数为 3 个，输出点数为 3 个。I/O 地址分配如表 16-2 所示。

表 16-2　I/O 地址分配表

输入信号			输出信号		
1	X0	起动按钮 SB1	1	Y0	交流接触器 KM1
2	X1	停止按钮 SB2	2	Y1	交流接触器 KM2
3	X2	热继电器 FR	3	Y2	交流接触器 KM3

3. 控制电路设计

PLC 控制的电动机 Y-△降压起动控制电气原理图如图 16-4 所示。

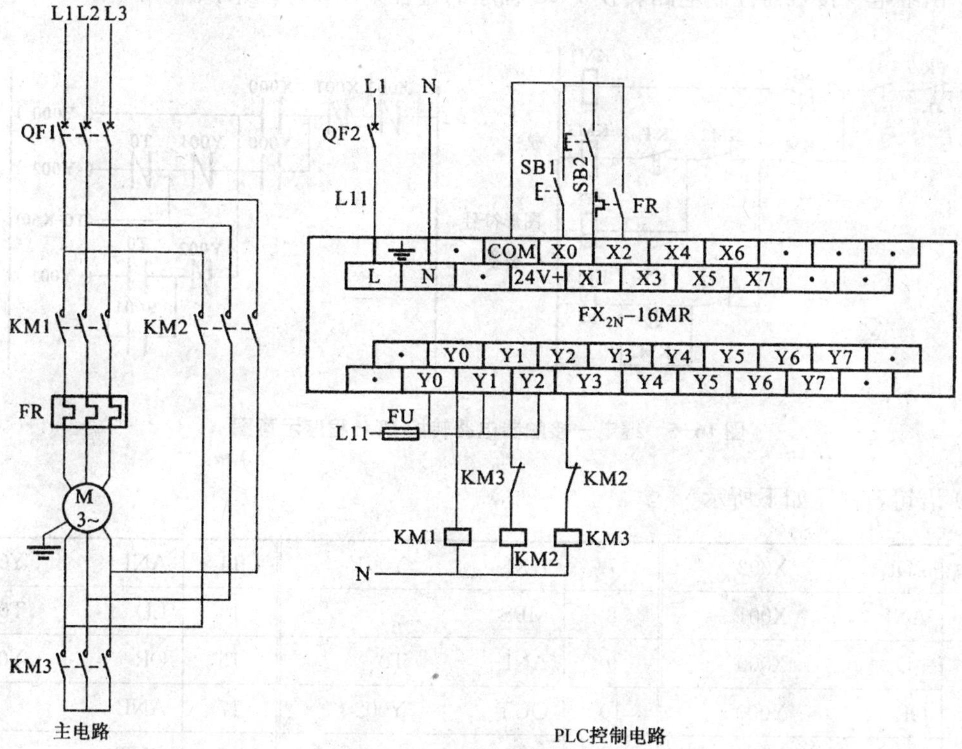

图 16-4　PLC 控制的电动机 Y-△降压起动控制原理图

4. 设备材料表

本控制中输入点数应选 3×1.2≈4 点，输出点数应选 3×1.2≈4 点(继电器输出)。通过查找三菱 FX_{2N}系列选型表，选定三菱 FX_{2N}-16MR-001(其中输入 8 点，输出 8 点，继电器输出)。通过查找电气元件选型表，选择的元器件列表如表 16-3 所示。

表 16-3　设备材料表

序号	符号	设备名称	型号、规格	单位	数量	备注
1	M	电动机	Y-112M-4380 V、37 kW、1378 r/min、50 Hz	台	1	
2	PLC	可编程控制器	FX_{2N}-16MR-001	台	1	
3	QF1	空气断路器	DZ47-D100/3P	个	1	
4	QF2	空气断路器	DZ47-D10/1P	个	1	
5	FU	熔断器	RT18-32/6 A	个	2	
6	KM	交流接触器	CJX2(LC1-D)-80　线圈电压 220 V	个	2	
7	SB	按钮	LA39-11	个	2	
8	FR	热继电器	JRS1(LR1)-D63361	个	1	

5. 程序设计

(1) 根据继电—接触器控制原理转换梯形图程序设计方法设计的程序。

① 由继电—接触器控制电路转换 PLC 程序的过程如图 16-5 所示。

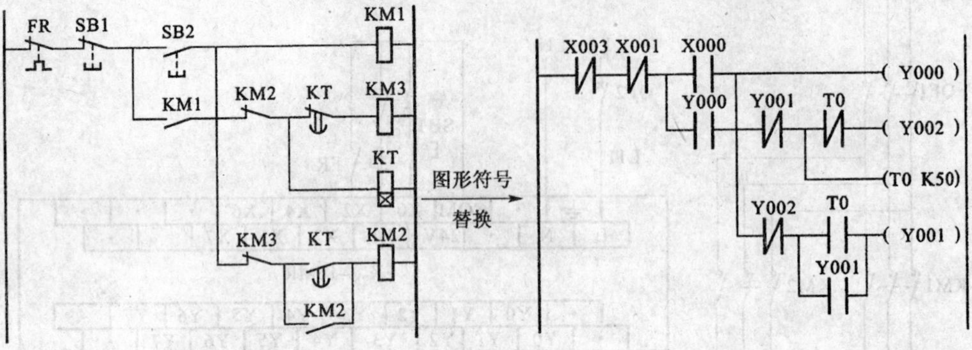

图 16-5　继电—接触器电路转换 PLC 程序示意图

② 语句表程序如下所示。

0	LDI	X002	7	ANI	Y001	14	ANI	Y002
1	ANI	X001	8	MPS		15	LD	T0
2	LD	X000	9	ANI	T0	16	OR	Y001
3	OR	Y000	10	OUT	Y002	17	ANB	
4	ANB		11	MPP		18	OUT	Y001
5	MPS		12	OUT	T0 K50			
6	OUT	Y000	13	MPP				

上述程序实现了电动机 Y-△降压起动控制，但在由梯形图程序转换为语句表程序过程中，使用了 MPS(堆栈)和 MPP(出栈)指令，如图 16-6 所示，A、B、C 三个点的状态是相同的，C、D 两个点的状态也是相同的。当程序执行到 A 点时，使用了 MPS 指令(程序步 5)，将 A 点左面的运算结果保存到堆栈存储器中，第二个逻辑输出从 B 点开始。由于 OUT 指令不影响 A 点的状态，所以在 B 点时，可以直接使用 A 点的状态，这是一个特殊位置，在第四个输出行

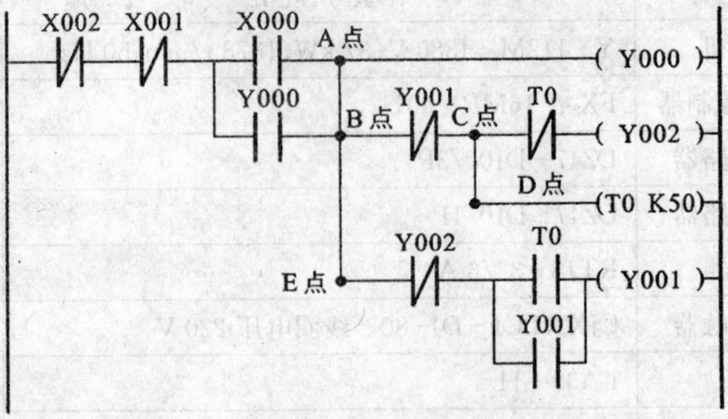

图 16-6　梯形图程序转换为语句表程序特殊位置示意图

时，即E点使用了MPP出栈指令，读出A点的结果，直接与后续开关状态进行逻辑运算即可。C、D两个点是同样的操作过程。使用堆栈指令可以解决一些复杂的梯形图编程问题。

此外，还可根据布尔表达式编写梯形图程序，实现对上述梯形图程序的进一步优化。

(2) 根据布尔表达式进行程序设计。

对于输入/输出信号不是很多的控制系统，以每个内部和外部输出线圈为基础，写出各种输出线圈之间的逻辑关系，即布尔表达式。由表达式写出梯形图并进行优化即可。

例如在本题中有三个外部输出线圈Y0、Y1、Y2分别控制KM1、KM2、KM3，有一个内部输出线圈T0。

① 根据布尔表达式写出的梯形图程序如图16-7所示。

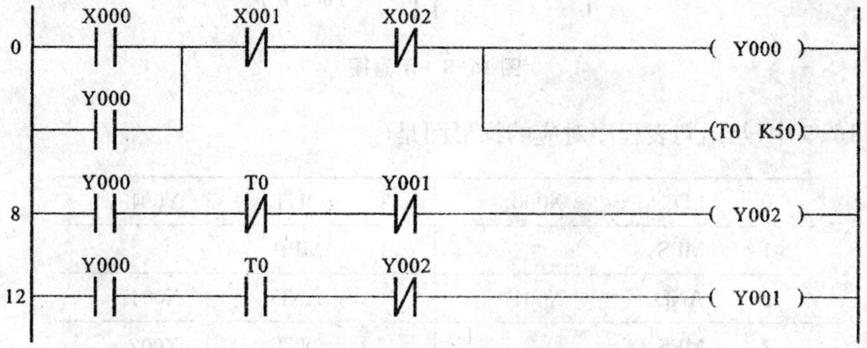

图16-7　根据布尔表达式编写的梯形图程序

②语句表程序，请填写在下表中。

0		6		12	
1		7		13	
2		8		14	
3		9		15	
4		10			
5					

6. 运行调试

根据原理图连接PLC线路，检查无误后，分别将上述两个程序下载到PLC中，运行程序，观察控制过程。

(1) 按下外部起动按钮SB1，将X1置ON状态，观察Y0、Y1、Y2、T0的动作情况。

(2) 按下外部停止按钮SB2，将X2置ON状态，观察Y0、Y1、Y2、T0的动作情况。

五、研讨与练习

1. 将栈中由MPS指令存储的结果读出并清除栈中内容的指令是(　　)。

A. SP　　B. MPS　　C. MPP　　D. MRD

2. FX系列PLC中有(　　)个栈存储器。

A. 11　　B. 10　　C. 8　　D. 16

3. MPS和MPP嵌套使用必须少于(　　)次。

A. 11　　B. 10　　C. 8　　D. 16

4. 根据梯形图16-8,写出语句表程序。

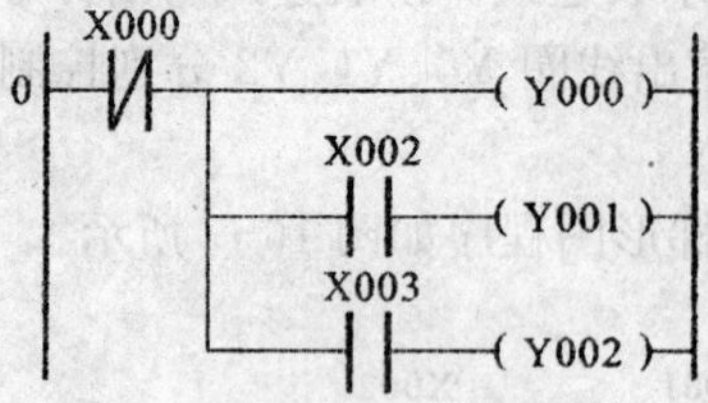

图16-8　示意图

5. 图16-9中,与语句表程序对应的梯形图是(　　)。

0	LD	X000	8	OUT	Y001
1	MPS		9	MPP	
2	AND	X001	10	AND	X004
3	MPS		11	OUT	Y002
4	ANI	X002	12	MPP	
5	OUT	Y000	13	AND	X005
6	MRD		14	OUT	Y003
7	AND	X003			

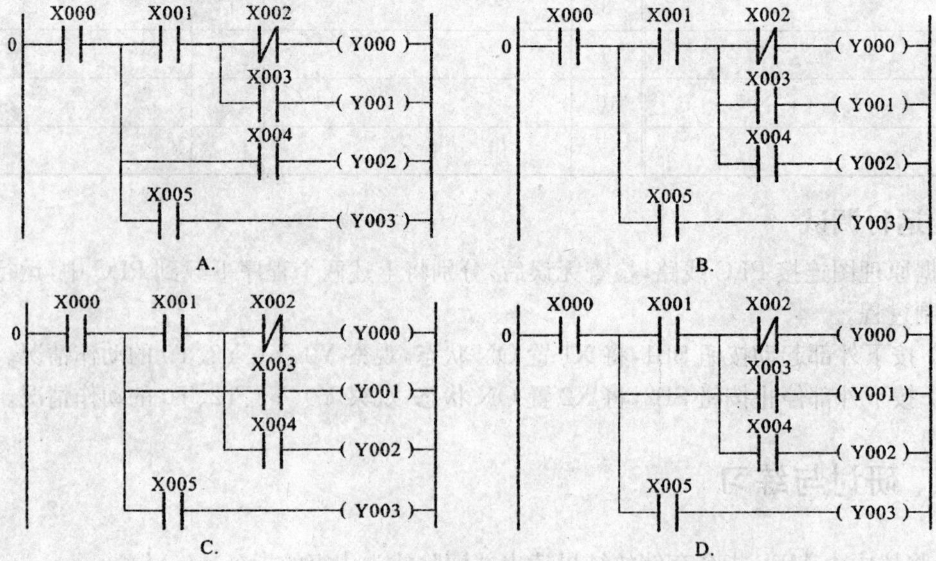

图16-9　示意图

6. 应用拓展

如本项目任务所描述，有一台功率较大的三相异步电动机，额定电压 380 V，额定功率 37 kW，额定转速 1378 r/min，额定频率 50 Hz，如果采用自耦降压起动的方法进行控制，请用 PLC 实现控制。

同步训练　三相异步电动机 Y-△降压起动的 PLC 改造

1. 实训学生管理

(1) 实训期间不准穿裙子、拖鞋，必须身穿工作服(或学生服)、胶底鞋。

(2) 实训期间不准携带餐点、饮料入场，如遇下雨不准携带雨伞入场；实训进行时，防止头发、纸屑等杂物进入实训设备。

(3) 注意安全，遵守实训纪律，做到有事请假，不得无故缺席或随意离开。

(4) 实训过程中，要爱护器材和工具，节约用料，如有损坏应立即报告指导教师，按学院规定进行处理。

(5) 通电试车时，必须严格按照指导教师的安排进行上电，不得自行通电。

(6) 实训过程中，应认真学习实训教材和相关资料，认真完成指导教师布置的任务，及时总结实训经验；实训项目结束后，完成相应的实训报告。

2. 实训目的

(1) 掌握 Y-△降压起动控制的编程方法。

(2) 熟悉 PLC 的端子接线方法。

(3) 能够运用计算机编程软件进行程序的传送。

(4) 熟悉控制电路的接线步骤，并且能够进行通电试车和故障诊断。

3. 实训器材与工具

序号	名　称	符号	数量
1	常用电工工具		
2	万用表		
3	导线		
4	可编程控制器(FX_{2N}-24MR)		
5	数据传输电缆		
6	PLC 实训控制台		
7	计算机(装有 GX-WORKS2)		
8	三相异步电动机		
9	刀开关		
10	熔断器		
11	交流接触器		
12	热继电器		
13	按钮盒		

4. 实训内容及步骤

(1) 绘制分析电气原理图。

① 绘制主电路

② I/O 分配表

输入单元			输出单元		
电气符号	软元件	功能	电气符号	软元件	功能

③I/O 接线图

④ 梯形图

⑤ 写出指令表程序

(2) 将程序写入计算机编程软件(GX-WORKS2),并且进行模拟仿真。

(3) 选择性能正常的器材。

(4) 在PLC实训控制台上,确定器材的位置。

(5) 根据电气原理图进行电路安装(严格按照电工工艺要求进行接线,区分导线颜色)。

① 接主电路。

② 接控制电路。

(6) 检查线路。

① 清理板面杂物。

② 目视检查法。

a. 对照原理图,一根一根导线检查,看是否有错接、漏接。

b. 用手轻摇每一根导线,看导线是否接牢,是否存在虚接故障。

c. 看导线是否有损伤,是否压住绝缘层。

③ 仪表检查法。

a. 分阶测量法。

b. 分段测量法。

④ 请指导教师进行检查。

(7) 按照相应的传送方法将计算机的程序传入PLC主机。

(8) 暂不接输出电源进行调试:把PLC主机上的开关扳向"RUN",然后按下相应的按钮输入,观察对应的PLC输出显示灯是否按控制要求发光;如有误,把PLC主机上的开关扳向"STOP",检查程序和接线,修改后重复上述步骤,直至正常。

(9) 通电试车(在指导教师的监督下):模拟调试无误后,接通输出端电源,按下相应按钮,控制电动机正常运行。是否存在故障?如遇故障,进行诊断分析,完成下表,再次进行通电试车。(是/否)

故障现象	故障分析	检查方法及排除

(10) 实训结束。

① 清点实训器材与工具,交指导教师检查。

② 整理工位,打扫卫生。

5. 项目评价

本项目的考核评价参照表11-4所示。

6. 总结实训经验

项目十七

抢答器设计

项目目标

(1) 学会 LED 显示器在 PLC 中的使用。

(2) 巩固利用基本指令实现功能控制的编程方法。

(3) 熟悉 PLC 应用设计的步骤。

一、项目任务

设计一个四组抢答器，图 17-1 为抢答器仿真图。控制要求是：任一组抢先按下按键后，七段数码显示器能及时显示该组的编号并使蜂鸣器发出响声，同时锁住抢答器，使其他组按键无效，只有按下复位开关后方可再次进行抢答。

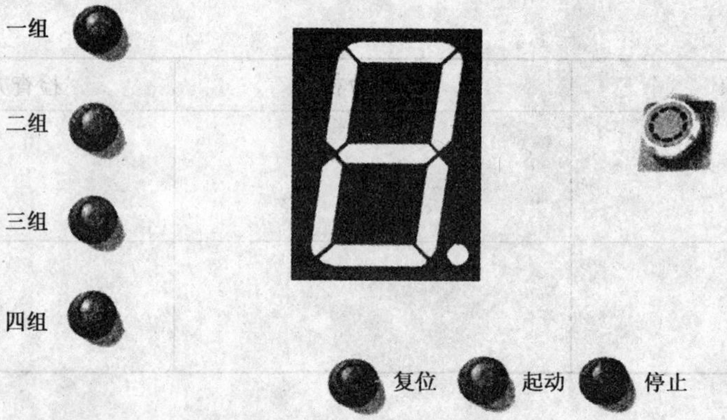

图 17-1　四组抢答器控制仿真图

二、项目知识分析

通过分析项目任务，知道需要对四组按键按下时的先后顺序进行比较，要解决的问题是将最快按下的组以数字的形式显示出来。具体分析如下：

(1) 如果是第 1 组首先按下按键，通过 PLC 内部辅助继电器形成自保，控制其他组不形成自保，就可以实现按键的顺序判断。

(2) 其他各组同第 1 组的设计方式，可以实现哪一组先按下，哪一组就能自保。

(3) 自保后，只有通过复位按键才能解除自保持，从而进入下一次抢答操作。

(4) 通过 LED 显示器用于显示"1""2""3""4"四个组的组号。共阳极 LED 是由 7 个条形的发光二极管组成的，它们的阳极连接在一起，如图 17-2 所示。只要让对应位置的发光二极管点亮，即可显示一定的数字字符。例如 *b*、*c* 段发光二极管点亮则显示字符"1"。

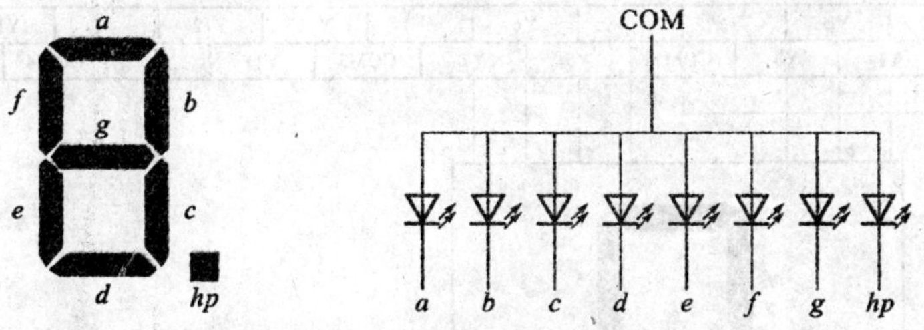

图 17-2　七段码显示器原理图

三、项目实施

1. 主电路及控制电路设计

在此项目中，主电路较简单，与控制电路一起绘制控制原理图。整个系统的控制原理图如图 17-3 所示。LED 的 *a*～*g* 分别接 PLC 的 Y1～Y7。

2. 确定 I/O 点总数及地址分配

在项目知识分析中详细地确定了输入量为 7 个按钮开关；输出为 8 个，1 个为蜂鸣器，7 个与 LED 连接。PLC 的 I/O 分配的地址如表 17-1 所示。

表 17-1　I/O 地址分配表

输入信号			输出信号		
1	X0	复位开关 RST	1	Y0	蜂鸣器
2	X1	按键 1 SB1	2	Y1	*a*
3	X2	按键 2 SB2	3	Y2	*b*
4	X3	按键 3 SB3	4	Y3	*c*
5	X4	按键 4 SB4	5	Y4	*d*
6	X5	起动按钮 RUN	6	Y5	*e*
7	X6	停止按钮 STOP	7	Y6	*f*
			8	Y7	*g*

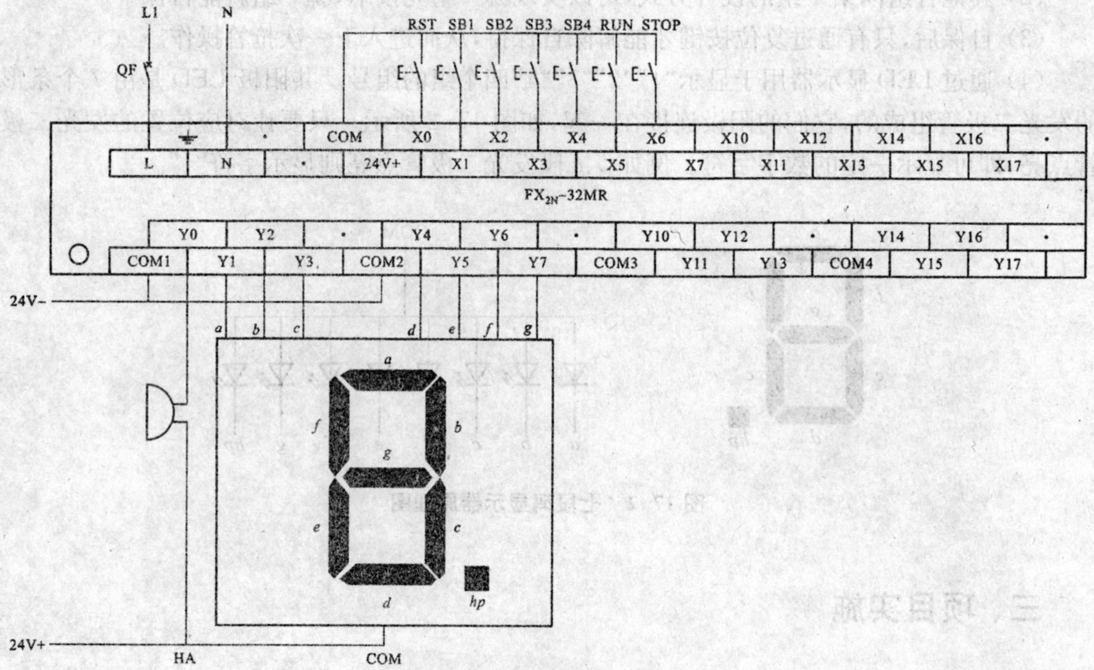

图 17-3　抢答器控制原理

3. 设备材料表

根据控制原理图及 I/O 分配表，控制系统中 PLC 输入点数应选 7×1.2≈9 点，输出点数应选 8×1.2≈10 点(继电器输出)，选定三菱 FX_{2N}-32MR-001，输入 16 点，输出 16 点，继电器输出。相关元器件如表 17-2 所示。

表 17-2　设备材料表

序号	符号	设备名称	型号、规格	单位	数量	备注
1	PLC	可编程控制器	FX_{2N}-32MR-001	台	1	
2	SB	按钮	LA39-11	个	7	
3	QF	空气断路器	DZ47-D25/3P	个	1	
4	LED	数码管	LDS-20101BX	个	1	
5	HA	蜂鸣器	AD16-16	个	1	

4. 程序设计

根据控制原理进行程序设计，程序如图 17-4 所示。

在程序中，M1、M2、M3、M4 分别对应 4 个组的按键，哪一组的按键先按下，哪一组的内部继电器就会先自保，通过互锁使其他 3 个内部继电器不能形成自保。

LED 显示数字字符需要 7 个输出，每一个字符的输出又不一样，把每个组的状态转换成 LED 对应的输出，可以称为 LED 编码。如表 17-3 所示，在第 2 组优先按下按键时，M2 自保持，PLC 需要输出的是 a、b、d、e 和 g 段，其他各组的输出对应均在表中列出。

表 17-3　LED 输出对应表

		a(Y1)	b(Y2)	c(Y3)	d(Y4)	e(Y5)	f(Y6)	g(Y7)
“1”组	M1		1	1				
“2”组	M2	1	1		1	1		1
“3”组	M3	1	1	1	1			1
“4”组	M4		1	1			1	1

程序设计是根据表格找出与每个输出继电器有关的状态，从而编写一个逻辑行程序。例如 Y1 即 LED 的输出，从表格中可以看到，只要 M2 或 M3 有输出，则 Y1 输出。这样就可以根据表格编写其他各段的程序了。

5. 运行调试

根据原理图连接 PLC 线路，连线检查无误后，将上述程序下载到 PLC 中，运行程序，观察控制过程。

（1）首先每组的按键单个调试，观察显示是否正确。

（2）四个组分别抢答，观察显示及控制过程。

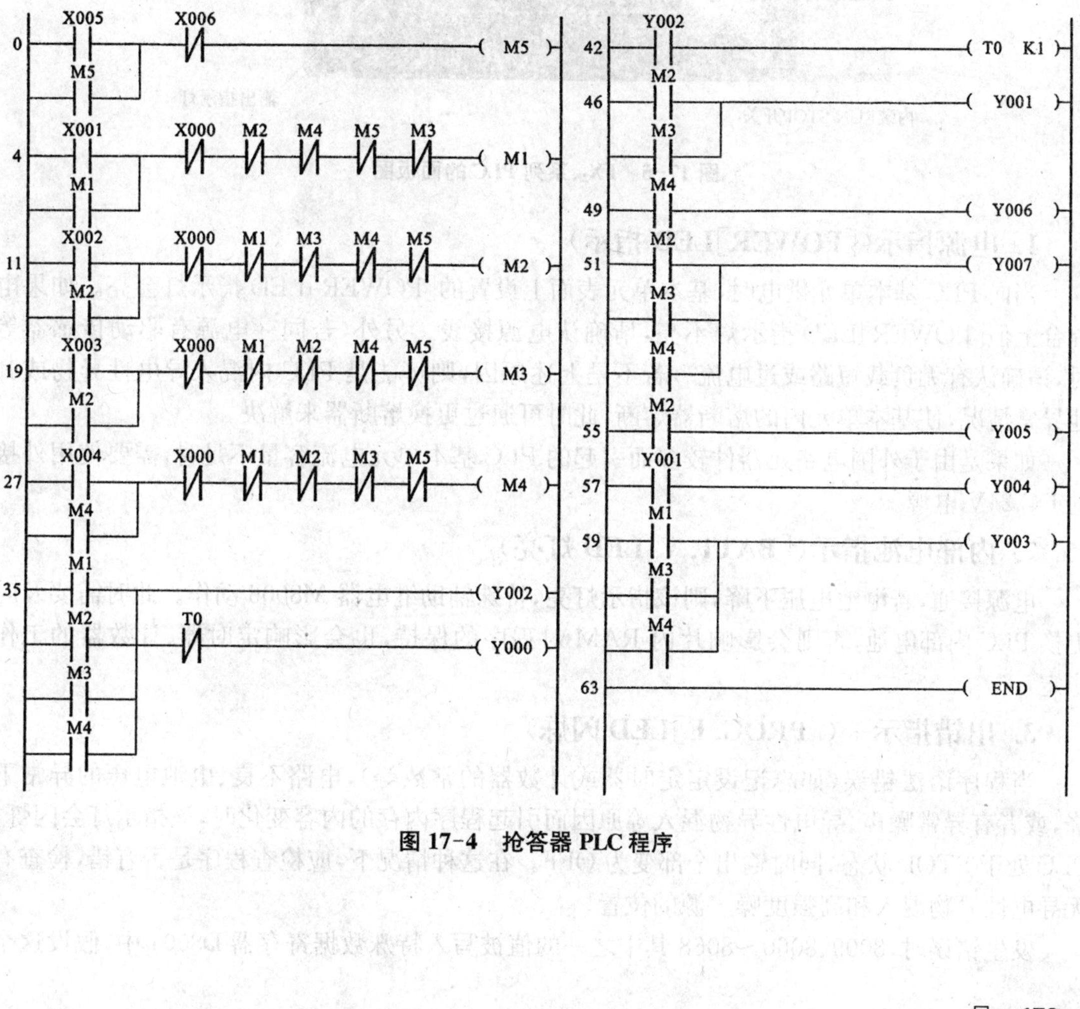

图 17-4　抢答器 PLC 程序

四、相关知识

FX_{2N}系列 PLC 具有自诊断功能，主要检测 PLC 内部特殊部分的电气故障和程序规则错误，通过查询内部相应特殊功能寄存器或继电器可以获得相应故障代码，为解除故障提供了依据。当 PLC 发生异常时，首先请检查电源电压、PLC 及 I/O 端子的螺钉和接插件是否松动，以及有无其他异常。然后再根据 PLC 基本单元上设置的各种 LED 的指示灯状况，按下述要领检查是 PLC 自身故障还是外部设备故障。图 17-5 是 FX_{2N}系列 PLC 的面板图，各 LED 指示灯的功能如图中所示。根据指示灯状况可以诊断 PLC 故障原因的方法。

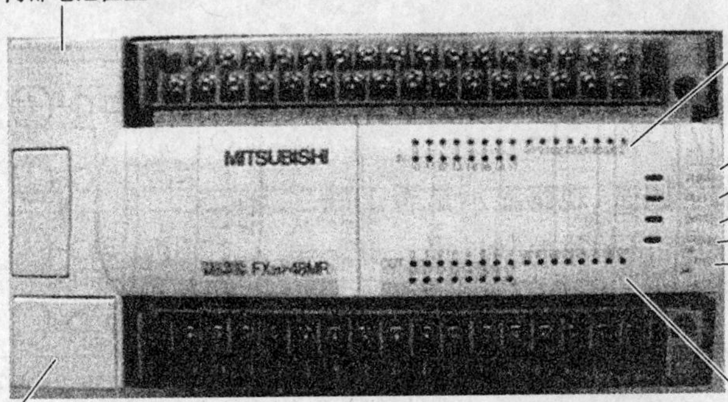

图 17-5 FX_{2N}系列 PLC 的面板图

1. 电源指示([POWER]LED 指示)

当向 PLC 基本单元供电时，基本单元表面上设置的[POWER]LED 指示灯会亮。如果电源合上但[POWER]LED 指示灯不亮，请确认电源接线。另外，若同一电源有驱动传感器等时，请确认有无负载短路或过电流。若不是上述原因，则可能是 PLC 内混入导电性异物或其他异常情况，使基本单元内的熔断器熔断，此时可通过更换熔断器来解决。

如果是由于外围电路元器件较多而引起的 PLC 基本单元电流容量不足时，需要使用外接的 DC 24V 电源。

2. 内部电池指示([BATT. V]LED 灯亮)

电源接通，若电池电压下降，则该指示灯亮，特殊辅助继电器 M8006 动作。此时需要及时更换 PLC 内部电池，否则会影响片内 RAM 对程序的保持，也会影响定时器、计数器的工作稳定。

3. 出错指示一([PROG. E]LED 闪烁)

当程序语法错误(如忘记设定定时器或计数器的常数等)，电路不良、电池电压的异常下降，或者有异常噪声、导电性异物混入等原因而引起程序内存的内容变化时，该指示灯会闪烁，PLC 处于 STOP 状态，同时输出全部变为 OFF。在这种情况下，应检查程序是否有错，检查有无导电性异物混入和高强度噪声源的位置。

发生错误时，8009、8060～8068 其中之一的值被写入特殊数据寄存器 D8004 中，假设这个写入 D8004 中的内容是 8064，则通过查看 D8064 的内容便可知道出错代码。与出错代码相对应的实际出错内容参见 PLC 的错误代码表。

4. 出错指示二([CPU. E]LED 灯亮)

由于 PLC 内部混入导电性异物或受外部异常噪声的影响，导致 CPU 失控或运算周期超过 200 ms，则 WDT 出错，该灯一直亮，PLC 处于 STOP，同时输出全部都变为 OFF。此时可进行断电复位，若 PLC 恢复正常，请检查有无异常噪声发生源和导电性异物混入。另外，请检查 PLC 的接地是否符合要求。

检查过程如果出现[CPU. E]LED 从持续亮变到闪烁状态的变化，请进行程序检查。如果 LED 依然一直保持灯亮状态时，请确认程序运算周期是否过长。

如果进行了全部检查之后，[CPU. E]LED 的灯亮状态仍不能解除，应考虑 PLC 内部发生了某种故障，请与厂商联系。

5. 输入指示

不管输入单元的 LED 灯亮还是灭，请检查输入信号开关是否确实在 ON 或 OFF 状态。使用时应注意以下方面：

(1) 输入开关电流过大，容易产生接触不良，另外还有因油侵入引起的接触不良。

(2) 输入开关与 LED 灯并联使用时，即使输入开关 OFF，但并联电路仍导通，仍可对 PLC 进行输入。

(3) 不接受小于 PLC 运算周期的开关信号输入。

(4) 如果使用光传感器等输入设备，由于发光/受光部位粘有污垢等，引起灵敏度变化，有可能不能完全进入“ON”状态。

(5) 如果在输入端子上外加不同的电压时，会损坏输入电路。

6. 输出指示

不管输出单元的 LED 灯亮还是灭，如果负载不能进行 ON 或 OFF 时，主要是由于过载、负载短路或容量性负载的冲击电流等，引起继电器输出接点粘合，或接点接触面不好导致接触不良。

五、研讨与练习

1. 下列选项中属于 PLC 运行指示灯的是(　　)。

A. RUN　　B. CPUE　　C. POWER　　D. BATV

2. 下列选项中表示 PLC 内部电池故障的是(　　)。

A. RUN　　B. CPU. E

C. POWER　　D. BATTV

3. 只有[PROG. E]LED 闪烁时，下列选项中应先做(　　)检查。

A. 程序语法错误　　B. 电池电压异常

C. 异常噪声　　D. 导电性异物混入

4. 图 17-6 所示梯形图中，(　　)能实现自锁功能。

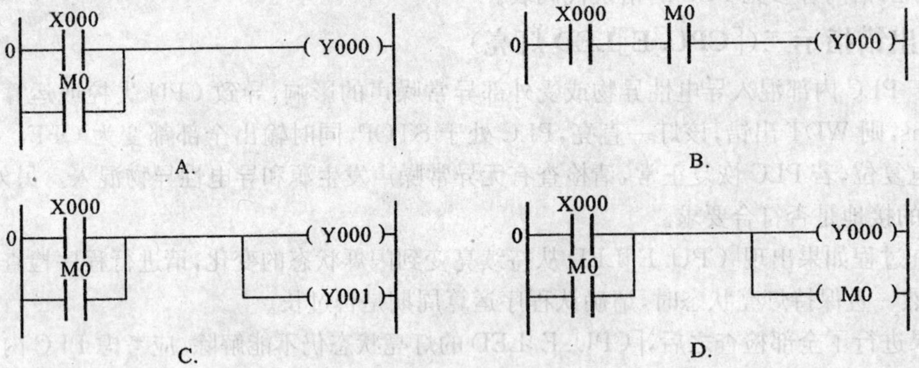

图 17-6

5. 图 17-7 所示梯形图中，(　　)能实现互锁功能。

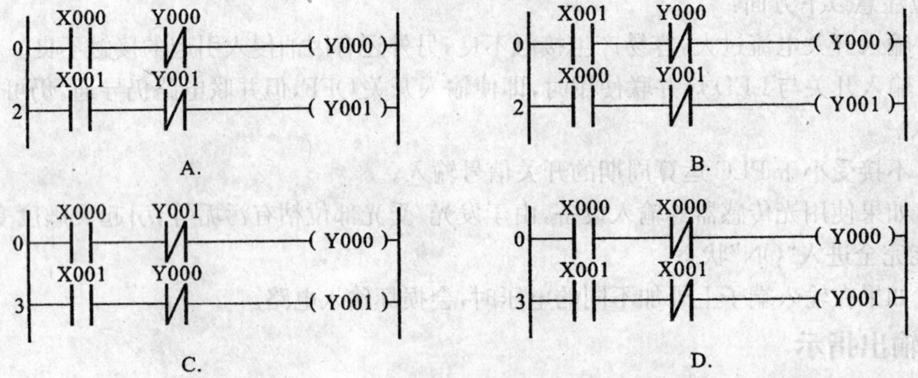

图 17-7

6. 应用拓展

完成五组抢答器的程序设计，I/O 分配后输入并运行程序(控制要求同四组抢答器)。

同步训练　抢答器系统的 PLC 设计

1. 实训学生管理

(1) 实训期间不准穿裙子、拖鞋，必须身穿工作服(或学生服)、胶底鞋。

(2) 实训期间不准携带餐点、饮料入场，如遇下雨不准携带雨伞入场；实训进行时，防止头发、纸屑等杂物进入实训设备。

(3) 注意安全，遵守实训纪律，做到有事请假，不得无故缺席或随意离开。

(4) 实训过程中，要爱护器材和工具，节约用料，如有损坏应立即报告指导教师，按学院规定进行处理。

(5) 通电试车时，必须严格按照指导教师的安排进行上电，不得自行通电。

(6) 实训过程中，应认真学习实训教材和相关资料，认真完成指导教师布置的任务，及时总结实训经验；实训项目结束后，完成相应的实训报告。

2. 实训目的

(1) 熟悉 PLC 的编程指令。

(2) 掌握抢答器控制的编程方法。

(3) 熟悉 PLC 的端子接线方法。

(4) 能够运用计算机编程软件进行程序的传送。

(5) 熟悉控制电路的接线步骤,并且能够进行抢答器调试和故障诊断。

(6) 理解团队合作的真正意义,组长能够进行合理的分工。

3. 实训器材与工具

序号	名　称	符号	数量
1	常用电工工具		
2	万用表		
3	导线		
4	可编程控制器(FX_{2N}-24MR)		
5	数据传输电缆		
6	PLC 实训控制台		
7	计算机(装有 GX-WORKS2)		
8	抢答器显示控制单元		
9	低压断路器		
10	刀开关		
11	熔断器		
12	按钮盒		
13	指示灯		
14	电铃		

4. 实训内容及步骤

设计要求:

(1) 系统初始上电,主控人员在总控制台上点击"开始"按键后,允许各队人员开始抢答,即各队抢答按键有效。

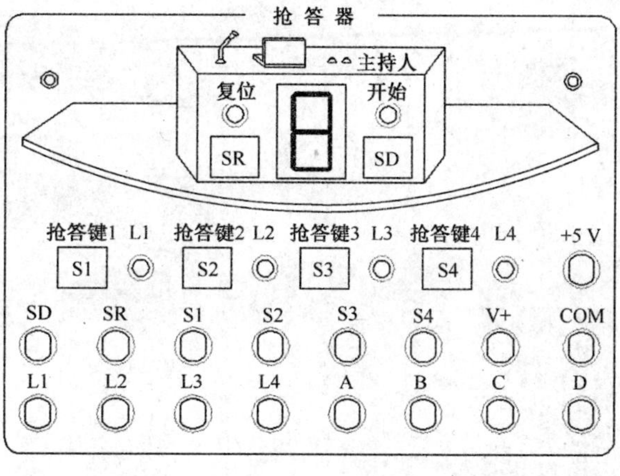

(2) 抢答过程中,1～4队中的任何一队抢先按下各自的抢答按键(S1、S2、S3、S4)后,该队指示灯(L1、L 2、L 3、L 4)点亮,LED数码显示系统显示当前的队号,并且其他队的人员继续抢答无效。

(3) 主控人员对抢答状态确认后,点击“复位”按键,系统又继续允许各队人员开始抢答,直至又有一队抢先按下各自的抢答按键。

实训步骤:

(1) 绘制分析电气原理图。

① 绘制主电路

② I/O分配表

输入单元			输出单元		
电气符号	软元件	功能	电气符号	软元件	功能

③ I/O接线图

④ 梯形图

⑤ 写出指令表程序

(2) 将程序写入计算机编程软件(GX－WORKS2),并且进行模拟仿真。

(3) 选择性能正常的器材。

(4) 在 PLC 实训控制台上,确定器材的位置。

(5) 根据电气原理图进行电路安装(严格按照电工工艺要求进行接线,区分导线颜色)。

① 接主电路。

② 接控制电路。

(6) 检查线路。

① 清理板面杂物。

② 目视检查法。

a. 对照原理图,一根一根导线检查,看是否有错接、漏接。

b. 用手轻摇每一根导线,看导线是否接牢,是否存在虚接故障。

c. 看导线是否有损伤,是否压住绝缘层。

③ 仪表检查法。

a. 分阶测量法。

b. 分段测量法。

④ 请指导教师进行检查。

(7) 按照相应的传送方法将计算机的程序传入 PLC 主机。

(8) 暂不接输出电源进行调试:把 PLC 主机上的开关扳向“RUN”,然后按下相应的按钮输入,观察对应的 PLC 输出显示灯是否按控制要求发光;如有误,把 PLC 主机上的开关扳向“STOP”,检查程序和接线,修改后重复上述步骤,直至正常。

(9) 通电试车(在指导教师的监督下):模拟调试无误后,接通输出端电源,按下相应按钮,

控制电动机正常运行。是否存在故障？如遇故障，进行诊断分析，完成下表，再次进行通电试车。（是/否）

故障现象	故障分析	检查方法及排除

（10）实训结束。

① 清点实训器材与工具，交指导教师检查。

② 整理工位，打扫卫生。

5. 项目评价

本项目的考核评价参照表11-4所示。

6. 总结实训经验

项目十八 运料小车三地往返运行控制

项目目标

(1) 掌握 PLC 步进指令的使用,熟练使用 SFC 语言编制用户程序:STL、RET、ZRST。

(2) 学习利用步进指令实现顺序控制的基本编程方法。

(3) 进一步了解 PLC 应用设计的步骤。

一、项目任务

在自动化生产线中,除了要求小车在甲乙两地之间自动往返运行,有时还需要小车在三地甚至更多地之间自动往返,这都是典型的顺序控制。通过设置定时器或计数器,可实现控制要求,但编程复杂。通过状态转移图法,利用 PLC 的步进指令,能更好地实现顺序控制,且编程简单、调试容易。

本项目中要求小车按照图 18-1 所示轨迹,在原料库、加工车间、成品库三地间自动往返运行。控制要求如下:

(1) 合上空气断路器 QF 后,按下起动按钮 SB1,小车左行去原料库进行取料。

(2) 当小车到达原料库后,触发接近开关 SQ1,小车停留 5 s,取材料一。

(3) 定时时间到后,小车起动右行,到达加工车间后,触发接近开关 SQ2,小车停留 5 s,进行一次加工。

(4) 定时时间到后,小车再次左行,回到原料库,停留 4 s,取材料二。

(5) 定时时间到后,小车右行,当到达加工车间后,触发接近开关 SQ2,小车停留 6 s,进行二次加工。

(6) 定时时间到后,小车继续右行,到达成品库后,触发接近开关 SQ3,小车停留 8 s,进行卸货。

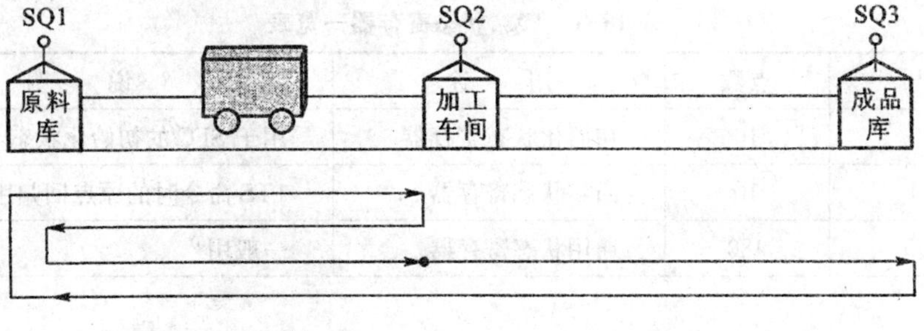

图 18-1　小车在三地间自动往返模拟图

(7) 定时时间到后，小车起动左行，回到原料库准备下一次的加工过程。按下停止按钮SB2，小车停止运行。

电动机取三相异步电动机(额定电压 380 V，额定功率 5.5 kW，额定转速 1378 r/min，额定频率 50 Hz)，请用 PLC 实现小车在三地间自动运行控制。

二、项目知识分析

小车三地往返运行，也是电动机的正、反转运动，正转交流接触器吸合时，电动机正转，小车左行；反转交流接触器吸合时，电动机反转，小车右行。操作过程中，小车每到一个位置都会停留数秒，待电动机停止后，再起动运行，以保护电动机。小车的三地往返运行是典型的顺序控制，可以考虑采用步进指令来完成控制任务。通过触发三地接近开关，来完成小车的停止及定时器的启动。编程前，先画出状态转移图 SFC，再将状态转移图转成相对应的步进梯形图。

三、相关指令

1. 状态转移图 SFC

状态转移图也称功能图或流程图。在工业控制中，一个控制系统往往由若干个功能相对独立的工序组成，因此系统程序也由若干个程序段组成，称之为状态。状态与状态之间由转换分隔。相邻的状态具有不同的动作。当相邻两状态之间的转换条件得到满足时就实现转换，即上一个状态的动作结束而下一状态的动作开始。可以用状态转移图描述控制系统的控制过程，状态转移图具有直观、简单的特点，是设计 PLC 顺序控制程序的一种有力工具。

(1) 状态转移图 SFC 基本组成

状态转移图 SFC 的基本结构如图 18-2 所示。

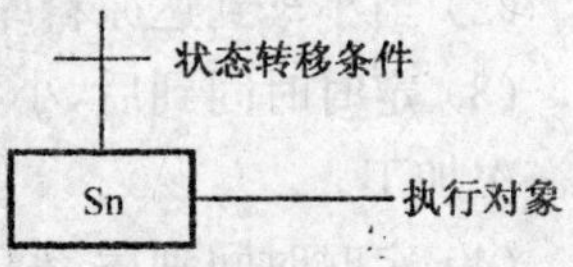

图 18-2 状态转移图基本结构

状态转移条件：一般是开关量，可由单独接点作为状态转移条件，也可由各种接点的组合作为转移条件。

执行对象：目标组件 Y、M、S、T、C 和 F(功能指令)均可由状态 S 的接点来驱动。可以是单一输出，也可以是组合输出。

Sn：状态寄存器。FX_{2N} 系列 PLC 共有状态组件(也称状态寄存器)1000 点(S0～S999)。参见表 18-1，状态 S 是对工序步进控制简易编程的重要软元件，经常与步进梯形图指令 STL 结合使用。

表 18-1 FX_{2N} 状态寄存器一览表

组件编址	点数	用　途	说　明
S0～S9	10	初始化状态寄存器	用于 SFC 的初始化状态①
S10～S19	10	回零状态寄存器	1TS 命令时的原点回归用①
S20～S499	480	通用状态寄存器	一般用①

续表 18-1

组件编址	点数	用　　途	说　　明
S500～S899	400	保持状态寄存器	停电保持用②
S900～S999	100	报警状态寄存器	报警指标专用区③

注：① 非停电保持领域。通过参数的设定可变更停电保持的领域。
② 停电保持领域。通过参数的设定可变更非停电保持的领域。
③ 停电保持特性。不可通过参数的设定变更。

【例】 利用状态转移图实现项目五中小车甲乙两地间的运行，如图 15-1 所示。小车甲乙两地间运行 SFC 图如图 18-3 所示。

状态转移分析：

① 当转移条件 X0 成立时，进入状态 S20，Y0 得电，即小车左行。

② 当转移条件 X2 成立时，清除状态 S20，进入状态 S21，即 Y0 失电，小车停止，同时定时器 T0 开始计时。

状态分配表

X000　小车左行的条件(Y000得电)

X002　小车停止,且定时器T0开始工作的条件

T0　定时时间到,小车开始右行的条件(Y001得电)

X003　小车停止,且定时器T1开始工作的条件

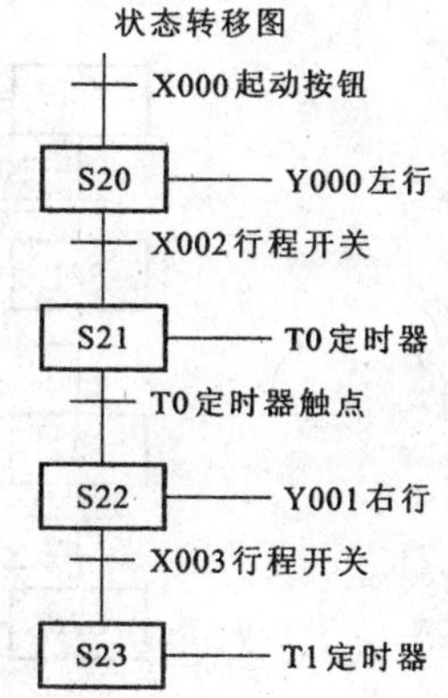

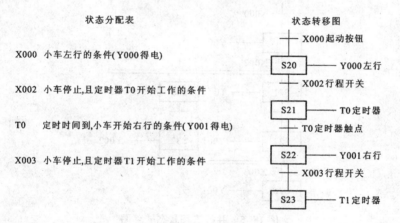

图 18-3　小车甲乙两地间运行 SFC 图

③ 当转移条件 T0 成立时，清除状态 S21，进入状态 S22，即定时器 T0 复位，Y1 得电，小车右行。

④ 当转移条件 X3 成立时，清除状态 S22，进入状态 S23，即 Y1 失电，小车停止，同时定时器 T1 开始计时。

(2) 状态转移图 SFC 基本结构

在步进顺序控制中，常见的两种结构是单流程结构 SFC 与多流程结构 SFC。

只有一个转移条件并转向一个分支的即为单流程状态转移图，如图 18-3 所示；其他的均为多流程状态结构。

有多个转移条件转向不同的分支即为选择流程状态转移图，如图 18-4 所示。

根据同一个转移条件，同时转向不同的几个分支即为并行流程状态转移图，如图 18-5 所示。

一条并行分支或选择性分支的回路数限定为 8 条以下。但是，有多条并行分支或选择性分支时，每个初始状态的回路总数不超过 16 条。

按照实际工艺需要，有时需要非连续状态间的跳转，利用跳转返回某个状态，重复执行一段程序称为循环。

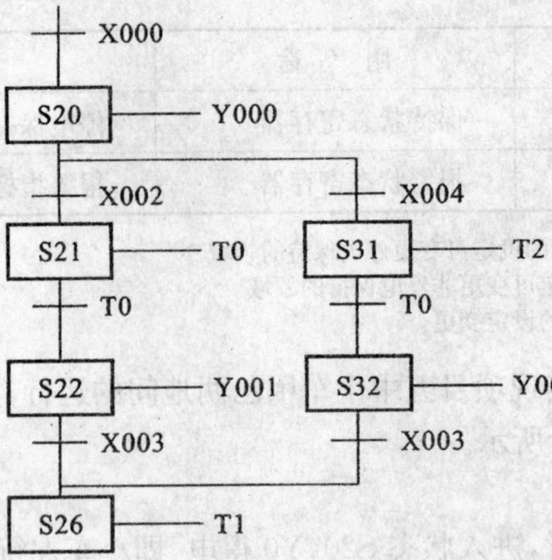

图 18-4 选择流程状态转移图

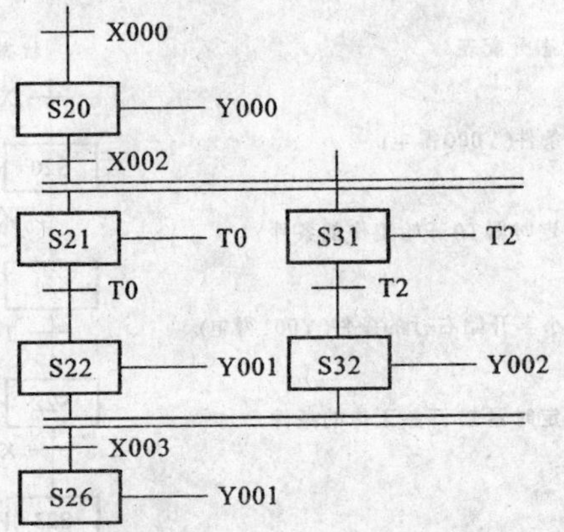

图 18-5 并行流程状态转移图

【例】 图 18-6(a)中定时器 T1 控制整个步进过程的循环运行，图 18-6(b)为局部的循环控制。

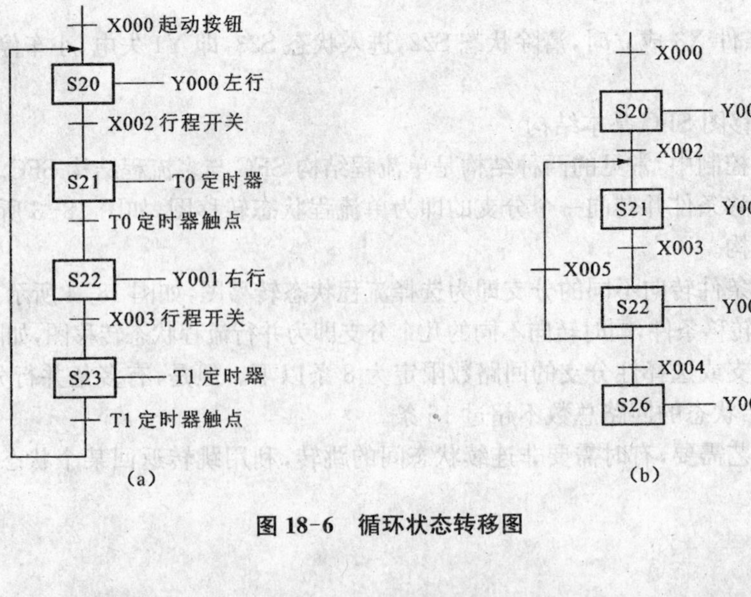

图 18-6 循环状态转移图

2. 步进梯形图指令 STL、RET

步进指令 STL 和 RET 的指令要素如表 18-2 所示。

表 18-2　STL、RET 指令功能表

助记符、名称	功　能	梯形图表示和可用软元件	程序步数
STL 步进梯形图	步进梯形图开始	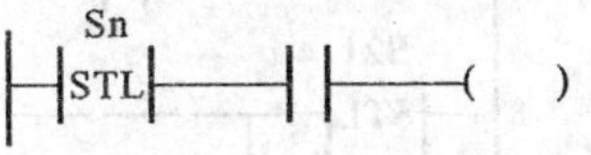	1
RET 返回	步进梯形图结束	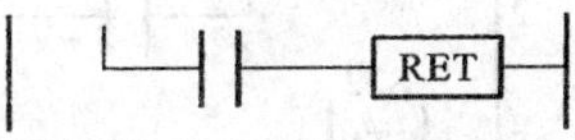	1

(1) STL 指令功能

步进梯形图开始指令。利用内部软元件状态 S 的动合接点与左母线相连，表示步进控制的开始。

STL 指令与状态继电器 S 一起使用，控制步进控制过程中的每一步，S0～S9 用于初始步控制，S10～S19 用于自动返回原点控制。顺序功能图中的每一步对应一段程序，每一步与其他步是完全隔离开的。每段程序一般包含负载的驱动处理、指定转换条件和指定转换目标三个功能。如表 18-3 中所示梯形图，在状态寄存器 S22 为 ON 时，进入了一个新的程序段。Y2 为驱动处理程序，X2 为状态转移控制，在 X2 为 ON 时表示 S22 控制的过程执行结束，可以进入下一个过程控制，SET S23 为指定转换目标，进入 S23 指定的控制过程。

表 18-3　STL 指令使用说明

状态图	梯形图	指令表	
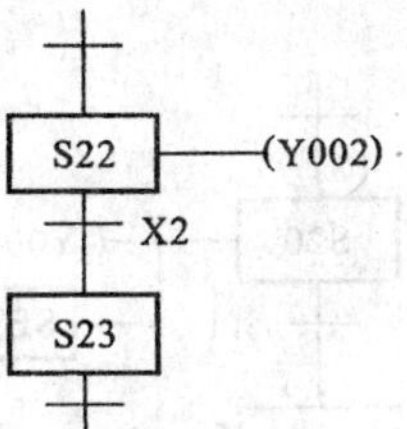	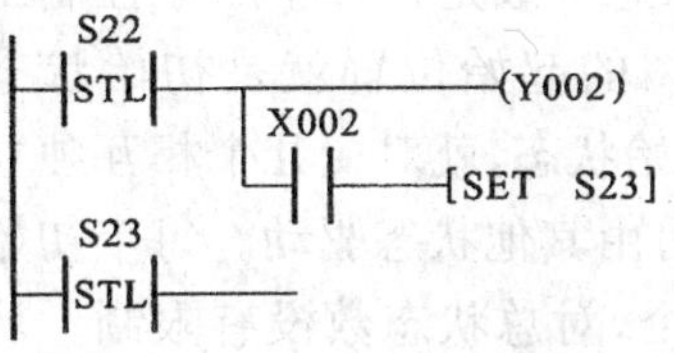	STL	S22
		OUT	Y002
		LD	X002
		SET	S23
		STL	S23

步进梯形图可以作为 SFC 图处理。从 SFC 图也可反过来形成步进梯形图。由图 18-3 中的流程图 SFC 转为梯形图如图 18-7 所示，从梯形图程序中可以看到，SFC 流程图中包含了所有的信息，通过训练可以很快掌握 SFC 的编程方法。

(2) RET 指令功能

步进梯形图结束指令。表示状态 S 流程的结束，用于返回主程序母线的指令。

(3) 指令 SET 的特殊应用

如图 18-8 所示，状态 S20 有效时，输出 Y1、Y2 接通（这里 Y1 用 OUT 指令驱动，Y2 用 SET 指令置位，未复位前 Y2 一直保持接通），程序等待转换条件 X1 动作。当 X1 接通，状态就由 S20 转到 S21，这时 Y1 断开，Y3 接通，Y2 仍保持接通。要使 Y2 断开，必须使用 RST 指

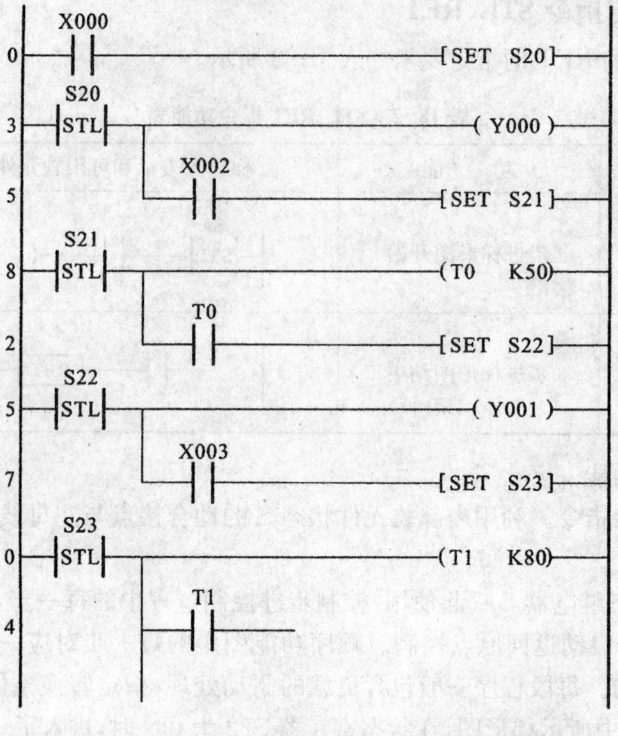

图 18-7 由 SFC 图转换的小车甲乙两地间运行梯形图

令。OUT 指令与 RST 指令在步进控制中的不同应用需要特别注意。

(4) 状态编程规则

① 状态号不可重复使用。

② STL 指令后面只跟 LD/LDI 指令。

③ 初始状态的编程。初始状态一般是指一个顺序控制工艺过程的开始状态。对应状态转移图的起始位置就是初始状态。用 S0～S9 表示初始状态,有几个初始状态,就对应几个相互独立的状态过程。开始运行后,初始状态可由其他状态驱动。每个初始状态下面的分支数总和不能超过 16 个,对总状态数没有限制。从每个分支点上引出的分支不能超过 8 个。

④ 在不同的状态之间,可编写同样的输出继电器(在普通的继电器梯形图中,由于双线圈处理动作复杂,因此建议不对双线圈编程),如图 18-9(a)所示。

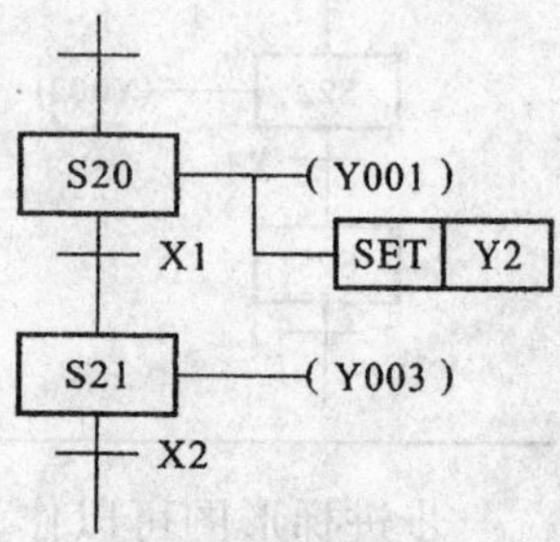

图 18-8 状态转移图

⑤ 定时器线圈同输出线圈一样,可在不同状态间对同一软元件编程。但在相邻状态中则不能编程,如图 18-9(b)所示。如果在相邻状态下编程,则工序转移时,定时器线圈不断开,当前值不能复位。

⑥ 在状态内的母线,一旦写入 LD 或 LDI 指令后,对不需触点的指令就不能编程,需按图 18-10 所示方法处理,位置变更插入动断触点。

⑦ 在中断和子程序内,不能使用 STL 指令。

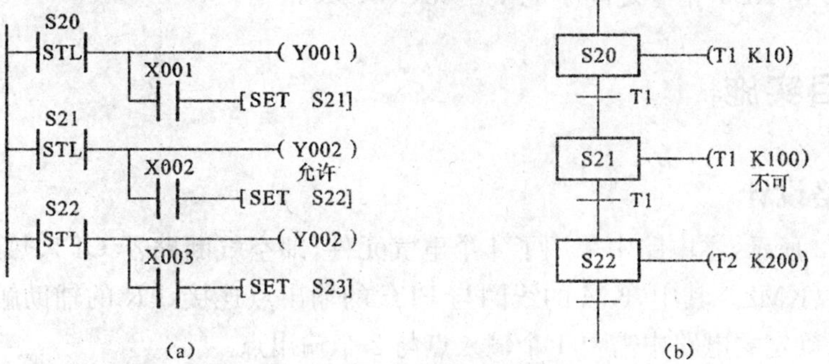

图 18-9 双线圈使用示意图

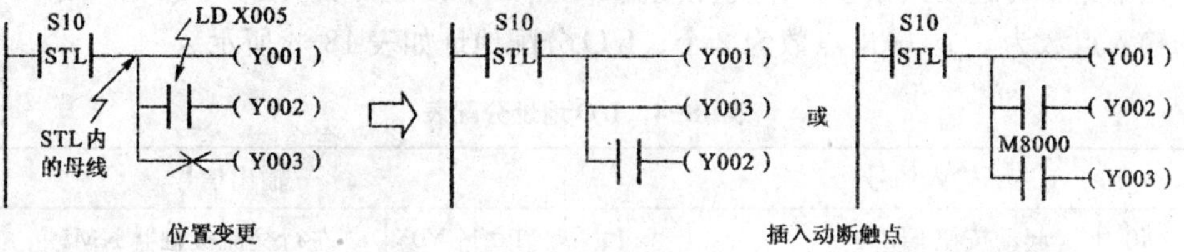

图 18-10 不需触点指令编程

⑧ 在 STL 指令内不能使用跳转指令。

⑨ 连续转移用 SET 指令，非连续转移用 OUT 指令。

也就是说，所有跳转，无论是同一分支内的，还是不同分支间的跳转，都必须使用 OUT 指令，而不能使用 SET 指令；而一般的相邻状态间的连续转移则使用 SET 指令，这是跳转和连续转移的区别。图 18-3 中，程序由 S23 返回 S20 必须使用 OUT S20，而不能使用 SET S20。步进结束时用 RET 表示返回主程序。图 18-11 为小车甲乙两地间运行的完整梯形图。

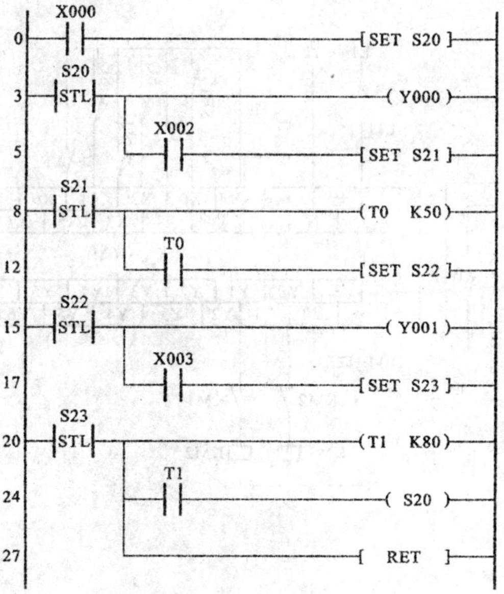

图 18-11 小车甲乙两地间运行梯形图

⑩ 在 STL 与 RET 指令之间不能使用 MC、MCR 指令。

四、项目实施

1. 主电路设计

如图 18-12 所示，主电路中采用了 4 个电气元件，即空气断路器 QF1、热继电器 FR 和交流接触器 KM1、KM2。其中，KM 的线圈与 PLC 的输出点连接，FR 的辅助触点与 PLC 的输入点连接，可以确定主电路中需要 1 个输入点与 2 个输出点。

2. 确定 I/O 总点数及地址分配

控制电路中有起动按钮 SB1、停止按钮 SB2 和 3 个接近开关 SQ1、SQ2 和 SQ3。控制系统总的输入点数为 6 个，输出点数为 2 个。I/O 分配地址如表 18-4 所示。

表 18-4　I/O 地址分配表

输入信号			输出信号		
1	X0	起动按钮 SB1	1	Y0	左行交流接触器 KM1
2	X1	停止按钮 SB2	2	Y1	右行交流接触器 KM2
3	X2	接近开关 SQ1			
4	X3	接近开关 SQ2			
5	X4	接近开关 SQ3			
6	X5	热继电器 FR			

3. 控制电路

运料小车三地往返运行控制原理图如图 18-12 所示。

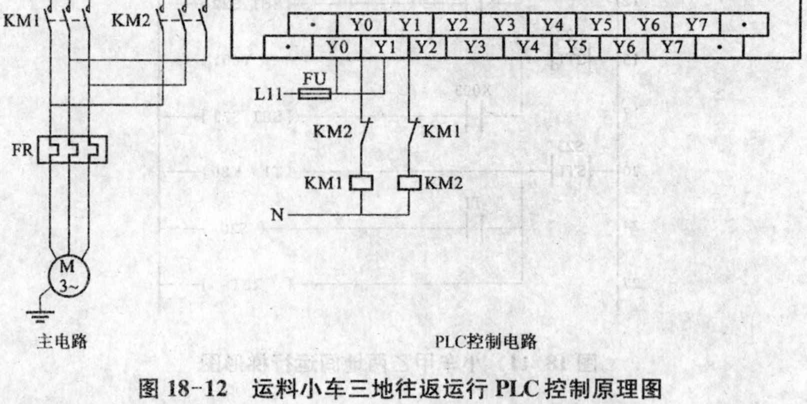

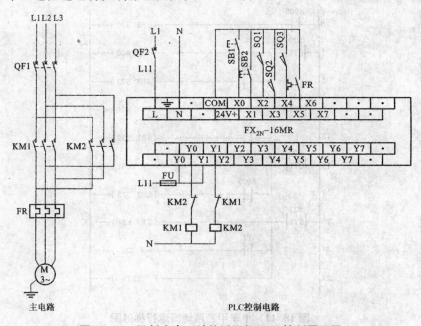

图 18-12　运料小车三地往返运行 PLC 控制原理图

4. 设备材料表

本项目控制中输入点数应选 6×1.2≈8 点；输出点数应选 2×1.2≈3 点(继电器输出)。通过查找三菱 FX_{2N} 系列选型表，选定三菱 FX_{2N}-16MR-001(其中输入 8 点，输出 8 点，继电器输出)。通过查找电气元件选型表，选择的元器件如表 18-5 所示。

表 18-5　设备材料表

序号	符号	设备名称	型号、规格	单位	数量	备注
1	M	电动机	Y-112M-4　380 V、5.5 kW、1378 r/min、50 Hz	台	1	
2	PLC	可编程控制器	FX_{2N}-16MR-001	台	1	
3	QF1	空气断路器	DZ47-D25/3P	个	1	
4	QF2	空气断路器	DZ47-D10/1P	个	1	
5	FU	熔断器	RT18-32/6 A	个	1	
6	KM	交流接触器	CJX2(LC1-D)-12　线圈电压 220 V	个	2	
7	SB	按钮	LA39-11	个	2	
8	FR	热继电器	JRS1(LR1)-D12316/10.5 A	个	1	
9	SQ	霍尔接近开关	VH-MD12 A-10N1	个	3	

5. 程序设计

前面学习了利用定时器实现顺序控制的设计方法，本项目将使用状态转移图 SFC 语言来描述顺序流程结构的状态编程，并能灵活地将 SFC 转换成步进梯形图。图 18-13 为小车三地间运行状态转移图。根据状态转移流程图，编写步进梯形图如图 18-14 所示。

程序说明：

M8002：通电瞬时 ON 指令。

ZRST：组复位指令，触发信号 ON 时，指定的步进程序段全部清零。

SET：置位指令，触发信号 ON 时，指定的线圈为 ON。若状态向相邻的下一状态连续转移，使用 SET 指令，不同分支间的跳转必须用 OUT 指令。在 STL 与 RET 指令之间不能使用 MC、MCR 指令，STL 指令后是子母线的起始，不跟 MPS 指令。在子程序或中断服务程序中，不能使用 STL 指令，在状态内部最好不要使用 CJ 指令，以免引起混乱。

STL：步进阶梯开始标志，仅对状态组件 S 有效。

RET：复位指令，触发信号 ON 时，指定的线圈为 OFF，步进结束，必须使用步进返回指令 RET，从子母线返回主母线。

状态组件 S：与普通继电器完全一样，可以使用 LD、LDI、AND、ANI、OR、ORI、OUT、SET 和 RET 等指令，状态号不能重复使用。

Tn 定时器：相邻状态不能使用同一个定时器，非相邻状态可以使用同一个定时器。

6. 运行调试

根据原理图连接 PLC 线路，检查无误后将程序下载到 PLC 中，运行程序，观察控制过程。

(1) 按下外部起动按钮 SB1，将 X0 置 ON 状态，观察 Y0 的动作情况。

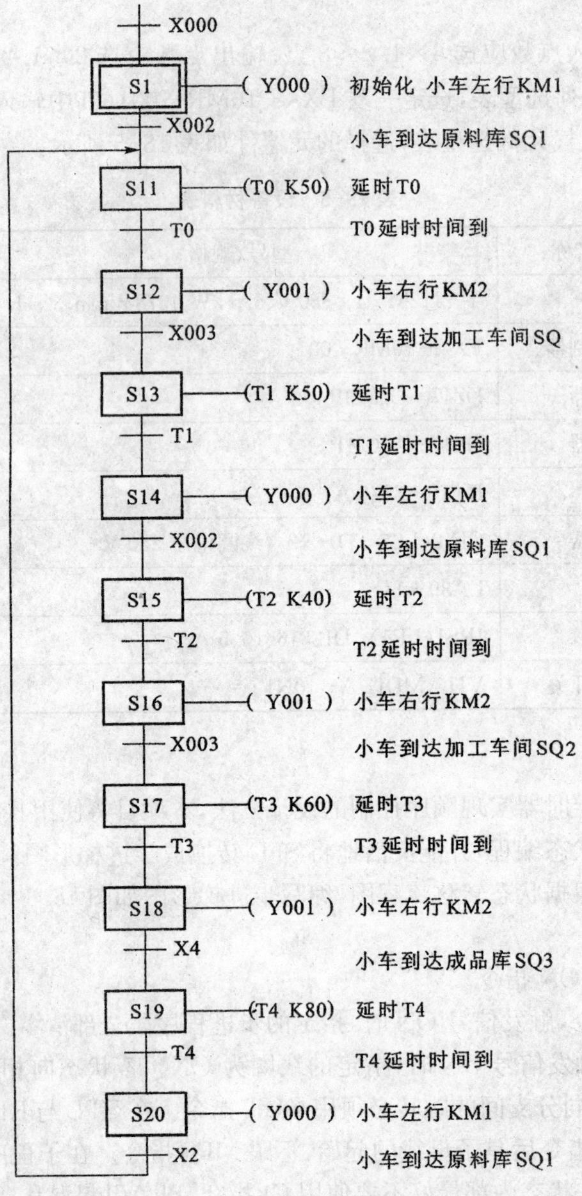

图 18-13　小车三地间运行状态转移图

(2) 行程开关 SQ1 得电,观察定时器 T0 和继电器 Y0、Y1 的动作情况。

(3) 定时时间到,观察定时器 T0 和继电器 Y0、Y1 的动作情况。

(4) 行程开关 SQ2 得电,观察定时器 T1 和继电器 Y0、Y1 的动作情况。

(5) 定时时间到,观察定时器 T1 和继电器 Y0、Y1 的动作情况。

(6) 行程开关 SQ1 再次得电,观察定时器 T2 和继电器 Y0、Y1 的动作情况。

(7) 定时时间到,观察定时器 T2 和继电器 Y0、Y1 的动作情况。

(8) 行程开关 SQ3 得电,观察定时器 T3 和继电器 Y0、Y1 的动作情况。

(9) 定时时间到,观察定时器 T3 和继电器 Y0、Y1 的动作情况。

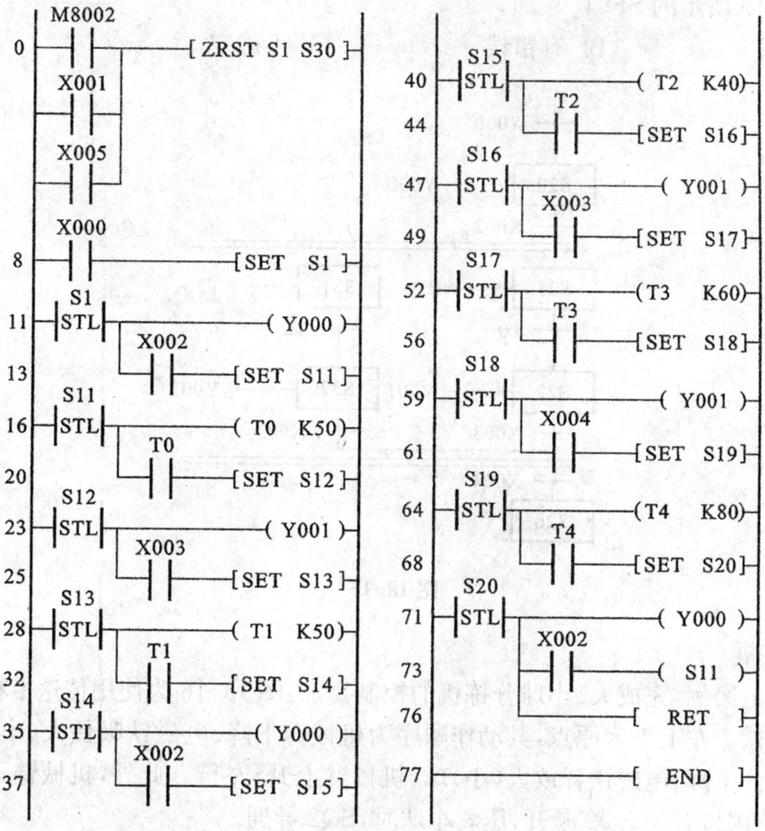

图 18-14　小车三地间运行控制梯形图程序

(10) 按下外部停止按钮 SB2，将 X1 置 ON 状态，观察 Y0、Y1 的动作情况。

(11) 将 X5 置 ON 状态，观察 Y0、Y1 的动作情况。

五、研讨与练习

1. 在步进梯形图中，不同状态之间输出继电器可以使用(　　)次。

A. 1　　B. 8

C. 10　　D. 无数

2. 每个初始状态下的分支数总和不能超过(　　)个。

A. 1　　B. 2

C. 16　　D. 无数

3. 下列属于初始化状态继电器的有(　　)。

A. S2　　B. S20

C. S246　　D. S250

4. 超过 8 个分支可以集中在一个分支点上引出(　　)。

A. 错误　　B. 正确　　C. 不确定

5. 图 18-15 所示的 SFC(　　)。

A. 无错误　　　B. 有错误　　　C. 不确定

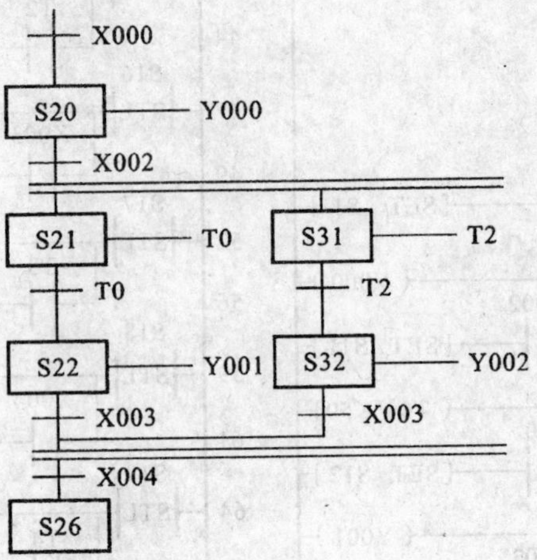

图 18-15

6. 应用拓展

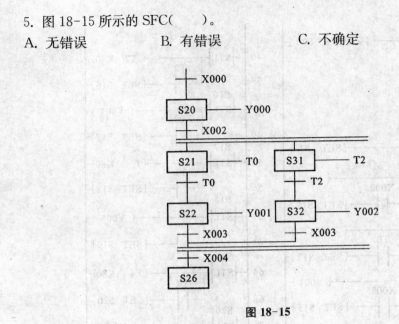

试根据以上案例，完成大、小球分拣机的控制要求：图 18-16 为使用传送带将大、小球分类选择传送的机械。左上方为原点，其动作顺序为机械臂下降、电磁铁吸住大(小)球、机械臂上升、机械臂右行、下降、电磁铁释放大(小)球、机械臂上升、左行。此外，机械臂下降，当电磁铁压着大球时，下限位开关 SQ2 断开，压着小球时，SQ2 导通。

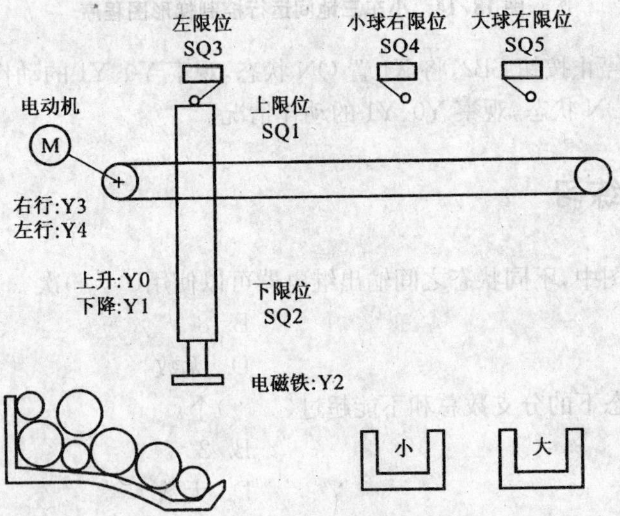

图 18-16　大、小球分拣系统示意图

项目十九

液体混合系统控制

项目目标

(1) 熟悉步进顺控指令的编程方法。
(2) 掌握液体混合程序设计。
(3) 进一步了解 PLC 应用设计的步骤。

一、项目任务

液体混合装置如图 19-1 所示，此装置有搅拌电动机 M(1.5 kW)及混合罐，罐内设置上限位 SL1、中限位 SL2 和下限位 SL3 液位传感器，电磁阀门 YV1 和 YV2 控制两种液体的注入，电磁阀门 YV3 控制液体的流出。控制要求是将两种液体按比例混合，搅拌 60 s 后输出混合液。请用 PLC 实现控制过程。

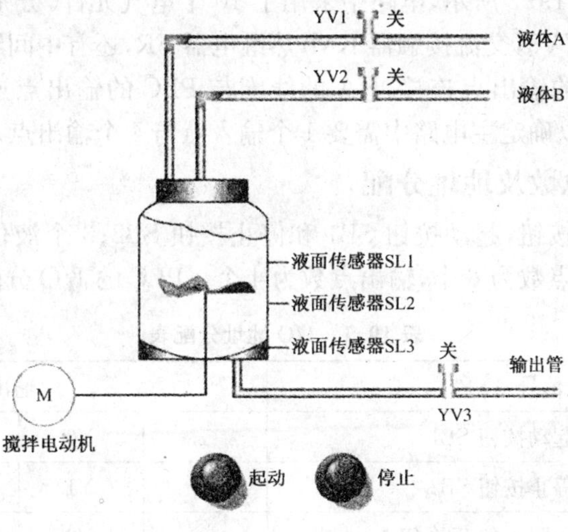

图 19-1　液体混合系统控制模拟图

二、项目知识分析

1. 初始状态

工作前，混合罐保持空罐状态。

2. 过程控制

按下起动按钮,开始下列操作:

(1) 开启电磁阀 YV1,开始注入液体 A,至液面高度到达液面传感器 SL2 处时(此时 SL2 和 SL3 为 ON)停止注入液体 A,同时开启电磁阀 YV2 注入液体 B,当液面升至液面传感器 SL1 处时停止注入液体 B。

(2) 停止注入液体 B 时,开启搅拌机,搅拌混合时间为 60 s。

(3) 停止搅拌后开启电磁阀 YV3,放出混合液体,至液体高度降到液面传感器 SL3 处后,再经 5 s 关闭 YV3。

(4) 循环(1)、(2)、(3)工作。

3. 停止操作

按下停止键后,在当前循环完毕后停止操作,回到初始状态。

三、项目实施

通过项目知识分析可知,两种液体混合控制是典型的步进过程控制,可用 PLC 来实现控制要求。

1. 主电路设计

主电路控制的对象有 1 台电动机和 3 只电磁阀,电动机因功率较小采用直接起动控制方式,电磁阀因其通电瞬间电流较大,PLC 输出点通过中间继电器或交流接触器转换后再接电磁阀线圈。主电路如图 19-2 所示,电路中采用了 10 个电气元件,分别为空气断路器 QF1 和 QF2,电磁阀门 YV1～YV3,交流接触器 KM,热继电器 FR,还有中间继电器 KA1～KA3。其中,KM 的线圈与 PLC 的输出点连接,KA 的线圈与 PLC 的输出点连接,FR 的辅助触点与 PLC 的输入点连接,可以确定主电路中需要 1 个输入点与 4 个输出点。

2. 确定 I/O 点总数及地址分配

控制电路中有 2 个按钮,起动按钮 SB1 和停止按钮 SB2;3 个液位限位开关 SL1～SL3。这样整个系统总的输入点数为 6 个,输出点数为 4 个。PLC 的 I/O 分配地址如表 19-1 所示。

表 19-1 I/O 地址分配表

输入信号			输出信号		
1	X0	起动按钮 SB1	1	Y0	交流接触器 KM
2	X1	停止按钮 SB2	2	Y1	中间继电器 KA1
3	X2	上限液位开关 SL1	3	Y2	中间继电器 KA2
4	X3	中限液位开关 SL2	4	Y3	中间继电器 KA3
5	X4	下限液位开关 SL3			
6	X5	热继电器 FR			

3. 控制电路电气原理图

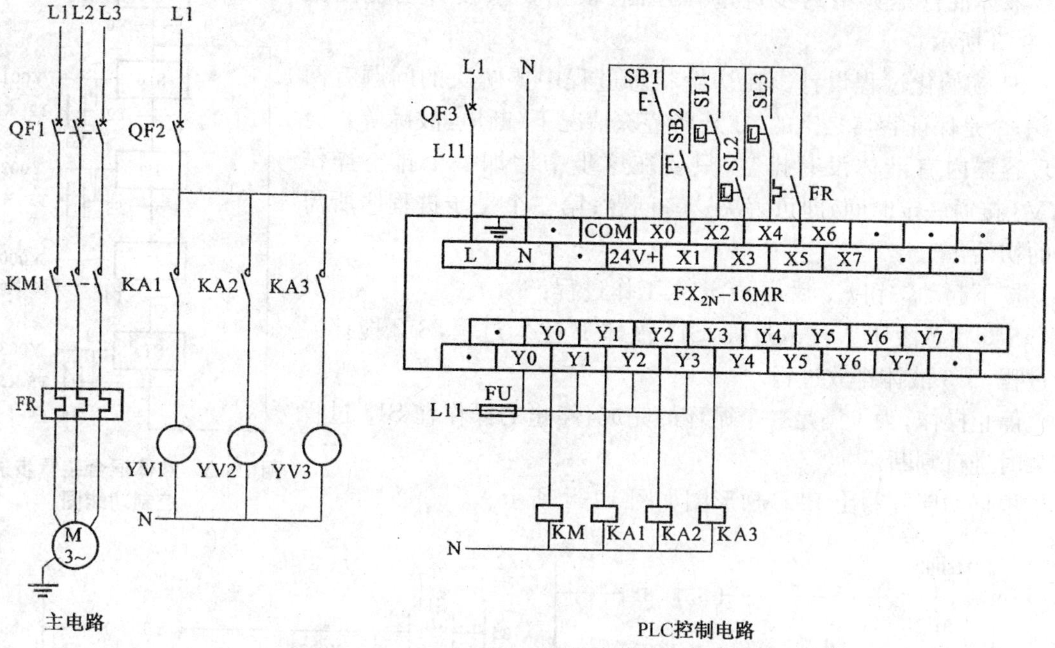

图 19-2　液体混合装置 PLC 控制原理图

4. 设备材料表

本控制中输入点数应选 6×1.2≈8 点，输出点数应选 4×1.2≈5 点（继电器输出）。通过查找三菱 FX_{2N} 系列选型表，选定三菱 FX_{2N}-16MR-001（其中输入 8 点，输出 8 点，继电器输出）。通过查找电气元件选型表，选择的元器件列表如表 19-2 所示。

表 19-2　设备材料表

序号	符号	设备名称	型号、规格	单位	数量	备注
1	M	电动机	Y-112M-4　380 V、1.5 kW、1378 r/min、50 Hz	台	1	
2	PLC	可编程控制器	FX_{2N}-16MR-001	台	1	
3	QF1	空气断路器	DZ47-D10/3P	个	1	
4	QF2	空气断路器	DZ47-D20/1P	个	1	
5	QF3	空气断路器	DZ47-D10/1P	个	1	
6	FU	熔断器	RT18-32/6 A	个	2	
7	KM	交流接触器	CJX2(LC1-D)-9　线圈电压 220 V	个	1	
8	SB	按钮	LA39-11	个	2	
9	FR	热继电器	JRS1(LR1)-D09306/2.9 A	个	1	
10	SL	液位限位开关	LV20-1201	个	3	
11	KA	中间继电器	JZ7-44　吸引线圈工作电压 AC　220 V	个	3	
12	YV	电磁阀	DF-50-AC:220 V	个	3	

5. 程序设计

液体混合是典型的步进过程控制，根据要求设计功能图如图 19-3 所示。

S1 初始化过程设计。在初始状态过程中要解决的问题有两个：一个是保证容器是空的，在某些特殊情况下（断电、故障等），会出现容器内有液体没有排空，只要在这步中增加一个排空操作（YV3 接通一定时间）即可解决这一问题；第二个是步进程序所需要的初始化工作。

按下起动按钮 X0 后，开始进入工作过程：

S10 状态液体 A 注入过程，S11 液体 B 注入过程，S12 搅拌混合过程，S13 液体排放过程。

停止操作，为了满足一个循环的完成，停止的操作在 S13 过程结束时进行判断。

根据功能图写出 PLC 梯形图如图 19-4 所示。

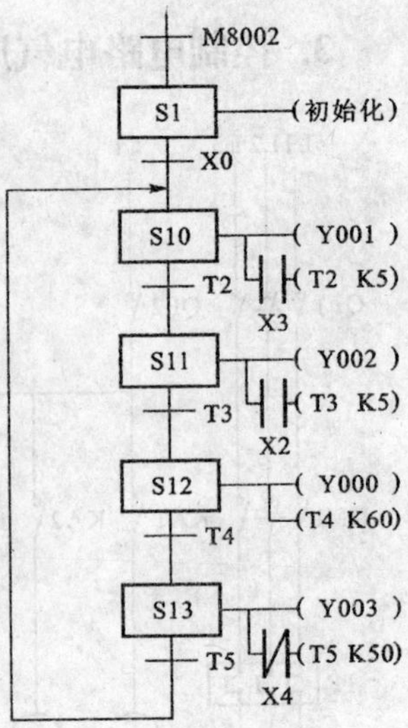

图 19-3 液体混合装置步进控制功能图

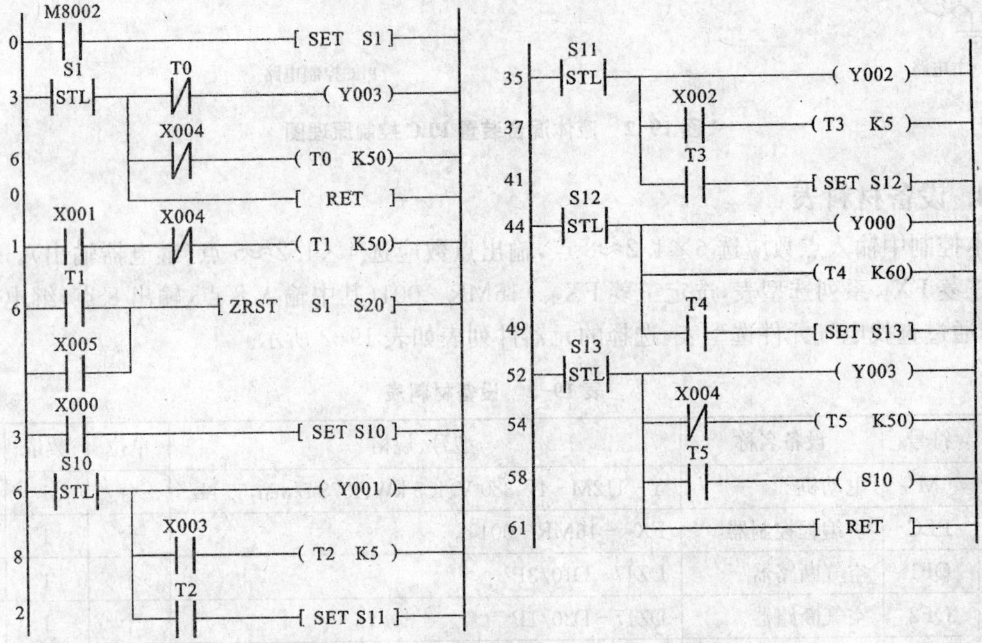

图 19-4 液体混合装置 PLC 控制程序

6. 运行调试

根据原理图连接 PLC 线路，检查无误后将程序下载到 PLC 中，运行程序，观察控制过程。

（1）按下外部起动按钮 SB1，将 X1 置 ON 状态，观察 Y0 的动作情况。

（2）松开外部起动按钮 SB1，将 X1 置 OFF 状态，观察 Y0 的动作情况。

（3）按下外部停止按钮 SB2，将 X2 置 ON 状态，观察 Y0 的动作情况。

四、基本应用技巧

PLC 常见的输入设备有按钮、行程开关、接近开关、转换开关、编码器、各种传感器等，输出设备有继电器、接触器、电磁阀等。这些外部元器件或设备与 PLC 连接时，必须符合 PLC 输入和输出接口电路的电气特性要求，才能保证 PLC 安全可靠地工作。

1. PLC 与主令电器类(机械触点)设备的连接

图 19-5 是与按钮、行程开关、转换开关等主令电器类输入设备的接线示意图。图中的 PLC 为直流汇点式输入，即所有输入点共用一个公共端 COM，输入侧的 COM 为 PLC 内部 DC 24 V 电源的负极，在外部开关闭合时，经光电隔离后进入 PLC 的 CPU 中。

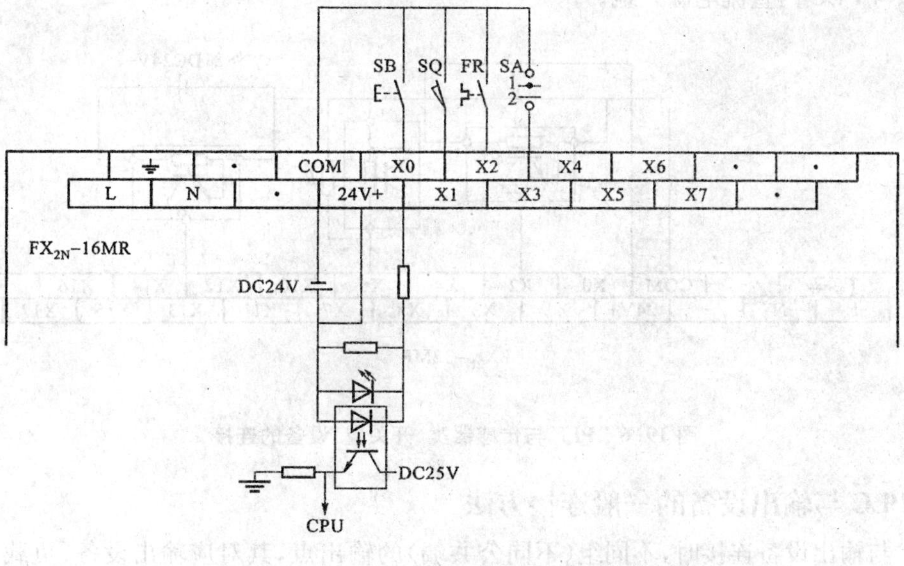

图 19-5　PLC 与主令电器类输入设备的连接

对于输入信号，在编程使用时要建立输入继电器的概念。外部开关为一个触点的动作状态，而 PLC 的输入继电器 X 具有动合触点和动断触点两种开关状态特性，这一点要特别注意。

例如：在项目一至项目四的电动机运行控制 PLC 程序中，起动控制采用输入继电器的动合触点，停止控制和热保护使用输入继电器的动断触点，而外部起动按钮、停止按钮、热保护与 PLC 接线连接的是动合触点。下面仔细分析其原因。

在程序中使用动合触点时，外部连接也使用动合触点，PLC 内部状态与外部输入的状态是一致的。图 19-5 中所示 PLC 输入继电器 X0 与 SB 按钮的动合触点连接，按下按钮时 X0 动合触点接通，松开按钮时 X0 动合触点断开。

在程序中使用动断触点时，外部连接常采用动合触点，PLC 动断触点状态与外部输入的动合触点状态是相反的。即外部输入没有接通时，输入继电器 X 的动断触点是闭合的。外部输入接通时，输入继电器 X 的动断触点是断开的。图 19-5 中 X2 与 FR 的动合触点连接，在 PLC 程序中使用 X2 的动断触点与输出继电器的线圈串联，在 FR 动合触点闭合时，X2 动断触点断开，在 FR 没有动作时，X2 的动断触点是闭合的，状态是导通的。外部输入开关也可以使用动断触点接线，那么在程序中就要使用输入继电器的动合触点。因此，习惯在PLC程序中用停止按钮或热保护的动断触点状态，那么在PLC外部接线时需要使用外部器件的动合触点进行输入。

2. PLC与传感器类(开关量)设备的连接

传感器种类很多，其输出方式也各不相同，但与PLC基本单元连接的传感器只能是开关量输出的传感器，模拟量输出的传感器需要特殊功能模块。

当采用接近开关、光电开关等两线式传感器时，由于传感器的漏电流较大，可能出现错误的输入信号而导致PLC误动作，此时可在PLC输入端并联旁路电阻R，如图19-6所示与X6连接的二线制传感器的接线方式。图中与X2连接的是使用PLC输出电源的三线制传感器的接线方式；与X13连接的是使用外部直流电源供电的三线制传感器的接线方式，需要将外部直流电源与PLC内直流电源共地。

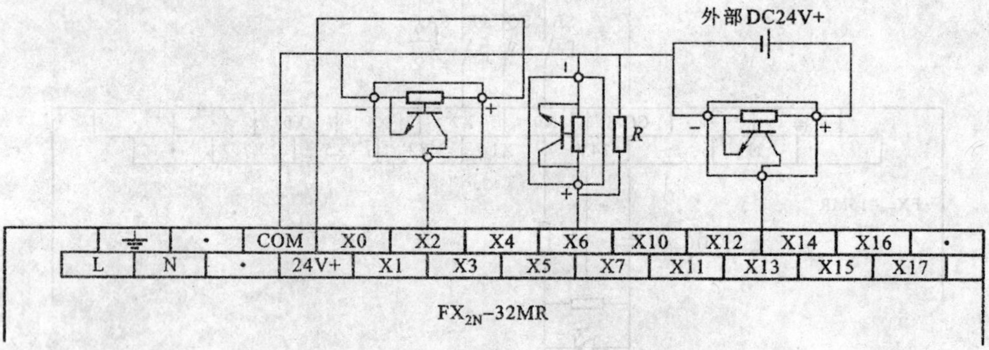

图19-6 PLC与传感器类(开关量)设备的连接

3. PLC与输出设备的一般连接方法

PLC与输出设备连接时，不同组(不同公共端)的输出点，其对应输出设备(负载)的电压类型、等级可以不同，但同组(相同公共端)的输出点，其电压类型和等级应该相同。要根据输出设备电压的类型和等级来决定是否分组连接。如图19-7所示，KM1、KM2、KM3均为交流220 V电源，所以使用公共端COM1；而KA则使用了COM2，保证了不同电压等级输出设备连接的安全性。要注意的是在设计过程中，尽可能采取措施使PLC输出端连接的控制元件为

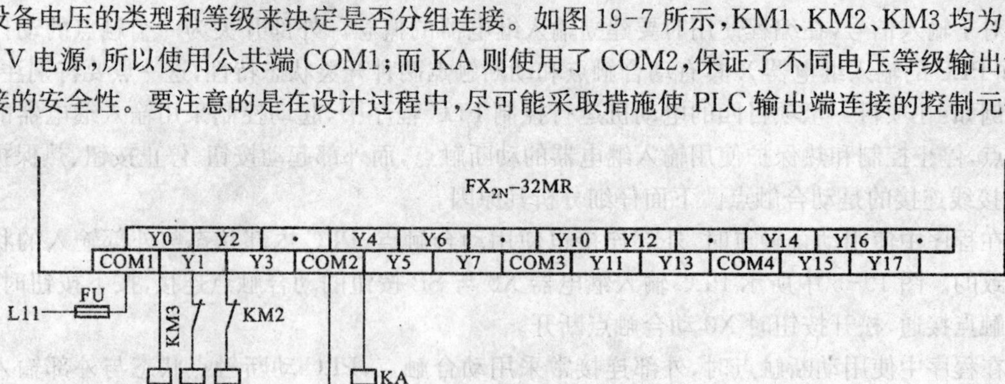

图19-7 PLC与一般输出设备的连接

同一电压等级。另外要注意，在 PLC 输出继电器同为 ON 时可能造成电气故障，应首先考虑外部互锁的解决措施。例如图 19-7 中 KM2 与 KM3 之间具有外部互锁的接线情况。

4. PLC 与感性输出设备的连接

PLC 的输出端经常连接感性输出设备(感性负载)，因此需要抑制感性电路断开时产生的电压使 PLC 内部输出元件造成损坏。当 PLC 与感性输出设备连接时，如果是直流感性负载，应在其两端并联续流二极管；如果是交流感性负载，应在其两端并联阻容吸收电路。如图 19-8 所示，与 Y4 连接的是直流感性负载，与 Y0 连接的是交流感性负载。

图中，续流二极管可选用额定电流大于负载电流、额定电压大于电源电压的 5～10 倍；电阻值可取 50～120 Ω，电容值可取 0.1～0.47 μF，电容的额定电压应大于电源的峰值电压。

上述接法是在 PLC 额定输出要求的情况下才连接，继电器输出型 PLC 的输出特性为 AC250 V、DC30 V(2 A)以下，如果某感性设备额定电压或额定电流超出范围，则需要通过中间继电器或交流接触器来连接。例如：常用的电磁阀线圈因起动电流过大，应该采取如图 19-8 中所示 Y2 的输出连接方式，通过接触器 KM 的主触点控制线圈的导通与关断。

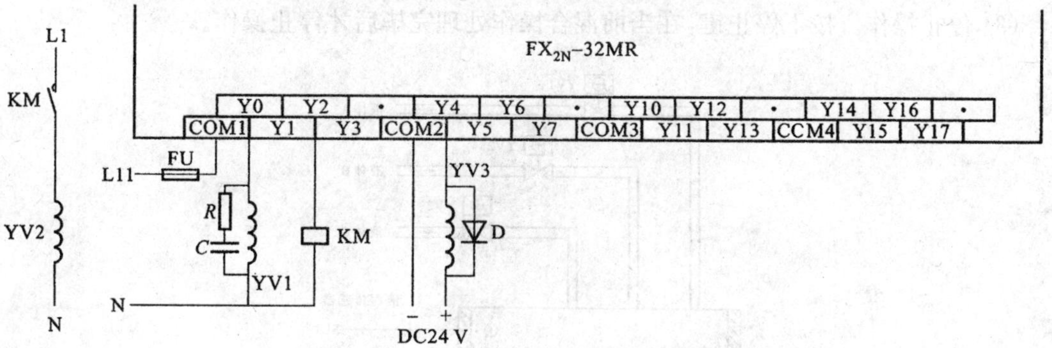

图 19-8　PLC 与感性输出设备的连接

五、研讨与练习

1. 以下不能作为 PLC 基本功能模块输入信号的是(　　)。

A. 按钮开关　　B. 热继电器的动断触点

C. 连接型压力传感器　　D. 温度开关

2. 继电器输出型 PLC 的输出点的额定电压电流是(　　)。

A. DC 250 V/2 A　　B. AC 250 V/2 A

C. DC 220 V/1 A　　D. AC 220 V/1 A

3. 并接于直流感性负载的续流二极管，其反向耐压值至少是电源电压的(　　)倍。

A. 5　　B. 3　　C. 20　　D. 11

4. 晶体管输出型 PLC 的输出点的额定电压/电流约是(　　)。

A. DC 250 V/2 A　　B. AC 250 V/2 A

C. DC 24 V/0.5 A　　D. AC 220 V/0.5 A

5. 下列属于初始化状态继电器的有(　　)。

A. S9　　　　B. S20　　　　C. S246　　　　D. S250

6. 应用拓展

如图 19-9 所示，根据控制要求，编制三种液体自动混合的控制程序，并运行调试程序。三种液体自动混合控制要求如下：

(1) 初始状态。容器是空的，YV1、YV2、YV3、YV4 均为 OFF，SL1、SL2、SL3 为 OFF，搅拌机 M 为 OFF。

(2) 起动操作。按下起动按钮，开始下列操作：

① YV1＝YV2＝ON，液体 A 和 B 同进入容器，当达到 SL2 时，SL2＝ON，使 YV1＝YV2＝OFF，YV3＝ON，即关闭 YV1、YV2 阀门，打开液体 C 的阀门 YV3。

② 当液体达到 SL1 时，YV3＝OFF，M＝ON，即关闭阀门 YV3，电动机 M 起动，开始搅拌。

③ 经 10 s 拌均匀后，M＝OFF，停止搅拌。

④ 停止搅拌后放出混合液体，YV4＝ON，当液面降到 SL3 后，再经 5 s 停止放出。YV4＝OFF。

(3) 停止操作。按下停止键，在当前混合操作处理完毕后才停止操作。

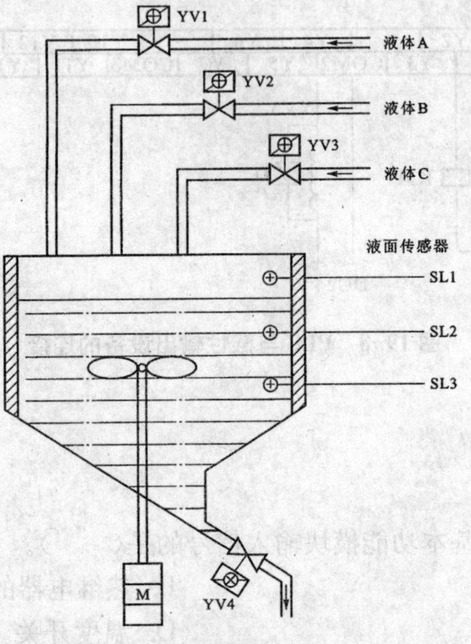

图 19-9　三种液体混合系统控制示意图

同步训练　多种液体混合装置控制

1. 实训学生管理

(1) 实训期间不准穿裙子、拖鞋，必须身穿工作服(或学生服)、胶底鞋。

(2) 实训期间不准携带餐点、饮料入场，如遇下雨不准携带雨伞入场；实训进行时，防止头发、纸屑等杂物进入实训设备。

(3) 注意安全，遵守实训纪律，做到有事请假，不得无故缺席或随意离开。

(4) 实训过程中，要爱护器材和工具，节约用料，如有损坏应立即报告指导教师，按学院规定进行处理。

(5) 通电试车时，必须严格按照指导教师的安排进行上电，不得自行通电。

(6) 实训过程中，应认真学习实训教材和相关资料，认真完成指导教师布置的任务，及时总结实训经验；实训项目结束后，完成相应的实训报告。

2. 实训目的

(1) 熟悉 PLC 的编程指令。

(2) 掌握液体混合装置控制的编程方法。

(3) 熟悉 PLC 的端子接线方法。

(4) 能够运用计算机编程软件进行程序的传送。

(5) 熟悉控制电路的接线步骤，并且能够进行混合装置调试和故障诊断。

(6) 理解团队合作的真正意义，组长能够进行合理的分工。

3. 实训器材与工具

序号	名　称	符号	数量
1	常用电工工具		
2	万用表		
3	导线		
4	可编程控制器(FX_{2N}-24MR)		
5	数据传输电缆		
6	PLC 实训控制台		
7	计算机(装有 GX-WORKS2)		
8	抢答器显示控制单元		
9	低压断路器		
10	刀开关		
11	熔断器		
12	按钮盒		
13	指示灯		
14	电铃		

4. 实训内容及步骤

设计要求：

(1) 总体控制要求：如面板图所示，本装置为三种液体混合模拟装置，由液面传感器 SL1、SL2、SL3，液体 A、B、C 阀门与混合液阀门的电磁阀 YV1、YV2、YV3、YV4，搅匀电机 M，加热器 H，温度传感器 T 组成。实现三种液体的混合、搅匀、加热等功能。

(2) 打开“启动”开关，装置投入运行时。首先液体 A、B、C 阀门关闭，混合液阀门打开10 s 将容器放空后关闭。然后液体 A 阀门打开，液体 A 流入容器。当液面到达 SL3 时，SL3 接通，关闭液体 A 阀门，打开液体 B 阀门。液面到达 SL2 时，关闭液体 B 阀门，打开液体 C 阀门。液面到达 SL1 时，关闭液体 C 阀门。

(3) 搅匀电机开始搅匀,加热器开始加热。当混合液体在 6 s 内达到设定温度,加热器停止加热,搅匀电机工作 6 s 后停止搅动;当混合液体加热 6 s 后还没有达到设定温度,加热器继续加热,当混合液达到设定的温度时,加热器停止加热,搅匀电机停止工作。

(4) 搅匀结束以后,混合液体阀门打开,开始放出混合液体。当液面下降到 SL3 时,SL3 由接通变为断开,再过 2 s 后,容器放空,混合液阀门关闭,开始下一周期。

(5) 关闭"启动"开关,在当前的混合液处理完毕后,停止操作。

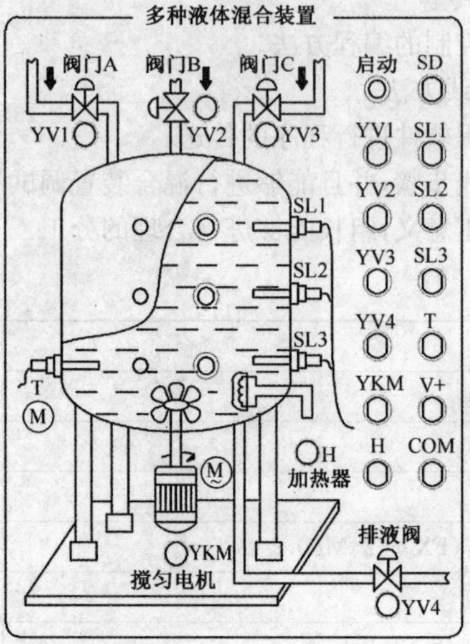

实训步骤:

(1) 绘制分析电气原理图。

① 绘制主电路

② I/O 分配表

输入单元			输出单元		
电气符号	软元件	功能	电气符号	软元件	功能

③ I/O 接线图

④ 梯形图

⑤ 写出指令表程序

(2) 将程序写入计算机编程软件(GX－WORKS2),并且进行模拟仿真。
(3) 选择性能正常的器材。
(4) 在 PLC 实训控制台上,确定器材的位置。
(5) 根据电气原理图进行电路安装(严格按照电工工艺要求进行接线,区分导线颜色)。
① 接主电路。
② 接控制电路。
(6) 检查线路。
① 清理板面杂物。
② 目视检查法。
a. 对照原理图,一根一根导线检查,看是否有错接、漏接。
b. 用手轻摇每一根导线,看导线是否接牢,是否存在虚接故障。
c. 看导线是否有损伤,是否压住绝缘层。
③ 仪表检查法。
a. 分阶测量法。
b. 分段测量法。

④ 请指导教师进行检查。

(7) 按照相应的传送方法将计算机的程序传入 PLC 主机。

(8) 暂不接输出电源进行调试:把 PLC 主机上的开关扳向"RUN",然后按下相应的按钮输入,观察对应的 PLC 输出显示灯是否按控制要求发光;如有误,把 PLC 主机上的开关扳向"STOP",检查程序和接线,修改后重复上述步骤,直至正常。

(9) 通电试车(在指导教师的监督下):模拟调试无误后,接通输出端电源,按下相应按钮,控制电动机正常运行。是否存在故障?如遇故障,进行诊断分析,完成下表,再次进行通电试车。(是/否)

故障现象	故障分析	检查方法及排除

(10) 实训结束。

① 清点实训器材与工具,交指导教师检查。

② 整理工位,打扫卫生。

5. 项目评价

本项目的考核评价参照表 11-4 所示。

6. 总结实训经验

项目二十 交通灯控制

项目目标

(1) 学会使用 FX_{2N}的计数器。

(2) 学习利用步进指令实现顺序控制的基本编程方法。

(3) 进一步了解 PLC 应用设计的步骤。

一、项目任务

图 20-1 是十字路口交通灯控制示意图,请用 PLC 实现交通信号灯控制要求。

控制要求如下:合上空气断路器 QF 后,将旋钮打到自动挡上,按下起动按钮 SB0,南北绿灯与东西红灯同时亮;10 s 后,南北绿灯闪烁,亮暗间隔 0.5 s,闪烁 3 次后,南北黄灯与东西黄灯同时亮;维持 2 s 后,南北绿灯、黄灯灭,红灯亮,同时东西红灯、黄灯灭,绿灯亮,此后南北红灯亮,东西绿灯亮;10 s 后,东西绿灯闪烁,亮暗间隔 0.5 s,闪烁 3 次后,东西黄灯与南北黄灯同时亮。维持 2s 后,南北红灯灭,绿灯亮,同时,东西绿灯灭,红灯亮。过程重复,以实现十字路口交通信号灯的自动控制。将旋钮打到手动挡上,则手动控制交通信号灯的变化。按下停止按钮 SB1,全部灯熄灭。

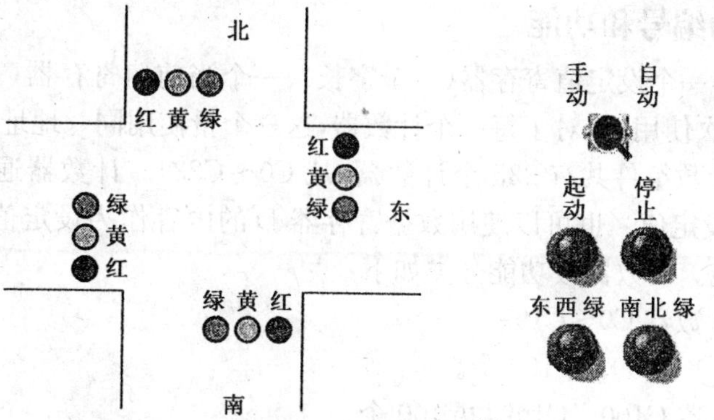

图 20-1 交通信号灯控制示意图

二、项目知识分析

交通信号灯的自动循环控制。其中,闪烁次数,可用计数器实现;时间的长短,可用定时器实现;程序的循环,可以利用步进指令实现。打到自动挡时,手动控制开关不起作用;同样,打到手动挡时,自动控制开关不起作用。

首先根据要求画出交通信号灯控制时序图,如图 20-2 所示。根据时序图及项目要求,分析输入/输出点数,进一步确定编程思路。

该项目实施除了用到步进指令外,还需要用到计数器。

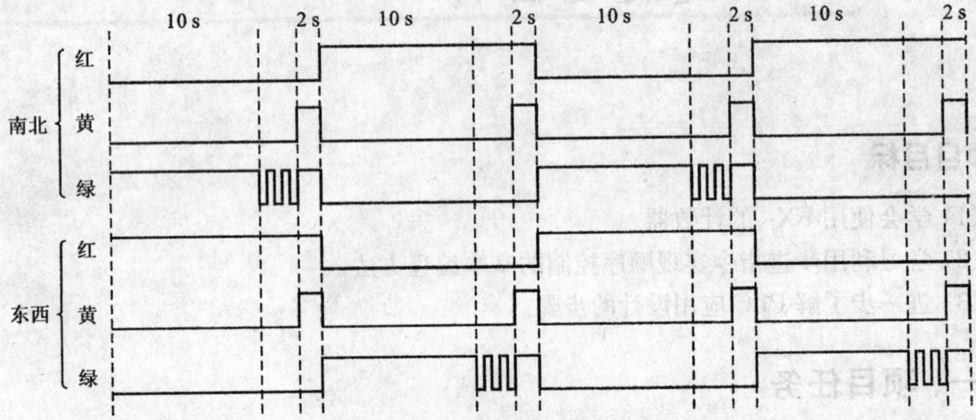

图 20-2 交通信号灯控制时序图

三、相关知识

计数器的功能是对指定输入端子上的输入脉冲或其他继电器逻辑组合的脉冲进行计数。达到计数器设定值时,计数器的接点动作(动合接点闭合,动断接点断开)。输入脉冲一般要求具有一定的宽度,计数发生在输入脉冲的上升沿。三菱 FX_{2N} 系列 PLC 内部主要有两种计数器:普通计数器和高速计数器。

1. 计数器的编号和功能

内部计数器有一个设定值寄存器(一个字长)、一个当前值寄存器(一个字长)以及动合和动断接点(可无限次使用)。对于每一个计数器,这三个量使用同一地址编号,但使用场合不一样。FX_{2N} 系列的计数组件共有 235 个计数器,从 C0～C234。计数器通常以用户程序存储器内的常数 K 作为设定值。也可以使用数据寄存器 D 的内容作为设定值。这里使用的数据寄存器应有断电功能。计数器按功能分类如下:

(1) 16 位加计数器 C0～C199

通用计数器 C0～C99,共 100 个。

断电保持计数器 C100～C199,共 100 个。

每个设定值范围为 K1～K32767(十进制常数)。设定值若为 K0,程序执行时与参数为 K1 时具有相同的含义,在第一次计数开始时输出触点就开始动作。在 PLC 断电时,通用计数器的计数值会被清除,而断电保持计数器则可存储断电前的计数值,在恢复供电后计数器以上一次数值累计值继续计数。

(2) 32 位加/减计数器 C200～C234

通用计数器 C200～C219,共 20 个。

断电保持计数器 C220～C234,共 15 个。

设定值范围:－K2147483648～＋K2147483647。

(3) 高速计数器 C235～C255

共 21 点,32 位加/减计数器和高速计数器已在第一篇中讲述过,具体应用时请参考以上内容及相关技术手册。

2. 计数器的基本应用

【例】 计数器的基本应用如图 20-3 所示。

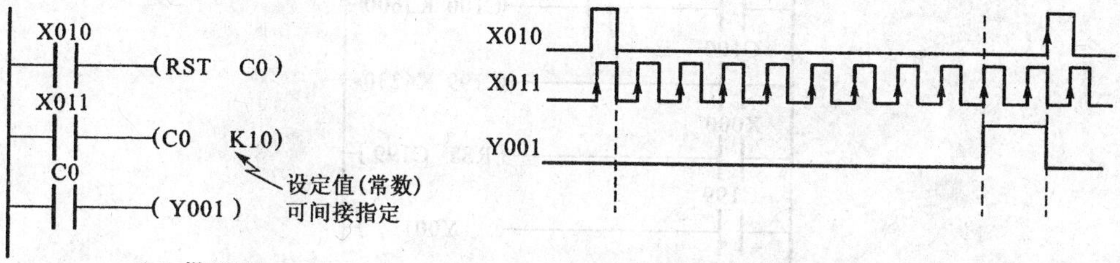

(a) 梯形图　　(b) 波形图

图 20-3　16 位计数器控制梯形图与波形图

程序说明:如图 20-3 所示,计数输出 X11 每驱动 C0 线圈 1 次,计数器当前值就增加,在执行第 10 次线圈指令时,输出触点动作。以后即使计数输入 X11 再动作,计数器的当前值不变。如果复位输入 X10 为 ON,则执行 RST 指令,计数器的当前值为 0,输出触点复位。

3. 计数器的应用拓展

【例】 定时器与计数器级联可扩大延时时间,如图 20-4 所示。

程序说明:图 20-4 中,当 X0 接通后,T0 每 3000 s 产生一个扫描周期的脉冲,成为计数器 C0 的输入信号,在 C0 计数 100 次时,其动合触点接通 Y3 线圈。可见,从 X0 接通到 Y3 动作,延时时间为定时器定时值(3000 s)和计数器设定值(100)的乘积(300000 s)。X1 为 C0 的复位信号。

【例】 两个计数器级联可扩大计数范围,如图 20-5 所示。

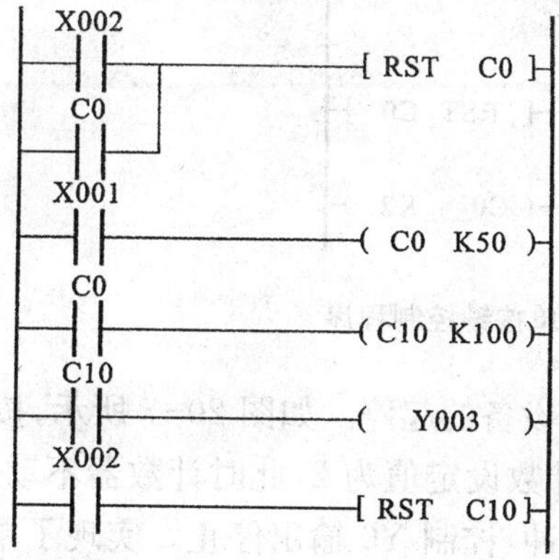

图 20-4　定时器与计数器组合的延时程序

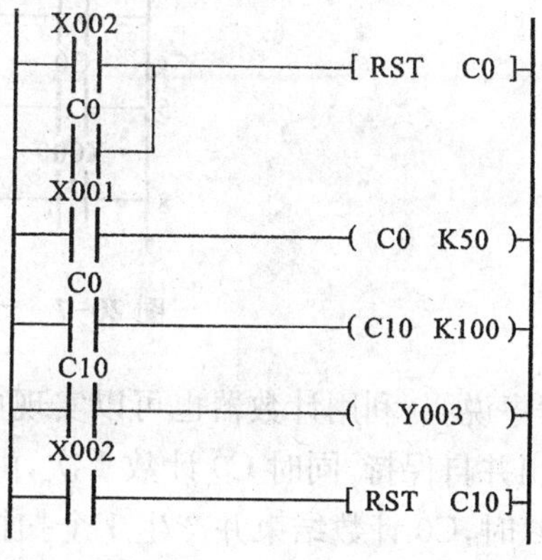

图 20-5　两个计数器级联的程序

程序说明：计数器计数值范围的扩展，可以通过多个计数器级联组合的方法来实现。图 20-5 为两个计数器级联组合扩展的程序。X1 每通/断 1 次，C0 计数 1 次；当 X1 通/断 50 次时，产生 1 个扫描周期的脉冲信号，同时 C10 计数 1 次；当 C10 计数到 100 次时，X1 输入信号总计通/断 50×100＝5000 次，用 C10 的动合触点进行 Y3 的输出控制。

【例】 采用计数器实现设备运行时间控制，如图 20-6 所示。

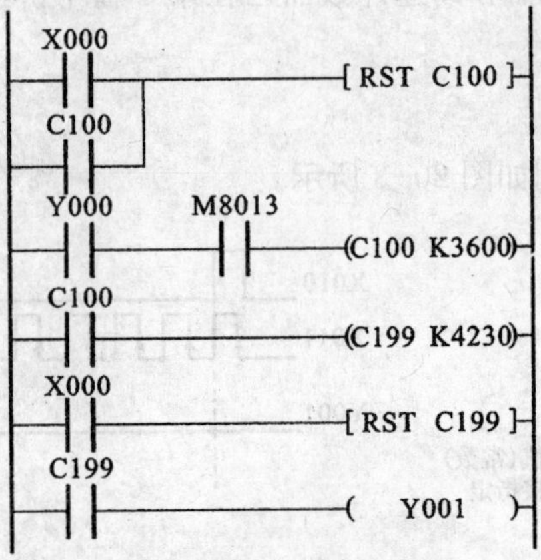

图 20-6 设备运行时间控制程序

程序说明：在工业控制中，经常会遇到某一设备或部件在完成一定的运行时间后需要检修或更换的问题。PLC 特殊辅助继电器 M8011、M8012、M8013 和 M8014 分别提供 10 ms、100 ms、1 s、1 min 的时钟脉冲信号，通过对这些信号进行计数，在设定运行时间计时到时输出报警信号。

图 20-6 中，由 M8013 产生周期为 1 s 的时钟脉冲信号。设定设备运行标志信号为 Y0。当 Y0 输出时开始进行计数，当 C100 累积到 3600 个脉冲时（1 h），计数器 C100 动作，输出1 个扫描周期的脉冲，由 C199 进行计数，在 C199 计数到 4320 时（180 d）输出报警信号 Y1。

【例】 采用计数器实现的单按键控制，如图 20-7 所示。

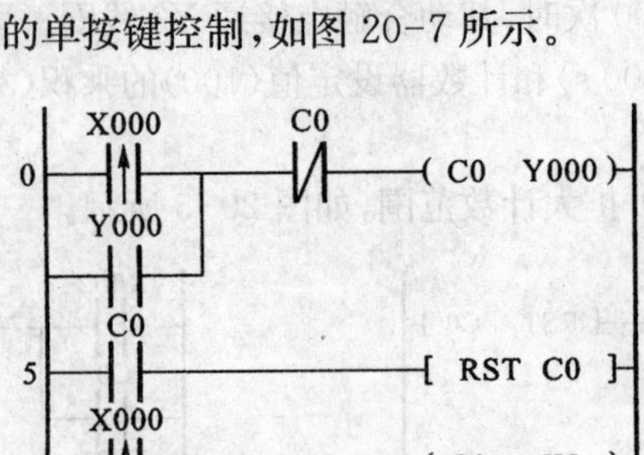

图 20-7 计数器实现的单按键控制程序

程序说明：利用计数器也可以实现单按键控制设备的起停。如图 20-7 所示，按下 X0 时，Y0 输出并自保持，同时 C0 计数 1 次，由于 C0 的计数设定值为 2，此时计数器不动作；再按下 1 次 X0 时，C0 计数结束并产生 1 个扫描周期的脉冲，控制 Y0 输出停止。实现了单按键控制输出的功能。

四、项目实施

用 PLC 来实现交通信号灯的自动循环控制。

1. 确定 I/O 总点数及地址分配

在控制电路中有 2 个控制按钮，即起动按钮 SB0 和停止按钮 SB1；1 个转换开关，包括自动挡位 SA1 和手动挡位 SA2；东西绿灯、南北红灯亮控制按钮 SB2；东西红灯、南北绿灯亮控制按钮 SB3；南北红灯 Y0、黄灯 Y1 和绿灯 Y2；东西红灯 Y3、黄灯 Y4 和绿灯 Y5。这样总的输入点为 6 个，输出点为 6 个（东西黄灯和南北黄灯不使用同一个输出端的原因是便于控制功能的增加）。

PLC 的 I/O 分配地址如表 20-1 所示。

表 20-1 I/O 地址分配表

输入信号			输出信号		
1	X0	起动按钮 SB0	1	Y0	南北红灯 HL0
2	X1	停止按钮 SB1	2	Y1	南北黄灯 HL1
3	X2	转换开关自动挡 SA1	3	Y2	南北绿灯 HL2
4	X3	转换开关手动挡 SA2	4	Y3	东西红灯 HL3
5	X4	东西绿灯、南北红灯控制按钮 SB2	5	Y4	东西黄灯 HL4
6	X5	东西红灯、南北绿灯控制按钮 SB3	6	Y5	东西绿灯 HL5

2. 控制电路

交通信号灯控制电气原理图如图 20-8 所示。

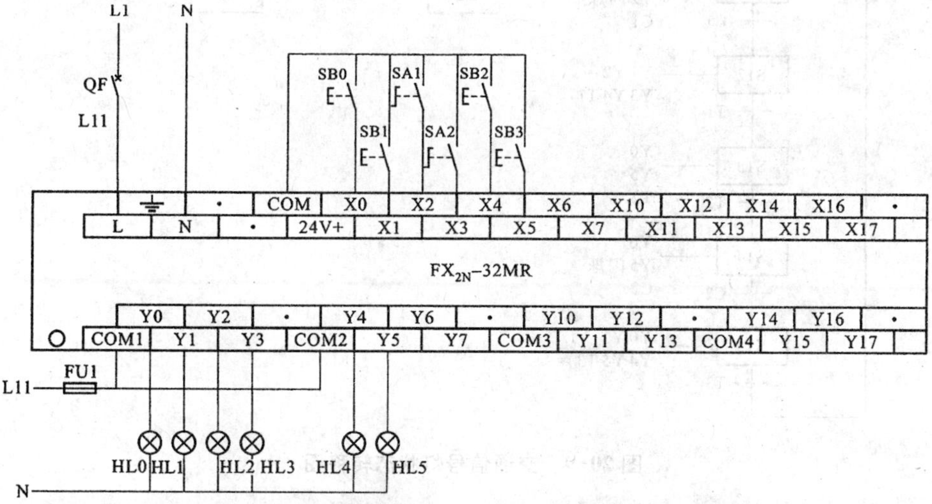

图 20-8 交通信号灯控制原理图

3. 设备材料表

本控制中输入点数应选 6×1.2≈8 点，输出点数应选 6×1.2≈8 点（继电器输出）。通过

查找三菱 FX_{2N}系列选型表，选定三菱 FX_{2N}-16MR-001(其中输入 8 点，输出 8 点，继电器输出)。通过查找电气元件选型表，选择的元器件如表 20-2 所示。

表 20-2　设备材料表

序号	符号	设备名称	型号、规格	单位	数量	备注
1	PLC	可编程控制器	FX_{2N}-16MR-001	台	1	
2	SB	按钮	LA39-11	个	4	
3	QF	断路器	DZ47-D10/1P	个	1	
4	SA	转换开关	NP2-BJ21	个	1	
5	HL	指示灯红色	AD16-22C/R,24 V	个	4	
6	HL	指示灯黄色	AD16-22C/Y,24 V	个	4	
7	HL	指示灯绿色	AD16-22C/G,24 V	个	4	

4. 程序设计

项目中进一步熟悉利用状态转移图 SFC 语言来描述顺序流程结构的状态编程，并熟悉利用计数器进行条件计数。

(1) 交通信号灯控制的状态转移图 SFC 如图 20-9 所示。

初始状态是何情况？请补充完整。

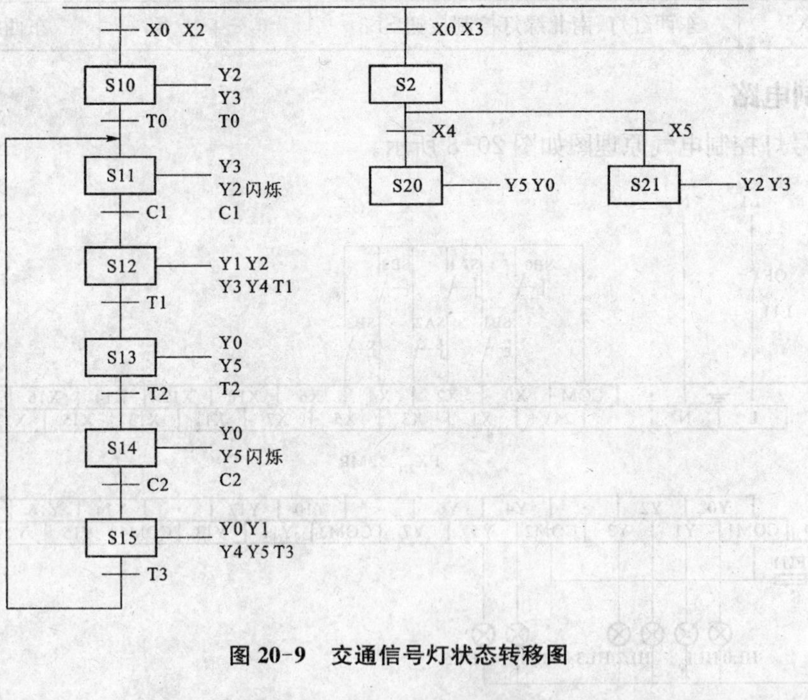

图 20-9　交通信号灯状态转移图

流程图说明：在步进顺序控制中，最简单的就是只有一个转移条件并转向一个分支的单流程。但也会碰到多流程状态编程。有根据不同的转移条件选择不同转向的分支，分支之后，可不再汇合，图 20-9 即为选择结构 SFC；也可再根据不同的转移条件汇合到同一分支，如图 20-10 所示选择结构 SFC；也有根据同一转移条件同时转向多个分支，执行多个分支后再汇合到一起的结构，如图 20-11 为并行结构 SFC。

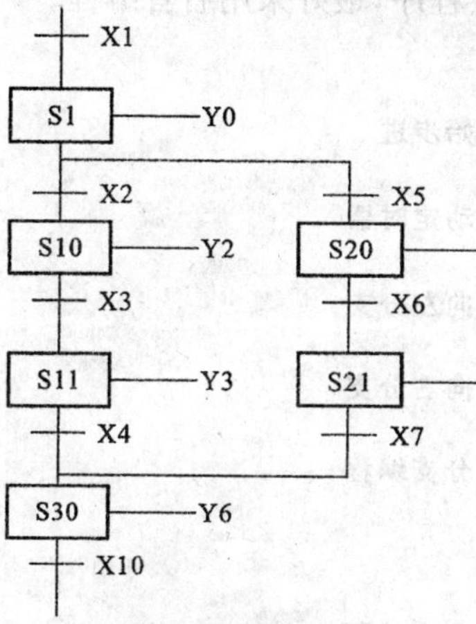

图 20-10　选择结构 SFC

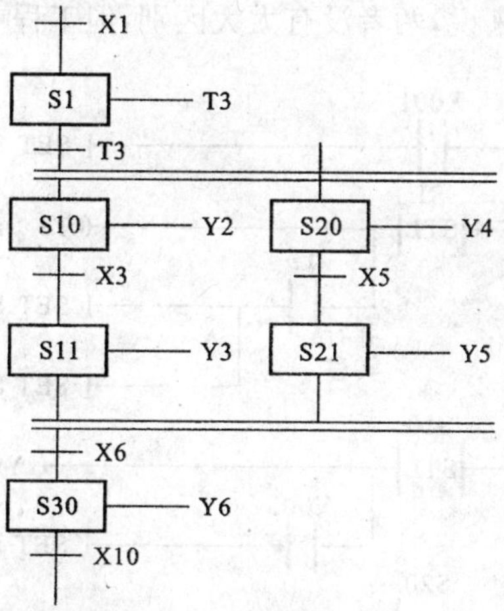

图 20-11　并行结构 SFC

① 选择结构编程：图 20-10 对应梯形图 20-12。

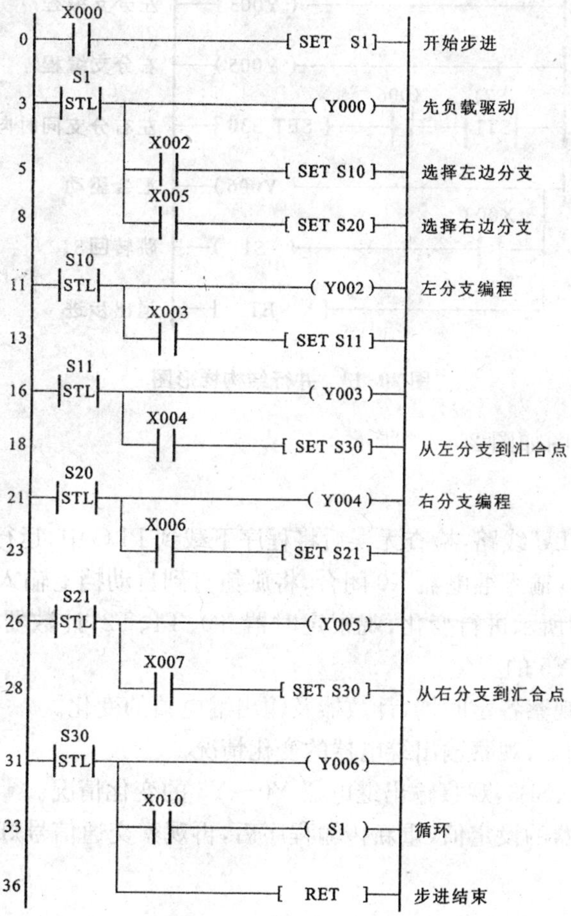

图 20-12　选择结构梯形图

② 并行结构编程：可以分别写两个分支，最后再汇总，也可以采用图 20-13 所示梯形图结构。对于小程序来说，两者没有太大区别，但工程中多为复杂程序，最好采用后者编程。

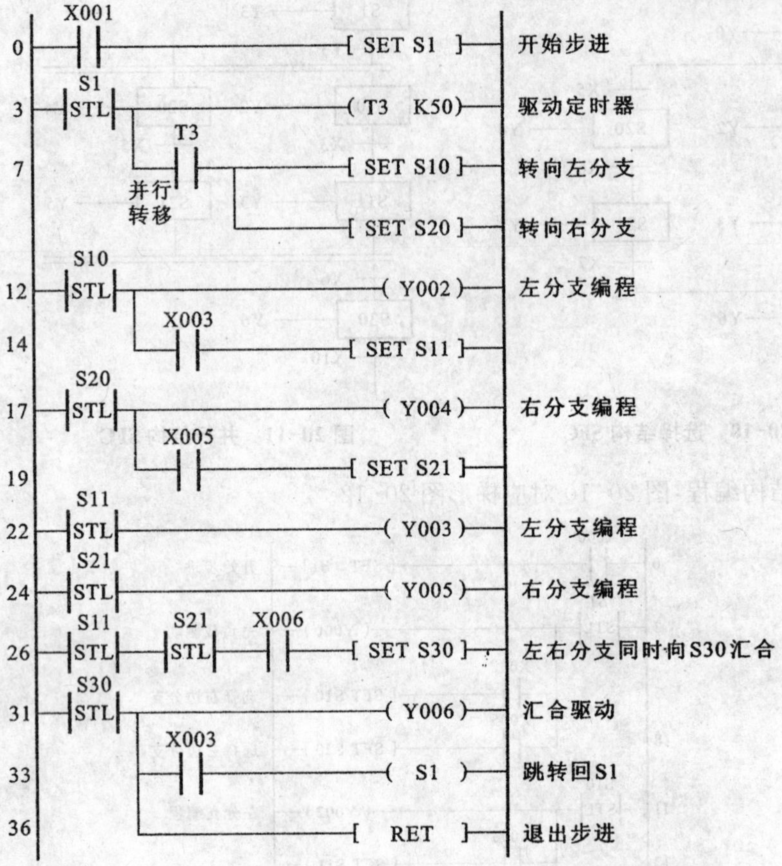

图 20-13　并行结构梯形图

(2) 步进控制梯形图如图 20-14 所示。

5. 运行调试

根据原理图连接 PLC 线路，检查无误后将程序下载到 PLC 中，运行程序，观察控制过程。

按下起动按钮 SB0，输入继电器 X0 闭合，将旋钮打到自动挡上输入继电器 X2 闭合，此时交通信号灯按照时序图所示进行变化，观察定时器 T0、T1、T2，计数器 C1、C2 及输出继电器 Y0、Y1、Y2、Y3、Y4 和 Y5 的变化。

按下停止按钮，再观察各定时器、计数器及输出继电器的变化。

将旋钮打到手动挡上，观察输出继电器的变化情况。

分别按下按钮 SB2、SB3，观察输出继电器 Y0～Y5 的变化情况。

改变定时器、计数器的设定值，重新传输程序后，再观察交通信号灯的变化情况。

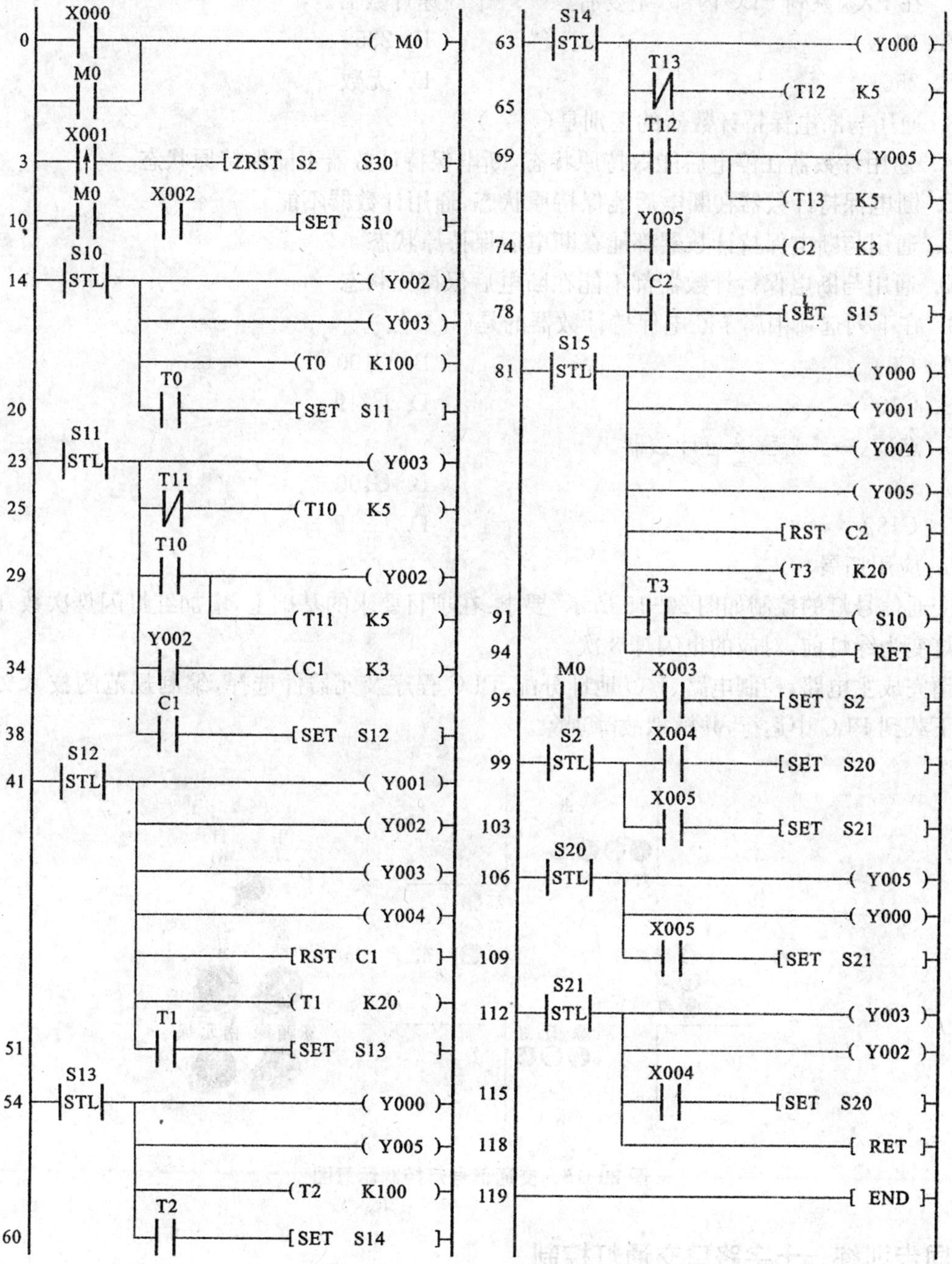

图 20-14　步进控制梯形图

五、研讨与练习

1. 在 FX_{2N} 系列 PLC 内部中，主要有(　　)个普通计数器。

A. 21　　　　B. 235　　　　C. 256　　　　D. 无数

2. 在 FX_{2N}系列 PLC 内部，主要有(　　)个高速计数器。

A. 21　　B. 235

C. 256　　D. 无数

3. 通用与断电保持计数器的区别是(　　)。

A. 通用计数器在停电后能保持原状态，断电保持计数器不能保持原状态

B. 断电保持计数器在断电后能保持原状态，通用计数器不能

C. 通用与断电保持计数器都能在断电后保持原状态

D. 通用与断电保持计数器都不能在断电后保持原状态

4. 在下列选项中属于断电保持计数器的是(　　)。

A. C0　　B. C100

C. C200　　D. C219

5. 选项(　　)是 32 位计数器。

A. C0　　B. C100

C. C199　　D. C219

6. 应用拓展

交通信号灯的控制如图 20-15 所示，要求：在项目要求的基础上，增加红灯闪烁次数，即在由红灯变为绿灯前，对应的也闪烁 3 次。

请完成主电路、控制电路、I/O 地址分配、PLC 程序及元器件选择，编制规范的技术文件。程序下载到 PLC 中运行，并模拟故障现象。

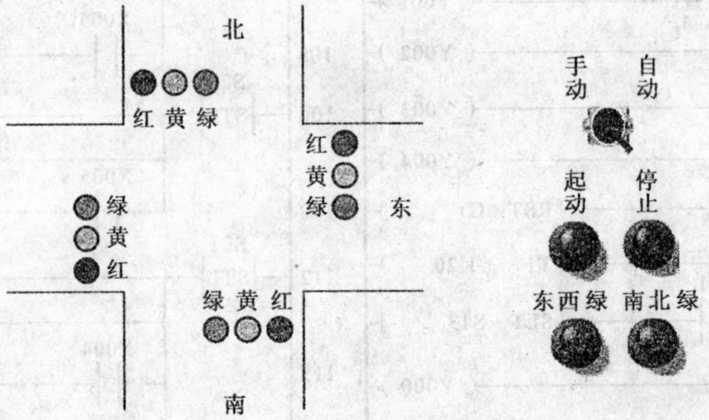

图 20-15　交通信号灯控制示意图

同步训练　十字路口交通灯控制

1. 实训学生管理

(1) 实训期间不准穿裙子、拖鞋，必须身穿工作服(或学生服)、胶底鞋。

(2) 实训期间不准携带餐点、饮料入场，如遇下雨不准携带雨伞入场；实训进行时，防止头发、纸屑等杂物进入实训设备。

(3) 注意安全，遵守实训纪律，做到有事请假，不得无故缺席或随意离开。

(4) 实训过程中，要爱护器材和工具，节约用料，如有损坏应立即报告指导教师，按学院规

定进行处理。

(5) 通电试车时，必须严格按照指导教师的安排进行上电，不得自行通电。

(6) 实训过程中，应认真学习实训教材和相关资料，认真完成指导教师布置的任务，及时总结实训经验；实训项目结束后，完成相应的实训报告。

2. 实训目的

(1) 熟悉 PLC 的编程指令。

(2) 掌握交通灯控制的编程方法。

(3) 熟悉 PLC 的端子接线方法。

(4) 能够运用计算机编程软件进行程序的传送。

(5) 熟悉控制电路的接线步骤，并且能够进行交通灯的调试和故障诊断。

(6) 理解团队合作的真正意义，组长能够进行合理的分工。

3. 实训器材与工具

序号	名　称	符号	数量
1	常用电工工具		
2	万用表		
3	导线		
4	可编程控制器(FX_{2N}-24MR)		
5	数据传输电缆		
6	PLC 实训控制台		
7	计算机(装有 GX-WORKS2)		
8	抢答器显示控制单元		
9	低压断路器		
10	刀开关		
11	熔断器		
12	按钮盒		
13	指示灯		
14	电铃		

4. 实训内容及步骤

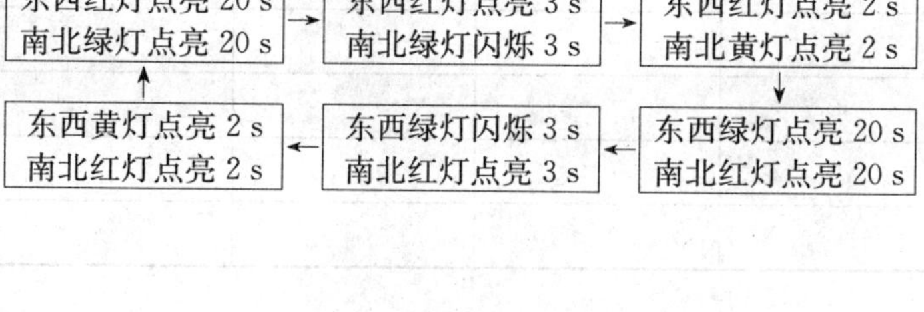

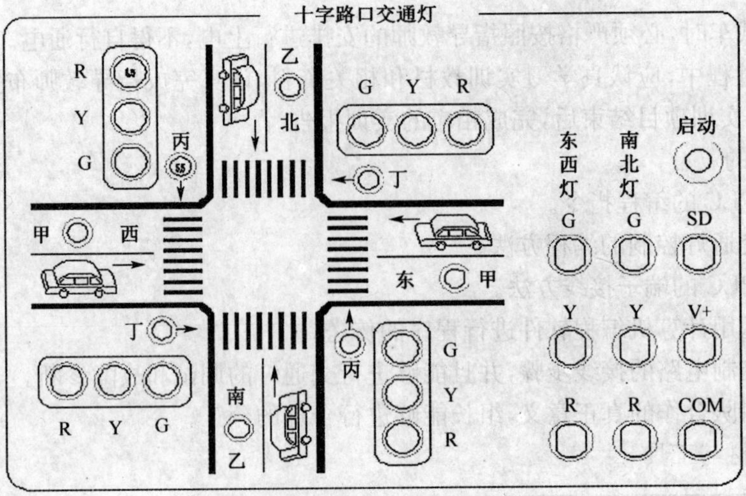

(1) 绘制分析电气原理图。

① 绘制主电路

② I/O分配表

输入单元			输出单元		
电气符号	软元件	功能	电气符号	软元件	功能

③ I/O接线图

④ 梯形图

⑤ 写出指令表程序

(2) 将程序写入计算机编程软件(GX-WORKS2),并且进行模拟仿真。

(3) 选择性能正常的器材。

(4) 在 PLC 实训控制台上,确定器材的位置。

(5) 根据电气原理图进行电路安装(严格按照电工工艺要求进行接线,区分导线颜色)。

① 接主电路。

② 接控制电路。

(6) 检查线路。

① 清理板面杂物。

② 目视检查法。

a. 对照原理图,一根一根导线检查,看是否有错接、漏接。

b. 用手轻摇每一根导线,看导线是否接牢,是否存在虚接故障。

c. 看导线是否有损伤,是否压住绝缘层。

③ 仪表检查法。

a. 分阶测量法。

b. 分段测量法。

④ 请指导教师进行检查。

(7) 按照相应的传送方法将计算机的程序传入 PLC 主机。

(8) 暂不接输出电源进行调试:把 PLC 主机上的开关扳向“RUN”,然后按下相应的按钮输入,观察对应的 PLC 输出显示灯是否按控制要求发光;如有误,把 PLC 主机上的开关扳向“STOP”,检查程序和接线,修改后重复上述步骤,直至正常。

(9) 通电试车(在指导教师的监督下):模拟调试无误后,接通输出端电源,按下相应按钮,控制电动机正常运行。是否存在故障?如遇故障,进行诊断分析,完成下表,再次进行通电试车。(是/否)

故障现象	故障分析	检查方法及排除

(10) 实训结束。

① 清点实训器材与工具,交指导教师检查。

② 整理工位,打扫卫生。

5. 项目评价

本项目的考核评价参照表 11-4 所示。

6. 总结实训经验

项目二十一

循环彩灯控制

项目目标

(1) 熟悉 PLC 中移位指令的使用,熟练使用步进指令。

(2) 学习利用移位指令实现循环控制的基本编程方法。

(3) 进一步了解 PLC 应用设计的步骤。

一、项目任务

现代生活中,彩灯的使用越来越广泛,如彩灯广告牌、舞台灯和霓虹灯。利用 PLC 实现霓虹灯效果,具有控制简单、扩展方便、效果突出等优点。如图 21-1 所示,用四盏彩灯代替四个电路,以模仿霓虹灯效果。

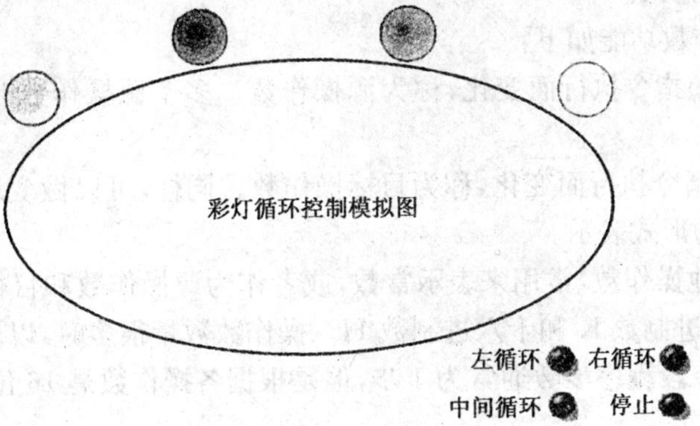

图 21-1　循环彩灯控制模拟图

二、项目知识分析

操作如下:按下左循环按钮 SB0,一盏彩灯由右向左走,自动循环;按下右循环按钮 SB2,一盏彩灯由左向右走,自动循环;按下中间循环按钮 SB1,两盏彩灯同时从两端往中间走,自动循环。随时按下停止按钮 SB3 后,彩灯全部熄灭。请用 PLC 实现彩灯的循环控制。

三、相关指令

三菱 FX_{2N} 系列 PLC 除了基本指令、步进指令外，还有丰富的高级指令和功能指令，可以使编程更加方便和快捷。三菱 FX_{2N} 系列 PLC 应用指令编号 FNC00～FNC××表示，在以后的项目中会详细解释有关的功能指令。本项目中利用数据传送指令 MOV，大大简化了程序，且程序可读性更好。在使用功能指令编程时，需要大致了解功能指令中有关软元件的使用及其执行形式。

1. 功能指令的表示形式

FX_{2N} 系列功能指令格式采用梯形图与通用助记符相结合的形式，如图 21-2 所示。

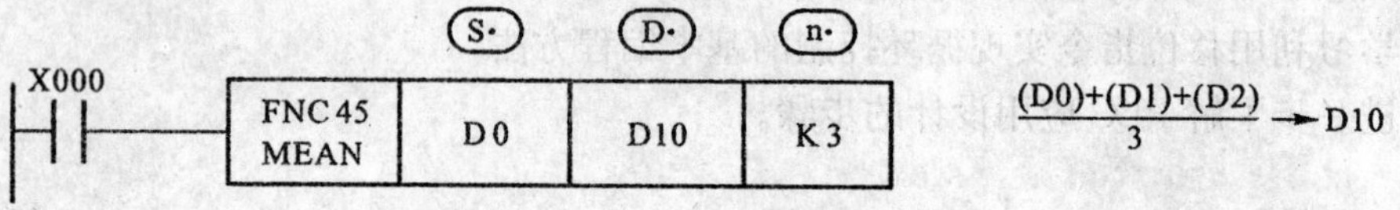

（a）功能指令梯形图　　（b）X000 ON, MEAN指令含义

图 21-2　功能指令格式及应用

说明：

(1) 在 FXGP 软件中输入功能指令时，既可以输入指令段（FNC 编号），也可以只输入助记符，还可两者同时输入。

(2) 其中各操作数功能如下：

[S]：其内容不随指令执行而变化，称为源操作数。多个源操作数时，以[S1][S2]…的形式表示。

[D]：其内容随指令执行而变化，称为目标操作数。同样，可以做变址修饰，在目标数量多时，以[D1][D2]…的形式表示。

n 或 m 表示其他操作数，常用来表示常数，或者作为源操作数和目标操作数的补充说明。表示常数时，使用十进制数 K 和十六进制数 H。操作数数量很多时，以 m1，m2…表示。

功能指令的指令段程序步数通常为 1 步，但是根据各操作数是 16 位指令还是 32 位指令，会变为 2 步或者 4 步。

(3) 操作数的可用软元件。

① X、Y、M、S 等只处理 ON/OFF 信息的软件称为位元件。与此相对，T、C、D 等处理数值的软元件称为字元件，一个字元件由 16 位存储单元构成。即使是位元件，通过组合使用也可进行数值处理，一般以位数 Kn 和起始的软元件号组合（KnX、KnY、KnM、KnS）来表示。

采用 4 位为 1 个单位，位数为 K1～K4（16 位数据），K1～K8（32 位数据）。

例如，K1M0，对应 M0～M3，高位在前，低位在后，为 1 位数据。

0	1	0	1
M3	M2	M1	M0

例如，K2M0，对应 M0～M7，高位在前，低位在后，为 2 位数据。

符号位(0=正数,1=负数)							
0	1	0	1	0	1	0	1
M7	M6	M5	M4	M3	M2	M1	M0

② 可处理数据寄存器 D、定时器 T 或计数器 C 的当前值寄存器。数据寄存器 D 为 16 位,在处理 32 位数据时使用一对数据寄存器的组合。例如(D1 D0,D1 高 16 位,D0 低 16 位),由于它是由两个字元件组成的 32 位数据操作数,因此也称双字元件。T、C 的当前值寄存器也可作为一般寄存器,处理方法相同。

2. 传送指令功能说明

(1) 传送指令 MOV

传送指令的助记符、功能号、操作数和程序步数等指令概要如表 21-1 所示。

表 21-1　传送指令概要

传送指令		操作数	程序步数
P	FNC12 MOV MOV(P)	S·: K,H KnX KnY KnM KnS T C D V,Z D·: KnY KnM KnS T C D V,Z	MOV MOV(P) 5 步 (D)MOV (D)MOV(P) 9 步
D			

指令格式:FNC12　MOV　　[S]　[D]

　　　　　FNC12　MOVP　　[S]　[D]

　　　　　FNC12　DMOV　　[S]　[D]

　　　　　FNC12　DMOVP　[S]　[D]

指令功能:

MOV 是 16 位的数据传送指令,将源操作数[S]中的数据传送到目标操作数[D]中。

DMOV 是 32 位的数据传送指令,将源操作数[S][S+1]中的数据传送到目标操作数[D][D+1]中。

源操作数范围:K,H,KnX,KnY,KnM,KnS,T,C,D,V,Z。

目标操作数范围:KnY,KnM,KnS,T,C,D,V,Z。

【例】 MOV 功能指令应用,如图 21-3 所示。

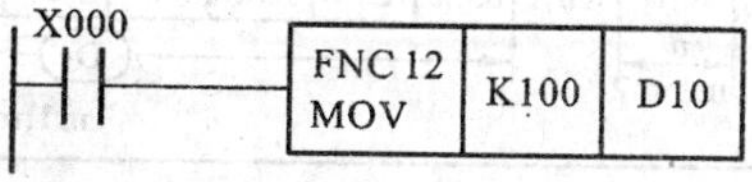

图 21-3　MOV 功能指令应用

程序说明:图 21-3 为传送指令 MOV 的梯形图,X0 为 ON 时,执行 MOV 指令。将常数 K100 传送到数据寄存器 D10 中去。X0 为 OFF 时,不执行 MOV 指令,D10 保持 X0 OFF 之前的状态。在应用过程中需要注意的是,在 X0 为 ON 状态下,每个扫描周期会执行一次,若在 X0 为 ON 时只执行一次,则需要使用(P)指令或 X0 的上升沿微分指令。

【例】 位软元件的 MOV 指令传送,如图 21-4 所示。

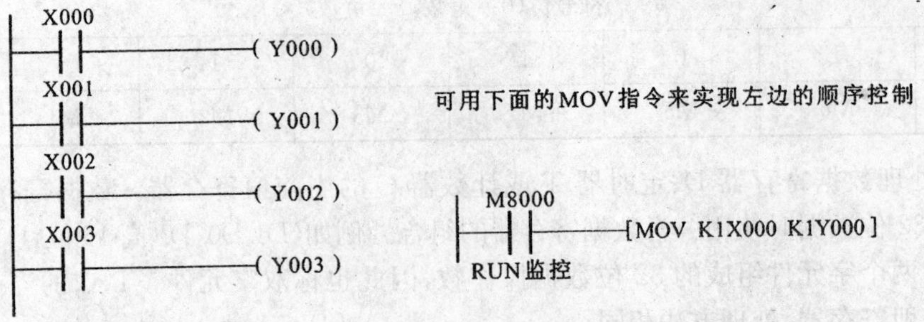

图 21-4 位软元件 MOV 指令传送程序

程序说明：如图 21-4 所示，图中左侧为使用基本逻辑指令编制的程序，有 4 个逻辑行，将 4 个编号连续的外部输入状态输出到 4 个连续的外部输出继电器中。内部位软元件可以通过组合形式以数据方式进行传送，如图右侧采用 MOV 指令，只一个逻辑行即可完成工作任务。

【例】 32 位数据的传送，如图 21-5 所示。

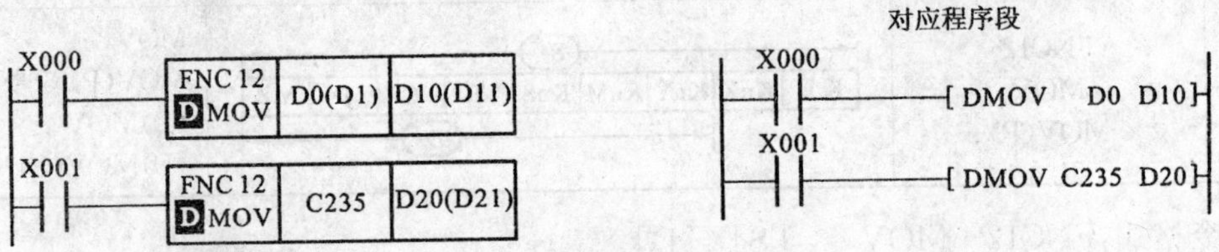

图 21-5 32 位数据传送程序

程序说明：如图 21-5 所示程序，X0 为 ON 时，将 D1 为高位、D0 为低位中的数据传送到数据寄存器(D11 高位、D10 低位)中。在 X1 为 ON 时，将计数器 C235 的当前值(内部数值为 32 位)传送到数据寄存器 D21、D20 中。

(2) 位移动指令 SMOV

位移动指令的助记符、功能号、操作数和程序步数等指令概要如表 21-2 所示。

表 21-2 位移动指令概要

传送指令		操作数	程序步数
P	FNC13 SMOV SMOV(P)	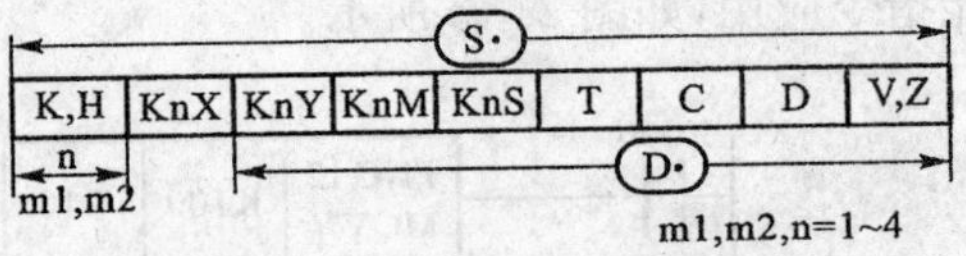	SMOV SMOV(P) 11 步

指令功能：SMOV 指令也称 BCD 码移位指令，将[S]中第 m1 位开始的 m2 个 BCD 码数移位到[D]的第 n 位开始的 m2 个位置中。

源操作数范围：K，H，KnX，KnY，KnM，KnS，T，C，D，V，Z。

目标操作数范围：KnY，KnM，KnS，T，C，D，V，Z。

m、n 取值范围为 K1～K4。K1 表示个位 BCD 码，K2 表示十位 BCD 码，K3 表示百位 BCD 码，K4 表示千位 BCD 码。

m2：取值范围为 K1～K4。表示 BCD 码的个数。

【例】 SMOV 指令应用,如图 21-6 所示。

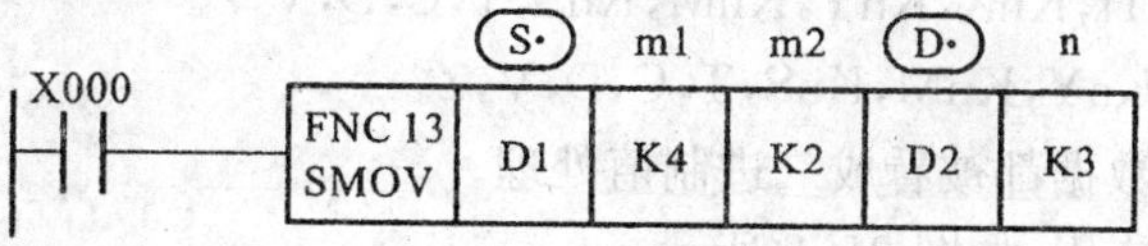

图 21-6　SMOV 功能指令

程序说明:当 X0 为 ON 时,执行 SMOV 指令。先将 D1 中 16 位二进制数转换成 BCD 码(假设是 1234),D2 中的内容是 BCD 码 5678。然后将 D1 中第四位“1”(K=4)开始的共 2 位(K2)BCD 码,即“1”和“2”,移到 D2 的第 3 位(K=3)开始的第 3 位和第 2 位(K=2)的 BCD 码位置上去,D2 原来第 3 位“6”和第 2 位上“7”被“1”“2”所取代,原来第 4 位“5”和第 1 位“8”不变,D2 的内容变为 5128,再自动转换成十六位二进制数。数据位移动的示意图如图 21-7 所示。

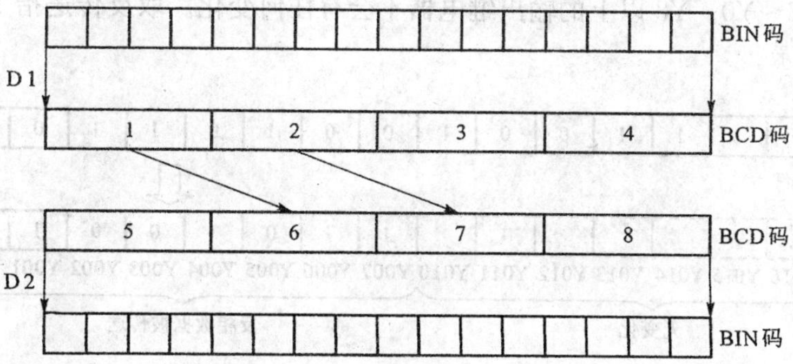

图 21-7　位移动指令示意图

注意事项:

① 所有源数据都被看成二进制值处理。

② BCD 的值若超过 0～9999 范围则会出错。

(3) 取反传送指令 CML

取反传送指令的助记符、功能号、操作数和程序步数等指令概要如表 21-3 所示。

表 21-3　取反传送指令概要

传送指令		操作数	程序步数
P	FNC14 CML CML(P)	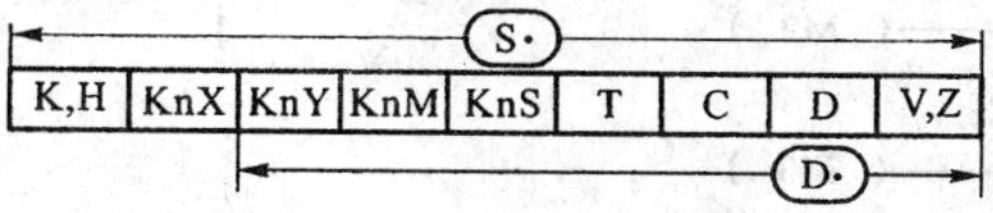	CML CML(P) 5 步 (D)CML (D)CML(P) 9 步
D			

指令格式:FNC14　CML　[S]　[D]

FNC14　CMLP　[S]　[D]

FNC14　DCML　[S]　[D]

FNC14　DCMLP　[S]　[D]

指令功能:CML 指令将[S]中的数据以二进制数方式按位取反后送到目标操作数[D]中。

源操作数范围:K,H,KnX,KnY,KnM,KnS,T,C,D,V,Z。

目标操作数范围:KnY,KnM,KnS,T,C,D,V,Z。

注意事项:所有源数据都被看成二进制值处理。

【例】 CML 指令应用,如图 21-8 所示。

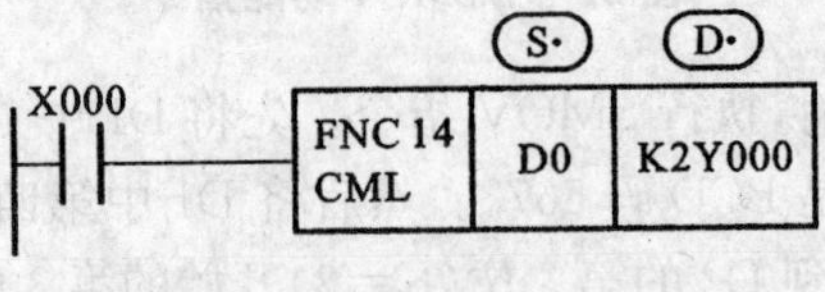

图 21-8 功能指令 CML

程序说明:图 21-8 为取反传送指令 CML 的梯形图,对应的指令 CML D0 K1 Y000。X0 为 ON 时,每个扫描周期执行一次 CML 指令。具体操作是,将 D0 中的内容按照二进制位取反后,送到 Y7～Y0。Y8 以上的输出继电器不会有任何变化。取反传送指令执行过界示意图如图 21-9 所示。

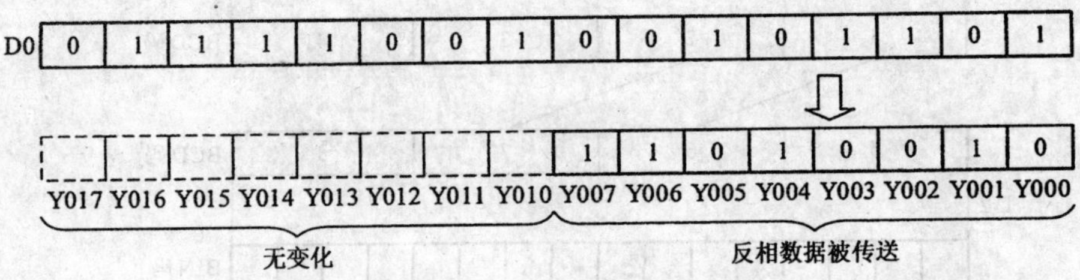

图 21-9 取反传送指令示意图

【例】 CML 指令拓展应用,如图 21-10 所示。

程序说明:如图 21-10 所示,图中左侧为使用基本逻辑指令编制的程序,有 4 个逻辑行,通过功能指令进行简化,其内部位软元件可以通过组合的形式以数据方式进行传送,如图右侧采用 CML 指令,只有一个逻辑行可完成工作任务。

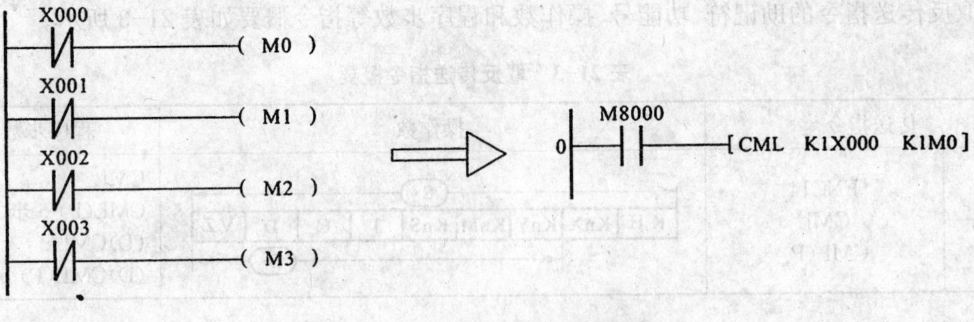

图 21-10 用 CML 指令表示顺序控制

(4) 成批传送指令 BMOV

成批传送指的助记符功能号,操作数和程序步数等指令概要如表 21-4 所示。

表 21-4　成批传送指令概要

传送指令		操作数	程序步数
P	FNC15 BMOV BMOV(P)	(S·)：K,H　KnX　KnY　KnM　KnS　T　C　D　V,Z n：K,H (D·)：KnY　KnM　KnS　T　C　D　V,Z n≤512	BMOV BMOV(P) 5 步

指令格式：FNC15 BMOV [S] [D] n

　　　　　FNC15 BMOVP[S] [D] n

指令功能：BMOV 指令将[S]指定的 n 个数据传送到目标操作数[D]指定的块中。

原操作数范围：K,N,KnX,,KnY,KnS,T,C,D,V,Z。

目标操作范围：KnY,KnM,KnS,T,C,D,V,Z。

操作数 n 的取值范围：$n \leqslant 512$。

【例】　BMOV 指令应用，如图 21-11 所示。

程序说明：图 21-11 为成批传送指令 BMOV 的梯形图，对应的指令为 BMOV D5 D10K3。当 X0 为 ON 时，执行 BMOV 的指令，将 D5、D6、D7 三个数据寄存器的内容分别传送到 D10、D11、D12 中，当 X0 为 OFF 时，不执行 BMOV 指令。

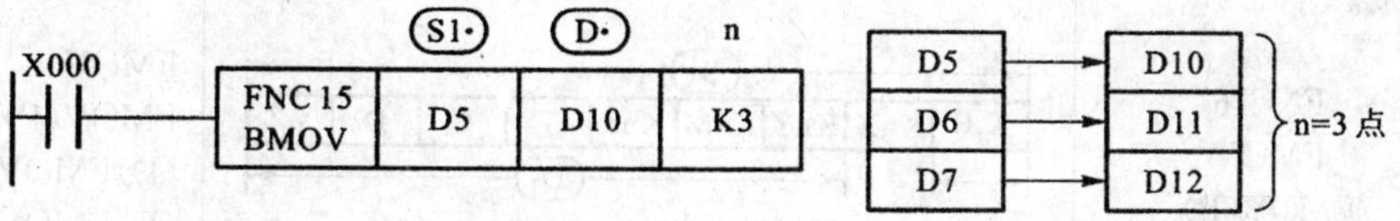

图 21-11　功能指令 BMOV

【例】　位元件 BMOV 指令传送应用，如图 21-12 所示。

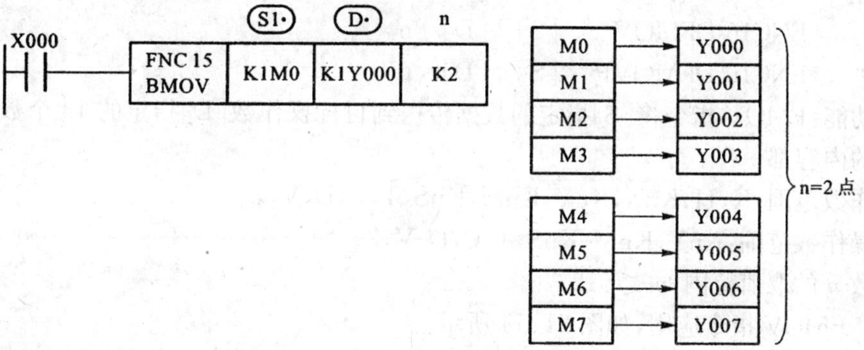

图 21-12　带有指定的位元件成批传输示意图

程序说明：如图 21-12 所示程序，源操作数指定的第一个块为 K1 M0，表示 4 个内部位软元件，K2 表示是两个块，则源操作数总的数量为 M0～M7。当 X0 为 ON 时，将 M0～M7 的状态传送到 Y0～Y7 的输出继电器中。

【例】 编号重叠的位元件成批传送应用,如图 21-13 所示。

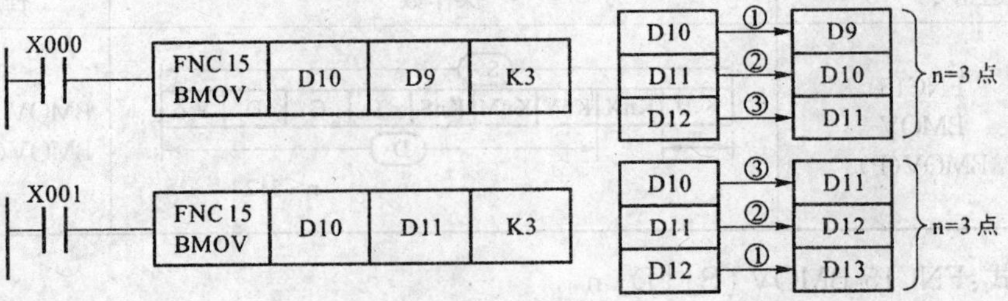

图 21-13　编号重叠的位元件成批传送应用示意图

程序说明:如图 21-13 所示,传送编号范围有重叠时,为防止输送源数据没传送完就改写,根据编号重叠的方法,按①②③的顺序自动传送。今后在使用这一方法进行数据传送时应特别注意。

(5) 多点传送指令 FMOV

多点传送指令的助记符、功能号、操作数和程序步数等指令概要如表 21-5 所示。

表 21-5　多点传送指令概要

多点传送指令		操作数	程序步数
P D	FNC16 FMOV FMOV(P)	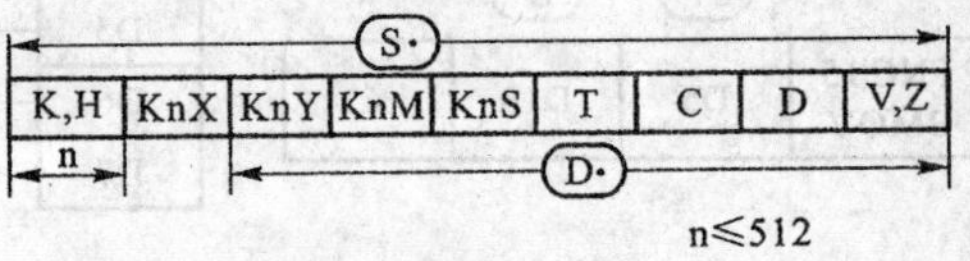	FMOV FMOV(P) 7 步 (D)FMOV (D)FMOV(P) 13 步

指令格式:FNC16　FMOV　　[S]　[D]　n

FNC16 FMOVP　　[S]　[D]　n

FNC16 DFMOV　　[S]　[D]　n

FNC16 DFMOVP　[S]　[D]　n

指令功能:FMOV 指令将[S]指定的数据传送到目标操作数[D]指定的 13 个数据寄存器中。传送的内容都一样。

源操作数范围:K,H,KnX,KnY,KnM,KnS,T,C,D,V,Z。

目标操作数范围:KnY,KnM,KnS,T,C,D,V,Z。

操作数 n 的取值范围:$n \leqslant 512$。

【例】 FMOV 指令应用,如图 21-14 所示。

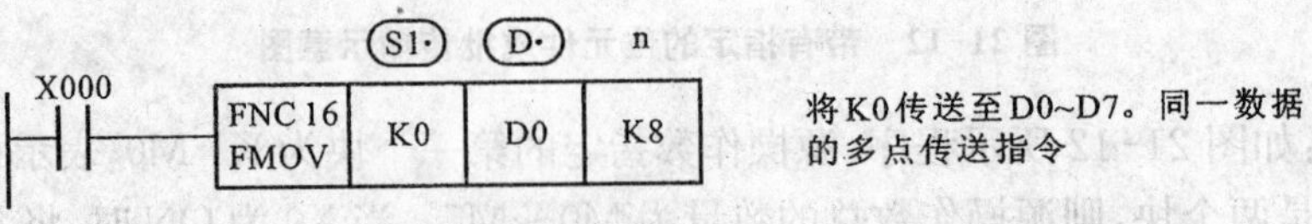

图 21-14　功能指令 FMOV

程序说明:图 21-14 为多点传送指令 FMOV 的梯形图,对应的指令为 FMOV K0 D0K8。

X0 为 ON 时，执行 FMOV 指令，将以 D0 开始的各数据寄存器均赋值为 0。功能操作示意如图 21-15 所示。

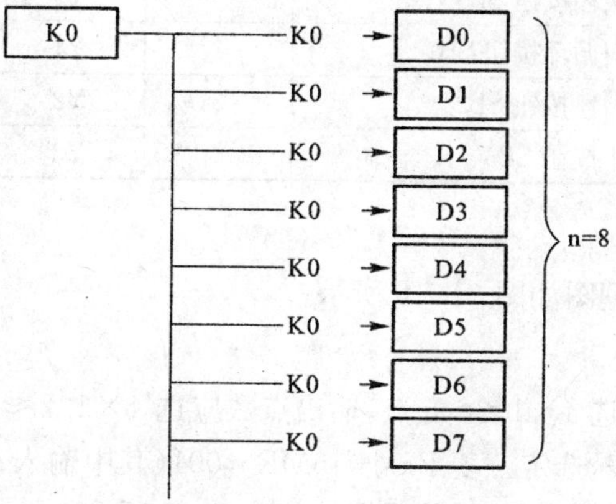

图 21-15　功能示意图

四、项目实施

用 PLC 来实现彩灯的霓虹灯效果，如图 21-16 所示。

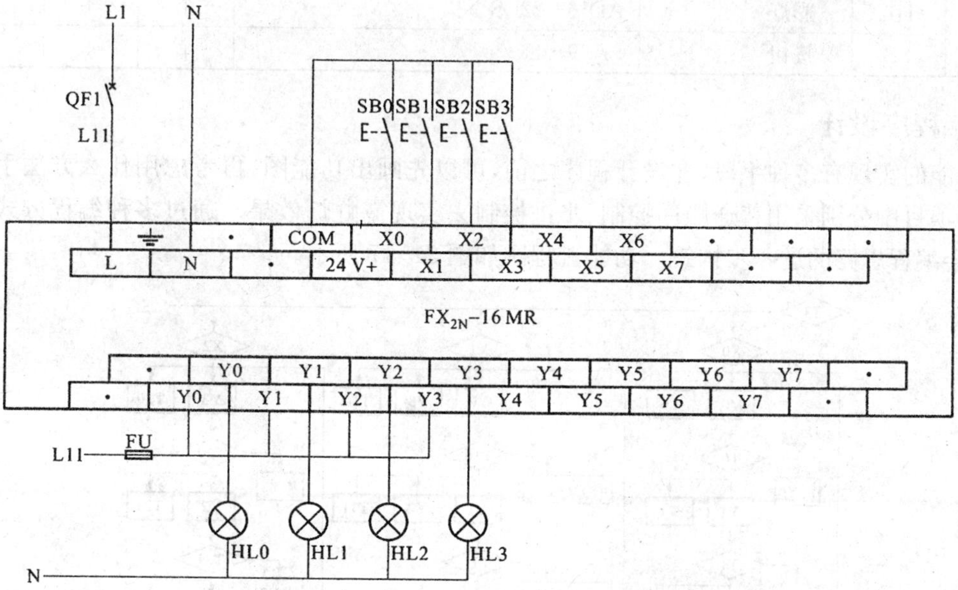

图 21-16　循环彩灯 PLC 控制原理图

1. 确定 I/O 总点数及地址分配

在控制电路中输出端有 4 个控制按钮，包括左循环按钮 SB0、中间循环按钮 SB1、右循环按钮 SB2、停止按钮 SB3。输出端为四盏彩灯，这样总的输入点为 4 个，输出点为 4 个。

PLC 的 I/O 分配地址如表 21-6 所示。

表 21-6　I/O 地址分配表

输入信号			输出信号		
1	X0	左循环按钮 SB0	1	Y0	彩灯 HL0
2	X1	中间循环按钮 SB1	2	Y1	彩灯 HL1
3	X2	右循环按钮 SB2	3	Y2	彩灯 HL2
4	X3	停止按钮 SB3	4	Y3	彩灯 HL3

2. 控制电路

4 盏彩灯控制电气原理图如图 21-16 所示。

3. 设备材料表

本控制中输入点数应选 4×1.2≈5 点，输出点数应选 4×1.2≈5 点(继电器输出)。通过查找三菱 FX_{2N}系列选型表，选定三菱 Fx_{2N}- 16MR - 001(其中输入 8 点，输出 8 点，继电器输出)。通过查找电气元件选型表，选择的元器件如表 21-7 所示。

表 21-7　设备材料表

序号	符号	设备名称	型号、规格	单位	数量	备注
1	PLC	可编程控制器	FX_{2N}- 16MR - 001	台	1	
2	QF	空气断路器	DZ47 - D25/4P	个	1	
3	HL	彩灯	AD16 - 22DS	个	4	
4	SB	按钮	LA39 - 11	个	4	

4. 程序设计

功能的实现有多种手段，在设计程序之前，可以先画出功能图，再考虑用什么方法手段实现。本项目中分别采用普通顺序控制、步进控制去实现霓虹灯效果。通过多种编程方式的对比，体会编程思路的进一步构筑。功能流程图如图 21-17 所示。

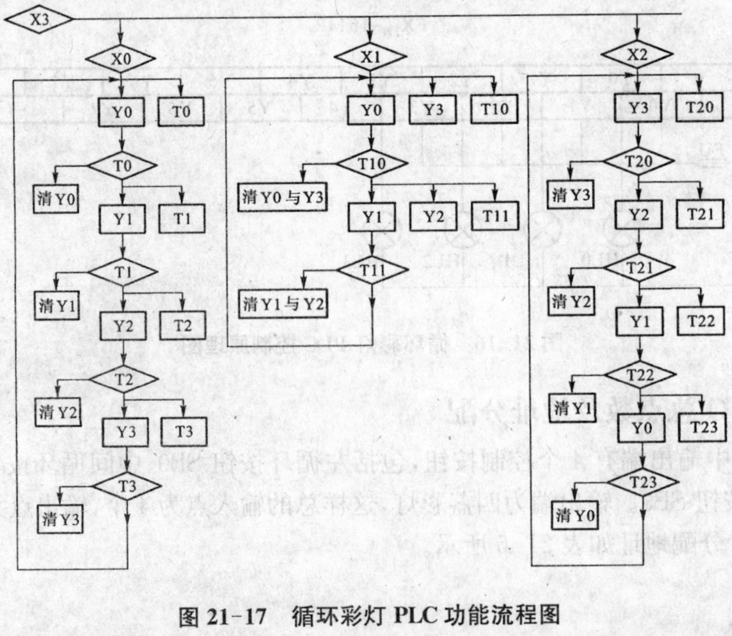

图 21-17　循环彩灯 PLC 功能流程图

其中，T 表示相应触点，□T 表示相应线圈，根据功能图 21-16 很容易看出触点与线圈之间的关系。根据功能图进行编程。

(1) 普通编程

注意：由于线圈需要使用多次，所以用内部继电器 M0～M3，MI0～M13、M20～M23 分别替代 3 组中的输出线圈 Y0 ～Y3。图 21-18 为循环彩灯普通程序网和指令表。

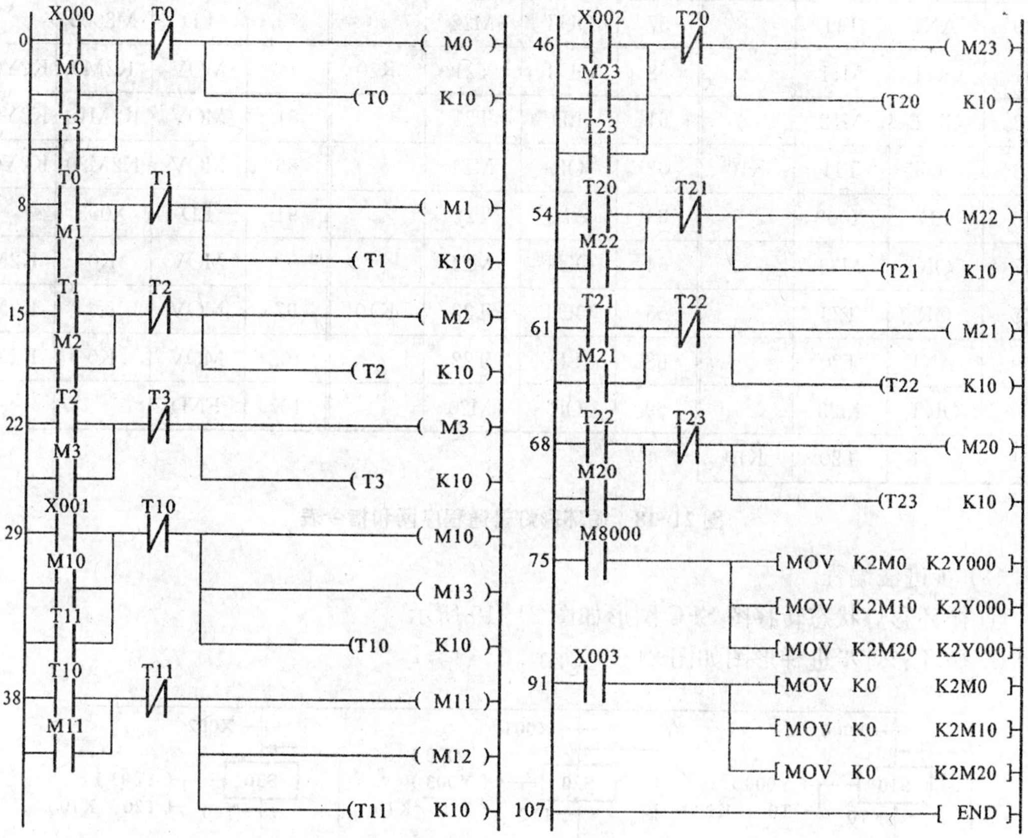

步序	指令			步序	指令			步序	指令		
0	LD	X000		11	OUT	M1		24	ANI	T2	
1	OR	M0		12	OUT	T1	K10	25	OUT	M3	
2	OR	T3		15	LD	T1		26	OUT	T3	K10
3	ANI	T0		16	OR	M2		29	LD	X001	
4	OUT	M0		17	ANI	T1		30	OR	M10	
5	OUT	T0	K10	18	OUT	M2		31	OR	T11	
8	LD	T0		19	OUT	T2	K10	32	ANI	T10	
9	OR	M1		22	LD	T2		33	OUT	M10	
10	ANI	T1		23	OR	M3		34	OUT	M13	

续表

步序	指令			步序	指令			步序	指令		
35	OUT	T10	K10	54	LD	T20		70	ANI	T23	
38	LD	T10		55	OR	M22		71	OUT	M20	
39	OR	M11		56	ANI	T21		72	OUT	T23	K10
40	ANI	T11		57	OUT	M22		75	LD	M8000	
41	OUT	M11		58	OUT	T21	K10	76	MOV	K2M0	K2Y000
42	OUT	M12		61	LD	T21		81	MOV	K2M10	K2Y000
43	OUT	T11	K10	62	OR	M21		86	MOV	K2M20	K2Y000
46	LD	X002		63	ANI	T22		91	LD	X003	
47	OR	M23		64	OUT	M21		92	MOV	K0	K2M0
48	OR	T23		65	OUT	T22	K10	97	MOV	K0	K2M0
49	ANI	T20		68	LD	T22		102	MOV	K0	K2M0
50	OUT	M23		69	OR	M20		107	END		
51	OUT	T20	K10								

图 21-18 循环彩灯普通程序网和指令表

（2）步进法编程

① 循环彩灯状态转移图 SFC 图形如图 21-19 所示。

② 循环彩灯步进梯形图如图 21-20 所示。

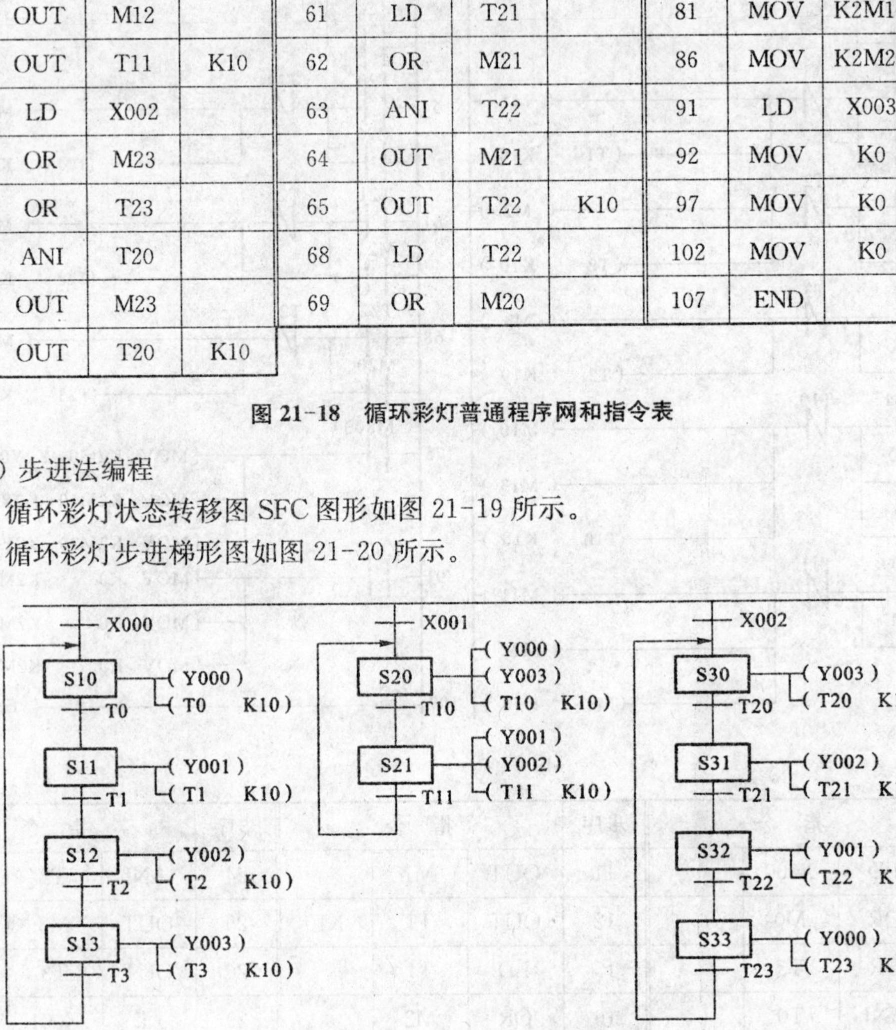

图 21-19 循环彩灯状态转移图

5. 运行调试

根据原理图连接 PLC 模拟调试线路检查无误后，将程序下载到 PLC 中，运行程序，观察控制过程。

(1) 按下左循环按钮 SB0，将 X0 置 ON 状态，观察定时器 T0、T1、T2、T3 和继电器 Y0、

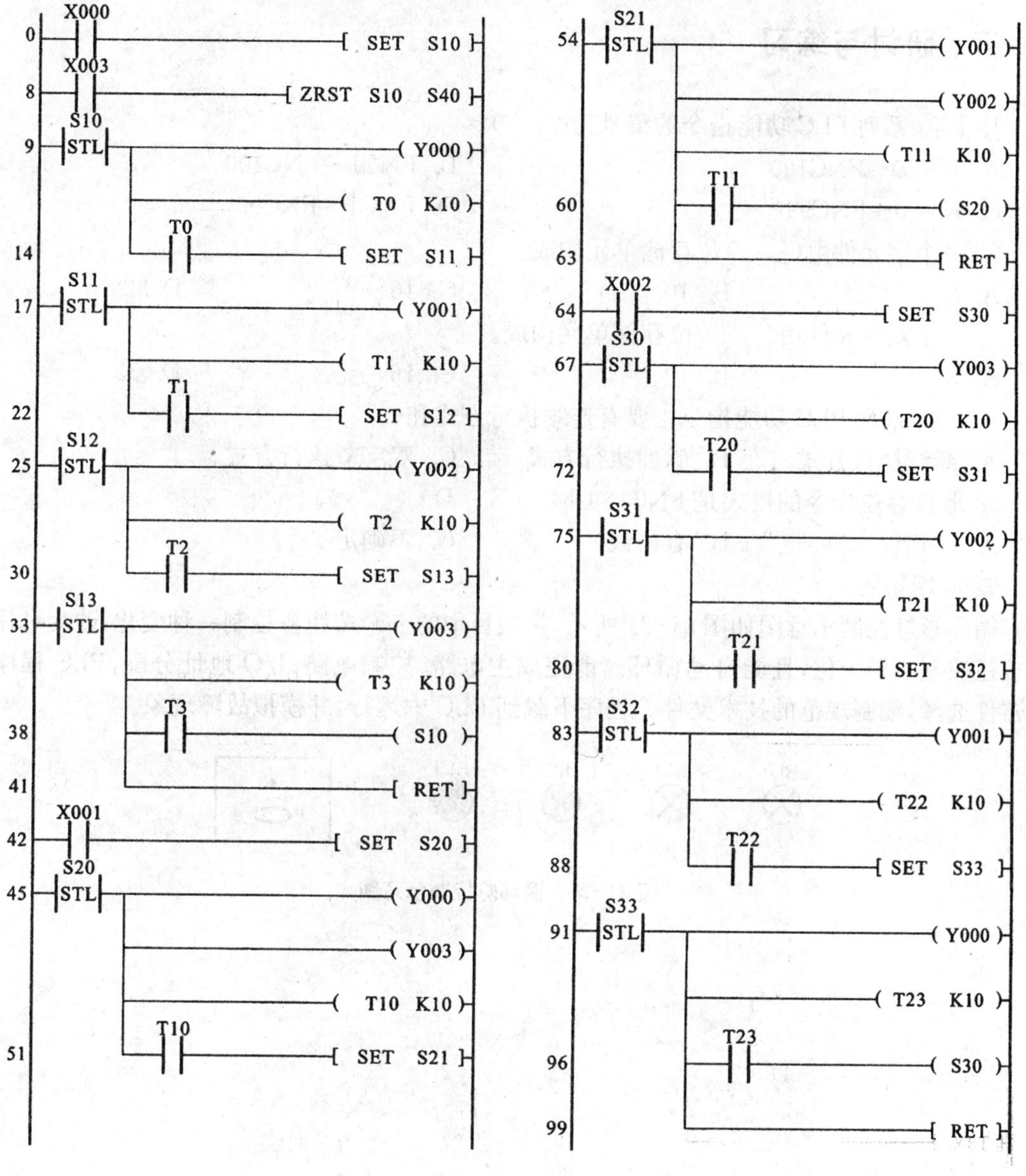

图 21-20　循环彩灯步进控制梯形图

Y1、Y2、Y3 的动作情况。

(2) 按下中循环按钮 SB1，将 X1 置 ON 状态得电，观察定时器 T10、T11 和继电器 Y0、Y1、Y2、Y3 的动作情况。

(3) 按下右循环按钮 SB2，将 X2 置 ON 状态得电，观察定时器 T20、T21、T22、T23 和继电器 Y0、Y1、Y2、Y3 的动作情况。

(4) 按下外部停止按钮 SB3，将 X3 置 ON 状态，观察继电器 Y0、Y1、Y2、Y3 的动作情况。

五、研讨与练习

1. FX_{2N}系列 PLC 功能指令的编号为(　　)。

A. FNC0～FNC100　　B. FNC1～FNC100

C. FNC0～FNC99　　D. FNC1～FNC99

2. 一个字元件由(　　)位存储单元构成。

A. 8　　B. 10　　C. 16　　D. 32

3. 一个双字元件由(　　)位存储单元构成。

A. 8　　B. 10　　C. 16　　D. 32

4. FX_{2N}系列 PLC 功能指令主要有连续执行方式和(　　)。

A. 断续执行方式　　B. 脉冲执行方式　　C. 双字节执行方式

5. 取反移位指令的格式是 FNC16 CML　S· D·(　　)。

A. 无错误　　B. 有错误　　C. 不确定

6. 应用拓展

循环彩灯控制示意图如图 21-21 所示，将项目中的三个按钮各控制一种变化，改为利用一个按钮控制三种变化，且能自动循环。请完成主电路、控制电路、I/O 地址分配、PLC 程序及元器件选择，编制规范的技术文件。程序下载到 PLC 中运行，并模拟故障现象。

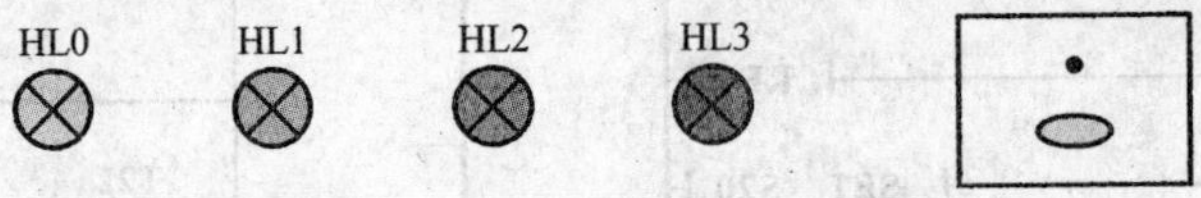

图 21-21　循环灯控制示意图

项目二十二

料车方向控制

项目目标

(1) 熟悉 PLC 中移位指令的使用,熟练使用功能指令中的比较指令 CMP、MOV。

(2) 学习利用功能指令实现功能控制的编程方法。

(3) 熟悉 PLC 应用设计的步骤。

一、项目任务

某车间内有 5 个工作台,小车往返于工作台之间运料,如图 22-1 所示。每个工作台有 1 个行程开关(SQ)和 1 个呼叫开关(SB)。

(1) 小车初始时回到左端停车位上。

(2) 按下 m 号工作台,小车到达相应工作台停止。

(3) 这时 n 号工作台呼叫(即 SBn 动作)。

若:$m>n$,小车左行,直至 SQn 动作到位停车;$m<n$,小车右行,直至 SQn 动作到位停车;$m=n$,小车原地不动。

(4) 按下停止按钮,小车回到左端停车位。

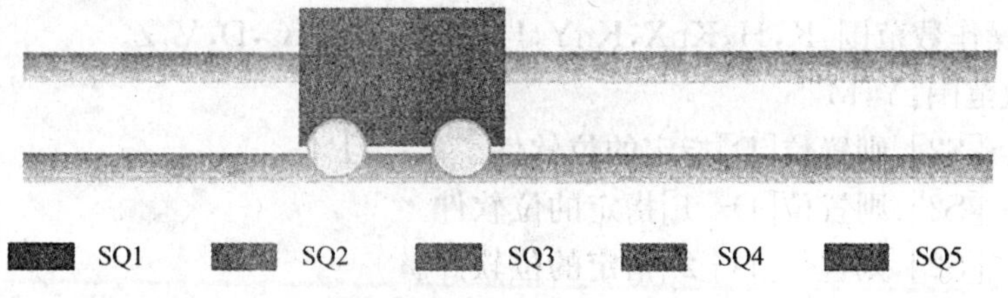

图 22-1 料车方向控制模拟图

二、项目知识分析

控制操作如下:按下起动按钮 SB0,小车返回左边的停车位。当按下 SBm 呼叫按钮时,小车右行到达相应的 m 号工作台(碰到行程开关 SQm)停止。此后,若 n 号工作台呼叫,则小车到达相应工作台后停止运行。按下停止按钮 SB6,小车左行到停车位后停止运行。

小车的左行、右行,其实质仍然是电动机的正、反转,可以参考项目五。小车的呼叫按钮

SBn 与行程开关 SQm 相对应，当 $m=n$ 时，小车停止运行，所以可以采用传送、比较的功能指令进行编程。

三、相关指令

数据的比较指令是程序中出现得十分频繁的操作，FX_{2N}系列 PLC 中设置了 2 条数据比较指令，FNC10 CMP（比较）和 FNC11 ZCP（区域比较）指令。

1. 比较指令 CMP

比较指令的助记符、功能号、操作数和程序步数等指令概要如表 22-1 所示。

表 22-1　比较指令概要

比较指令		操作数	程序步数
P	FNC10 CMP CMP(P)	S1· S2· K,H KnX KnY KnM KnS T C D V,Z X Y M S D·	CMP CMP(P) 7 步
D			(D)CMP (D)CMP(P) 13 步

指令格式：FNC10 CMP　[S1]　[S2]　[D]

FNC10 CMPP　[S1]　[S2]　[D]

FNC10 DCMP　[S1]　[S2]　[D]

FNC10 DCMPP　[S1]　[S2]　[D]

指令功能：

CMP 是 16 位的数据比较指令，将源操作数[S1]中的数与[D2]中的数进行比较，结果送目标操作数[D]所指定的位软元件中。

DMOV 是 32 位的数据传送指令，将源操作数[S1]中的数与[S2]中的数进行比较，结果送目标操作数[D]所指定的位软元件中。

[S1][S2]操作数范围：K，H，KnX，KnY，KnM，KnS，T，C，D，V，Z。

[D]操作数范围：Y，M，S。

如果[S1]>[S2]，则置位[D]指定的位软件。

如果[S1]=[S2]，则置位[D+1]指定的位软件。

如果[S1]<[S2]，则置位[D+2]指定的位软件。

【例】 CMP 功能指令的应用，如图 22-2 所示。

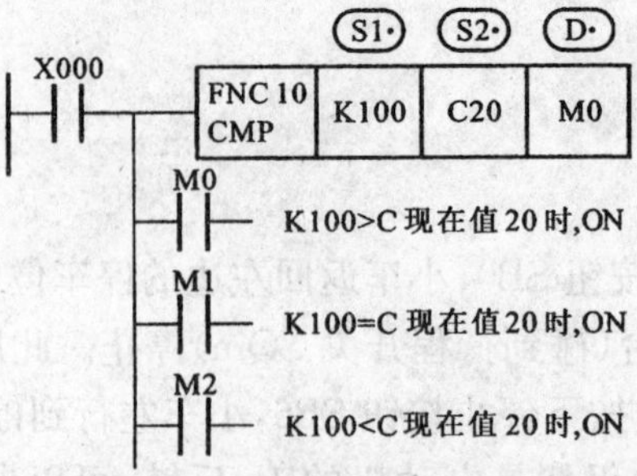

图 22-2　功能指令 CMP

程序说明：图 22-2 为比较指令 CMP 的梯形图，对应的指令为 CMP K100 C20 M0。图中，X0 为 ON 时，执行 CMP 指令。如果 K100＞C20，则 M0 为 ON；如果 K100＝C20，则 M1 为 ON；如果 K100＜C20，则 M2 为 ON。

注意事项：

（1）比较源[S1]和源[S2]的内容，其大小一致时，则[D]动作。大小比较是按照代数形式进行的。

（2）所有源数据都被看成二进制值处理。

（3）作为目标地址，假如指定 M0，如图 22-2 所示，则 M0、M1、M2 被自动占用。指令不执行时，想要清除比较结果，可使用复位指令，复位方法如图 22-3 所示。

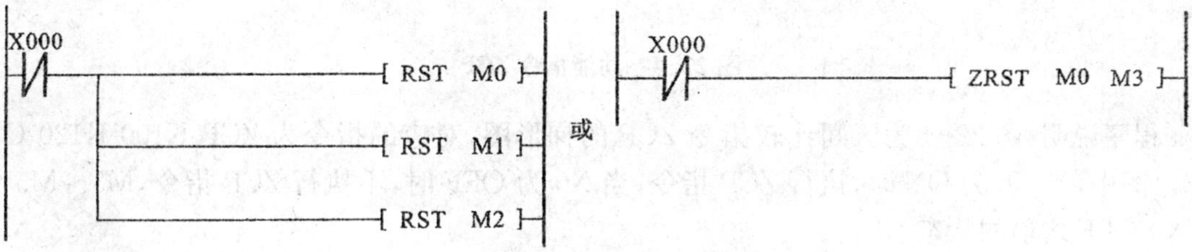

图 22-3　比较结果清零

2. 区间比较指令 ZCP

区间比较指令的助记符、功能号、操作数和程序步数等指令概要如表 22-2 所示。

表 22-2　区间比较指令概要

区间比较指令		操作数	程序步数
P D	FNC11 ZCP ZCP(P)	S1· S2· S3·：K,H　KnX　KnY　KnM　KnS　T　C　D　V,Z D·：X　Y　M　S	ZCP ZCP(P) 9 步 (D)ZCP (D)ZCP(P) 17 步

指令格式：FNC11　ZCP　[S1]　[S2]　[S3]　[D]

FNC11　ZCPP　[S1]　[S2]　[S3]　[D]

FNC11　DZCP　[S1]　[S2]　[S3]　[D]

FNC11　DZCPP　[S1]　[S2]　[S3]　[D]

其中[S1]和[S2]为源操作数的起点和终点，[S3]为另一比较组，[D]为比较结果输出位。

指令功能：ZCP 指令是将操作数[S3]中的数分别与[S1]和[S2]中的数进行比较，结果送目标操作数[D]所指定的位软元件中。

DZCP 是 32 位的区间比较指令。

[S1]、[S2]、[S3]操作数范围：K，H，KnX，KnY，KnM，KnS，T，C，D，V，Z。

[D]操作数范围：Y，M，S。

如果[S1]＞[S3]，则置位[D]指定的位软元件。

如果[S1]≥[S3]≤[S2]，则置位[D+1]指定的位软元件。

如果[S2]＜[3]则置位[D+2]指定的位软元件。

【例】 ZCP功能指令的应用,如图22-4所示。

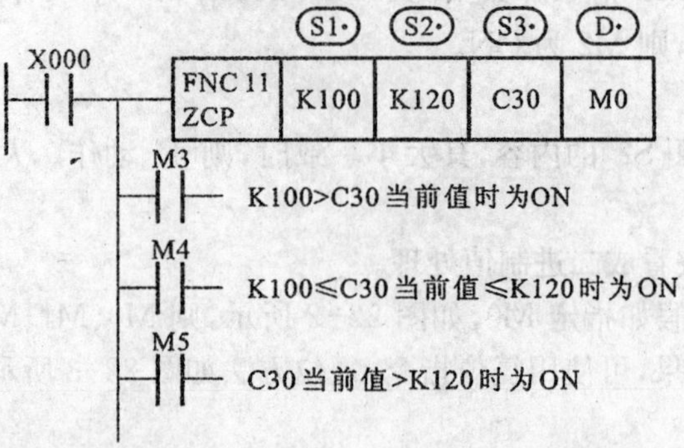

图22-4 功能指令ZCP

程序说明:图22-4为区间比较指令ZCP的梯形图,对应的指令为ZCP K100 K120 C30 M3。图中,当X0为ON时,执行ZCP指令;当X0为OFF时,不执行ZCP指令,M3~M5保持X0 OFF之前的状态。

注意事项:

(1) ZCP是相对2点的设定值进行大小比较的指令。

(2) 源[S1]的内容不得大于源[S2]的内容,例如:若[S1]=K100,[S2]=K90,则会将[S2]当成K100进行计算。大小比较是按照代数形式进行的。

(3) 作为目标地址,假如指定M3,如图22-4所示,则M3、M4、M5被自动占用。指令不执行时,想要清除比较结果,可使用复位指令,复位方法如图22-5所示。

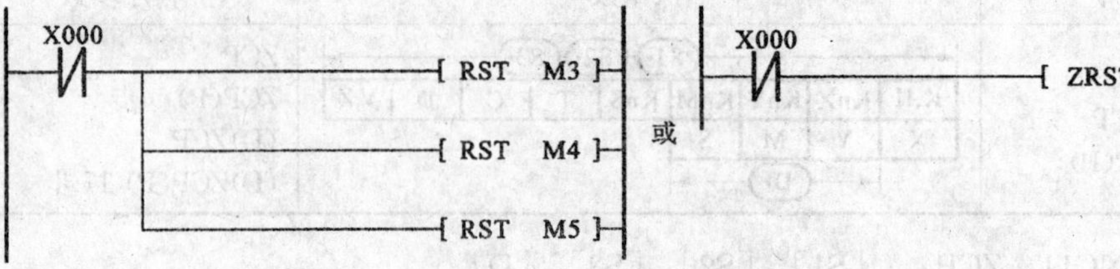

图22-5 比较结果清零

3. 数据交换指令XCH

数据交换指令的助记符、功能号、操作数和程序步数等指令概要如表22-3所示。

表22-3 数据交换指令概要

数据变换指令		操作数	程序步数
P	FNC11 XCH XCH(P)	D1· K,H | KnX | KnY | KnM | KnS | T | C | D | V,Z D2·	XCH XCH(P) 5步
D			(D)XCH (D)XCH(P) 9步

指令格式:FNC17 XCH [D1] [D2]

FNC17 XCHP [D1] [D2]

FNC17　DXCH　[D1]　[D2]

FNC17 DXCHP　[D1]　[D2]

指令功能：是将操作数[D1]中的数与[D2]中的数进行互换。一般采用脉冲执行方式，否则在每一个扫描周期都要互换一次。

操作数范围：KnY，KnM，KnS，T，C，D，V，Z。

4. BCD 变换指令

BCD 变换指令的助记符、功能号、操作数和程序步数等指令概要如表 22-4 所示。

表 22-4　BCD 变换指令概要

BCD 比较指令		操作数	程序步数
P D	FNC18 BCD BCD(P)	S·：K,H　KnX　KnY　KnM　KnS　T　C　D　V,Z D·：KnY　KnM　KnS　T　C　D　V,Z	BCD BCD(P) 5 步 (D)BCD (D)BCD(P) 9 步

指令格式：FNC18　BCD　[S]　[D]

FNC18　BCDP　[S]　[D]

FNC18　DBCD　[S]　[D]

FNC18　DBCDP　[S]　[D]

指令功能：将[S]中的二进制数转换成 BCD 码数后传送至[D]中。

源操作数范围：KnX，KnY，KnM，KnS，T，C，D，V，Z。

目的操作数范围：KnY，KnM，KnS，T，C，D，V，Z。

5. BIN 变换指令

BIN 变换指令的助记符、功能号、操作数和程序步数等指令概要如表 22-5 所示。

表 22-5　BIN 变换指令概要

BIN 比较指令		操作数	程序步数
P D	FNC19 BIN BIN(P)	S·：K,H　KnX　KnY　KnM　KnS　T　C　D　V,Z D·：KnY　KnM　KnS　T　C　D　V,Z	BIN BIN(P) 5 步 (D)BIN (D)BIN(P) 9 步

指令格式：FNC19　BIN　[S]　[D]

FNC19　BINP　[S]　[D]

FNC19　DBIN　[S]　[D]

FNC19　DBINP　[S]　[D]

指令功能：将[S]中的 BCD 码数转换成二进制数后传送至[D]中。

源操作数范围：KnX，KnY，KnM，KnS，T，C，D，V，Z。

目的操作数范围：KnY，KnM，KnS，T，C，D，V，Z。

四、项目实施

1. 主电路设计

如图 22-1 所示,主电路中 4 个元件:QF 为空气断路器,起保护作用;1 个输入点热继电器(FR)的辅助触点;2 个输出点用来控制交流接触器(KM0、KM1)的线圈。

2. 确定 I/O 总点数及地址分配

在控制电路中有 2 个控制按钮,包括起动按钮 SBO、停止按钮 SB6,5 个工位选择按钮 SB1、SB2、SB3、SB4、SB5,5 个行程开关 SQ1、SQ2、SQ3、SQ4、SQ5,1 个停车限位开关 SQ7,再加上 1 个停车指示灯,这样总的输入点为 14 个,输出点为 3 个,如表 22-6 所示。

表 22-6 I/O 地址分配表

输入信号			输出信号		
1	X0	起动按钮 SB0	1	Y0	交流接触器 KM0(小车左行)
2	X1	1 号呼叫按钮 SB1	2	Y1	交流接触器 KM1(小车右行)
3	X2	2 号呼叫按钮 SB2	3	Y2	停止指示灯 HL
4	X3	3 号呼叫按钮 SB3			
5	X4	4 号呼叫按钮 SB4			
6	X5	5 号呼叫按钮 SB5			
7	X6	停止按钮 SB6			
8	X7	停车限位开关 SQ7			
9	X11	1 号行程开关 SQ1			
10	X12	2 号行程开关 SQ2			
11	X13	3 号行程开关 SQ3			
12	X14	4 号行程开关 SQ4			
13	X15	5 号行程开关 SQ5			
14	X16	热继电器 FR			

3. 控制电路

料车行程控制电气原理图如图 22-6 所示。

4. 设备材料表

本控制中输入点数应选 14×1.2≈17 点,输出点 3×1.2≈4 点。通过查找三菱 FX_{2N} 系列选型表,应选 32 PLC 或 48 PLC,因输出点很少,这里选定三菱 FX_{2N}-32MR-001(其中输入 16 点,输出 16 点,继电器输出)。通过查找电气元件选型表,选择的元器件如表 22-7 所示。

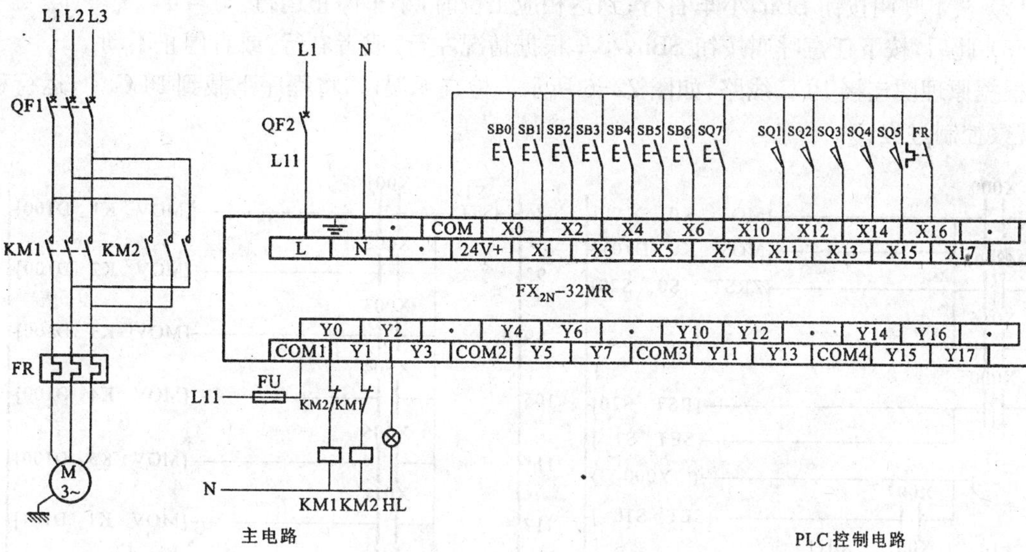

图 22-6　料车行程控制电气原理图

表 22-7　设备材料表

序号	符号	设备名称	型号、规格	单位	数量	备注
1	PLC	可编程控制器	FX_{2N}-16MR-001	台	1	
2	QF1	空气断路器	DZ47-D40/3P	个	1	
3	QF2	空气断路器	DZ47-D10/1P	个	1	
4	FU	熔断器	RT18-32/6 A	个	2	
5	KM	交流接触器	CJX2(LC1-D)-32　线圈电压 220 V	个	3	
6	FR	热继电器	JRS1(LR1)-D40355	个	1	
7	SB	按钮	LA39-11	个	7	
8	SQ1～5	霍尔式接近开关	SR12-5DN	个	5	
9	SQ	行程开关	LX19-212	个	1	
10	HL	指示灯	AD16-22DS	个	1	

5. 程序设计

本项目中采用高级指令实现行车方向控制。控制梯形图程序如图 22-7 所示。

程序说明：

(1) M8003 为内部动断继电器。

(2) D100 中存放呼叫开关(SBn)的号码，D101 中存放行程开关(SQm)的号码。

通过比较指令 CMP 比较 D100 与 D101 中数据的大小。若：$n < m$，小车左行，直至 SQn 动作到位停车；$n = m$，小车原地不动；$n > m$，小车右行，直至 SQn 动作到位停车。

6. 运行调试

(1) 按下起动按钮 SBO，小车左行；到达左端停车位时，小车停止运行。

(2) 按下呼叫按钮 SBn，小车右行；到达相应工位时，小车停止运行。

(3) 此后，按下任意呼叫按钮 SBn，小车根据情况左行，或者右行，或者停止不动。

根据原理图连接 PLC 线路，如图 22-6 所示。检查无误后，将程序下载到 PLC 中，运行程序，观察控制过程。

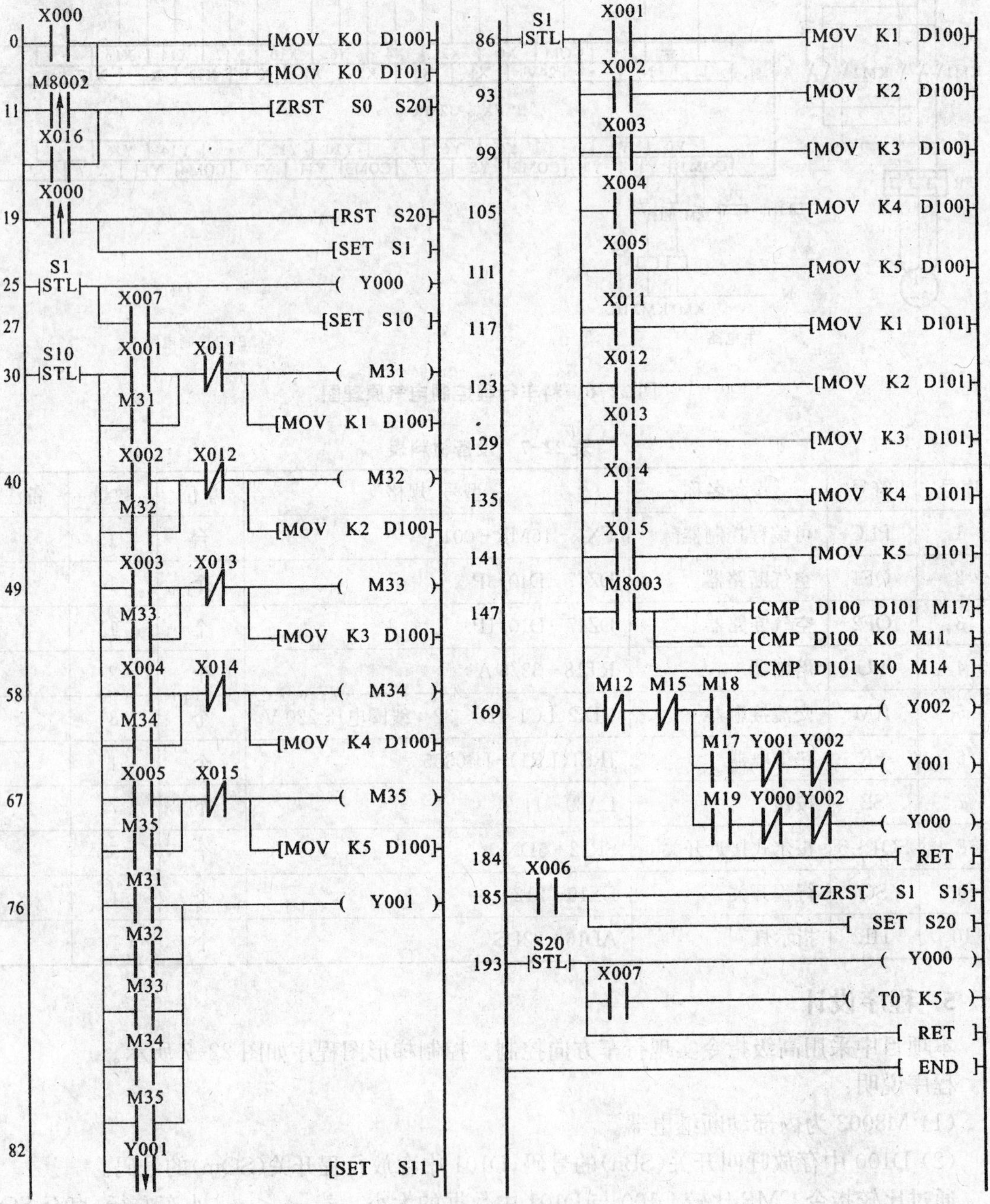

图 22-7 控制梯形图

(1) 按下起动按钮 SB0，将 X0 置 ON 状态，观察输出继电器 Y0、Y1 和 Y2 及时间继电器 T0、T10 的动作情况。

(2) 按下呼叫按钮 SB1,将 X1 置 ON 状态得电,观察各定时器和输出继电器的动作情况。小车到达行程开关 SQ1 处时,观察各定时器和输出继电器的动作情况。

(3) 按下任意呼叫按钮 SBn,将 Xn 置 ON 状态得电,观察各定时器和输出继电器的动作情况。小车到达行程开关 SQm 处时,观察各定时器和输出继电器的动作情况。

(4) 按下停止按钮 SB6,将 X6 置 ON 状态,观察输出继电器 Y0、Y1 和 Y2 及时间继电器 T0、T10 的动作情况。观察当 X7 为 ON 时,各定时器和输出继电器的动作情况。

(5) 电动机过载时,FR 动作,输入继电器 X16 瞬间得电,输出继电器 Y0 或 Y1 线圈失电,使电动机停止运行。

五、研讨与练习

1. FX_{2N}系列 PLC 功能指令中包含(　　)条比较指令。

A. 1　　B. 2　　C. 3　　D. 4

2. CMP 指令的特点是(　　)。

A. 比较 2 个数的大小

B. 比较 3 个数的大小

C. 比较 4 个数的大小

3. ZCP 指令的特点是(　　)。

A. 比较 2 个数的大小

B. 比较 3 个数的大小

C. 比较 4 个数的大小

4. 比较指令除了用 CMP 表示,还可以用(　　)表示。

A. FNC8　　B. FNC9　　C. FNC10　　D. FNC11

5. 区间比较指令除了用 ZCP 表示,还可以用(　　)表示。

A. FNC9　　B. FNC10　　C. FNC11　　D. FNC12

6. 应用拓展

依图 22-1 所示,要求:按下起动按钮,小车左行到停车位等待呼叫;按下任意呼叫按钮,小车到达相应工位,停车等待 10 s 后自动返回停车位,等待下一次呼叫;若同时按下多个呼叫按钮,小车会自动按照从左到右的顺序,去工位→等待 10 s→返回停留 3 s→去工位→…自动完成任务。任务完成后,小车都要回到停车位。按下停止按钮,小车在完成任务之后自动返回停车位。请完成主电路、控制电路、I/O 地址分配、PLC 程序及元件选择,编制规范的技术文件。程序下载到 PLC 中运行,并模拟故障现象。

项目二十三 自动售货机系统设计

项目目标

(1) 理解掌握 PLC 的功能指令:四则运算和逻辑运算。

(2) 进一步了解利用功能指令实现编程的方法。

(3) 熟悉 PLC 应用设计的步骤。

一、项目任务

用 PLC 设计控制两种液体饮料的自动售货机(图 23-1 为自动售货机仿真图)。具体动作要求如下:

(1) 此自动售货机可投入 1 元、5 元或 10 元硬币。

(2) 当投入的硬币总值等于或超过 12 元时,汽水按钮指示灯亮;当投入的硬币总值超过 15 元时,汽水、咖啡按钮指示灯都亮。

(3) 当汽水按钮指示灯亮时,按汽水按钮,则汽水排出 7 s 后自动停止。汽水排出时,相应指示灯闪烁。

(4) 当咖啡按钮指示灯亮时,动作同上。

(5) 若投入的硬币总值超过所需钱数(汽水 12 元、咖啡 15 元)时,找钱指示灯亮。按下清除按钮后,若已投入钱币,则清除当前操作并且退币灯亮;若还未投入钱币,则等待下次购物要求。

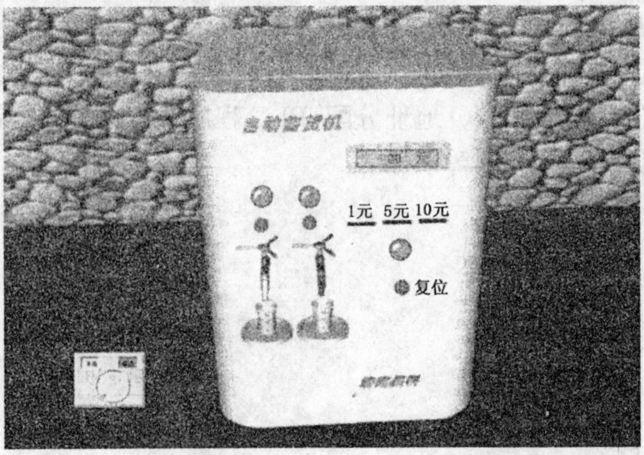

图 23-1 自动售货机仿真图

二、项目知识分析

从项目任务中，了解到自动售货机的控制要求及其外观结构。在自动售货机内部有两套液体控制装置和一套硬币识别装置。每套液体控制装置由液体储存罐和电磁阀门组成，液体罐中分别储存汽水和咖啡。电磁阀 A 通电时打开，汽水从储存罐中输出；电磁阀 B 通电时打开，咖啡从储存罐中输出。硬币识别装置由三个硬币检测传感器组成，分别识别 1 元、5 元和 10 元硬币，传感器输出的信号为开关量信号。相对应的指示灯有 HL1、HL2 和操作按钮，在这一系统中暂没有考虑退币及找零装置，只是采用指示灯 HL3 用来表示其功能。该项目的实施需要用 PLC 的数据运算指令来实现。

三、相关指令

FX_{2N}系列 PLC 中设置了 10 条有关数据的四则运算指令，其中包括 ADD(BIN 加法)、SUB(BIN 减法)、MUL(BIN 乘法)、DIV(BIN 除法)、INC(BIN 递增)、DEC(BIN 递减)、WAND(逻辑与)、WOR(逻辑或)、WXOR(逻辑异或)和 NEG(求补)。

四则运算会影响 PLC 内部相关标志继电器。其中 M8020 是运算结果为 0 的标志位，M8022 是进位标志位，M8021 是借位标志位。

1. BIN 加法运算指令 ADD

二进制加法运算指令的助记符、功能号、操作数和程序步数等指令概要如表 23-1 所示。

表 23-1　二进制加法指令概要

<table>
<tr><th colspan="2">BIN 加法运算指令</th><th>操作数</th><th>程序步数</th></tr>
<tr><td>P</td><td rowspan="2">FNC20
ADD
ADD(P)</td><td rowspan="2">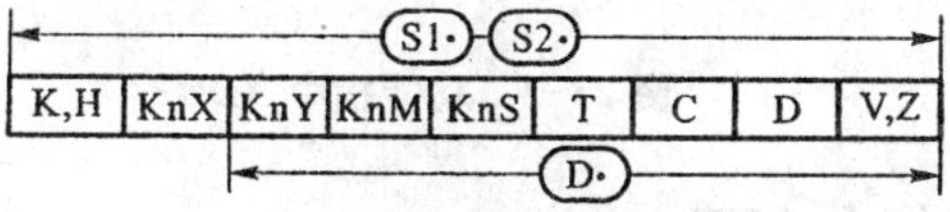
</td><td rowspan="2">ADD
ADD(P) 7 步
(D)ADD
(D)ADD(P) 13 步</td></tr>
<tr><td>D</td></tr>
</table>

指令格式：FNC20 ADD　[S1]　[S2]　[D]

FNC20 ADDP　[S1]　[S2]　[D]

FNC20 DADD　[S1]　[S2]　[D]

FNC20 DADDP　[S1]　[S2]　[D]

指令功能：

ADD 是 16 位的二进制加法运算指令，将源操作数[S1]中的数与[S2]中的数相加，结果送目标操作数[D]所指定的软元件中。

DADD 是 32 位的二进制加法运算指令，将源操作数[S1+1][S1]中的数与[S2+1][S2]中的数相加，结果送目标操作数[D+1][D]所指定的软元件中。

[S1][S2]操作数范围：K，H，KnX，KnY，KnM，KnS，T，C，D，V，Z。

[D]操作数范围：KnX，KnY，KnM，KnS，T，C，D，V，Z。

【例】 ADD 功能指令的应用，如图 23-2 所示。

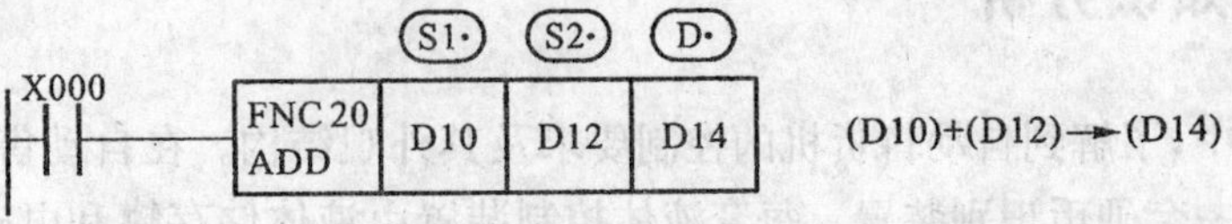

图 23-2 功能指令 ADD

程序说明：图 23-3 为加法运算 ADD 的梯形图，对应的指令为 ADD K100 20 M0。X0 为 ON 时，执行 ADD 指令，D10 中的二进制数加上 D12 中的数，结果存入 D14 中。

注意事项：

(1) 两个数据进行二进制加法后传递到目标处，各数据的最高位是正(0)、负(1)的符号位，这些数据以代数形式进行加法运算。例：5＋(－8)＝－3。

(2) 运算结果为 0 时，0 标志全动作。如果运算结果超过 32767(16 位运算)或－2147493 647(32 位运算)时，进位标志动作。如果运算结果不满 32767(16 位运算)或－2147493647(32 位运算)时，借位标志会动作。

(3) 进行 32 位运算时，字软元件的低 16 位侧的软元件被指定，紧接着上述软元件编号后的软元件将作为高位。为防止编号重复，建议将软元件指定为偶数编号。

(4) 可以将源和目标指定为相同的软元件编号。这时，如果使用连续执行型指令 ADD、(D)ADD，则每个扫描周期的加法运算结果都会发生变化，请务必注意。

(5) 如图 23-3 所示二进制加法中，在每出现一次 X0 由 OFF→ON 变化时，D10 的内容都会加 1，这和后述的 INC(P)指令相似，在此情况下零位、借位、进位的标志都会动作。

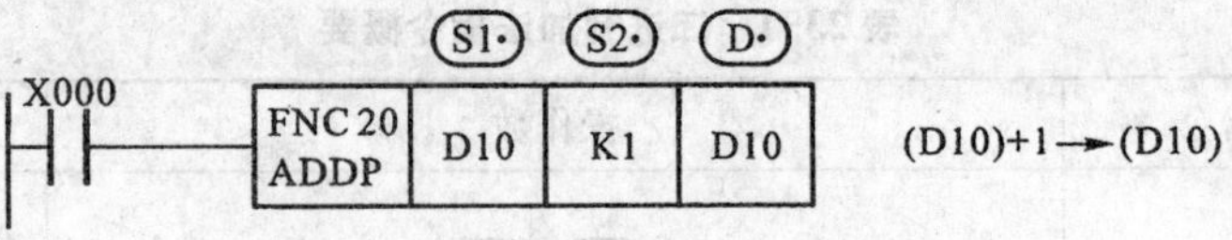

图 23-3 功能指令 ADDP

2. BIN 减法运算指令 SUB

二进制减法运算指令的助记符、功能号、操作数和程序步数等指令概要如表 23-2 所示。

表 23-2 二进制减法指令概要

BIN 减法运算指令		操作数	程序步数
P D	FNC21 SUB SUB(P)	S1·、S2·：K,H、KnX、KnY、KnM、KnS、T、C、D、V,Z D·：KnY、KnM、KnS、T、C、D、V,Z	SUB SUB(P) 7 步 (D)SUB (D)SUB(P) 13 步

指令格式：FNC21 SUB [S1] [S2] [D]

FNC21 SUBP [S1] [S2] [D]

FNC21 DSUB [S1] [S2] [D]

FNC21 DSUBP [S1] [S2] [D]

指令功能：

SUB是16位的二进制减法运算指令，将源操作数[S1]中的数减去[S2]中的数，结果送目标操作数[D]所指定的软元件中。

DSUB是32位的二进制减法运算指令，将源操作数[S1＋1][S1]中的数减去[S2＋1][S2]中的数，结果送目标操作数[D+1][D]所指定的软元件中。

[S1][S2]操作数范围：K，H，KnX，KnY，KnM，KnS，T，C，D，V，Z。

[D]操作数范围：KnX，KnY，KnM，KnS，T，C，D，V，Z。

【例】 SUB功能指令的应用，如图23-4所示。

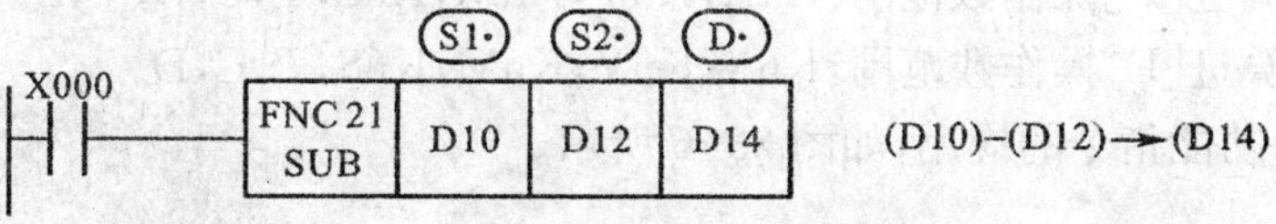

图 23-4 功能指令 SUB

程序说明：图23-4为减法运算SUB的梯形图，对应的指令为SUB D10 D12 D14。X0为ON时，执行SUB指令。

注意事项：

(1) 两个数据进行二进制减法后传递到目标处，各数据的最高位是正(0)、负(1)的符号位，这些数据以代数形式进行加法运算。例：5－(－8)＝13。

(2) 标志位的动作与ADD指令相同。

(3) 如图23-5所示二进制减法中，在每出现一次X0由OFF—ON变化时，D10的内容都会减1，这和后述的(D)DEC(P)指令相似，在此情况下能得到各种标志。

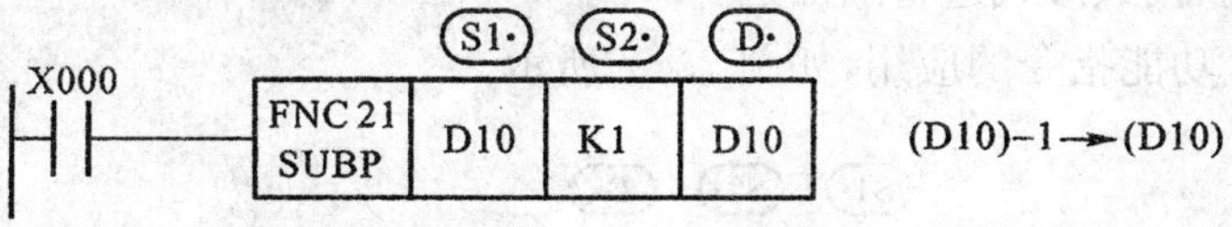

图 23-5 功能指令 SUBP

3. BIN乘法运算指令MUL

二进制乘法运算指令的助记符、功能号、操作数和程序步数等指令概要如表23-3所示。

表 23-3 二进制乘法指令概要

BIN乘法运算指令		操作数	程序步数
P D	FNC22 MUL MUL(P)	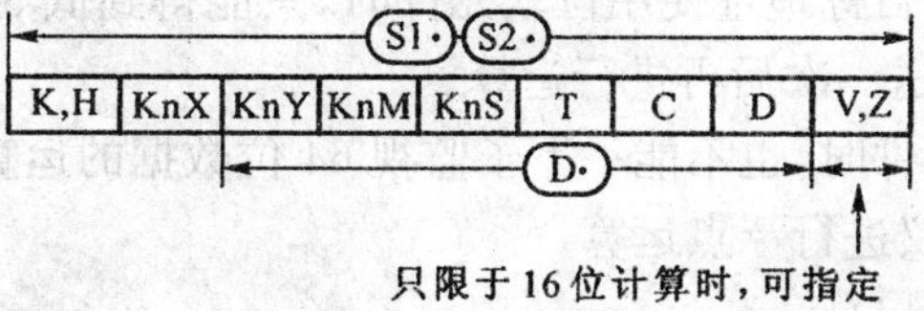	MUL MUL(P) 7步 (D)MUL (D)MUL(P) 13步

指令格式：FNC22 MUL [S1] [S2] [D]

FNC22 MULP [S1] [S2] [D]

FNC22　DMUL　[S1]　[S2]　[D]

FNC22　DMULP [S1]　[S2]　[D]

指令功能：

MUL是16位的二进制乘法运算指令，将源操作数[S1]中的数乘以[S2]中的数，结果送目标操作数[D+1][D]中。

DMUL是32位的二进制乘法指令，将源操作数[S1+1][S1]中的数乘以[S2+1][S2]中的数，结果送目标操作数[D+3][D+2][D+1][D]中。

[S1][S2]操作数范围：K，H，KnX，KnY，KnM，KnS，T，C，D，V，Z。

16位乘法运算进[D]操作数范围：KnX，KnY，KnM，KnS，T，C，D，V，Z。

32位乘法运算进[D]操作数范围：KnX，KnY，KnM，KnS，T，C，D。

【例】 MUL功能指令的应用，如图23-6所示。

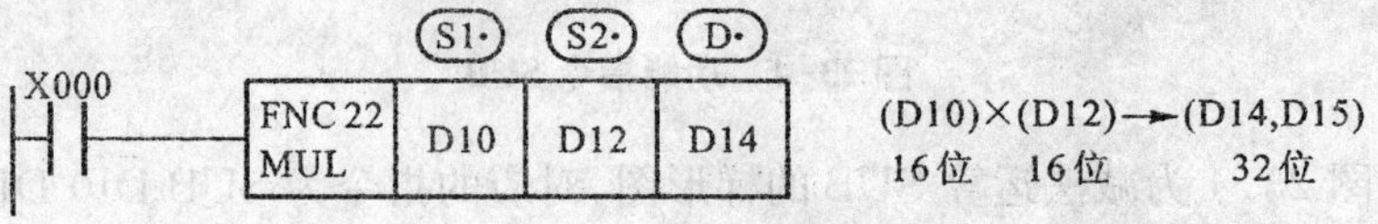

图23-6　功能指令16位MUL

程序说明：图23-6为16位乘法运算MUL的梯形图，对应的指令为MUL D10 D12 D14。X0为ON时，执行MUL指令。

注意事项：

(1) 两个数据进行二进制乘法后，以32位数据形式存入目标处。

(2) 各数据的最高位是正(0)、负(1)的符号位。

(3) 这些数据以代数形式进行加法运算。例：8 * 9 = 72。

【例】 DMUL功能指令的应用，如图23-7所示。

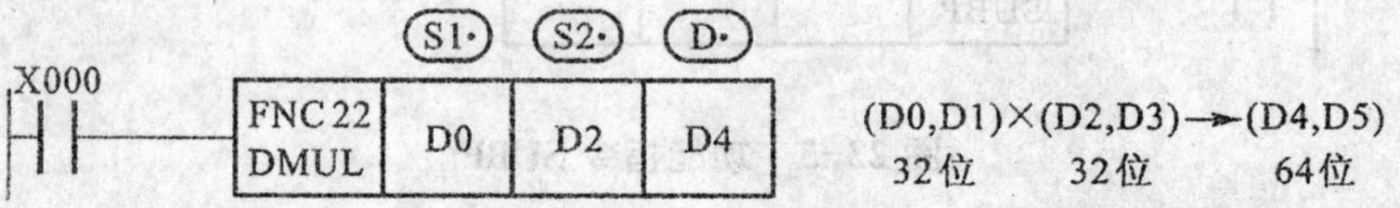

图23-7　功能指令32位MUL

程序说明：图23-7为32位乘法运算MUL的梯形图，对应的指令为DMUL D0 D2 D4。在X0为ON时，执行DMUL指令。

注意事项：

(1) 在32位运算中，目标地址使用位软元件时，只能得到低32位的结果，不能得到高32位的结果，请向字元件传送一次后再进行运算。

(2) 即使是使用字元件时，也不能一下子监视64位数据的运算结果。

(3) 这种情况下，建议进行浮点运算。

(4) 不能指定Z作为[D]。

4. BIN除法运算指令DIV

二进制除法运算指令的助记符、功能号、操作数和程序步数等指令概要如表23-4所示。

表 23-4 二进制除法指令概要

BIN 除法运算指令		操作数	程序步数
P D	FNC23 DIV DIV(P)	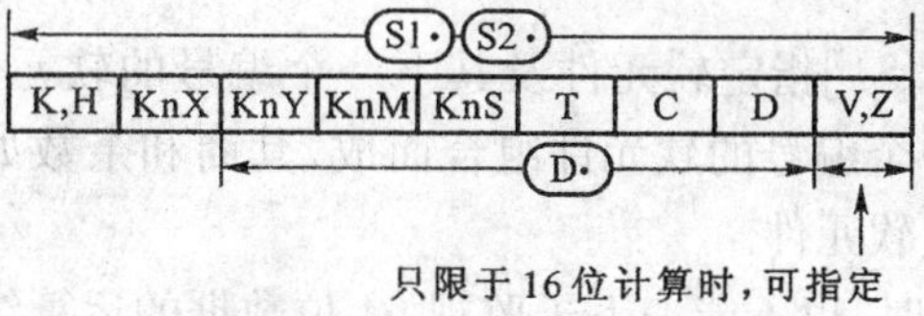	DIV DIV(P) 7 步 (D)DIV (D)DIV(P) 13 步

指令格式：FNC23 DIV [S1] [S2] [D]

FNC23 DIVP [S1] [S2] [D]

FNC23 DDIV [S1] [S2] [D]

FNC23 DDIVP [S1] [S2] [D]

指令功能：

DIV 是 16 位的二进制除法指令，将源操作数[S1]中的数除以[S2]中的数，商送[D]中，余数送[D+1]中。

DDIV 是 32 位的二进制除法指令，将源操作数[S1+1][S1]中的数除以[S2+1][S2]中的数，商送[D+1][D]中，余数送[D+3][D+2]中。

[S1][S2]操作数范围：K，H，KnX，KnY，KnM，KnS，T，C，D，V，Z。

16 位除法运算进[D]操作数范围：KnX，KnY，KnM，KnS，T，C，D，V，Z。

32 位除法运算进[D]操作数范围：KnX，KnY，KnM，KnS，T，C，D。

【例】 DIV 功能指令的应用，如图 23-8 所示。

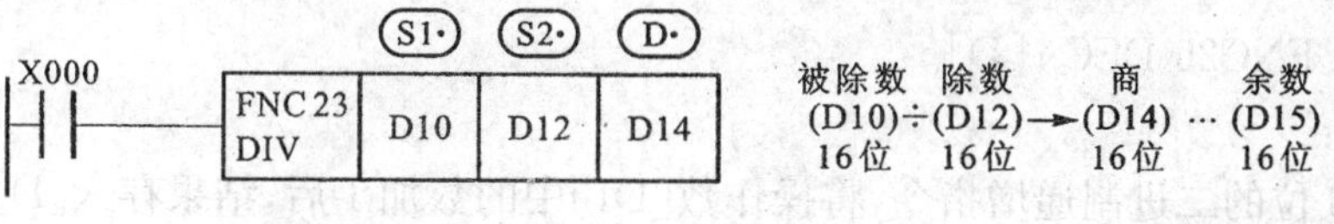

图 23-8 功能指令 16 位 DIV

程序说明：图 23-8 为 16 位除法运算 DIV 的梯形图，对应的指令为 DIV D10 D12 D14。X0 为 ON 时，执行 DIV 指令。

注意事项：

(1) [S1]指定软元件的内容是被除数，[S2]指定软元件的内容是除数，[D]指定软元件及其下一个编号的软元件将存入商和余数。

(2) 各数据的最高位是正(0)、负(1)的符号位。

【例】 DDIV 功能指令的应用，如图 23-9 所示。

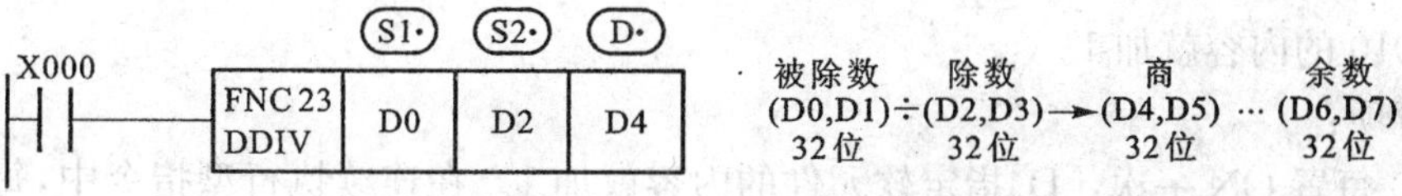

图 23-9 功能指令 32 位 DIV

程序说明：图 23-9 为 32 位除法运算 DIV 的梯形图，对应的指令为 DDIV D0 D2 D4。X0 为 ON 时，执行 DDIV 指令。

注意事项：

(1) 被除数内容是由[S1]指定软元件及其下一个编号的软元件组合而成，除数内容是由[S2]指定软元件及其下一个编号的软元件组合而成，其商和余数如图 23-9 所示，存入与[D]指定软元件相接续的 4 点软元件。

(2) 即使使用字元件时，也不能一下子监视 64 位数据的运算结果。

(3) 不能指定 Z 作为[D]。

5. BIN 递增指令 INC、BIN 递减指令 DEC

二进制递增、递减指令的助记符、功能号、操作数和程序步数等指令概要如表 23-5 所示。

表 23-5　二进制递增、递减指令概要

传送指令		操作数	程序步数
P D	BIN 递增 FNC24 INC INC(P)	K,H　KnX　KnY　KnM　KnS　T　C　D　V,Z D·：KnY～V,Z	INC INC(P) 3 步 (D)INC (D)INC(P) 5 步
P D	BIN 递减 FNC25DEC DEC(P)	K,H　KnX　KnY　KnM　KnS　T　C　D　V,Z D·：KnY～V,Z	DEC DEC(P) 3 步 (D)DEC (D)DEC(P) 5 步

指令格式：FNC24 INC　[D]

　　　　　FNC25 DEC　[D]

指令功能：

INC 是 16 位的二进制递增指令，将操作数[D1]中的数加 1 后，结果存入[D]中。

DEC 是 16 位的二进制递减指令，将操作数[D1]中的数减 1 后，结果存入[D]中。

操作数范围：KnY，KnM，KnS，T，C，D，V，Z。

【例】 INC 功能指令的应用，如图 23-10 所示。

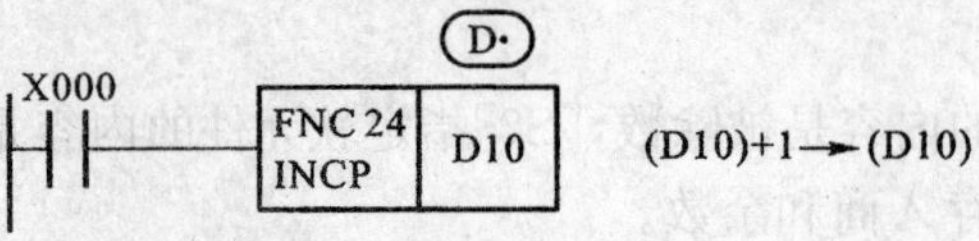

图 23-10　功能指令 INC

程序说明：图 23-10 为 BIN 递增指令 INC 的梯形图，对应的指令为 INCP D10。X0 每置 ON 一次，D10 的内容就加 1。

注意事项：

(1) X0 每置 ON 一次，[D]指定软元件的内容就加 1。在连续执行型指令中，每个扫描周期都将执行加 1 运算，所以必须引起注意。

(2) 16 位运算时，如果＋32767 加 1 变为－32768，则标志位不动作；32 位运算时，如果

＋2147483647加 1 变为－2147483648,则标志位不动作。

【例】 DEC 功能指令的应用,如图 23-11 所示。

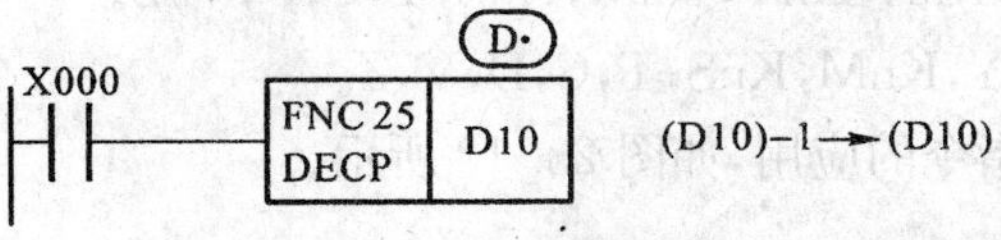

图 23-11　功能指令 DEC

程序说明:图 23-11 为 BIN 递减指令 DEC 的梯形图,对应的指令为 DEC D10。X0 每置 ON 一次,D10 的内容就减 1。

注意事项:

(1) X0 每置 ON 一次,[D]指定软元件的内容就减 1。在连续执行型指令中,每个扫描周期都将执行减 1 运算,所以必须引起注意。

(2) 16 位运算时,如果－32768 减 1 变为＋32767,则标志位不动作;32 位运算时,如果－2147483648减 1 变为＋2147483647,则标志位不动作。

6. 逻辑与 WAND、逻辑或 WOR、逻辑异或 WXOR

逻辑与 WAND、逻辑或 WOR、逻辑异或 WXOR 指令的助记符、功能号、操作数和程序步数等指令概要如表 23-6 所示。

表 23-6　逻辑与、逻辑或、逻辑异或指令概要

指　令		操作数	程序步数
P D	与运算 FNC26 WAND WAND(P)	S1·、S2·:K,H、KnX、KnY、KnM、KnS、T、C、D、V,Z D·:KnY、KnM、KnS、T、C、D、V,Z	WAND WAND(P) 7 步 (D)AND (D)AND(P) 13 步
P D	或运算 FNC27 WOR WOR(P)	S1·、S2·:K,H、KnX、KnY、KnM、KnS、T、C、D、V,Z D·:KnY、KnM、KnS、T、C、D、V,Z	WOR WOR(P) 7 步 (D)OR (D)OR(P) 13 步
P D	异或运算 FNC28 WXOR WXOR(P)	S1·、S2·:K,H、KnX、KnY、KnM、KnS、T、C、D、V,Z D·:KnY、KnM、KnS、T、C、D、V,Z	WXOR WXOR(P) 7 步 (D)XOR (D)XOR(P) 13 步

指令格式:FNC26 WAND　[S1]　[S2]　[D]

　　　　　FNC27 WOR　[S1]　[S2]　[D]

　　　　　FNC28 WXOR　[S1]　[S2]　[D]

指令功能:

WAND 指令:是将[S1]指定软元件的内容与[S2]指定软元件的内容按位进行逻辑与运算,运算结果放于[D]指定的软元件内。

WOR 指令:是将[S1]指定软元件的内容与[S2]指定软元件的内容按位进行逻辑或运算,运算结果放于[D]指定的软元件内。

WXOR 指令:是将[S1]指定软元件的内容与[S2]指定软元件的内容按位进行逻辑异或运算,运算结果放于[D]指定的软元件内。

源操作数范围:K,H,KnX,KnY,KnM,KnS,T,C,D,V,Z。

目的操作数范围:KnY,KnM,KnS,T,C,D,V,Z。

【例】 WAND 功能指令的应用,如图 23-12 所示。

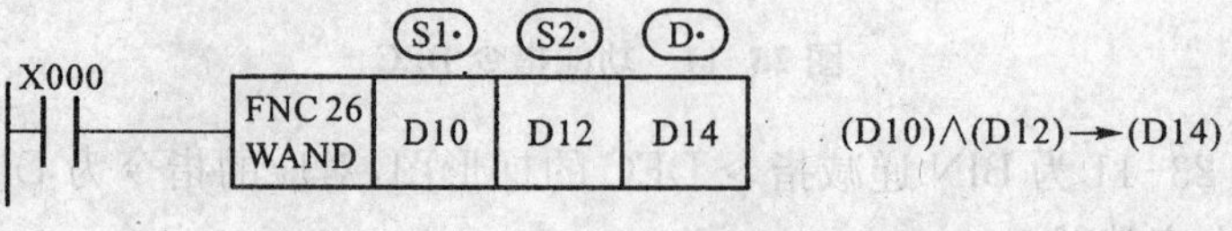

图 23-12 功能指令 16 位逻辑与 WAND

程序说明:图 23-12 为 16 位逻辑与指令 WAND 的梯形图,对应的指令为 WAND D10 D12 D14。X0 为 ON 时,D10 与 D12 的内容进行逻辑与运算。

【例】 WOR 功能指令的应用,如图 23-13 所示。

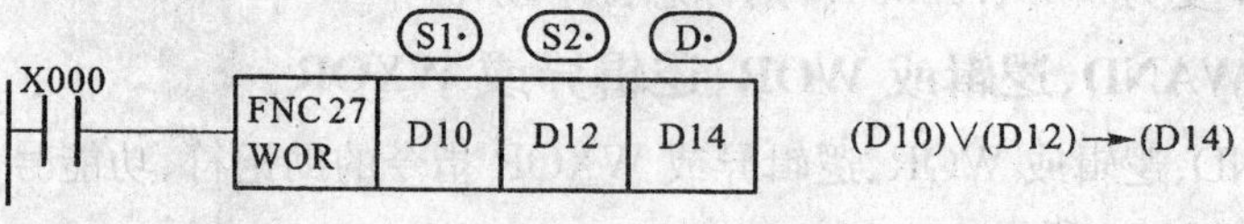

图 23-13 功能指令 16 位逻辑或 WORD

程序说明:图 23-13 为 16 位逻辑或指令 WOR 的梯形图,对应的指令为 WOR D10 D12 D14。X0 为 ON 时,D10 与 D12 的内容进行逻辑或运算。

【例】 WXOR 功能指令的应用,如图 23-14 所示。

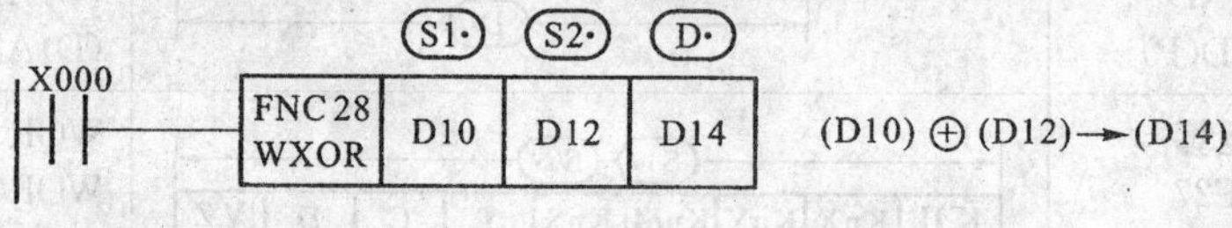

图 23-14 功能指令 16 位逻辑异或 WXOR

程序说明:图 23-14 为 16 位逻辑异或指令 WXOR 的梯形图,对应的指令为 WXOR D10 D12 D14。X0 为 ON 时,D10 与 D12 的内容进行逻辑异或运算。

7. 求补指令 NEG

求补指令 NEG 的助记符、功能号、操作数和程序步数等指令概要如表 23-7 所示。

表 23-7 求补指令概要

求补指令		操作数	程序步数
P	FNC29 NEG NEG(P)	K,H / KnX / KnY / KnM / KnS / T / C / D / V,Z D·: KnY ～ V,Z	NEG NEG(P) 3 步 (D)NEG (D)NEG(P) 5 步
D			

指令格式:FNC29 NEG [D]

指令功能：

NEG 指令：将[D]指定软元件的内容按位先取反(0→1,1→1)，然后再加 1，将运算结果再存入[D]中。

操作数范围：KnY，KnM，KnS，T，C，D，V，Z。

【例】 NEG 功能指令的应用，如图 23-15 所示。

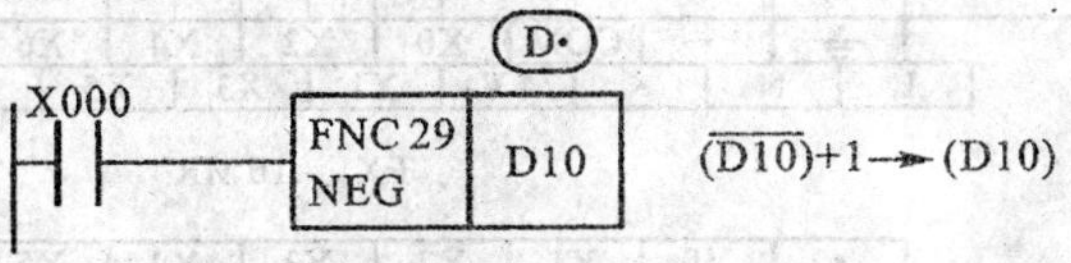

图 23-15　功能指令 NEG

程序说明：图 23-15 为求补指令：NEG 的梯形图，对应的指令为 NEG D10。图中，X0 为 ON 时，D10 的内容进行求补运算，运算结果再存入 D10 中。

四、项目实施

根据自动售货机的工作原理，用 PLC 实现控制过程，设计步骤如下：

1. 主电路设计

如图 23-16 所示的主电路采用了 2 个元件，由于电磁阀线圈的起动电流较大，采用中间继电器的触点控制。中间继电器 KA 的线圈与 PLC 的输出点连接，可以确定主电路中需要 2 个输出点。

2. 确定 I/O 点总数及地址分配

控制电路中有 1 个复位按钮 SB3，2 个选择控制按钮 SB1 和 SB2，3 个检测传感器 SQ1～SQ3，还有 3 个指示灯与 PLC 的输出点连接。这样整个系统总的输入点数为 6 个，输出点数为 5 个。PLC 的 I/O 分配的地址如表 23-8 所示。

表 23-8　I/O 地址分配表

输入信号			输出信号		
1	X0	1 元投币检测传感器 SQ1	1	Y0	咖啡输出控制中间继电器 KA1
2	X1	5 元投币检测传感器 SQ2	2	Y1	汽水输出控制中间继电器 KA2
3	X2	10 元投币检测传感器 SQ3	3	Y2	咖啡按钮指示灯 HL1
4	X3	咖啡按钮 SB1	4	Y3	汽水按钮指示灯 HL2
5	X4	汽水按钮 SB2	5	Y4	找钱指示灯 HL3
6	X5	复位/清除操作按钮 SB3			

3. 控制电路

自动售货机电气原理图如图 23-16 所示。

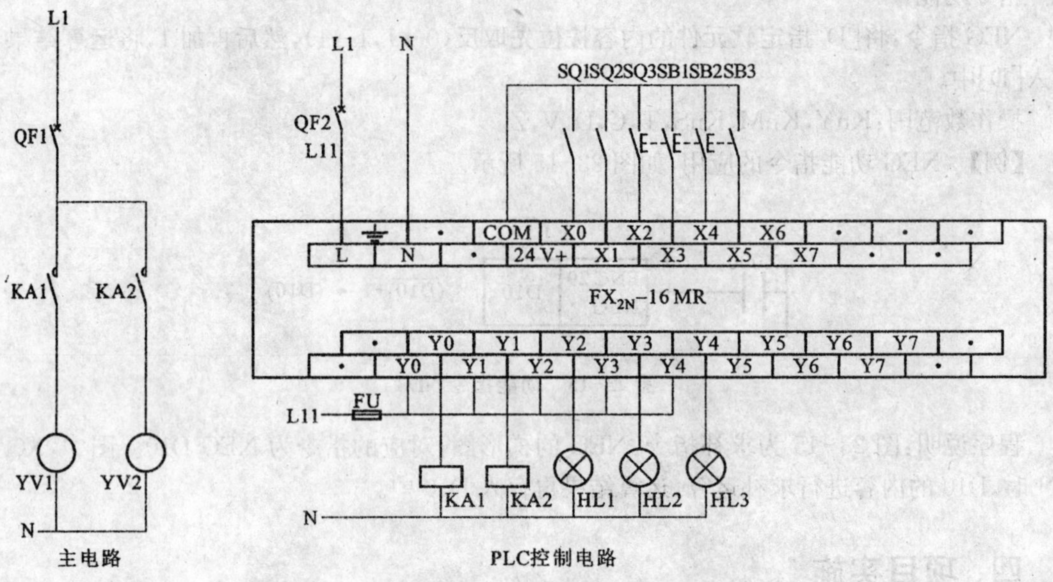

图 23-16　自动售货机电气原理图

4. 设备材料表

本控制中输入点数应选 6×1.2≈8 点，输出点 5×1.2≈6 点(继电器输出)。通过查找三菱 FX_{2N}系列选型表，选定三菱 FX_{2N}-16MR-001(其中输入 8 点，输出 8 点，继电器输出)。通过查找电气元件选型表，选择的元器件列表如表 23-9 所示。

表 23-9　设备材料表

序号	符号	设备名称	型号、规格	单位	数量	备注
1	PLC	可编程控制器	FX_{2N}-16MR-001	台	1	
2	QF1	空气断路器	DZ47-D25/4P	个	1	
3	QF2	空气断路器	DZ47-D10/1P	个	1	
4	KA	中间继电器	JZ7-44 吸引线圈电压 AC 220 V	个	3	
5	FU	熔断器	RT18-32/6 A	个	1	
6	SQ	检测开关	GF70	个	3	
7	SB	按钮	LA39-11	个	3	
8	YV	电磁阀	DF-50-AC:220 V	个	2	

5. 程序设计

根据控制原理进行程序设计，梯形图程序如图 23-17 所示。

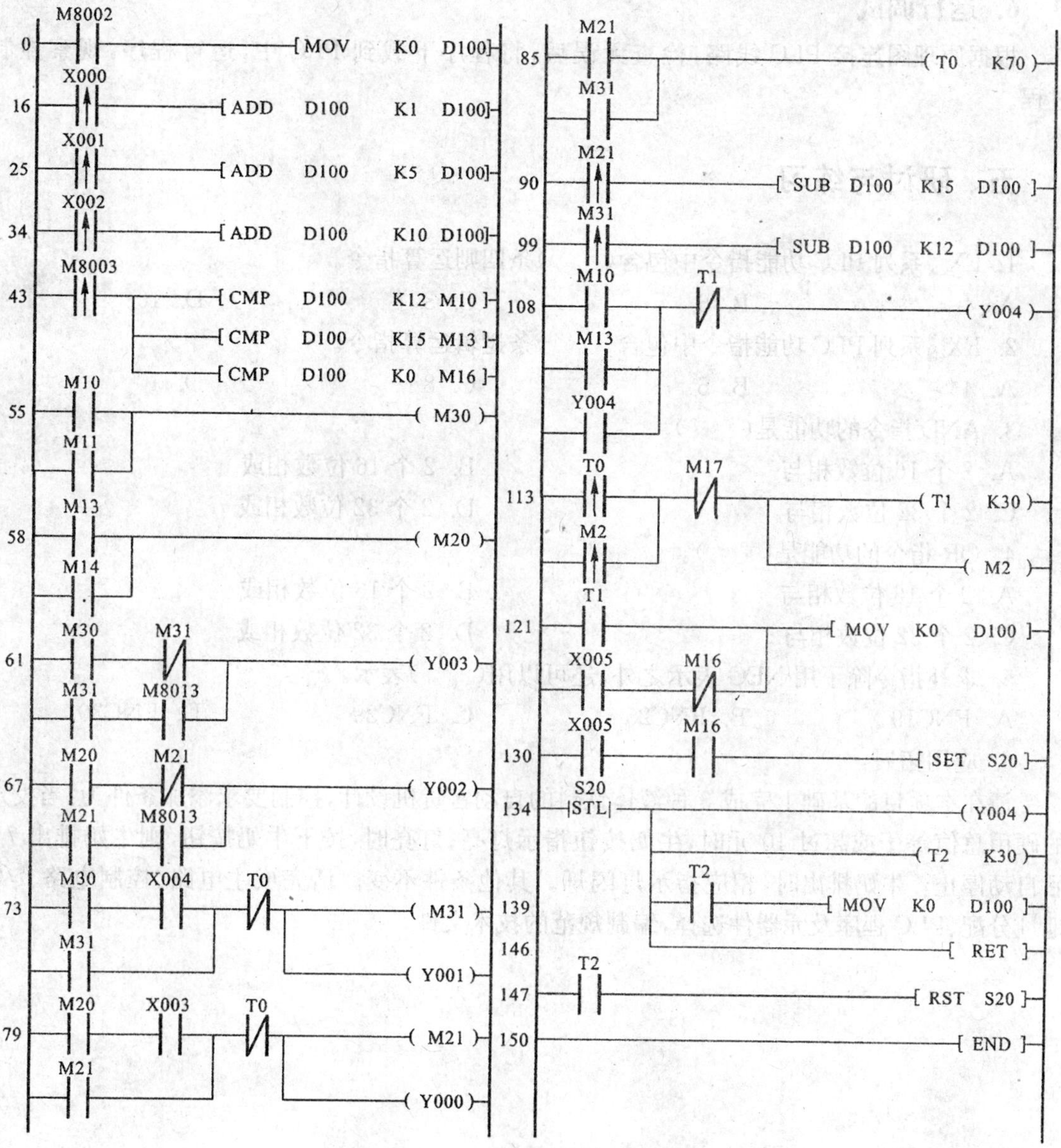

图 23-17　自动售货机 PLC 程序

该程序中使用了特殊继电器 M8002 和 M8013。特殊继电器是 PLC 中十分有用的资源，学会使用不但可以节省大量外部资源，有时还可以简化程序。特殊继电器 M8002 是上电初始"ON"继电器，而且只接通一个扫描周期。在程序的初始设置中使用它不但可以省略 DF 指令，还可以节省一个开关。M8013 是内部定时时钟脉冲，可以产生周期为 1 s、占空比为 50％的方波脉冲。在程序中常用做秒脉冲定时信号。

该程序还使用了运算指令，如比较指令和加减运算指令，巧妙地实现了投币币值累加、币值多少的判断及找钱等带有一定智能的控制，充分体现了 PLC 的优点，这样的控制用传统继电控制是无法实现的。

6. 运行调试

根据原理图连接 PLC 线路，检查无误后，将程序下载到 PLC 中，运行程序，观察控制过程。

五、研讨与练习

1. FX_{2N}系列 PLC 功能指令中包含(　　)条四则运算指令。

A. 4　　B. 6　　C. 8　　D. 10

2. FX_{2N}系列 PLC 功能指令中包含(　　)条逻辑运算指令。

A. 4　　B. 6　　C. 8　　D. 10

3. AND 指令的功能是(　　)。

A. 2 个 16 位数相与　　B. 2 个 16 位数相或

C. 2 个 32 位数相与　　D. 2 个 32 位数相或

4. OR 指令的功能是(　　)。

A. 2 个 16 位数相与　　B. 2 个 16 位数相或

C. 2 个 32 位数相与　　D. 2 个 32 位数相或

5. 求补指令除了用 NEG 表示之外，还可以用(　　)表示。

A. FNC19　　B. FNC25　　C. FNC29　　D. FNC30

6. 应用拓展

请在本项目的基础上完成 3 种液体饮料的自动售货机设计，控制要求添加条件为：当投入的硬币总值等于或超过 10 元时，牛奶按钮指示灯亮；灯亮时，按下牛奶按钮，则牛奶排出 7 s 后自动停止。牛奶排出时，相应指示灯闪烁。其他条件不变。请完成主电路、控制电路、I/O 地址分配、PLC 程序及元器件选择，编制规范的技术文件。

第六篇　三菱FX系列PLC在工业生产中的综合应用

项目二十四　离心式选矿机的自动控制

项目目标

(1) 熟悉离心式选矿机的工作要求。

(2) 进一步巩固步进指令在生产实际中的应用。

(3) 掌握PLC应用设计的步骤。

一、项目任务

图24-1是某矿场采用的离心式选矿机工作示意图。

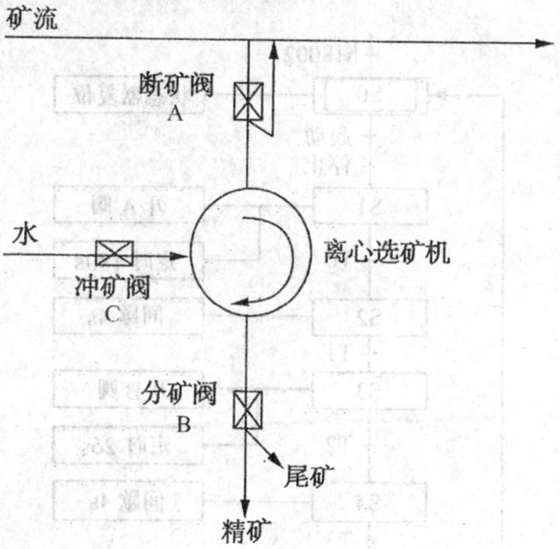

图24-1　离心式选矿机示意图

控制要求：任何时候按下停车按钮，选矿的整个工艺过程都要进行到底，这样可以减少浪费，同时下一次工作可以从头开始，做到工作有序。

二、项目知识分析

按下起动按钮，选矿开始，打开断矿阀A，矿流进入离心选矿机，180 s后装满选矿机，关闭断矿阀A，间隔4s后，起动分矿阀B(B的作用是打开离心式选矿机，同时打开分矿阀B使精矿和尾矿分开)，运行26 s后关闭分矿阀B，离心式选矿机停止旋转；间隔4 s后，再打开冲矿阀C，进水冲矿22 s后关闭冲矿阀，间隔4 s后，再打开断矿阀A，矿流进入离心机，进行下一个循环。

三、项目实施

根据控制任务要求，可以算出I/O点数。根据输入输出点数及功能要求，选FX_{2N}—48MR型PLC机完全满足控制系统要求。

1. I/O分配表

输入	输出
起动：X0	断矿阀：Y0
停车：X1	分矿阀：Y1
	冲矿阀：Y2

2. 状态转移图

状态转移图如图24-2所示。

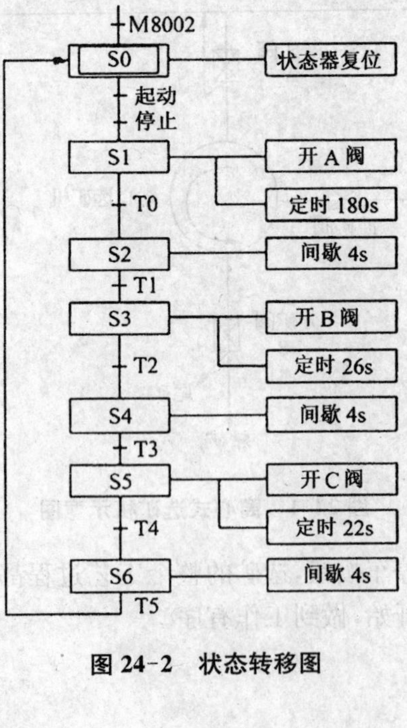

图24-2　状态转移图

3. 梯形图

梯形图如图 24-3 所示。

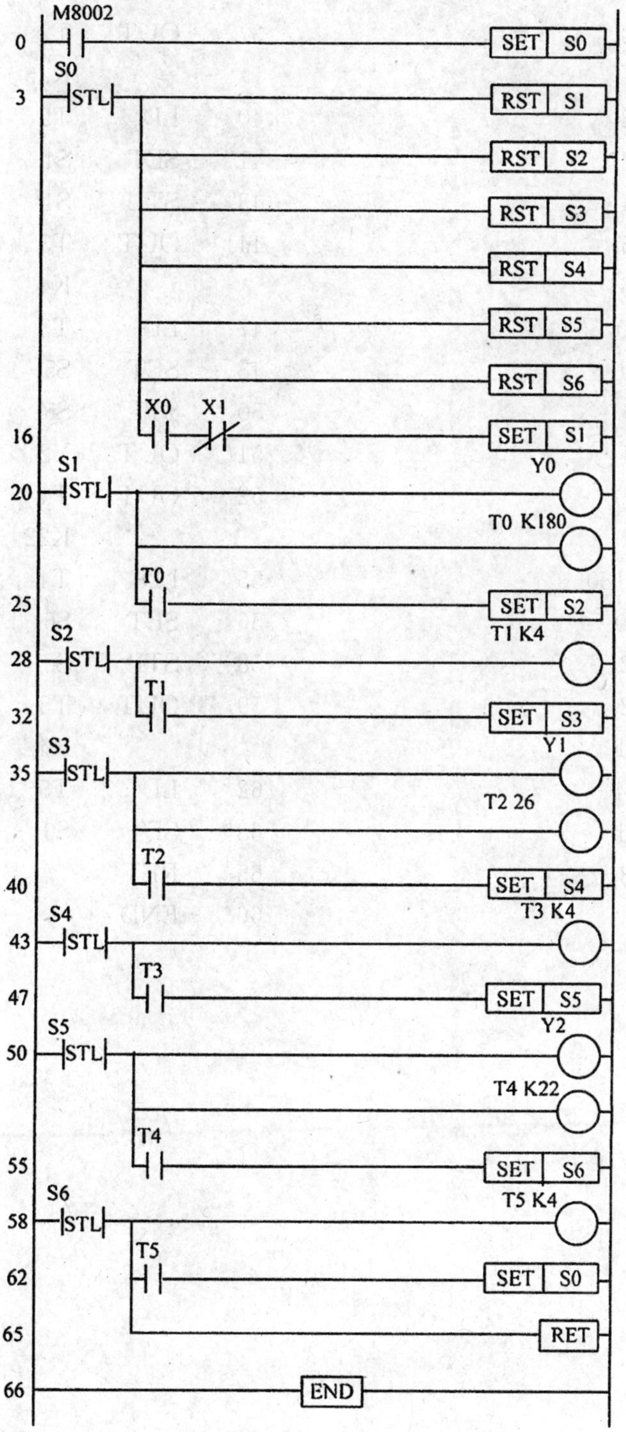

图 24-3　离心式采矿机 PLC 控制梯形图

4. 程序清单

```
0    LD    M8002
1    SET   S0
3    STL   S0
4    RST   S1
6    RST   S2
8    RST   S3
10   RST   S4
12   RST   S5
14   RST   S6
16   LD    X0
17   ANI   X1
18   SET   S1
20   STL   S1
21   OUT   Y0
22   OUT   T0
           K180
25   LD    T0
26   SET   S2
28   STL   S2
29   OUT   T1
           K4
32   LD    T1
33   SET   S3
35   STL   S3
36   OUT   Y1
37   OUT   T2
           K26
40   LD    T2
41   SET   S4
43   STL   S4
44   OUT   T3
           K4
47   LD    T3
48   SET   S5
50   STL   S5
51   OUT   Y2
52   OUT   T4
           K22
55   LD    T4
56   SET   S6
58   STL   S6
59   OUT   T5
           K4
62   LD    T5
63   SET   S0
65   RET
66   END
```

项目二十五　PLC在矿井提升机控制系统中的应用

项目目标

（1）了解矿井提升机的基本控制要求。
（2）掌握 PLC - SCR 编码启动技术。
（3）熟悉 PLC 应用设计的步骤。

一、项目任务

在原 TKD - A 系列电控基础上，采用 PLC 取代原时间继电器、速度继电器及部分中间继电器、接触器；用晶闸管组件编码操作取代原转子接触器动作，使矿井提升机操作简便，使用安全可靠。

二、项目知识分析

提升机控制系统具有五种基本运行方式：
（1）电动加速—等速运行—电制动减速。
（2）电动加速—等速运行—电动减速。
（3）电动加速—发电制动运行—电制动减速。
（4）电制动加速—电制动低速运行—电制动减速。
（5）脚踏电制动减速。

三、项目实施

采用 PLC - SCR 编码启动（20 级）电控系统，该系统与原继电器—接触器系统比较有以下优点：

（1）采用可编程控制器进行逻辑控制，可减少元器件个数，提高可靠性，减小维护量。

（2）采用晶闸管组件取代转子接触器，使系统具有无触点、无电磨损及接触不良现象，提高了设备运行稳定性。

（3）采用接插元器件，安装维护方便。

（4）无转动部分，无噪声，节省电能和金属材料。

（5）操作方便，运行可靠，提高提升效率。

(6) 采用旋转编码器和数量表，显示提升高度和参与定点控制，使得深度指示更直观，保护更完善可靠。

1. 电控系统电路简介

该电控设备与 JK 及 JKM 系列矿井提升机配套使用，可为 2×1000 kW(含 2×1000 kW)以下的交流绕线式电动机配套。对提升机的启动、等速运行、制动减速、停车及换向进行控制，并具有提升机必需的电气保护与联锁装置。

矿井提升机电控系统主要由电控主回路和 PLC 控制回路组成，图 25-1 所示为交流绕线式电动机转子串电阻接线和换相回路示意图，图 25-2 所示为 PLC 控制回路部分硬件接线图，仅供读者参考。重点介绍 PLC 控制的提升机晶闸管 20 级编码技术。

2. 提升机晶闸管 20 级编码启动技术

提升机晶闸管 8 级编码启动技术是天津市民意通用电器厂的专利技术，在 1998 年通过了煤炭工业部鉴定。此项技术采用晶闸管交流开关代替交流接触器(包括真空接触器)，较好地解决了触头电磨损严重、触点接触不良、转动部件磨损、吸合线圈易烧坏等故障。同时，配合 PLC 编码技术，可以使用相对较少(6 组)的元件，达到 8～10 级启动的效果，充分发挥 PLC 数字处理功能，节约硬件投资。

晶闸管 8 级编码转子接线原理如图 25-1 所示，控制编码表见表 25-1。

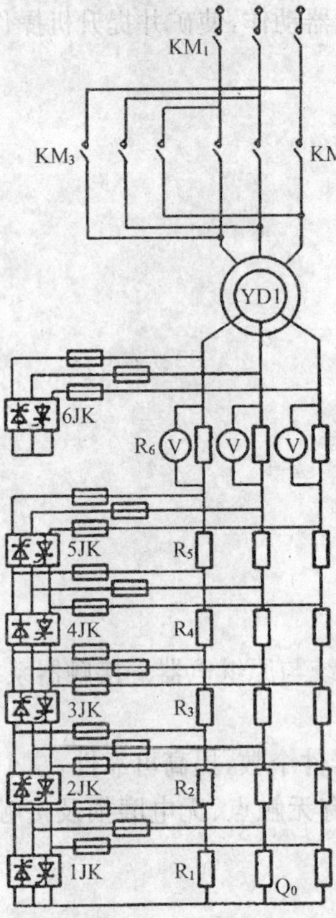

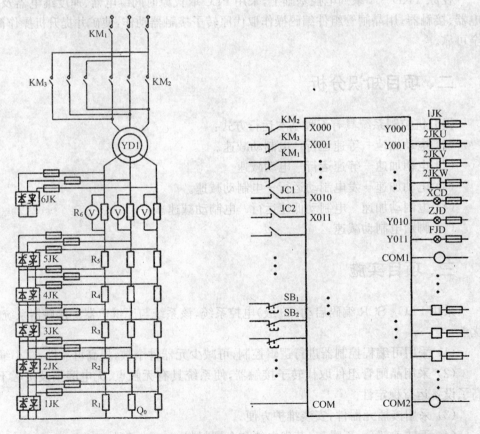

图 25-1 电动机转子串电阻接线和换相回路示意图

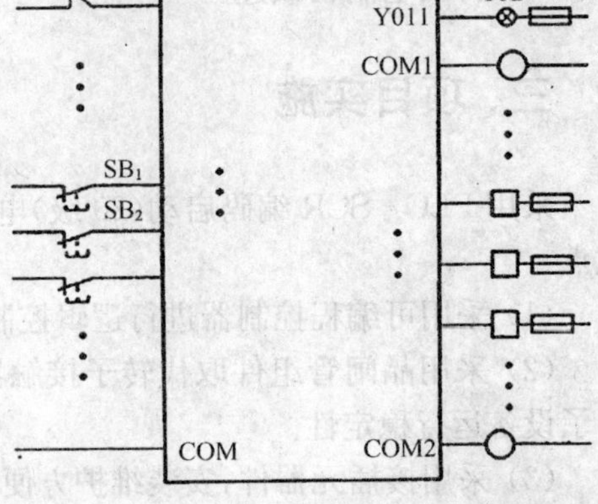

图 25-2 PLC 控制回路部分硬件接线图

表 25-1　控制编码器

N	1JK	2JK	3JK	4JK	5JK	6JK	R_n
启动	0	0	0	0	0	0	全电阻
第一级	1	0	0	0	0	0	$R_2+R_3+R_4+R_5+R_6$
第二级	1	0	1	1	1	0	R_2+R_6
第三级	1	1	0	0	0	0	$R_3+R_4+R_5+R_6$
第四级	1	1	0	1	1	0	R_3+R_6
第五级	1	1	1	0	0	0	$R_4+R_5+R_6$
第六级	1	1	1	1	0	0	R_5+R_6
第七级	1	1	1	1	1	0	R_6
第八级	1	1	1	1	1	1	0

用1、0表示晶闸管交流开关的通断，“1”表示通，“0”表示断。电动机启动过程如下：

启动级：电动机高压送电，1JK～6JK全部关断，电阻全串入转子回路。

第1级：1JK导通，将R1短接，此时的转子电阻为$R2+R3+R4+R5+R6$。

第2级：1JK、3JK、4JK、5JK导通，此时的转子电阻等于R2+R6。其余以此类推，一直到第8级，6JK短接转子，电动机等速运行，加速完毕。启动过程中，2JK～4JK不断改变通断状态，以不同的二进制编码组合，得到不同的启动阻值。这样，6组晶闸管交流开关就通过编码，得到8级的启动效果。同时，晶闸管和转子电阻并联连接，晶闸管上承受的转子电压等于相应转子电阻的分压，大大降低了晶闸管电压损坏的可能性，保证了转子和晶闸管的使用寿命。这种启动方式，不需要对转子电阻配置做大的变动，只是将原来的8级出线改为6级，6级电阻阻值重新计算，使编码电阻阻值满足启动要求即可。每组晶闸管交流开关都分成U、V、W三相，每相由2只晶闸管反并联组成，6只晶闸管构成一组三相交流开关(图25-3)，8级编码启动时，U、V、W三相开关同时动作，切除电阻。

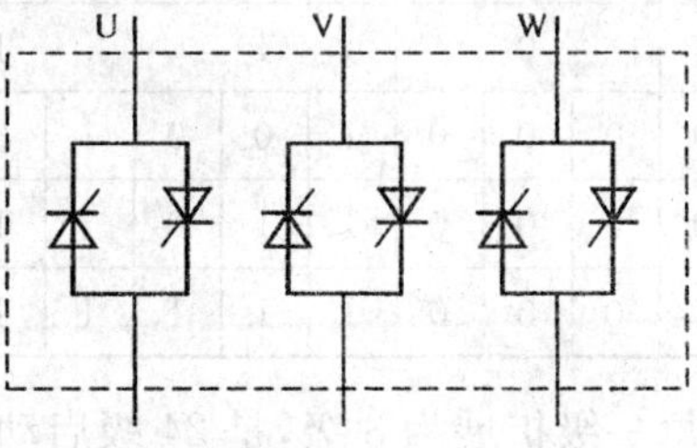

图 25-3　晶闸管反并联

图25-4中是晶闸管交流开关20级编码现场接线图，图中省略了快速熔断器，但是能够反映现场接线的实际情况。转子编码的接线要求各相转子电阻独立接线，不能混相，这点和原来的交流接触器或者真空接触器短接电阻的情况完全不同。使用交流接触器或者真空接触器时，电阻的接线对相序没有严格要求，接触器逐级短接电阻，相当于Q_0点逐段上移，直到短接所有电阻。但是，晶闸管编码启动时，转子各相就要严格区分，如图25-4所示。

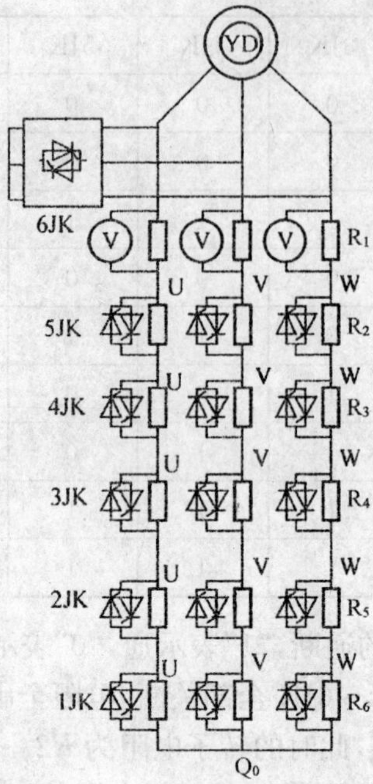

图 25-4 晶闸管交流开关 20 级编码接线图

转子晶闸管 20 级编码就是在 8 级编码的基础上,控制晶闸管交流开关分相动作。例如,2JK 的导通动作,不再是 U、V、W 三相同时动作,而是 2JK—U 相先导通,经过延时后 2IK—V 导通,最后 2JK—W 延时导通,这样,每一级编码就扩展成为 3 级编码,达到增加启动级数的目的。晶闸管 8 级启动转换成 20 级启动编码方法见表 25-2。

表 25-2 20 级启动的编码方法

	1JK			2JK			3JK			4JK			5JK			6JK		
	U	V	W	U	V	W	U	V	W	U	V	W	U	V	W	U	V	W
8 级编码	1			0			1			1			1			0		
20 级编码	1	0	0	0	0	0	1	0	0	1	0	0	1	0	0	0	0	0
	1	1	0	0	0	0	1	1	0	1	1	0	1	1	0	0	0	0
	1	1	1	0	0	0	1	1	1	1	1	1	1	1	1	0	0	0

由表 25-2 可见,8 级编码每一级扩展为 3 级,是 24 级启动。但是第 1 级和最后的短接级不能做类似的处理,仍然采用三相同时导通的动作方式,这样减少 4 级,即为 20 级启动。

转子晶闸管 20 级编码和 8 级编码相比,不需要改动过多硬件设备,仅需要增加 PLC 输出端口,以便对 2JK～4JK 晶闸管交流开关进行分相控制,同时要对 PLC 程序进行相应变动,以满足 20 级启动的要求。

由于编程方式有多种形式,本例只给出启动过程 PLC 程序框图,如图 25-5 所示。

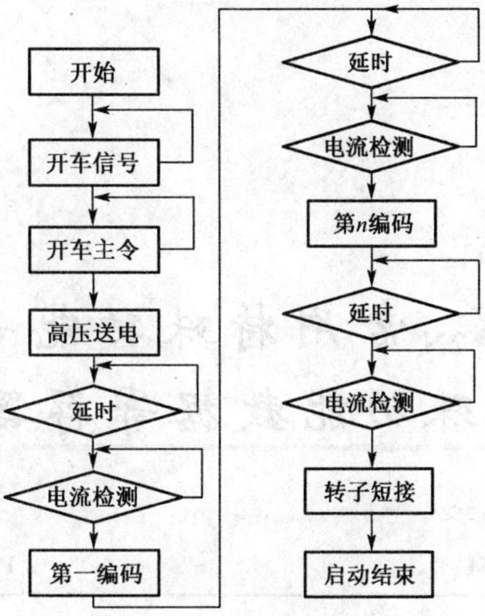

图 25-5　启动过程 PLC 程序框图

四、研讨与练习

1. PLC－SCR 编码启动电控系统与原继电—接触器系统比较有哪些优点？
2. 根据 PLC 程序框图编制交流提升机控制梯形图程序。

附　录

附录一　FX_{2N}常用特殊功能寄存器(M)和特殊功能数据寄存器(D)

PC 状态(M)　　　　**PC 状态(D)**

(M) PC 状态						(D) PC 状态					
地址号名称	动作、功能	适用机型(FX 系列) 1S	1X	2N	2NC	地址号、名称	寄存器的内容	适用机型(FX 系列) 1S	1X	2N	2NC
[M]8000 运行监控 a 接点		○	○	○	○	[D]8000 监视定时器	初始值如右列所述(1 ms 为单位)(当电源 ON 时，由系统 ROM 传送)，利用程序进行更改必须在 END、WDT 指令执行后方才有效	200 ms	200 ms	200 ms	200 ms
[M]8001 运行监控 b 接点		○	○	○	○	[D]8001PC 类型和系统版本号		22	26	24	24
[M]8002 初始脉冲 a 接点		○	○	○	○	[D]8002 寄存器容量	2—2K 步 4—4K 步 8—8K 步	○ 16K 步时在 D8102 中输入存储器容量[16]			
[M]8003 初始脉冲 b 接点		○	○	○	○	[D]8003 寄存器类型	保存不同 RAM/EEPROM 内置 EPROM/存储盒和存储器保护开关的 ON/OFF 状态	○	○	○	○
[M]8004 错误发生	当 M8060～M8067 中任意一个处于 ON 时动作(M8062 除外)	○	○	○	○	[D]8004 错误 M 地址号		○	○	○	○

续表

(M) PC状态						(D) PC状态					
地址号名称	动作、功能	适用机型(FX系列)				地址号、名称	寄存器的内容	适用机型(FX系列)			
		1S	1X	2N	2NC			1S	1X	2N	2NC
[M]8005 电池电压过低	当电池电压异常过低时动作	—	—	○	○	[D]8005 电池电压		—	—	○	○
[M]8006 电池电压过低锁存	当电池电压异常过低后锁存状态	—	—	○	○	[D]8006 电池电压过低检测电平	初始值3.0 V(0.1 V为单位)(当电源ON时，由系统ROM传送)	—	—	○	○
[M]8007 瞬停检测	即使M8007动作，若在除D8008时间范围内则PC继续进行	—	—	○	○	[D]8007 瞬停检测	保存M8007的动作次数，当电源切断时该数值将被清除	—	—	○	○
[M]8008 停电检测中	当M808由ON→OFF时，M8000变为OFF	—	—	○	○	[D]8008 停电检测时间	AC电源型：初始值10 ms详细情况另行说明	—	—	○	○
[M] 8009DC 24 V失电	当扩展单元，扩展模块出现DC 24 V失电时动作	—	—	○	○	[D] 8009 DC 24 V失电单元地址号	DC 24 V失电的基本单元扩宽单元中最小输入元件地址号	—	—	○	○

时钟(M) **时钟(D)**

(M) 时钟						(D) 时钟					
地址号名称	动作、功能	适用机型				地址号、名称	寄存器的内容	使用机型			
		1S	1X	2N	2NC			1S	1X	2N	2NC
[M]8010						[D]8010 当前扫描值	由第1步开始的累计执行时间(0.1 ms为单位)	○ 显示值包括当M8039驱动失恒定扫描运行的等待时间			
[M]8011 10 ms时钟	以10 ms的频率周期振荡	○	○	○	○	[D]8011 最小扫描时间	扫描时间的最小值(0.1 ms为单位)				
[M]8012 100 ms时钟	以100 ms的频率周期振荡	○	○	○	○	[D]8012 最大扫描时间	扫描时间的最大值(0.1 ms为单位)				
[M]S013 1 s时钟	以1 s的频率周期振荡	○	○	○	○	[D]8013 s	0～59 s(实时时钟用)	○	○	○	○

续表

(M) PC状态						(D) PC状态					
地址号名称	动作、功能	适用机型（FX系列）				地址号、名称	寄存器的内容	适用机型（FX系列）			
		1S	1X	2N	2NC			1S	1X	2N	2NC
[M]8014 1 min时钟	以1 min的频率振荡	○	○	○	○	[D]8014 分	0～59 min（实时时钟用）	○	○	○	○
[M]8016	时间读取显示停止实时时钟用	○	○	○	○	[D]8016 日	1～31日（实时时钟用）	○	○	○	○
[M]8017	±30 s修正实时时钟用	○	○	○	○	[D]8017 月	1～12月（实时时钟用）	○	○	○	○
[M]8018	安装检测	○（常时ON）				[D]8018 年	公历里两位（0～99）（实时时钟用）	○	○	○	○
[M]8019	实时时钟（RTC）出错实时时钟用	○	○	○	○	[D]8019 星期	0（日）～6（六）（实时时钟用）	○	○	○	○
标志(M)						**标志(D)**					
(M)标志						(D)标志					
地址号名称	动作、功能	适用机型				地址号、名称	动作、功能	适用机型			
		1S	1X	2N	2NC			1S	1X	2N	2NC
[M]8020 零	加减运算结果为0时	○	○	○	○	[D]8020	X000～X017的输入滤波数值0～60（初始值为10 ms）	○	○	○	○
[M]8021 借位	减法运算结果小于负的最大值时	○	○	○	○	[D]8021					
[M]8022 进位	加法运算结果发生进位时，换位结果溢出发生时	○	○	○	○	[D]8022					
[M]8023						[D]8023					
[M]8024	BMOV方向指定（FNC15）			○	○	[D]8024					
[M]8025	HSC模式（FNC53～55）			○	○	[D]8025					
[M]8026	RAMP模式（FNC67）			○	○						
[D]8027	PR模式			○	○	[D]8027					
[M]8028（FX1 s）	100 ms/10 ms定时器切换	○				[D]8028					

续表

(M)标志						(D)标志					
地址号名称	动作、功能	适用机型				地址号、名称	动作、功能	适用机型			
		1S	1X	2N	2NC			1S	1X	2N	2NC
[M]8028 FX$_{2N}$ X2NC	在执行FROM/TO(FNC78,79)指令过程中中断允许			○	○	[D]8028	Z0(Z)寄存器的内容	○	○	○	○
[M]8029 指令执行完成	当DSW(FNC72)等操作完成时动作	○	○	○	○	[D]8029	V0(V)寄存器的内容	○	○	○	○

N:N 通信连接(M)

辅助继电器	名　称	描　述	响应类型
主站、从站均可用	[M]8038	N:N 网络参数设置	用来设置N:N网络参数
[M]8183	主站通信错误标志	#0 主站点通信错误时为"ON"	从站可用
[M]8184	从站通信错误标志	#1 从站点通信错误时为"ON"	主站、从站均可用
[M]8185		#2 从站点通信错误时为"ON"	
[M]8186		#3 从站点通信错误时为"ON"	
[M]8187		#4 从站点通信错误时为"ON"	
[M]8188		#5 从站点通信错误时为"ON"	
[M]8189		#6 从站点通信错误时为"ON"	
[M]8190		#7 从站点通信错误时为"ON"	
[M]8191	数据通信		

N:N 通信连接(D)

特性	数据寄存器	名　称	描　述	响应类型
只读	D8173	站点号	存储其自己的站点号	主站、从站均可用
	D8174	从站点总数	存储从站点的总数	
	D8175	刷新范围	存储刷新范围	
只写	D8176	站点号设置	设置其自己的站点号	
	D8177	总从站点数	设置从站点的总数	仅主站
	D8178	刷新范围设置	设置刷新范围	
读写	D8179	重试次数设置	设置重试次数	
	D8180	通信超时设置	设置通信超时	

续表

特性	数据寄存器	名　称	描　述	响应类型
只读	D8201	当前网络扫描时间	存储当前网络扫描时间	主站、从站均可用
	D8202	最大网络扫描时间	存储最大网络扫描时间	
	D8203	主站点的通信错误数目	主站点的通信错误数目	仅从站
	D8204	从站点的通信错误数目	#1从站点的通信错误数目	主站、从站均可用
	D8205		#2从站点的通信错误数目	
	D8206		#3从站点的通信错误数目	
	D8207		#4从站点的通信错误数目	
	D8208		#5从站点的通信错误数目	
	D8209		#6从站点的通信错误数目	
	D8210		#7从站点的通信错误数目	
	D8211	主站点的通信错误代码	从站点的通信错误代码	仅从站
	D8212	从站点的通信错误代码	#1从站点的通信错误代码	主站、从站均可用
	D8213		#2从站点的通信错误代码	
	D8214		#3从站点的通信错误代码	
	D8215		#4从站点的通信错误代码	
	D8216		#5从站点的通信错误代码	
	D8217		#6从站点的通信错误代码	
	D8218		#7从站点的通信错误代码	

附录二

FX$_{2N}$系列 PLC 基本指令简表

指令助记符、名称	功　能	梯形图表示和可用元件
[LD]取	触点运算开始 a 触点	
[LDI]取反	触点运算开始 b 触点	
[LDP]取脉冲	上升沿检测运算开始	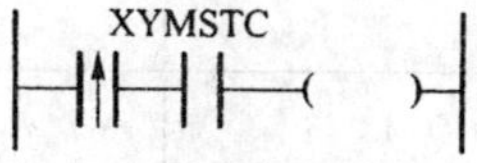
[LDF]取脉冲	下降沿检测运算开始	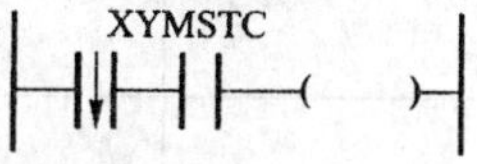
[AND]与	串联连接 a 触点	
[ANI]与非	串联连接 b 触点	
[ANDP]与脉冲	脉冲上升沿检测串联连接	
[ANDF]与脉冲	脉冲下降沿检测串联连接	
[OR]或	并联连接 a 触点	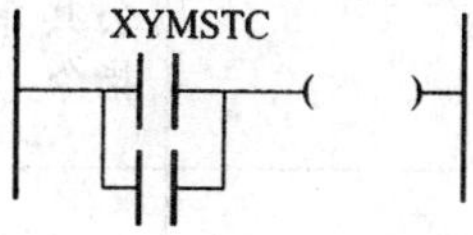
[ORI]或非	并联连接 b 触点	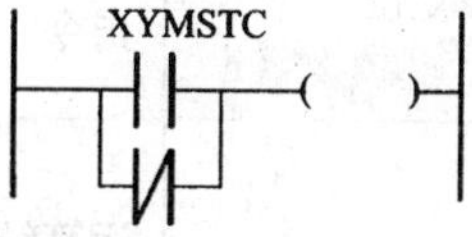

续表

指令助记符、名称	功　能	梯形图表示和可用元件
[ORP]或脉冲	脉冲上降沿检测并联连接	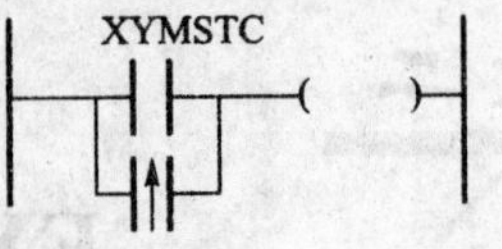
[ORF]或脉冲	脉冲下降沿检测并联连接	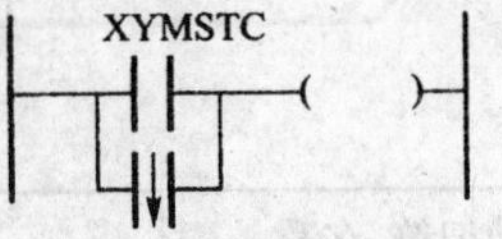
[ANB]块与	并联电路块的串联连接	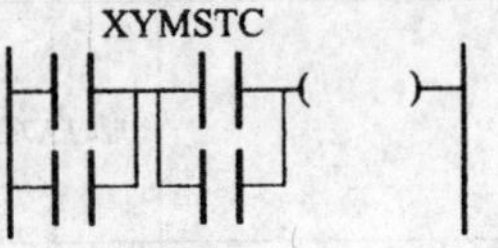
[ORB]块或	串联电路块的并联连接	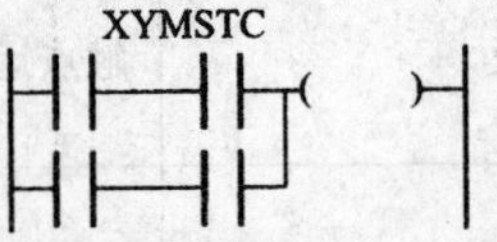
[OUT]输出	线圈驱动指令	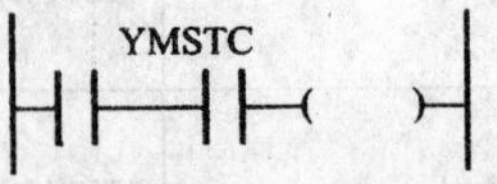
[SET]置位	线圈接通保持指令	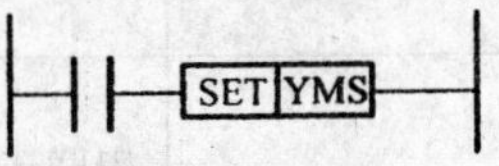
[RST]复位	线圈接通清除指令	
[PLS]上升沿脉冲	上升沿检测指令	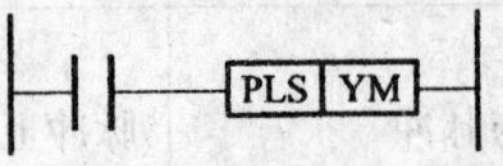
[PLF]下降沿脉冲	下降沿检测指令	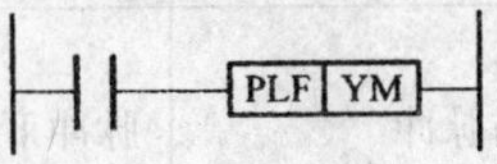
[MC]主控	公共串联触点的连接线圈指令	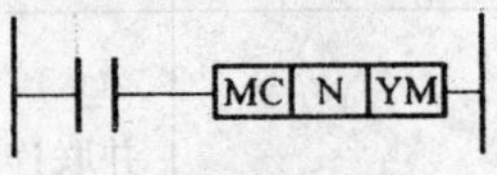
[MCR]主控复位	公共串联触点的复位线圈指令	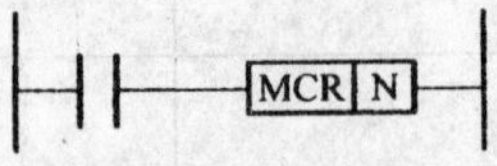
[INV]反转	运算结果的取反	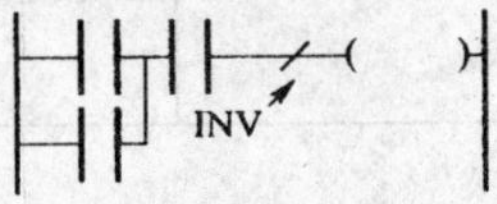

续表

指令助记符、名称	功　能	梯形图表示和可用元件
[MPS]进栈	运算存储	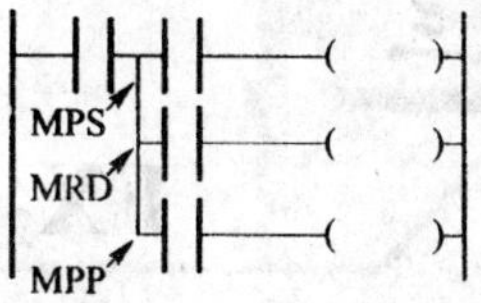
[MRD]读栈	存储读出	
[MPP]出栈	存储读出与复位	
[NOP]空操作	无动作	
[STL]步进梯形图	步进梯形图开始	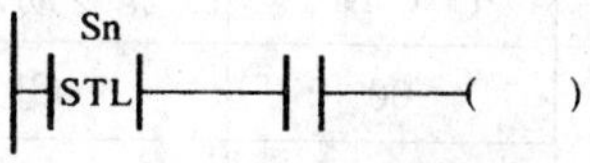
RET 返回	步进梯形图结束	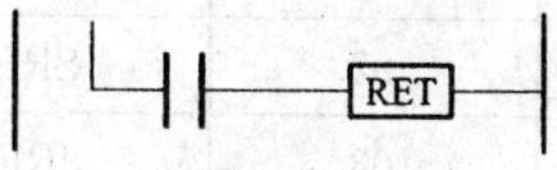
[END]结束	顺控程序结束	顺控程序结束回 0

附录三

FX$_{2N}$系列 PLC 功能指令简表

类别	FNC No.	指令助记符	功　能	D 指令	P 指令
程序流程	00	CJ	条件跳转	—	○
	01	CALL	子程序调用	—	○
	02	SRET	子程序返回	—	—
	03	IRET	中断返回	—	—
	04	EI	开中断	—	—
	05	DI	关中断	—	—
	06	FEND	主程序结束	—	—
	07	WDT	监视定时器刷新	—	○
	08	FOR	循环的起点与次数	—	—
	09	NEXT	循环的终点	—	—
传送与比较	10	CMP	比较	○	○
	11	ZCP	区间比较	○	○
	12	MOV	传送	○	○
	13	SMOV	移位传送	—	○
	14	CML	反向传送	○	○
	15	BMOV	块传送	—	○
	16	FMOV	多点传送	○	○
	17	XCH	交换	○	○
	18	BCD	二进制转换成 BCD 码	○	○
	19	BIN	BCD 码转换成二进制	○	○
算术与逻辑运算	20	ADD	二进制加法运算	○	○
	21	SUB	二进制减法运算	○	○
	22	MUL	二进制乘法运算	○	○
	23	DIV	二进制除法运算	○	○
	24	INC	二进制加 1 运算	○	○

续表

类别	FNC No.	指令助记符	功　能	D指令	P指令
算术与逻辑运算	25	DEC	二进制减1运算	○	○
	26	WAND	逻辑字与	○	○
	27	WOR	逻辑字或	○	○
	28	WXOR	逻辑字异或	○	○
	29	NEG	二进制求补码	○	○
循环与移位	30	ROR	循环右移	○	○
	31	ROL	循环左移	○	○
	32	RCR	带进位右移	○	○
	33	RCL	带进位左移	○	○
	34	SFTR	位右移	—	○
	35	SFTL	位左移	—	○
	36	WSFR	字右移	—	○
	37	WSFL	字左移	—	○
	38	SFWR	FIFO(先入先出)写入	—	○
	39	SFRD	FIFO(先入先出)读出	—	○
数据处理	40	ZRST	区间复位	—	○
	41	DECO	解码	—	○
	42	ENCO	编码	—	○
	43	SUM	ON位总数统计	○	○
	44	BON	ON位判断	○	○
	45	MEAN	求平均值	○	○
	46	ANS	报警器置位	—	—
	47	ANR	报警器复位	—	○
	48	SQR	求BIN平方根	○	○
	49	FLT	浮点数与十进制数间转换	○	○
高速处理	50	REF	输入输出刷新	—	○
	51	REFF	输入滤波时间调整	—	○
	52	MTR	矩阵输入	—	—
	53	HSCS	比较置位(高速计数用)	○	—
	54	HSCR	比较复位(高速计数用)	○	—
	55	HSZ	区间比较(高速计数用)	○	—
	56	SPD	脉冲密度	—	—

续表

类别	FNC No.	指令助记符	功　能	D指令	P指令
高速处理	57	PLSY	脉冲输出	○	—
	58	PWM	脉宽调制输出	—	—
	59	PLSR	带加减速脉冲输出	○	—
方便指令	60	IST	状态初始化	—	—
	61	SER	数据查找	○	○
	62	ABSD	凸轮控制(绝对值式)	○	—
	63	INCD	凸轮控制(增量方式)	—	—
	64	TTMR	示教定时器	—	—
	65	STMR	特殊定时器	—	—
	66	ALT	交替输出	—	—
	67	RAMP	斜坡信号	—	—
	68	ROTC	旋转工作台控制	—	—
	69	SORT	数据排序	—	—
外部I/O设备	70	TKY	0～9数字键输入	○	—
	71	HKY	16键输入	○	—
	72	DSW	BCD数字开关输入	—	—
	73	SEGD	七段码译码	—	○
	74	SEGL	七段码分时显示	—	—
	75	ARWS	方向开关	—	—
	76	ASC	ASCI码转换	—	—
	77	PR	ASCI码打印输出	—	—
	78	FROM	BFM读出	○	○
	79	TO	BFM写入	○	○
外围设备	80	PS	串行数据传送	—	—
	81	PRUN	并联传送	○	○
	82	ASCI	十六进制数转换成ASCI码	—	○
	83	HEX	ASCI码转换成十六进制数	—	○
	84	CCD	校验	—	○
	85	VRRD	电位器变量输入	—	○
	86	VRSC	电位器变量整标	—	○
	87	—	—		
	88	PID	PID运算	—	—
	89	—	—		

续表

类别	FNC No.	指令助记符	功　能	D指令	P指令
浮点数运算	110	ECMP	二进制浮点数比较	○	○
	111	EZCP	二进制浮点数区间比较	○	○
	118	EBCD	二进制浮点数→十进制浮点数变换	○	○
	119	EBIN	十进制浮点数→二进制浮点数变换	○	○
	120	EADD	二进制浮点数加法	○	○
	121	EUSB	二进制浮点数减法	○	○
	122	EMUL	二进制浮点数乘法	○	○
	123	EDIV	二进制浮点数除法	○	○
	127	ESQR	二进制浮点数开平方	○	○
	129	INT	二进制浮点数→二进制整数	○	○
	130	SIN	二进制浮点数 sin 运算	○	○
	131	COS	二进制浮点数 cos 运算	○	○
	132	TAN	二进制浮点数 tan 运算	○	○
交换指令	147	SWAP	高低字节变换	○	○
时钟运算	160	TCMP	时钟数据比较	—	○
	161	TZCP	时钟数据区间比较	—	○
	162	TADD	时钟数据加法	—	○
	163	TSUB	时钟数据减法	—	○
	166	TRD	时钟数据读出	—	○
	167	TWR	时钟数据写入	—	○
外围设备	170	GRY	二进制数→格雷码	○	○
	171	GBIN	格雷码→二进制数	○	○
触点比较	224	LD=	(S1)＝(S2)时起始触点接通	○	—
	225	LD>	(S1)＞(S2)时起始触点接通	○	—
	226	LD<	(S1)＜(S2)时起始触点接通	○	—
	228	LD<>	(S1)<>(S2)时起始触点接通	○	—
	229	LD≤	(S1)≤(S2)时起始触点接通	○	—
	230	LD≥	(S1)≥(S2)时起始触点接通	○	—
	232	AND=	(S1)＝(S2)时串联触点接通	○	—
	233	AND>	(S1)＞(S2)时串联触点接通	○	—
	234	AND<	(S1)＜(S2)时串联触点接通	○	—

续表

类别	FNC No.	指令助记符	功　能	D指令	P指令
	236	AND＜＞	(S1)＜＞(S2)时串联触点接通	○	—
	237	AND≤	(S1)≤(S2)时串联触点接通	○	—
	238	AND≥	(S1)≥(S2)时串联触点接通	○	—
	240	OR＝	(S1)＝(S2)时并联触点接通	○	—
触点比较	241	OR＞	(S1)＞(S2)时并联触点接通	○	—
	242	OR＜	(S1)＜(S2)时并联触点接通	○	—
	244	OR＜＞	(S1)＜＞(S2)时并联触点接通	○	—
	245	OR≤	(S1)≤(S2)时并联触点接通	○	—
	246	OR≥	(S1)≥(S2)时并联触点接通	○	—

附录四 FX$_{2N}$系列 PLC 输入、输出端子排列图

1. FX$_{2N}$－16MR/MT

⏚	·	COM	X0	X2	X4	X6	·	·	·
L	N	·	24V+	X1	X3	X5	X7	·	·

FX$_{2N}$－16MR/MT

·	Y0	Y1	Y2	Y3	Y4	Y5	Y6	Y7	·
·	Y0	Y1	Y2	Y3	Y4	Y5	Y6	Y7	·

2. FX$_{2N}$－32MR/MT

⏚	·	COM	X0	X2	X4	X6	X10	X12	X14	X16	·
L	N	·	24V+	X1	X3	X5	X7	X11	X13	X15	X17

FX$_{2N}$－32MR/MS/MT

Y0	Y2	·	Y4	Y6	·	Y10	Y12	·	Y14	Y16	·
COM1	Y1	Y3	COM2	Y5	Y7	COM3	Y11	Y13	COM4	Y15	Y17

3. FX$_{2N}$－48MR/MT

⏚	·	COM	X0	X2	X4	X6	X10	X12	X14	X16	X20	X22	X24	X26	·
L	N	·	24V+	X1	X3	X5	X7	X11	X13	X15	X17	X21	X23	X25	X27

FX$_{2N}$－48MR/MS/MT

Y0	Y2	·	Y4	Y6	·	Y10	Y12	·	Y14	Y16	Y20	Y22	Y24	Y26	COM5
COM1	Y1	Y3	COM2	Y5	Y7	COM3	Y11	Y13	COM4	Y15	Y17	Y21	Y23	Y25	Y27

4. FX$_{2N}$－64MR/MT

⏚	·	COM	COM	X0	X2	X4	X6	X10	X12	X14	X16	X20	X22	X24	X26	X30	X32	X34	X36	·
L	N	·	24V+	24V+	X1	X3	X5	X7	X11	X13	X15	X17	X21	X23	X25	X27	X31	X33	X35	X37

FX$_{2N}$－64MR/MS/MT

Y0	Y2	·	Y4	Y6	·	Y10	Y12	·	Y14	Y16	·	Y20	Y22	Y24	Y26	Y30	Y32	Y34	Y36	COM6
COM1	Y1	Y3	COM2	Y5	Y7	COM3	Y11	Y13	COM4	Y15	Y17	COM5	Y21	Y23	Y25	Y27	Y31	Y33	Y35	Y37

5. FX_{2N}－80MR/MT

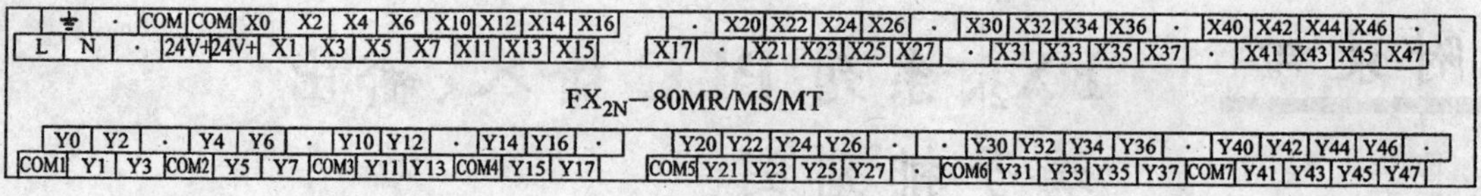
· COM COM X0 X2 X4 X6 X10 X12 X14 X16 · X20 X22 X24 X26 · X30 X32 X34 X36 · X40 X42 X44 X46 ·
L N · 24V+ 24V+ X1 X3 X5 X7 X11 X13 X15 X17 · X21 X23 X25 X27 · X31 X33 X35 X37 · X41 X43 X45 X47
FX2N−80MR/MS/MT
Y0 Y2 · Y4 Y6 · Y10 Y12 · Y14 Y16 · Y20 Y22 Y24 Y26 · · Y30 Y32 Y34 Y36 · Y40 Y42 Y44 Y46 ·
COM1 Y1 Y3 COM2 Y5 Y7 COM3 Y11 Y13 COM4 Y15 Y17 COM5 Y21 Y23 Y25 Y27 · COM6 Y31 Y33 Y35 Y37 COM7 Y41 Y43 Y45 Y47

6. FX_{2N}－128MR/MT

· COM COM X0 X2 X4 X6 X10 X12 X14 X16 X20 X22 X24 X26 X30 X32 X34 X36 X40 X42 X44 X46 X50 X52 X54 X56 X60 X62 X64 X66 X70 X72 X74 X76
L N · 24V+ 24V+ X1 X3 X5 X7 X11 X13 X15 X17 X21 X23 X25 X27 X31 X33 X35 X37 X41 X43 X45 X47 X51 X53 X55 X57 X61 X63 X65 X67 X71 X73 X75 X77
FX2N−128MR/MT
Y0 Y2 COM2 Y5 Y7 Y10 Y12 COM4 Y15 Y17 Y20 Y22 Y24 Y26 COM6 Y31 Y33 Y35 Y37 Y40 Y42 Y44 Y46 COM8 Y51 Y53 Y55 Y57 Y60 Y62 Y64 Y66 COM10 Y71 Y73 Y75 Y77
COM1 Y1 Y3 Y4 Y6 COM3 Y11 Y13 Y14 Y16 COM5 Y21 Y23 Y25 Y27 Y30 Y32 Y34 Y36 COM7 Y41 Y43 Y45 Y47 Y50 Y52 Y54 Y56 COM9 Y61 Y63 Y65 Y67 Y70 Y72 Y74 Y76

附录五 THWD-1C 型维修电工技能实训考核装置操作规程

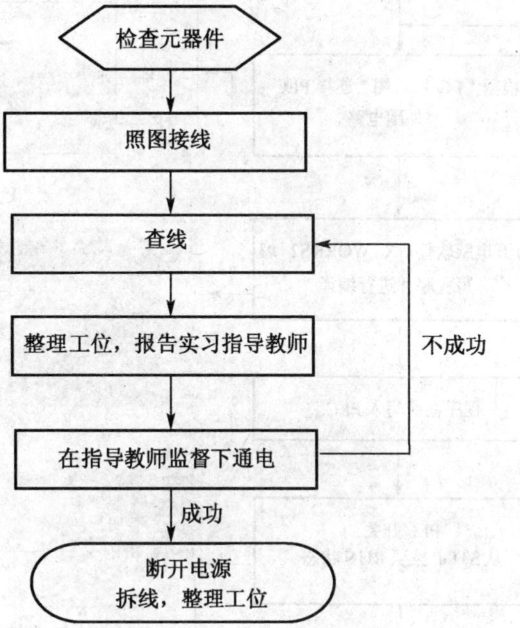

可编程控制器实训装置操作规程

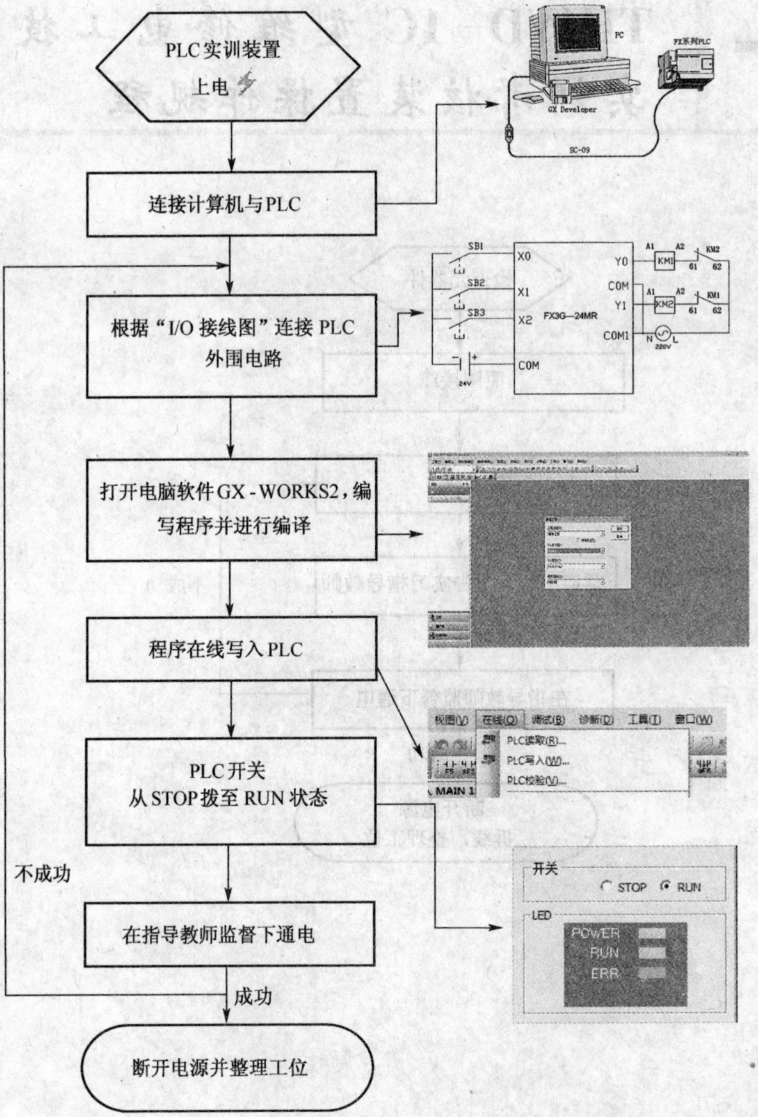

附录六 维修电工职业标准

一、职业概况

1. 职业名称:维修电工。

2. 职业定义:从事机械设备和电气系统线路及器件等的安装、调试与维护、修理的人员。

3. 职业等级:本职业共设5个等级,分别为初级(国家职业资格五级)、中级(国家职业资格四级)、高级(国家职业资格三级)、技师(国家职业资格二级)、高级技师(国家职业资格一级)。

4. 职业环境:室内,室外。

5. 职业能力特征:具有一定的学习、理解、观察、判断、推理和计算能力,手指、手臂灵活,动作协调,并能高空作业。

6. 基本文化程度:高职高专。

7. 培训要求

(1) 培训期限:全日制职业学校教育,根据其培养目标和教学计划确定。晋级培训期限:初级不少于500标准学时;中级不少于400标准学时;高级不少于300标准学时;技师不少于300标准学时;高级技师不少于200标准学时。

(2) 培训教师:培训初、中、高级维修电工的教师应具有本职业技师以上职业资格证书或相关专业中、高级专业技术职务任职资格;培训技师和高级技师的教师应具有本职业高级技师职业资格证书2年以上或相关专业高级专业技术职务任职资格。

(3) 培训场地设备:标准教室及具备必要实验设备的实践场所和所需的测试仪表及工具。

8. 鉴定要求

(1) 适用对象:从事或准备从事本职业的人员。

(2) 申报条件

——初级(具备以下条件之一者)

① 经本职业初级正规培训达规定标准学时数,并取得毕(结)业证书。

② 在本职业连续见习工作3年以上。

③ 本职业学徒期满。

——中级(具备以下条件之一者)

① 取得本职业初级职业资格证书后,连续从事本职业工作3年以上,经本职业中级正规培训达规定标准学时数,并取得毕(结)业证书。

② 取得本职业初级资格证书后,连续从事本职业工作5年以上。

③ 连续从事本职业工作 7 年以上。

④ 取得经劳动保障行政部门审核认定的、以中级技能为培养目标的中等以上职业学校本职业(专业)毕业证书。

——高级(具备以下条件之一者)

① 取得本职业中级职业资格证书后,连续从事本职业工作 4 年以上,经本职业高级正规培训达规定标准学时数,并取得毕(结)业证书。

② 取得本职业中级职业资格证书后,连续从事本职业工作 8 年以上。

③ 取得高级技工学校或经劳动保障行政部门审核认定的、以高级技能为培养目标的高等职业学校本职业(专业)毕业证书。

④ 取得本职业中级职业资格证书的大专以上本专业或相关专业毕业生,连续从事本职业工作 3 年以上。

——技师(具备以下条件之一者)

① 取得本职业高级职业资格证书后,连续从事本职业工作 5 年以上,经本职业技师正规培训达规定标准学时数,并取得毕(结)业证书。

② 取得本职业高级职业资格证书后,连续从事本职业工作 10 年以上。

③ 取得本职业高级职业资格证书的高级技工学校本职业(专业)毕业生和大专以上本专业或相关专业毕业生,连续从事本职业工作时间满 2 年。

——高级技师(具备以下条件之一者)

① 取得本职业技师职业资格证书后,连续从事本职业工作 3 年以上,经本职业高级技师正规培训达规定标准学时数,并取得毕(结)业证书。

② 取得本职业技师职业资格证书后,连续从事本职业工作 5 年以上。

(3) 鉴定方式

分为理论知识考试和技能操作考核。理论知识考试采用闭卷笔试方式,技能操作考核采用现场实际操作方式。理论知识考试和技能操作考核均实行百分制,成绩皆达 60 分以上者为合格。技师、高级技师鉴定还须进行综合评审。

(4) 考评人员与考生配比

理论知识考试考评人员与考生配比为 1∶15,每个标准教室不少于 2 名考评人员;技能操作考核考评人员与考生配比为 1∶5,且少于 3 名考评员。

(5) 鉴定时间

理论知识考试时间为 120 min;技能操作考核时间为:初级不少于 150 min,中级不少于 150 min,高级不少于 180 min,技师不少于 200 min,高级技师不少于 240 min;论文答辩时间不少于 45 min。

(6) 鉴定场所设备

理论知识考试在标准教室进行,技能操作考核应在具备每人一套的待修样件及相应的检修设备、实验设备和仪表的场所里进行。

二、基本要求

1. 职业道德

(1) 职业道德基本知识

(2) 职业守则

① 遵守有关法律、法规和有关规定。

② 爱岗敬业，具有高度的责任心。

③ 严格执行工作程序、工作规范、工艺文件和安全操作规程。

④ 工作认真负责，团结协作。

⑤ 爱护设备及工具、夹具、刀具、量具。

⑥ 着装整洁，符合规定；保持工作环境清洁有序，文明生产。

2. 基础知识

(1) 电工基础知识

① 直流电与电磁的基本知识。

② 交流电路的基本知识。

③ 常用变压器与异步电动机。

④ 常用低压电器。

⑤ 半导体二极管、晶体三极管和整流稳压电路。

⑥ 晶闸管基础知识。

⑦ 电工读图的基本知识。

⑧ 一般生产设备的基本电气控制线路。

⑨ 常用电工材料。

⑩ 常用工具(包括专用工具)、量具和仪表。

⑪ 供电和用电的一般知识。

⑫ 防护及登高用具等使用知识。

(2) 钳工基础知识

① 锯削，手锯。

② 锯削方法。

(3) 安全文明生产与环境保护知识

① 现场文明生产要求。

② 环境保护知识。

③ 安全操作知识。

(4) 质量管理知识

① 企业的质量方针。

② 岗位的质量要求。

③ 岗位的质量保证措施与责任。

(5) 相关法律、法规知识

① 劳动法相关知识。

② 合同法相关知识。

三、工作要求

本标准对初级、中级、高级、技师、高级技师的技能要求依次递进，高级别包括低级别的要求。

1. 初级

职业功能	工作内容	技能要求	相关知识
一、工作前准备	(一) 劳动保护与安全文明生产	1. 能够正确准备个人劳动保护用品 2. 能够正确采用安全措施保护自己，保证工作安全	
	(二) 工具、量具及仪器、仪表	能够根据工作内容合理选用工具、量具	常用工具、量具的用途和使用、维护方法
	(三) 材料选用	能够根据工作内容正确选用材料	电工常用材料的种类、性能及用途
	(四) 读图与分析	能够读懂CA6 140车床、Z535钻床、5 t以下起重机等一般复杂程度机械设备的电气控制原理图及接线图	一般复杂程度机械设备的电气控制原理图、接线图的读图知识
二、装调与维修	(一) 电气故障检修	1. 能够检查、排除动力和照明线路及接地系统的电气故障 2. 能够检查、排除CA6 140车床、Z535钻床等一般复杂程度机械设备的电气故障 3. 能够拆卸、检查、修复、装配、测试30 kW以下三相异步电动机和小型变压器 4. 能够检查、修复、测试常用低压电器	1. 动力、照明线路及接地系统的知识 2. 常见机械设备电气故障的检查、排除方法及维修工艺 3. 三相异步电动机和小型变压器的拆装方法及应用知识 4. 常用低压电器的检修及调试方法
	(二) 配线与安装	1. 能够进行19/0.82以下多股铜导线的连接并恢复其绝缘 2. 能够进行直径19 mm以下的电线铁管煨弯、穿线等明、暗线的安装 3. 能够根据用电设备的性质和容量，选择常用电器元件及导线规格 4. 能够按图样要求进行一般复杂程度机械设备的主、控线路配电板的配线及整机的电气安装工作 5. 能够检验、调整速度继电器、温度继电器、压力继电器、热继电器等专用继电器 6. 能够焊接、安装、测试单相整流稳压电路和简单的放大电路	1. 电工操作技术与工艺知识，机床配线、安装工艺知识 2. 机床配线、安装工艺知识 3. 电子电路基本原理及应用知识 4. 电子电路焊接、安装、测试工艺方法

续表

职业功能	工作内容	技能要求	相关知识
二、装调与维修	(三) 调试	能够正确进行 CA6 140 车床、Z535 钻床等一般复杂程度的机械设备或一般电路的试通电工作,能够合理应用预防和保护措施,达到控制要求,并记录相应的电参数	1. 电气系统的一般调试方法和步骤 2. 试验记录的基本知识

2. 中级

职业功能	工作内容	技能要求	相关知识
一、工作前准备	(一) 工具、量具及仪器、仪表	能够根据工作内容正确选用仪器、仪表	常用电工仪器、仪表的种类、特点及适用范围
	(二) 读图与分析	能够读懂 X62W 铣床、MGB1420 磨床等较复杂机械设备的电气控制原理图	1. 常用较复杂机械设备的电气控制线路图 2. 较复杂电气图的读图方法
二、装调与维修	(一) 电气故障检修	1. 能够正确使用示波器、电桥、晶体管图示仪 2. 能够正确分析、检修、排除 55 kW 以下的交流异步电动机、60 kW 以下的直流电动机及各种特种电机的故障 3. 能够正确分析、检修、排除交磁电机扩大机、X62W 铣床、MGB1420 磨床等机械设备控制系统的电路及电气故障	1. 示波器、电桥、晶体管图示仪的使用方法及注意事项 2. 直流电动机及各种特种电机的构造、工作原理和使用与拆装方法 3. 交磁电机扩大机的构造、原理、使用方法及控制电路方面的知识 4. 单相晶闸管交流技术
	(二) 配线与安装	1. 能够按图样要求进行较复杂机械设备的主、控线路配电板的配线(包括选择电器元件、导线等),以及整台设备的电气安装工作 2. 能够按图样要求焊接晶闸管调速器、调功器电路,并用仪器、仪表进行测试	明、暗电线及电器元件的选用知识
	(三) 测绘	能够测绘一般复杂程度机械设备的电气部分	电气测绘基本方法
	(四) 调试	能够独立进行 X62W 铣床、MGB1420 磨床等较复杂机械设备的通电工作,并能正确处理调试中出现的问题,经过测试、调整,最后达到控制要求	较复杂机械设备电气控制调试方法

3. 高级

职业功能	工作内容	技能要求	相关知识
一、工作前准备	读图与分析	能够读懂经济型数控系统、中高频电源、三相晶闸控制系统等复杂机械设备控制系统和装置的电气控制原理图	1. 数控系统基本原理 2. 中高频电源电路基本原理
二、装调与维修	(一) 电气故障检修	能够根据设备资料，排除B2010A龙门刨床、经济型数控、中高频电源、三相晶闸管、可编程序控制器等机械设备控制系统及装置的电气故障	1. 电力拖动及自动控制原理基本知识及应用知识 2. 经济型数控机床的构成、特点及应用知识 3. 中高频炉或淬火设备的工作特点及注意事项 4. 三相晶闸管变流技术基础
	(二) 配线与安装	能够按图样要求安装带有80点以下开关量输入输出的可编程序控制器的设备	可编程序控制器的控制原理、特点、注意事项及编程器的使用方法
	(三) 测绘	1. 能够测绘X62W铣床等较复杂机械设备的电气原理图、接线图及电气元件明细表 2. 能够测绘晶闸管触发电路等电子线路并绘出其原理图 3. 能够测绘固定板、支架、轴、套、联轴器等机电装置的零件图及简单装配图	1. 常用电子元器件的参数标识及常用单元电路 2. 机械制图及公差配合知识 3. 材料知识
	(四) 调试	能够调试经济型数控系统等复杂机械设备及装置的电气控制系统，并达到说明书中的电气技术要求	有关机械设备电气控制系统的说明书及相关技术资料
	(五) 新技术应用	能够结合生产应用可编程序控制器改造较简单的继电器控制系统，编制逻辑运算程序，绘出相应的电路图，并应用于生产	1. 逻辑代数、编码器、寄存器、触发器等数字电路的基本知识 2. 计算机基本知识
	(六) 工艺编制	能够编制一般机械设备的电气修理工艺	电气设备修理工艺知识及其编制方法
三、培训指导	指导操作	能够指导本职业初、中级工进行实际操作	指导操作的基本方法

4. 技师

职业功能	工作内容	技能要求	相关知识
一、工作前准备	读图与分析	1. 能够读懂复杂设备及数控设备的电气系统原理图 2. 能够借助词典读懂进口设备相关外文标牌及使用规范的内容	1. 复杂设备及数控设备的读图方法 2. 常用标牌及使用规范英汉对照表
二、装调与维修	(一) 电气故障检修	1. 能够根据设备资料，排除龙门刨V5系统、数控系统等复杂机械设备的电气故障 2. 能够根据设备资料，排除复杂机械设备的气控系统、液控系统的电气故障	1. 数控设备的结构、应用及编程知识 2. 气控系统、液控系统的基本原理及识图、分析及排除故障的方法
	(二) 配线与安装	能够安装大型复杂机械设备的电气系统和电气设备	具有变频器及可编程序控制器等复杂设备电气系统的配线与安装知识
	(三) 测绘	1. 能够测绘经济型数控机床等复杂机械设备的电气原理图、接线图 2. 能够测绘具有双面印刷线路的电子线路板，并绘出其原理图	1. 常用电子元器件、集成电器的功能，常用电路以及手册的查阅方法 2. 机械传动、液压传动知识
	(四) 调试	能够调试龙门刨V5系统等复杂机械设备的电气控制系统，并达到说明书的电气控制要求	1. 计算机的接口电路基本知识 2. 常用传感器的基本知识
	(五) 新技术应用	能够推广、应用国内相关职业的新工艺、新技术、新材料、新设备	国内相关职业“四新”技术的应用知识
	(六) 工艺编制	能够编制生产设备的电气系统及电气设备的大修工艺	机械设备电气系统及电气设备大修工艺的编制方法
	(七) 设计	能够根据一般复杂程度的生产工艺要求，设计电气原理图、电气接线图	电气设计基本方法
三、培训指导	(一) 指导操作	能够指导本职业初、中、高级工进行实际操作	培训教学基本方法
	(二) 理论培训	能够讲授本专业技术理论知识	
四、管理	(一) 质量管理	1. 能够在本职工作中认真贯彻各项质量标准 2. 能够应用全面质量管理知识，实际操作过程的质量分析与控制	1. 相关质量标准 2. 质量分析与控制方法
	(二) 生产管理	1. 能够组织有关人员协同作业 2. 能够协助部门领导进行生产计划、调度及人员的管理	生产管理基本知识

5. 高级技师

职业功能	工作内容	技能要求	相关知识
一、工作前准备	读图与分析	1. 能够读懂高速、精密设备及数控设备的电气系统原理图 2. 能够借助词典读懂进口设备的图样及技术标准等相关主要外文资料	1. 高速、精密设备及数控设备的读图方法 2. 常用进口设备外文资料英汉对照表
二、装调与维修	(一) 电气故障检修	1. 能够解决复杂设备电气故障中的疑难问题 2. 能够组织人员对设备的技术难点进行攻关 3. 能够协同各方面人员解决生产中出现的诸如设备与工艺、机械与电气、技术与管理等综合性的或边缘性的问题	1. 机械原理基本知识 2. 电气检测基本知识 3. 论断技术基本知识
	(二) 测绘	能够对复杂设备的电气测绘制定整套方案和步骤，并指导相关人员实施	常见各种复杂电气的系统构成，各子系统或功能模块常见电路的组成形式、原理、性能和应用知识
	(三) 调试	能够对电气调试中出现的各种疑难问题或意外情况提出解决问题的方案或措施	抗干扰技术一般知识
	(四) 新技术应用	能够推广、应用国内外相关职业的新工艺、新技术、新材料、新设备	国内外“四新”技术的应用知识
	(五) 工艺编制	能够制定计算机数控系统的检修工艺	计算机数控系统、伺服系统、功率电子器件和电路的基本知识及修理工艺知识
	(六) 设计	1. 能够根据较复杂的生产工艺及安全要求，独立设计电气原理图、电气接线图、电气施工图 2. 能够进行复杂设备系统改造方案的设计、选型	1. 较复杂生产设备电气设计的基本知识 2. 复杂设备系统改造方案设计、选型的基本知识
三、培训指导	(一) 指导操作	能够指导本职业初、中、高级工和技师进行实际操作	培训讲义的编制方法
	(二) 理论培训	能够对本职业初、中、高级工进行技术理论培训	

四、比重表

1. 理论知识

项目			初级（%）	中级（%）	高级（%）	技师（%）	高级技师（%）
基本要求	职业道德		5	5	5	5	5
	基础知识		22	17	14	10	10
相关知识	一、工作前准备	劳动保护与安全文明生产	8	5	5	3	2
		工具、量具及仪器、仪表	4	5	4	3	2
		材料选用	5	3	3	2	2
		读图与分析	9	10	10	6	5
	二、装调与维修	电气故障检修	15	17	18	13	10
		配线与安装	20	22	18	5	3
		调试	12	13	13	10	7
		测绘	—	3	4	10	12
		新技术应用	—	—	2	9	12
		工艺编制	—	—	2	5	8
		设计	—	—	—	9	12
	三、培训指导	指导操作	—	—	2	2	2
		理论培训	—	—	—	2	2
	四、管理	质量管理	—	—	—	3	3
		生产管理	—	—	—	3	3
合计			100	100	100	100	100

注：中级以上“劳动保护与安全文明生产”与“材料选用”模块内容按初级标准考核；高级以上“工具、量具及仪器、仪表”模块内容按中级标准考核；高级技师“管理”模块内容按技师标准考核。

2. 技能操作

项目			初级（%）	中级（%）	高级（%）	技师（%）	高级技师（%）
技能要求	一、工作前准备	劳动保护与安全文明生产	10	5	5	5	5
		工具、量具及仪器、仪表	5	10	8	2	2
		材料选用	10	5	2	2	2
		读图与分析	10	10	10	7	7

续表

<table>
<tr><th colspan="3">项目</th><th>初级
（%）</th><th>中级
（%）</th><th>高级
（%）</th><th>技师
（%）</th><th>高级技师
（%）</th></tr>
<tr><td rowspan="11">技能要求</td><td rowspan="7">二、装调与维修</td><td>电气故障检修</td><td>25</td><td>26</td><td>25</td><td>15</td><td>8</td></tr>
<tr><td>配线与安装</td><td>25</td><td>24</td><td>15</td><td>5</td><td>2</td></tr>
<tr><td>调试</td><td>15</td><td>18</td><td>19</td><td>10</td><td>5</td></tr>
<tr><td>测绘</td><td>—</td><td>2</td><td>7</td><td>10</td><td>9</td></tr>
<tr><td>新技术应用</td><td>—</td><td>—</td><td>3</td><td>13</td><td>20</td></tr>
<tr><td>工艺编制</td><td>—</td><td>—</td><td>4</td><td>8</td><td>10</td></tr>
<tr><td>设计</td><td>—</td><td>—</td><td>—</td><td>13</td><td>16</td></tr>
<tr><td rowspan="2">三、培训指导</td><td>指导操作</td><td>—</td><td>—</td><td>2</td><td>2</td><td>4</td></tr>
<tr><td>理论培训</td><td>—</td><td>—</td><td>—</td><td>2</td><td>4</td></tr>
<tr><td rowspan="2">四、管理</td><td>质量管理</td><td>—</td><td>—</td><td>—</td><td>3</td><td>3</td></tr>
<tr><td>生产管理</td><td>—</td><td>—</td><td>—</td><td>3</td><td>3</td></tr>
<tr><td colspan="3">合　计</td><td>100</td><td>100</td><td>100</td><td>100</td><td>100</td></tr>
</table>

注：中级以上“劳动保护与安全文明生产”与“材料选用”模块内容按初级标准考核；高级以上“工具、量具及仪器、仪表”模块内容按中级标准考核；高级技师“管理”模块内容按技师标准考核。

附录七　维修电工（中级）技能考核评分标准（参考）

项目	考核内容及要求	配分	评　分　标　准	扣分	得分	备注
设计	正确设计电气原理图	20	1. 元件符号错误一处扣1分； 2. 主电路错一处扣1分； 3. 控制电路错一处扣2分			
元件安装	元件安装正确，布置合理，器件紧固	10	1. 元件安装不牢固一个扣1分； 2. 元件安装不整齐、不匀称、不合格一项扣1分； 3. 整体布局不合理扣2分； 4. 损坏元件一个扣10分			
安装工艺	1. 接线按电工工艺要求； 2. 接线紧固，电气接触良好； 3. 布线工艺合理、美观； 4. 所选线色正确（主线路分别用黄、绿、红三色，控制线路用蓝色）	50	1. 不按图布线一处扣5分； 2. 导线要做到横平竖直下沉底，转角成90°，错一处扣1分； 3. 裸露导线超过2 mm一处扣1分； 4. 线路架空跨接每处扣5分； 5. 接点松动、损伤导线绝缘层，一处扣1分； 6. 压绝缘层一处扣1分； 7. 导线选色错误扣10分			
通电试车	电机运行符合控制要求	100	在通电试车过程中，除电动机、电源引起的故障外，出现其他一切故障，该考生技能考核不合格			
安全文明操作	“6S”规范：整理、整顿、清扫、安全、清洁、职业素养	20	1. 不服从监考教师指挥和安排扣10分； 2. 违反操作规程每次扣5分； 3. 通电完成后，根据教师指示拆除安装板，将所有元器件及工具放到相应位置，否则扣10分； 4. 技能考试结束，考生清洁工作台面，如未清理或清理不干净，扣20分			
总分		100				

参考文献

[1] 章丽芙. 电气控制与PLC(三菱FX机型). 北京:机械工业出版社,2013.
[2] 张永平. 现代电气控制与PLC应用项目教程. 北京:北京理工大学出版社,2014.
[3] 王少华. 电气控制与PLC应用. 长沙:中南大学出版社,2013.
[4] 王烈准. 电气控制与PLC应用技术. 北京:机械工业出版社,2010.
[5] 吴丽. 电气控制与PLC应用技术. 北京:机械工业出版社,2008.
[6] 廖常初. FX系列PLC编程及应用. 北京:机械工业出版社,2005.
[7] 唐立伟. 电气控制与PLC实训指导书. 娄底职业技术学院,2009.